JIANZHU RUODIAN GONGCHENG SHIGONG JISHU XIANGJIE

建筑弱电工程

施工技术详解

史新 主编

·北京·

本书以国家现行的有关规范、标准为依据，详细阐述了建筑弱电工程安装和施工的方法与工艺。主要内容包括建筑弱电工程概述、建筑物防雷与接地系统施工技术、建筑消防系统施工技术、通信网络系统施工技术、楼宇自控系统施工技术、防盗报警系统施工技术、综合布线系统施工技术等内容。本书图文并茂、内容丰富、力求实用。

本书可供从事智能建筑弱电工程安装、施工和监理等的技术人员及管理人员使用，也可供相关院校和培训班的师生参考使用。

图书在版编目（CIP）数据

建筑弱电工程施工技术详解/史新主编．—北京：化学工业出版社，2014.10（2023.3重印）

ISBN 978-7-122-21711-0

Ⅰ.①建… Ⅱ.①史… Ⅲ.①房屋建筑设备-电气设备-建筑安装-工程施工 Ⅳ.①TU85

中国版本图书馆 CIP 数据核字（2014）第 203471 号

责任编辑：彭明兰　　文字编辑：吴开亮

责任校对：蒋　宇　　装帧设计：刘剑宁

出版发行：化学工业出版社（北京市东城区青年湖南街 13 号　邮政编码 100011）

印　　装：北京印刷集团有限责任公司

787mm×1092mm　1/16　印张 16¾　字数 438 千字　2023 年 3 月北京第 1 版第 11 次印刷

购书咨询：010-64518888　　售后服务：010-64518899

网　　址：http://www.cip.com.cn

凡购买本书，如有缺损质量问题，本社销售中心负责调换。

定　　价：58.00 元

前　言

随着人民生活水平的提高，智能建筑迅速兴起，使得建筑弱电系统工程包含的内容越来越多，涉及面越来越广泛，在建筑智能化工程建设中占据的地位越来越重要，也越来越受到各方的重视。建筑弱电安装工程不仅涉及人、材、物，还涉及时间和空间，任何一个环节的疏漏都会影响工程的质量，是一项全面细致的工作，它贯穿于建筑工程的整个过程，其工程质量的好坏，直接影响着整个建筑工程质量，影响着人民生活水平，若不重视，则会产生严重的质量事故，可能发生火灾、烧毁电器，甚至造成人员伤亡等。因此，提高建筑弱电工程安装施工技术水平，具有越来越重要的意义。

全书共分为七章，主要内容包括建筑弱电工程概述、建筑物防雷与接地系统施工技术、建筑消防系统施工技术、通信网络系统施工技术、楼宇自控系统施工技术、防盗报警系统施工技术、综合布线系统施工技术。本书内容由浅入深、层次清楚、循序渐进，内容系统全面、重点突出，实用性强。

本书可供从事智能建筑弱电工程安装、施工和监理等的技术人员及管理人员使用，也可供相关院校和培训班的师生参考使用。

本书由史新主编，参加编写的有王春乐、卢平平、白雅君、刘玉峰、宋立音、张琦、张蕾、张兴文、李丹、李文胜、邹爽、倪晶、曹连强、曾凯阳。同时，在编写过程中，得到了建筑弱电工程施工方面的专家和技术人员的大力支持和帮助，在此一并致谢。

由于作者经历、知识结构等方面水平有限，漏洞和不足之处在所难免，敬请广大读者批评指正，以便及时修订与完善。

编　者

2014 年 10 月

目 录

CONTENTS

建筑弱电工程概述

1.1 建筑弱电工程基础知识

1.1.1 建筑弱电工程的概念

在建筑电气技术领域中，通常可以把电分为强电和弱电两部分。强电主要包括建筑物的电力、照明用的电能，强电系统可以把电能引入建筑物，经过用电设备转换成机械能、热能和光能等；弱电是指传播信号、进行信息交换的电能，弱电系统完成建筑物内部或内部与外部间的信息传递与交换。强电和弱电两者既有联系，又相互区别，其特点主要有以下几点。

① 强电的处理对象是能源，其特点是电压高、电流大、频率低，主要考虑的问题是减少损耗、提高效率。

② 弱电处理的对象主要是信息，即信息的传送与控制，其特点主要有电压低、电流小、功率小、频率高，主要考虑的问题是信息传送的效果。由于信息是现代建筑不可缺少的内容，因此以处理信息为主的建筑弱电设计是建筑电气设计的重要组成部分。

③ 与强电相比，建筑弱电是一门综合性的技术，它涉及的学科十分广泛，并朝着综合化、智能化的方向发展。由于弱电系统的引入，使建筑物的服务功能大大扩展，增加了建筑物与外界的信息交换能力。

④ 弱电工程是由多种技术集成的、较为复杂的系统工程。弱电工程被广泛应用于建筑、楼宇、小区、社区、广场、校园等建筑智能化工程中。

1.1.2 建筑弱电工程分类及内容

弱电工程主要有以下几种：防雷与接地系统；广播音响系统；电视监控系统；防盗报警系统；出入口控制系统；楼宇对讲系统；电子巡更系统；电话通信系统；全球定位系统；火灾自动报警与消防联动控制系统；有线电视和卫星接收系统；视频会议系统；综合布线系统；计算机网络系统；楼宇自控系统；一卡通系统；停车场系统；图像信息管理系统；内装修设计；多媒体教学系统；LED大屏幕显示系统；UPS系统；机房工程以及舞台机械灯光系统。本文主要对建筑工程中常见的弱电系统工程做以介绍。

1.1.2.1 防雷与接地系统

防雷与接地分为两个概念：一是防雷，是指防止因雷击而造成损害；二是静电接地，是指防止静电产生危害。防雷与接地是信息传输质量、系统工作稳定性、设备和人员安全的保证。

弱电系统的接地可分为分开单独接地和共同接地两种方式。电子设备的接地可以采用串联式一点接地、并联式一点接地、多点接地以及混合式接地。计算机房的接地可采用交流工作接地、安全保护接地、直流工作接地以及防雷接地四种方式。

建筑物防雷的要素主要包括：接穴功能、分流影响、均衡电位、屏蔽作用、接地效果以及合理布线。在建筑物内部，总体的防雷措施可分为以下两种。

(1) 安全隔离距离　这类安全距离指在需要防雷的空间内，两导体之间不会发生危险火花放电的最小距离。

(2) 等电位连接　等电位连接的目的是使内部防雷装置所防护的各部分减小或消除雷电流引起的电位差，包括靠近用户点的外来导体上也不产生电位差。

1.1.2.2　广播音响系统

广播音响系统的分类见表1-1。

表1-1　广播音响系统的分类

类型	内　容
公共广播系统	公共广播系统属有线广播系统，包括背景音乐和紧急广播功能。公共广播系统的报务区域广、距离远，为了减小传输线路引起的损耗，系统的输出功率馈送方式采用高压传输方式，由于传输电流小，故对传输线要求不高。例如旅馆客户的服务性广播线路宜采用铜芯多芯电缆或铜芯塑料绞合线；其他广播线路宜采用铜芯塑料绞合线；各种节目线应采用屏蔽线；火灾紧急广播应采用阻燃型铜芯电线和电缆或耐火型铜芯电线和电缆 公共广播系统可分为面向公众区的和面向宾馆客房的两类系统。面向公众区的公共广播系统主要用于语言广播，这种系统平时进行背景音乐广播，出现紧急情况时，可切换成紧急广播。面向宾馆客房的广播音响系统包括收音机的调幅和调频，在紧急情况下，客房广播自动中断
厅堂扩声系统	厅堂扩声系统一般采用定阻抗输出方式，传输线要求为截面面积粗的多股线，一般为塑料绝缘双芯多股铜芯导线；同声传译扩声系统一般采用塑料绝缘三芯多股铜芯导线；这两种扩声系统的传输导线都要穿钢管敷设或线槽敷设，不得将缆线与照明、电力线同槽敷设；若不能同槽，也要以中间隔离板分开 厅堂扩声系统使用专业音响设备，并要求有大功率的扬声器系统和功放，它的用途主要有面向体育馆、剧场、代表发言的厅堂扩声系统，面向歌舞厅、宴会厅、卡拉OK厅的音响系统
会议系统	会议系统包括会议讨论系统、表决系统和同声传译系统。这类系统也设置为公共广播提供的背景音乐和紧急广播两用的系统

对于屏蔽电缆电线，与设备、插头连接时应注意屏蔽层的连接，连接时应采用焊接，严禁采用扭接和绕接。

对于非屏蔽电缆电线，在箱、盒内的连接，可使这种线路两端插接在接线端子上，用接线端子排上的螺栓加以固定，压接应牢固可靠，并对每根导线两端进行编号。

厅堂、同声传译扩声控制室的扩音设备应设保护接地和工作接地。同声传译系统使用的屏蔽线的屏蔽层应接地，整个系统应构成一点式接地方式，以免产生干扰。

1.1.2.3　电视监控系统

电视监控系统是安全技术防范体系中的一个重要组成部分，是一种先进的、防范能力极强的综合系统。电视监控系统的主要功能是通过遥控摄像机及其辅助设备来监视被控场所，并把监测到的图像、声音内容传递到监控中心。

电视监控系统除了正常的监视外，还可实时录像。先进数字视频报警系统还把防盗报警与监控技术结合起来，直接完成探测任务。

电视监控系统主要是由以下几个方面组成的。

(1) 前端　前端主要用于获取被监控区域的图像。

(2) 传输部分　传输部分的主要作用是将摄像机输出的视频（有时包括音频）信号馈送到中心机房或其他监视点。

(3) 终端　终端主要用于显示和记录、视频处理、输出控制信号、接收前端传来的信号。

1.1.2.4　防盗报警系统

防盗报警系统是用探测器装置对建筑物内外重要地点和区域进行布防。防盗报警系统主要是由探测器、信号传输信息以及控制器组成。防盗报警系统经历了下列三次发展。

① 第一代安全防盗报警器是开关式报警器，它防止破门而入的盗窃行为。

② 第二代安全防盗报警器是安装在室内的玻璃破碎报警器和振动式报警器。

③ 第三代安全防盗报警器是空间移动报警器。防盗报警系统的设备多种多样，应用较多的探测器类型有主动与被动红外报警器、微波报警器以及被动红外-微波双鉴报警器等。

1.1.2.5 出入口控制系统

出入口控制系统是指利用自定义符识别或/和模式识别技术对出入口目标进行识别并控制出入口执行机构启闭的电子系统或网络。

出入口控制系统主要由识读部分、传输部分、管理/控制部分和执行部分以及相应的系统软件组成。

出入口控制系统的功能是控制人员的出入，还能控制人员在楼内及其相关区域的行动。

电子出入口控制装置需要识别相应的各类卡片或密码，才能通过。各种卡片识别技术发展很快，生物识别技术不断涌现。这类系统装置及识别技术比较先进，并且安装施工也比较简单方便。

1.1.2.6 楼宇对讲系统

楼宇对讲系统，亦称访客对讲系统。楼宇对讲系统是指为来访客人与住户之间提供双向通话或可视电话，并由住户遥控防盗门的开关向保安管理中心进行紧急报警的一种安全防范系统。楼宇对讲系统分为单对讲型、可视对讲型两类系统。单对讲型价格低廉，应用普遍；可视对讲型价格较高，随着技术的发展将逐渐推广起来。

1.1.2.7 电子巡更系统

电子巡更系统是保安人员在规定的巡逻路线上，在指定的时间和地点向中央控制站发回信号，控制中心通过电子巡更信号箱上的指示灯了解巡更路线的情况。它是管理者考察巡更者是否在指定时间按巡更路线到达指定地点的一种手段。巡更系统帮助管理者了解巡更人员的表现，而且管理人员可通过软件随时更改巡逻路线，以配合不同场合的需要。

电子巡更系统主要可以分为以下两种。

(1) 有线巡更系统　有线巡更系统由计算机、网络收发器、前端控制器、巡更点等设备组成。

(2) 无线巡更系统　无线巡更系统由计算机、传递单元、手持读取器、编码片等设备组成。

1.1.2.8 电话通信系统

电话通信系统是各类建筑必备的主要系统。电话通信设施的种类很多。传输系统按传输媒介分为有线传输和无线传输。从建筑弱电工程出发，主要采用布线传输方式。有线传输按传输信息工作方式又分为模拟传输和数字传输两种。模拟传输将信息转换成电流模拟量进行传输，例如普通电话就是采用模拟语言信息传输的。数字传输则是将信息按数字编码（PCM）方式转换成数字信号进行传输，程控电话交换就是采用数字传输各种信息的。

电话通信系统主要由电话交换设备、传输系统以及用户终端设备组成。建筑弱电工程中的通信系统安装施工主要是按规定在楼外预埋地下通信配线管道，敷设配线电缆，并在楼内预留电话交接间、暗管和暗管配线系统。

通信设备安装的内容主要有：电话交接间、交接箱、壁龛（嵌入式电缆交接箱、分线箱及过路箱）、分线盒以及电话出线盒。分线箱既可以明装在竖井内，也可以暗装在竖井外墙上。

1.1.2.9 全球定位系统

全球定位系统（GPS）是利用导航卫星进行测距、测速和定位，能够连续、实时、全天候地为全球范围内各个用户提供高精度的三维位置、速度和时间信息的空间无线电导航系统。

全球定位系统的组成见表 1-2。

表 1-2 全球定位系统的组成

组成部分	内容
空间部分	GPS 的空间部分由 24 颗飞行在 20183km 高空的 GPS 工作卫星组成。其中 21 颗为可用于导航的卫星，另 3 颗为活动的备用卫星。每颗 GPS 工作卫星都发出用于导航定位的信号，GPS 用户利用这些信号来进行工作
地面控制部分	GPS 的地面控制部分由分布在全球的由若干个跟踪站组成的监控系统构成。根据 GPS 作用的不同，跟踪站分为主控站、监控站、注入站。主控站的作用是根据各监控站对 GPS 的观测数据，计算出卫星时钟的改正参数，并将这些数据通过注入站注入卫星中去。监控站的作用是接收卫星信号，监测卫星的工作状态。注入站的作用是将主控站计算出的卫星星历和卫星时钟的改正参数等注入卫星中去

1.1.2.10 火灾自动报警与消防联动控制系统

火灾自动报警系统是由触发装置、火灾报警装置、火灾警报装置以及具有其他辅助功能装置组成的，它具有能在火灾初期将燃烧产生的烟雾、热量、火焰等物理量，通过火灾探测器变成电信号，传输到火灾报警控制器，并同时显示出火灾发生的部位、时间等，使人们能够及时发现火灾，并及时采取有效措施，扑灭初期火灾，最大限度地减少因火灾造成的生命和财产的损失，是人们同火灾作斗争的有力工具。

消防联动控制系统是指当确认火灾发生后，联动启动各种消防设备以达到报警及扑灭火灾作用的控制系统。

国内自动报警设备可分为区域报警控制器和集中报警控制器；国外部分产品仅有通用报警控制器系列，采用主机、从机报警方式，以通信总线连接成网，组网灵活性大，规模从小型到大型皆有。按照产品的不同，通信线可连成主干型或环型。

1.1.2.11 有线电视和卫星接收系统

有线电视和卫星接收系统的应用和推广，解决了城市高层建筑或电视信号覆盖区外的边远地区因电视信号反射和屏蔽严重影响电视信号接收的问题。有线电视网可分为大、中、小型，中小型通常采用电缆传输方式，而大型有线电视网已从电缆向光缆干线与电缆网络相结合的形式过渡。

电视系统的分配方式，一种是适用于有天线电视系统的串接单元的分配方式；另一种是供付费收看的有线电视适用的分配方式。若采用串接单元方式安装时，一种配管方法是用一根配管从顶层的分配器箱内一直穿通每层用户盒，此管内的同轴电缆是共用的；另一种配管方法是从顶层的分配器箱内配出一根管，一直穿通设在单元每个梯间的分支器盒内，同轴电缆由分配器箱至梯间分支器盒内为共用一根电缆，再由梯间分支器盒内引出配管至用户盒。

卫星电视接收系统要使用同步卫星，同步卫星通常分为通信卫星和广播卫星。通信卫星主要用于通信目的，在传送电话、传真的同时传送电视广播信号。广播卫星主要用于电视广播。卫星电视接收天线架安装前选择架设位置要慎重，先进行环境调查，必须避开微波干扰，接收卫星电视的方位角应保证接收天线仰角大于等于天际线仰角 5°。

电缆电视系统的天线一般都安装在建筑物的最高处，因此天线避雷至关重要。当建筑物有避雷带时，可用扁钢或圆钢将天线杆、基座与其避雷带焊接为一体，并将器件金属部件屏蔽接地，所有金属屏蔽层、电线(缆)屏蔽层及器件金属外壳(座)应全部连通。

1.1.2.12 综合布线系统

建筑物综合布线系统（PDS）是计算机和通信技术、社会信息化和经济国际化的需要，也是办公自动化进一步发展的结果。它是跨学科、跨行业的系统工程，作为一种信息产业，它包含这几个方面：楼宇自动化系统（BA）、通信自动化系统（CA）、办公自动化系统（OA）以及计算机网络系统（CN）。

综合布线系统所包含的子系统见表 1-3。

表 1-3 综合布线系统所包含的子系统

子系统	内 容
工作区子系统	工作区子系统是由RJ45跳线信息插座与所连接的设备组成。它所使用的连接器是具有国际ISDN标准的8位接口,它能接收低压信号以及高速数据网络信息和数码音频信号
水平干线子系统	水平干线子系统是整个布线系统最重要的部分,它是从工作区的信息插座开始到管理间子系统的配线架
管理间子系统	管理间子系统由交连、互连和I/O组成。它是连接垂直干线子系统和水平干线子系统的设备,其主要设备是配线架、集线器、机框和电源
垂直干线子系统	垂直干线子系统提供建筑物的干线电缆,负责连接管理间子系统和设备间子系统,通常使用光缆或选用大对数的非屏蔽双绞线
楼宇子系统	楼宇子系统是将一个建筑物中的电缆延伸到另一个建筑物的通信设备和装置,通常由光缆和相应设备组成
设备间子系统	设备间子系统由电缆、连接器和相关支撑硬件组成。它把各种公共系统设备的多种不同设备互连起来,其中包括邮电部门的光缆、同轴电缆和程控交换机等

1.1.2.13 计算机网络系统

计算机网络就是指利用通信线路将具有独立功能的计算机连接起来而形成的集合，计算机之间使用相同的通信规则，借助通信线路来交换信息，共享软件、硬件和数据等资源。网络中计算机在交换信息的过程中共同遵循的通信规则就是网络协议。网络协议对于保证网络中计算机有条不紊地工作是非常重要的。

组建计算机网络的目的是为了计算机之间的资源共享。因此，网络能提供资源的多少决定了一个网络的存在价值。计算机网络的规模有大有小，大的可以覆盖全球，小的可以仅由两台或几台微机构成。通常，网络规模越大，包含的计算机越多，它所提供的网络资源就越丰富，其价值也就越高。

1.2 弱电工程施工的实施步骤

弱电工程项目的实施通常需要经历的过程有：可行性研究、弱电安装工程施工预算、弱电工程的招标、签订合同、工程初步设计及工程方案认证内容、正式设计、工程施工、系统调试以及竣工验收。

1.2.1 可行性研究

在建设单位实施弱电工程项目之前必须先进行工程项目的可行性研究。研究报告可由建设单位或设计单位编制，并对被防护目标的风险等级与防护级别、工程项目的内容和要求、施工工期、工程费用等方面进行论证。可行性研究报告批准后，方可进行正式工程立项。

弱电系统施工时间表的确定由建设单位组织弱电各系统设备供应商、机电设备供应商以及工程安装承包商进行工程施工界面的协调和确认，从而形成弱电工程时间表。其中主要应包括系统施工图的确认或二次深化设计、设备选购、管线施工、设备安装前单体验收、设备安装、系统调试开通、系统竣工验收和培训等内容，同时工程施工界面协调和确认应形成纪要或界面协调文件。

1.2.2 弱电安装工程施工预算与招标

1.2.2.1 弱电安装工程施工预算

弱电安装工程施工预算，按不同的设计阶段编制成的可以分为：设计概算、施工图预算、设计预算以及电气工程概算四种。

通常采用电气工程概算作为工程结算和投资控制的手段，而预算仅作施工企业内部管理用，概算定额是以主代次，子项目少，概括性强，比较容易接近实际工程的用量。工程总承包适用概算定额，定额价格中包含有不同预欠费的成分。

1.2.2.2 弱电安装工程招标

工程项目在主管部门和建设单位的共同主持下进行招标，工程招标应由建设单位根据设计任务书的要求编制招标文件，发出招标广告或通知。

建设单位组织招标单位勘察工程现场，负责解答招标文件中的有关问题。

中标单位根据建设单位任务设计书提出的委托和设计施工的要求，提出工程项目的具体建议和工程实施方案。

1.2.3 签订合同

中标单位提出的工程实施方案经建设单位批准后，委托生效，这时可签订工程合同。工程合同的条款应包括以下几个方面内容。

① 工程名称和内容。

② 建设单位和设计施工单位的责任和任务。

③ 工程进度和要求。

④ 工程费用和付款方式。

⑤ 工程验收方法。

⑥ 人员培训和维修。

⑦ 风险及违约责任。

⑧ 其他有关事项。

1.2.4 工程初步设计及工程方案认证

1.2.4.1 工程初步设计内容

① 系统设计方案及系统功能。

② 器材平面布防图和防护范围。

③ 系统框图及主要器材配套清单。

④ 中心控制室布局及使用操作。

⑤ 工程费用的概算和建设工期。

1.2.4.2 工程方案认证内容

① 对初步设计的各项内容进行审查。

② 对工程设计中技术、质量、费用、工期、服务和预期效果作出评价。

③ 对工程设计中有异议的内容提出评价意见。

1.2.5 正式设计

对工程设计方案进行论证后，方可进入正式设计阶段。正式设计主要应包含以下两个方面的内容。

① 提交技术设计、施工图设计，操作、维修说明和工程费用预算书。

② 建设单位对设计文件和预算进行审查，审批后工程进入实施阶段。

1.2.6 工程施工

① 工程施工后，依照工程设计文件所预选的器材及数量进行订货。

② 按管线铺设图和施工规范进行管线铺设施工。

③ 按施工图的技术要求进行器材和设备的安装。

1.2.7 系统调试

按系统功能要求进行系统调试，系统调试报告包括以下几个方面内容。

① 系统运行是否正常。

② 系统功能是否符合设计要求。

③ 误报警、漏报警的次数及产生原因。

④ 故障产生的次数及排除故障的时间。

⑤ 维修服务是否符合合同规定。

弱电系统种类很多，性能指标和功能特点差异很大。通常都是先单体设备或部件调试，而后局部或区域调试，最后是整体系统调试。也有些智能化程度高的弱电系统，譬如智能化火灾自动报警系统，有些产品是先调试报警控制主机，再逐一调试所连接的所有火灾探测器和各类接口模块与设备；又如弱电集成系统也是如此，在中央监控设备安装完毕后进行，调试步骤为：中央监控设备→现场控制器→分区域端接好的终端设备→程序演示→部分开通。

1.2.8 竣工验收

弱电工程验收主要可以分为以下几个步骤进行。

1.2.8.1 隐蔽工程

弱电安装中线管预埋、直埋电缆、接地极等都属于隐蔽工程，这些工程在下道工序施工前，应由建设单位代表进行隐蔽工程检查验收，并认真办理好隐蔽工程验收手续，纳入技术档案。

1.2.8.2 分项工程

弱电工程在某阶段工程结束或某一分项工程完工后，由建设单位会同设计单位进行工程验收；有些单项工程则由建设单位申报当地主管部门进行验收。火灾自动报警与消防控制系统由公安消防部门验收；安全防范系统由公安技防部门验收；卫星接收电视系统由广播电视部门验收。

1.2.8.3 竣工工程

工程竣工验收是对整个工程建设项目的综合性检查验收。在工程正式验收前，应由施工单位进行预验收，检查有关的技术资料、工程质量，发现问题及时解决。

智能化建筑物管理系统验收，在各个子系统分别调试完成后，演示相应的联动联锁程序。在整个系统验收文件完成以及系统正常运行一个月以后，方可进行系统验收。在整个集成系统验收前，也可分别进行集成系统各子系统的工程验收。

1.3 弱电工程施工验收

1.3.1 弱电工程施工验收目的

1.3.1.1 对工程施工质量全面考察

弱电工程竣工验收将按规范和技术标准通过对已竣工工程检查和试验，考核承包商的施工质量、系统性能是否达到了设计要求和使用能力，是否可以正式投入运行。通过竣工验收可以及时发现和解决系统运行和使用方面存在的问题，以保证系统按照设计要求的各项技术经济指标正常投入运行。

1.3.1.2 明确和履行合同责任

系统能否顺利通过竣工验收，是判别承包商是否按系统工程承包合同约定的责任范围完成了工程施工义务的标志。圆满地通过竣工验收后，承包商可以与业主办理竣工结算手续，将所施工的工程移交业主或物业公司使用和照管。

1.3.1.3 验收是系统交付使用的必备程序

系统工程竣工验收，也是全面考核工程项目建设成果，检验项目决策、规划与设计、施工、综合管理水平，以及总结工程项目建设经验的重要环节。系统只有经过竣工验收，才能正式交付业主或物业公司使用，并办理设备与系统的移交。

1.3.2 弱电工程施工验收方式

弱电系统由各种类型和用途的自动控制系统、图像视频系统以及计算机网络系统等组成。由于这些系统跨越多个专业技术领域和行业，且施工工期、行业监管方式、验收规范和要求均不相同，因此，其竣工验收的方式和实施办法与其他建筑机电系统相比有明显区别。依据工程管理与工程监理经验，弱电工程竣工验收可采用分系统、分阶段多层次和先分散后集中的验收方式，整个系统验收按施工和调试运行阶段可以分为管线验收（隐蔽工程验收）、单体设备验收、单项系统功能验收、系统联动（集成）验收、第三方测试验收、系统竣工交付验收六个层次的验收方式。

分阶段多层次验收方式因系统验收工作分阶段、分层次地具体化，可在每个施工节点即时验收并做工程交接，故能适合上述工程承包模式，有利于形成规范的随工验收、交工验收、交付验收制度，便于划清各方工程界面，有效地实施整个项目的工程管理。

1.3.3 弱电工程施工验收内容

按分系统、分阶段多层次验收方式可将弱电工程竣工验收过程分为：管线验收（隐蔽工程验收）、单体设备验收、单项系统功能验收、系统联动（集成）验收、第三方测试验收以及系统竣工交付验收六个阶段，整个系统验收工作是分散在这六个阶段中完成的，每个阶段验收工作的内容见表1-4。

表1-4 验收工作的主要内容

工作内容	备注
管线验收（隐蔽工程验收）	弱电系统的管线验收是指对系统的电管和缆线安装、敷设、测试完成后进行的阶段验收，管线验收是管线施工和设备安装与调试的工作界面，只有通过管线验收才可进一步进行设备通电试验。管线验收可以作为机电设备施工管线隐蔽工程验收的一部分，由监理组织业主、施工单位、系统承包商、设备供应商等共同参加。管线验收报告应包括管线施工图、施工管线的实际走向、长度与规格、安装质量、缆线测试记录等。在施工期内，验收报告可用于核算工作量和支付工程进度款，同时也是工程后期制作系统竣工图和竣工决算的依据。若设备安装与调试是由其他工程公司承担，也可以此办理管线交接
单体设备验收	弱电系统的单体设备验收是指对系统设备安装到位，通电试验完成后，对已安装好的设备的验收，通常以现场安装设备为主。如卫星接收与CATV系统的天线、分支分配器和终端等，安保系统的摄像机、探测器，BA系统的传感器、执行器等。通过单体设备验收是进行系统调试的必要条件，同时也可对设备安装质量、性能指标、产地证明、实际数量等及时核实和清点。单体设备验收可由监理组织业主、安装公司、系统承包商、设备供应商等共同参加。验收报告应包括：设备供货合同，设备到场开箱资料，进口设备产地证明，设备安装施工平面图和工艺图，安装设备名称、规格、实际数量、试验数据等。单体设备验收报告可用于核算设备安装工作量和支付工程进度款，同时也是工程后期竣工决算的依据。若设备供应、安装与调试是由多家工程公司承担，也可以此办理设备的移交或以此作为相互间的产品保护依据
单项系统功能验收	弱电系统的单项系统功能验收指对调试合格的各子系统及时实施功能性验收（竣工资料审核、费用核算等可在后续阶段进行），以便系统及早投入试运行并发挥作用。单项系统功能验收可由监理组织业主、系统承包商、物业管理部门等共同参加验收。验收报告应包括：系统功能说明（方案）、工程承包合同、系统调试大纲、系统调试记录、系统操作使用说明书等。通过单项系统功能验收是系统可以进入试运行的必要条件，系统承包商还应及时对物业人员作相应技术培训。系统试运行期间，系统运行与维护由系统承包商与物业管理部门共同照管
系统联动（集成）验收	弱电系统的系统联动（集成）验收也是一种对系统的功能性验收。系统联动（集成）验收对象是各子系统正常运行条件下的系统间联动功能，或者是对各子系统的集成功能。系统联动（集成）验收可由监理组织业主、系统承包商、物业管理部门等共同参加验收。具体可根据系统联动（集成）的内容和规模以不同的方式操作，如子系统间联动验收（消防和安保、消防和门禁等）可在单项系统功能验收后补充验收内容，BMS类的系统集成可以作为BA系统功能的补充内容组织验收，而IBMS类的系统集成则应作为单独一个上层子系统组织验收
第三方测试验收	弱电系统通过系统功能和联动（集成）的验收，并经过一定时间试运行后，应由国家有关部门组织竣工验收。但因建筑智能化系统的特殊性，尚无统一的部门来完成整个系统的验收。目前必须由行业监管部门组织的验收主要有消防部门的消防报警与联动控制系统验收，公安部门的安保系统验收，广电部门的CATV系统验收，电信部门的电话、程控交换机系统验收，无线电管委会对楼宇通信中继站的验收等。另外还有技术监督部门组织综合布线系统验收、楼宇自控系统验收、智能建筑的检验和评估等。上述系统验收都必须先经过有资质的第三方测试，第三方资质由行业主管部门或权威机构认定。具体申报、测试、验收流程和验收资料要求、报告格式详见相应规范，这里不一一列举

续表

工作内容	备　注
系统竣工交付验收	弱电系统交付验收由国家有关部门和业主上级单位组成的验收委员会主持，业主、监理、系统承包商及有关单位参加。主要内容有： ①听取业主对项目建设的工作报告。 ②审核竣工项目移交使用的各种档案资料。 ③评审项目质量。对主要工程部位的施工质量进行复验、鉴定，对系统设计的先进性、合理性、经济性进行鉴定和评审。 ④审查系统运行规程，检查系统正式运行准备情况。 ⑤核定收尾工程项目，对遗留问题提出处理意见。 ⑥审查前阶段竣工验收报告，签署验收鉴定书，对整个项目作出总的验收鉴定。 ⑦整个工程项目竣工验收后，业主应迅速办理系统交付使用手续，并按合同进行竣工决算

弱电系统建设项目是集多种现代技术、涉及多个行业领域的系统工程，对工程管理与监理人员在专业知识和工程管理经验上都有较高要求。分阶段多层次的验收方式要求对每一阶段都提出具体的、切实可行的验收目标和操作方法，可有效地帮助工程管理与监理人员在工程的每一重要环节实施质量和进度控制，从而确保整个系统工程如期顺利地实施。

1.4 建筑弱电工程施工时应注意的问题

由于建筑物的性质、功能以及规模不同，弱电工程的安装与施工也各不相同。信息点多的高楼大厦，弱电系统工程是在室内进行安装与施工的，相应的管线敷设简单；如果是工业建筑，则既有室内又有室外作业，管线敷设比较复杂。施工时要充分考虑建筑物的现状，与土建、设备、管道、电力、照暖和空调等专业密切配合，按照设计要求进行施工，并要解决好弱电工程综合管线与土建工程的施工配合、弱电工程与装修工程的施工配合问题。

弱电施工，目前主要以手工操作加电动工具和液压工具配合施工，施工要求按照有关弱电工程安装施工及验收规范进行。可靠性、工程质量是整个弱电系统施工质量的核心。弱电系统安装施工的特点主要有。

① 系统多而且复杂，技术先进。

② 施工周期较长，作业空间大，使用设备和材料品多，有些设备不但很精密，价格也十分昂贵。

③ 在系统中涉及计算机、通信、无线电、传感器等多方面的专业，给调试工作增加了复杂性。

弱电系统施工过程中要把握住 3 个环节，6 个阶段。

1.4.1 弱电系统施工过程中应把握的 3 个环节

弱电系统施工过程中需要把握的 3 个环节见表 1-5。

表 1-5 弱电系统施工过程中应把握的 3 个环节

项目环节	内　容
弱电集成系统施工图的会审	图纸会审是一项极其严肃和重要的技术工作。认真做好图纸会审工作，对于减少施工图中的差错，保证和提高工程质量有重要作用。在图纸会审前，施工单位必须向建设单位索取施工图，负责施工的专业人员应首先认真阅读施工图，熟悉图纸的内容和要求，把疑难问题整理出来，把图纸中存在的问题记录下来，在设计交底和图纸会审时解决。 图纸会审应由弱电工程总包方组织和领导，分别由建设单位、各子系统设备供应商、系统安装承包商参加，有步骤地进行，并按照工程性质、图纸内容等分别组织会审工作。会审结果应形成纪要，由设计、建设、施工三方共同签字，并分发下去，作为施工图的补充技术文件

续表

项目环节	内　容
弱电集成系统施工工期的时间表	确定施工工期的时间表是施工进度管理、人员组织和确保工程按时竣工的主要措施，因此，工程合约一旦签订，应立即由建设方组织智能弱电集成系统各子系统设备供应商、机电设备供应商、工程安装承包商进行工程施工界面的协调和确认，从而形成弱电工程施工工期时间表。该时间表的主要时间段内容包括：系统设计、设备生产与购买、管线施工、设备验收、系统调试、培训和系统验收等，同时工程施工界面的协调和确认应形成纪要或界面协调文件
弱电集成系统工程施工技术交底	技术交底包括智能弱电集成系统设计单位（通常是系统总承包商）与工程安装承包商、各分系统承包商和机电设备供应商内部负责施工专业的工程师与工程项目技术主管（工程项目工程师）的技术交底工作。 ①弱电集成系统设计单位与工程安装承包商之间的技术交底工作的目的通常有以下两个方面。 a. 为了明确所承担施工任务的特点、技术质量要求、系统的划分、施工工艺、施工要点和注意事项等，做到心中有数，以利于有计划、有组织地多快好省地完成任务，工程项目经理可以进一步帮助工人理解消化图纸。 b. 对工程技术的具体要求、安全措施、施工程序、配制的工具等作详细地说明，使责任明确，各负其责。 ②技术交底的主要内容包括： a. 施工中采用的新技术、新工艺、新设备、新材料的性能和操作使用方法。 b. 预埋部件注意事项。 c. 技术交底应做好相应的记录

1.4.2　弱电系统施工过程中应注意的6个阶段

弱电系统施工过程中需要注意的6个阶段见表1-6。

表1-6　弱电系统施工过程中应注意的6个阶段

应注意的阶段	内　容
弱电集成系统预留孔洞和预埋线管与土建工程的配合	通常在建筑物土建初期的地下层工程中，牵涉到弱电集成系统线槽孔洞的预留和消防、保安系统线管的预埋，因此在建筑物地下部分的“挖坑”阶段，弱电集成系统承包商就应该配合建筑设计院完成该建筑物地下层、裙楼部分的孔洞预留和线管预埋的施工图设计，以确保土建工程如期进行
线槽架的施工与土建工程的配合	弱电集成系统线槽架的安装施工，应在土建工程基本结束以后，并与其他管道（风管、给排水管）的安装同步，也可稍迟于管道安装一段时间（约15个工作日），但必须在设计上解决好弱电线槽与管道在空间位置上的合理安置和配合问题
弱电集成系统布线和中控室布置与土建和装饰工程的配合	弱电集成系统布线和穿线工作，在土建完全结束以后，与装饰工程同步进行，同时中央监控室的装饰也应与整体的装饰工程同步，在中央监控室基本装饰完毕前，应将中控台、电视墙、显示屏定位
弱电集成系统设备的定位、安装、接线端连线	弱电集成系统设备的定位、安装、接线端连线，应在装饰工程基本结束时开始，当相应的监控机电设备安装完毕以后，弱电系统集成设备的定位、安装和连线的步骤应该为： ①中控设备； ②现场控制器； ③报警探头； ④传感器； ⑤摄像机； ⑥读卡器； ⑦计算机网络设备
弱电集成系统调试	弱电集成系统的调试，基本上在中控设备安装完毕后即可进行，调试的步骤是： ①中控设备； ②现场控制器； ③分区域端接好的终端设备； ④程序演示； ⑤部分开通； ⑥全部开通。 弱电集成系统的调试周期大约需要30～45d
弱电集成系统验收	由业主组织系统承包商、施工单位进行系统的竣工验收是对弱电系统的设计、功能和施工质量的全面检查。在整个集成系统验收前，分别进行集成系统中的各子系统工程验收。为了做好系统的工程验收，要进行以下几方面的准备工作。 (1)系统验收文件　在施工图的基础上，将系统的最终设备，终端器件的型号、名称、安装位置，线路连线正确地标注在楼层监控及信息点分布平面图上，同时要向业主提供完整的“监控点参数设定表”、“系统框图”、“系统试运行日登记表”等技术资料，以便业主以后对系统提升和扩展，为系统的维护和维修提供一个有据可查的文字档案。 (2)系统培训　弱电系统承包商要向业主提供不少于一周的系统培训课程，该培训课程需在工程现场进行。培训课程的主要内容是系统的操作、系统的参数设定和修改、系统的维修三个方面，同时要进行必要的上机考核。业主方参加系统培训的人员，必须是具有一定专业技术的工程技术人员或实际的值班操作人员

2 建筑物防雷与接地系统施工技术

2.1 建筑物防雷与接地系统概述

2.1.1 易受雷击的建筑物及部位

2.1.1.1 易遭受雷击的建（构）筑物

① 高耸突出的建筑物，如水塔、电视塔、高楼等。

② 排出导电尘埃、废气热气柱的厂房、管道等。

③ 内部有大量金属设备的厂房。

④ 地下水位高或有金属矿床等地区的建（构）筑物。

⑤ 孤立、突出在旷野的建（构）筑物。

2.1.1.2 建筑物易受雷击的部位

① 平屋面或坡度不大于 1/10 的屋面——檐角、女儿墙、屋檐，如图 2-1(a)、(b) 所示。

② 坡度大于 1/10 且小于 1/2 的屋面——屋角、屋脊、檐角、屋檐，如图 2-1(c) 所示。

③ 坡度不小于 1/2 的屋面——屋角、屋脊、檐角，如图 2-1(d) 所示。

④ 对图 2-1(c)、(d)，在屋脊有避雷带的情况下，当屋檐处于屋脊避雷带的保护范围内时屋檐上可不设避雷带。

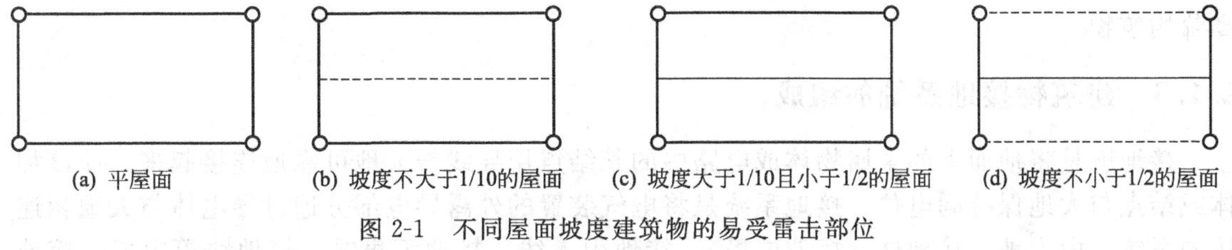

图 2-1　不同屋面坡度建筑物的易受雷击部位

○—雷击率最高部位；——— —易受雷击部位；------ —不易受雷击的屋脊或屋檐

2.1.2 建筑物的防雷分类

2.1.2.1 第一类防雷建筑物

在可能发生对地闪击的地区，遇下列情况之一时，应划为第一类防雷建筑物。

① 凡制造、使用或储存火炸药及其制品的危险建筑物，因电火花而引起爆炸、爆轰，会造成巨大破坏和人身伤亡者。

② 具有 0 区或 20 区爆炸危险场所的建筑物。

③ 具有 1 区或 21 区爆炸危险场所的建筑物，因电火花而引起爆炸，会造成巨大破坏和人身伤亡者。

2.1.2.2 第二类防雷建筑物

在可能发生对地闪击的地区，遇下列情况之一时，应划为第二类防雷建筑物。

① 国家级重点文物保护的建筑物。

② 国家级的会堂、办公建筑物、大型展览和博览建筑物、大型火车站和飞机场、国宾馆、国家级档案馆、大型城市的重要给水泵房等特别重要的建筑物。

注：飞机场不含停放飞机的露天场所和跑道。

③ 国家级计算中心、国际通信枢纽等对国民经济有重要意义的建筑物。

④ 国家特级和甲级大型体育馆。

⑤ 制造、使用或储存火炸药及其制品的危险建筑物，且电火花不易引起爆炸或不致造成巨大破坏和人身伤亡者。

⑥ 具有 1 区或 21 区爆炸危险场所的建筑物，且电火花不易引起爆炸或不致造成巨大破坏和人身伤亡者。

⑦ 具有 2 区或 22 区爆炸危险场所的建筑物。

⑧ 有爆炸危险的露天钢质封闭气罐。

⑨ 预计雷击次数大于 0.05 次/年的部、省级办公建筑物和其他重要或人员密集的公共建筑物以及火灾危险场所。

⑩ 预计雷击次数大于 0.25 次/年的住宅、办公楼等一般性民用建筑物或一般性工业建筑物。

2.1.2.3 第三类防雷建筑物

在可能发生对地闪击的地区，遇下列情况之一时，应划为第三类防雷建筑物。

① 省级重点文物保护的建筑物及省级档案馆。

② 预计雷击次数大于或等于 0.01 次/年，且小于或等于 0.05 次/年的部、省级办公建筑物和其他重要或人员密集的公共建筑物以及火灾危险场所。

③ 预计雷击次数大于或等于 0.05 次/年，且小于或等于 0.25 次/年的住宅、办公楼等一般性民用建筑物或一般性工业建筑物。

④ 在平均雷暴日大于 15d/年的地区，高度在 15m 及以上的烟囱、水塔等孤立的高耸构筑物；在平均雷暴日小于或等于 15d/年的地区，高度在 20m 及以上的烟囱、水塔等孤立的高耸构筑物。

2.1.3 建筑物接地系统的组成

接地就是将地面上的金属物体或电路中的某结点用导线与大地可靠地连接起来，使该物体或结点与大地保持同电位。接地系统是将电气装置的外露导电部分通过导电体与大地相连接的系统，由大地、接地体（接地电极）、接地引入线、接地汇集线、接地线等组成。接地系统的作用主要是防止人身遭受电击、设备和线路遭受损坏、预防火灾和防止雷击、防止静电损害和保障通信系统正常运行。

组成接地系统的各部分的功能如下。

(1) 大地　接地系统中所指的地即为一般的土地，不过它有导电的特性，并且有无限大的容量，可以作为良好的参考电位。

(2) 接地体（接地电极）　接地体是使各地线电流汇入大地扩散和均衡电位而设置的与土地物理结合形成电气接触的金属部件。

(3) 接地引入线　接地体与贯穿建筑各楼层的接地总汇集线之间相连的连接线称为接地引入线。

(4) 接地汇集线　接地汇集线是指建筑物内分布设置并可与各接地线相连的一组接地干

线的总称。

根据等电位原理，为提高接地有效性和减少地线上杂散电流回窜，接地汇集线分为垂直接地总汇集线和水平接地分汇集线两部分，其中垂直接地总汇集线是一条主干线，其一端与接地引入线连通，另一端与建筑物各楼层的钢筋和各楼层的水平接地分汇集线相连，形成辐射状结构。

为了防雷电电磁干扰，垂直接地总汇集线宜安装在建筑物中央部位；也可在建筑物底层安装环形汇集线，并垂直引到各机房的水平接地分汇集线上。

(5) 接地线　建筑内各类需要接地的设备与水平接地分汇集线之间的连线，其截面积应根据可能通过的最大负载电流确定，不准使用裸导线布放。

2.1.4 建筑物接地系统的种类

根据建筑和通信工程需要，交、直流电源系统和建筑物防雷系统等都要求接地，各种接地的分类一般可分为功能性接地、保护性接地。

2.1.4.1 功能性接地

功能性接地是指用于保证设备（系统）的正常运行，或使设备（系统）可靠而正确地实现其功能的接地方式。

(1) 工作接地　工作接地是为电路正常工作而提供的一个基准电位。该基准电位可以设为电路系统中的某一点、某一段或某一块等。当该基准电位不与大地连接时，视为相对的零电位。这种相对的零电位会随着外界电磁场的变化而变化，从而导致电路系统工作的不稳定。当该基准电位与大地连接时，基准电位视为大地的零电位，而不会随着外界电磁场的变化而变化。但是不正确的工作接地反而会增加干扰。比如共地线干扰、地环路干扰等。为防止各种电路在工作中产生互相干扰，使之能相互兼容地工作，根据电路的性质，将工作接地分为不同的种类，比如直流地、交流地、数字地、模拟地、信号地、功率地、电源地等。上述不同的接地应当分别设置。

① 信号地。信号地是各种物理量的传感器和信号源零电位的公共基准地线。由于信号一般都较弱，易受干扰，因此对信号地的要求较高。

② 模拟地。模拟地是模拟电路零电位的公共基准地线。由于模拟电路既承担小信号的放大，又承担大信号的功率放大，既有低频放大，又有高频放大，因此模拟电路既易接受干扰，又可能产生干扰。所以对模拟地的接地点选择和接地线的敷设更要充分考虑。

③ 数字地。数字地是数字电路零电位的公共基准地线。由于数字电路工作在脉冲状态，特别是脉冲的前后沿较陡或频率较高时，易对模拟电路产生干扰。所以对数字地的接地点选择和接地线的敷设也要充分考虑。

④ 电源地。电源地是电源零电位的公共基准地线。由于电源往往同时供电给系统中的各个单元，而各个单元要求的供电性质和参数可能有很大差别，因此既要保证电源稳定可靠地工作，又要保证其他单元稳定可靠地工作。

⑤ 功率地。功率地是负载电路或功率驱动电路零电位的公共基准地线。由于负载电路或功率驱动电路的电流较强、电压较高，所以功率地线上的干扰较大。因此功率地必须与其他弱电地分别设置，以保证整个系统稳定可靠地工作。

(2) 屏蔽接地　屏蔽与接地应当配合使用，才能起到屏蔽的效果，比如静电屏蔽。当用完整的金属屏蔽体将带正电的导体包围起来，在屏蔽体的内侧将感应出与带电导体等量的负电荷，外侧将出现与带电导体等量的正电荷，因此外侧仍有电场存在。如果将金属屏蔽体接地，外侧的正电荷将流入大地，外侧将不会有电场存在，即带正电导体的电场被屏蔽在金属屏蔽体内。

再如交变电场屏蔽。为降低交变电场对敏感电路的耦合干扰电压，可以在干扰源和敏感电路之间设置导电性好的金属屏蔽体，并将金属屏蔽体接地。只要设法使金属屏蔽体良好接地，就能使交变电场对敏感电路的耦合干扰电压变得很小。

(3) 逻辑接地　为了确保参考电位的稳定，将电子设备中的适当金属件作为“逻辑地”，一般采用金属地板作逻辑地。

(4) 测量接地　在通信电源的接地系统中，专门用来检查、测试通信设备的工作接地而埋设的辅助接地，称为测量接地。平时接在直流工作地线盒中的地线排上，与直流工作接地装置并联使用，当需要测量工作地线接地电阻时，将其引线与地线盒中的接地铜排脱离，此时测量接地代替直流工作地线运行。

2.1.4.2　保护性接地

保护性接地即以人身和设备的安全为目的的接地。

(1) 保护接地　在通信电源设备中，将设备在正常情况下与带电部分绝缘的金属外壳与接地体之间做良好的金属连接，可以防止设备因绝缘损坏而使人员遭受触电的危险，这种保护工作人员安全的接地措施，称为保护接地（或叫安全接地）。

(2) 防雷接地　当电力电子设备遇雷击时，不论是直接雷击还是感应雷击，电力电子设备都将受到极大伤害。为防止雷击而设置避雷针，以防雷击时危及设备和人身安全的措施称为防雷接地。

上述两种接地主要为安全考虑，均要直接接在大地上。

(3) 防静电接地　将静电荷引入大地，防止由于静电积聚对人体和设备造成的危害。

(4) 防电蚀接地　在地下埋设金属体作为牺牲阳极或阴极，防止电缆、金属管道等受到电蚀。

2.1.5　建筑物的接地方式

工作接地按工作频率而采用以下几种接地方式。

2.1.5.1　单点接地

工作频率低（<1MHz）的采用单点接地方式(即把整个电路系统中的一个结构点看作接地参考点，所有对地连接都接到这一点上，并设置一个安全接地螺栓)，以防两点接地产生共地阻抗的电路性耦合。多个电路的单点接地方式又分为串联和并联两种，由于串联接地产生共地阻抗的电路性耦合，所以低频电路最好采用并联的单点接地方式。

为防止工频和其他杂散电流在信号地线上产生干扰，信号地线应与功率地线和机壳地线绝缘，且只在功率地、机壳地和接大地的接地线的安全接地螺栓上相连。

2.1.5.2　多点接地

工作频率高（>30MHz）的采用多点接地方式（即在该电路系统中，用一块接地平板代替电路中每部分各自的地回路)。因为接地引线的感抗与频率和长度成正比，工作频率高时将增加共地阻抗，从而将增大共地阻抗产生的电磁干扰，所以要求地线的长度尽量短。采用多点接地时尽量找最接近的低阻值接地面接地。

2.1.5.3　混合接地

工作频率介于1～30MHz的电路采用混合接地方式。当接地线的长度小于工作信号波长的1/20时，采用单点接地方式，否则采用多点接地方式。

2.1.5.4　浮地

浮地方式即该电路的地与大地无导体连接。其优点是该电路不受大地电性能的影响；其缺点是该电路易受寄生电容的影响，而使该电路的地电位变动和增加了对模拟电路的感应干扰。由于该电路的地与大地无导体连接，易产生静电积累而导致静电放电，可能造成静电击穿或强烈的干扰。因此，浮地的效果不仅取决于浮地的绝缘电阻的大小，而且取决于浮地的寄生电容的大小和信号的频率。

2.2 建筑物防雷措施

2.2.1 基本规定

① 各类防雷建筑物应设防直击雷的外部防雷装置，并应采取防闪电电涌侵入的措施。

第一类防雷建筑物和《建筑物防雷设计规范》（GB 50057—2010）中第 3.0.3 条 5～7 款所规定的第二类防雷建筑物，还应采取防闪电感应的措施。

② 各类防雷建筑物应设内部防雷装置，并应符合下列规定。

a. 在建筑物的地下室或地面层处，以下物体应与防雷装置做防雷等电位连接。

ⅰ. 建筑物金属体。

ⅱ. 金属装置。

ⅲ. 建筑物内系统。

ⅳ. 进出建筑物的金属管线。

b. 除①中的措施外，外部防雷装置与建筑物金属体、金属装置、建筑物内系统之间，尚应满足间隔距离的要求。

③《建筑物防雷设计规范》（GB 50057—2010）中第 3.0.3 条 2～4 款所规定的第二类防雷建筑物尚应采取防雷击电磁脉冲的措施。其他各类防雷建筑物，当其建筑物内系统所接设备的重要性高，以及所处雷击磁场环境或加于设备的闪电电涌无法满足要求时，也应采取防雷击电磁脉冲的措施。防雷击电磁脉冲的措施应符合《建筑物防雷设计规范》（GB 50057—2010）第 6 章的规定。

2.2.2 第一类防雷建筑物的防雷措施

2.2.2.1 第一类防雷建筑物防直击雷措施

① 应装设独立接闪杆或架空接闪线或网。架空接闪网的网格尺寸不应大于 5m×5m 或 6m×4m。

② 排放爆炸危险气体、蒸气或粉尘的放散管、呼吸阀、排风管等的管口外的以下空间应处于接闪器的保护范围内。

a. 当有管帽时应按表 2-1 的规定确定。

表 2-1 有管帽的管口外处于接闪器保护范围内的空间

装置内的压力与周围空气压力的压力差/kPa	排放物对比于空气	管帽以上的垂直距离/m	距管口处的水平距离/m
<5	重于空气	1	2
5～25	重于空气	2.5	5
≤25	轻于空气	2.5	5
>25	重或轻于空气	5	5

注：相对密度小于或等于 0.75 的爆炸性气体规定为轻于空气的气体；相对密度大于 0.75 的爆炸性气体规定为重于空气的气体。

b. 当无管帽时，应为管口上方半径 5m 的半球体。

c. 接闪器与雷闪的接触点应设在 a 或 b 所规定的空间之外。

③ 排放爆炸危险气体、蒸气或粉尘的放散管、呼吸阀、排风管等，当其排放物达不到爆炸浓度、长期点火燃烧、一排放就点火燃烧以及发生事故时排放物才达到爆炸浓度的通风管、安全阀，接闪器的保护范围可仅保护到管帽，无管帽时可仅保护到管口。

④ 独立接闪杆的杆塔、架空接闪线的端部和架空接闪网的每根支柱处应至少设一根引下线。对用金属制成或有焊接、绑扎连接钢筋网的杆塔、支柱，宜利用金属杆塔或钢筋网作为引下线。

⑤ 独立接闪杆和架空接闪线或网的支柱及其接地装置至被保护建筑物及与其有联系的管道、电缆等金属物之间的间隔距离（图 2-2），应按下列公式计算，但不得小于 3m。

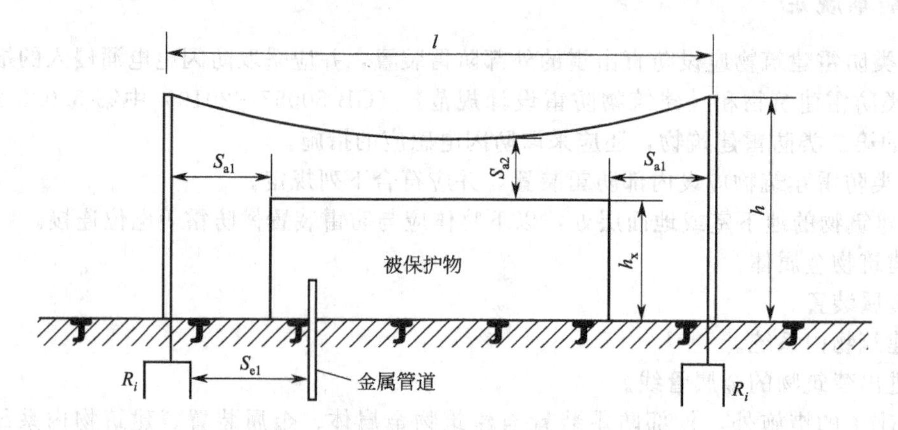

图 2-2　防雷装置至被保护物的间隔距离

a. 地上部分：

当 $h_x<5R_i$ 时　　$S_{a1}\geqslant 0.4(R_i+0.1h_x)$　　(2-1)

当 $h_x\geqslant 5R_i$ 时　　$S_{a1}\geqslant 0.1(R_i+h_x)$　　(2-2)

b. 地下部分：

$$S_{e1}\geqslant 0.4R_i \qquad (2\text{-}3)$$

式中　S_{a1}——空气中的间隔距离，m；

S_{e1}——地中的间隔距离，m；

R_i——独立接闪杆、架空接闪线或网支柱处接地装置的冲击接地电阻，Ω；

h_x——被保护建筑物或计算点的高度，m。

⑥ 架空接闪线至屋面和各种突出屋面的风帽、放散管等物体之间的间隔距离（图 2-2），应按下列公式计算，但不应小于 3m。

a. 当 $\left(h+\dfrac{l}{2}\right)<5R_i$ 时　　$S_{a2}\geqslant 0.2R_i+0.03\left(h+\dfrac{l}{2}\right)$　　(2-4)

b. 当 $\left(h+\dfrac{l}{2}\right)\geqslant 5R_i$ 时　　$S_{a2}\geqslant 0.05R_i+0.06\left(h+\dfrac{l}{2}\right)$　　(2-5)

式中　S_{a2}——接闪线至被保护物在空气中的间隔距离，m；

h——接闪线的支柱高度，m；

l——接闪线的水平长度，m。

⑦ 架空接闪网至屋面和各种突出屋面的风帽、放散管等物体之间的间隔距离，应按下列公式计算，但不应小于 3m。

a. 当 $(h+l_1)<5R_i$ 时　　$S_{a2}\geqslant\dfrac{1}{n}[0.4R_i+0.06(h+l_1)]$　　(2-6)

b. 当 $(h+l_1)\geqslant 5R_i$ 时　　$S_{a2}\geqslant\dfrac{1}{n}[0.1R_i+0.12(h+l_1)]$　　(2-7)

式中 S_{a2}——接闪线至被保护物在空气中的间隔距离，m；

l_1——从接闪网中间最低点沿导体至最近支柱的距离，m；

n——从接闪网中间最低点沿导体至最近不同支柱并有同一距离 l_1 的个数。

⑧ 独立接闪杆、架空接闪线或架空接闪网应设独立的接地装置，每一引下线的冲击接地电阻不宜大于10Ω。在土壤电阻率高的地区，可适当增大冲击接地电阻，但在3000Ω·m以下的地区，冲击接地电阻不应大于30Ω。

2.2.2.2 第一类防雷建筑物防闪电感应措施

① 建筑物内的设备、管道、构架、电缆金属外皮、钢屋架、钢窗等较大金属物和突出屋面的放散管、风管等金属物，均应接到防闪电感应的接地装置上。

金属屋面周边每隔18～24m应采用引下线接地一次。

现场浇灌的或用预制构件组成的钢筋混凝土屋面，其钢筋网的交叉点应绑扎或焊接，并应每隔18～24m采用引下线接地一次。

② 平行敷设的管道、构架和电缆金属外皮等长金属物，其净距小于100mm时，应采用金属线跨接，跨接点的间距不应大于30m；交叉净距小于100mm时，其交叉处也应跨接。

当长金属物的弯头、阀门、法兰盘等连接处的过渡电阻大于0.03Ω时，连接处应用金属线跨接。对有不少于5根螺栓连接的法兰盘，在非腐蚀环境下，可不跨接。

③ 防雷电感应的接地装置应与电气和电子系统的接地装置共用，其工频接地电阻不宜大于10Ω。防闪电感应的接地装置与独立接闪杆、架空接闪线或架空接闪网的接地装置之间的间隔距离，应符合本节2.2.2.1中⑤的规定。

当屋内设有等电位连接的接地干线时，其与防闪电感应接地装置的连接不应少于2处。

2.2.2.3 第一类防雷建筑物防闪电电涌侵入措施

① 室外低压配电线路应全线采用电缆直接埋地敷设，在入户处应将电缆的金属外皮、钢管接到等电位连接带或防闪电感应的接地装置上。

② 当全线采用电缆有困难时，应采用钢筋混凝土杆和铁横担的架空线，并应使用一段金属铠装电缆或护套电缆穿钢管直接埋地引入。架空线与建筑物的距离不应小于15m。

在电缆与架空线连接处，尚应装设户外型电涌保护器。电涌保护器、电缆金属外皮、钢管和绝缘子铁脚、金具等应连在一起接地，其冲击接地电阻不宜大于30Ω。所装设的电涌保护器应选用Ⅰ级试验产品，其电压保护水平应小于或等于2.5kV，其每一保护模式应选冲击电流等于或大于10kA；若无户外型电涌保护器，应选用户内型电涌保护器，其使用温度应满足安装处的环境温度，并应安装在防护等级IP54的箱内。

当电涌保护器的接线形式为《建筑物防雷设计规范》(GB 50057—2010) 表J.1.2中的接线形式2时，接在中性线和PE线间电涌保护器的冲击电流，当为三相系统时不应小于40kA，当为单相系统时不应小于20kA。

③ 当架空线转换成一段金属铠装电缆或护套电缆穿钢管直接埋地引入时，其埋地长度可按下式计算：

$$l \geqslant 2\sqrt{\rho} \tag{2-8}$$

式中 l——电缆铠装或穿电缆的钢管埋地直接与土壤接触的长度，m；

ρ——埋电缆处的土壤电阻率，Ω·m。

④ 在入户处的总配电箱内是否装设电涌保护器应按《建筑物防雷设计规范》(GB 50057—2010) 的相关规定确定。当需要安装电涌保护器时，电涌保护器的最大持续运行电压值和接线形式应按《建筑物防雷设计规范》(GB 50057—2010) 附录J的规定确定；连接电涌保护器的导体截面应按《建筑物防雷设计规范》(GB 50057—2010) 的规定取值。

⑤ 电子系统的室外金属导体线路宜全线采用有屏蔽层的电缆埋地或架空敷设，其两端的屏蔽层、加强钢线、钢管等应等电位连接到入户处的终端箱体上，在终端箱体内是否装设电涌保护器应按《建筑物防雷设计规范》(GB 50057—2010) 的规定确定。

⑥ 当通信线路采用钢筋混凝土杆的架空线时，应使用一段护套电缆穿钢管直接埋地引入，其埋地长度应按式(2-8) 计算，且不应小于15m。在电缆与架空线连接处，尚应装设户外型电涌保护器。电涌保护器、电缆金属外皮、钢管和绝缘子铁脚、金具等应连在一起接地，其冲击接地电阻不宜大于30Ω。

⑦ 架空金属管道，在进出建筑物处，应与防闪电感应的接地装置相连。距离建筑物100m内的管道，应每隔25m接地一次，其冲击接地电阻不应大于30Ω，并应利用金属支架或钢筋混凝土支架的焊接、绑扎钢筋网作为引下线，其钢筋混凝土基础宜作为接地装置。

埋地或地沟内的金属管道，在进出建筑物处应等电位连接到等电位连接带或防闪电感应的接地装置上。

2.2.2.4　难以装设独立的外部防雷装置时的措施

当难以装设独立的外部防雷装置时，可将接闪杆或网格不大于5m×5m或6m×4m的接闪网或由其混合组成的接闪器直接装在建筑物上，接闪网应按《建筑物防雷设计规范》(GB 50057—2010) 的规定沿屋角、屋脊、屋檐和檐角等易受雷击的部位敷设；当建筑物高度超过30m时，首先应沿屋顶周边敷设接闪带，接闪带应设在外墙外表面或屋檐边垂直面上，也可设在外墙外表面或屋檐垂直面外，并必须符合下列规定。

① 接闪器之间应互相连接。

② 引下线不应少于两根，并应沿建筑物四周和内庭院四周均匀或对称布置，其间距沿周长计算不宜大于12m。

③ 排放爆炸危险气体、蒸气或粉尘的管道应符合本节2.2.2.1的②、③的规定。

④ 建筑物应装设等电位连接环，环间垂直距离不应大于12m，所有引下线、建筑物的金属结构和金属设备均应连到环上。等电位连接环可利用电气设备的等电位连接干线环路布置。

⑤ 外部防雷的接地装置应围绕建筑物敷设成环形接地体，每根引下线的冲击接地电阻不应大于10Ω，并应和电气或电子系统等接地装置及所有进入建筑物的金属管道相连，此接地装置可兼作防雷电感应接地之用。

⑥ 当每根引下线的冲击接地电阻大于10Ω时，外部防雷的环形接地体宜按以下方法敷设。

a. 当土壤电阻率小于或等于500Ω·m时，对环形接地体所包围面积的等效圆半径小于5m的情况，每一引下线处应补加水平接地体或垂直接地体。

b. 当a中补加水平接地体时，其最小长度应按下式计算：

$$l_r = 5 - \sqrt{\frac{A}{\pi}} \tag{2-9}$$

式中　$\sqrt{\frac{A}{\pi}}$——环形接地体所包围面积的等效圆半径，m；

l_r——补加水平接地体的最小长度，m；

A——环形接地体所包围的面积，m^2。

c. 当a中补加垂直接地体时，其最小长度应按下式计算：

$$l_v = \frac{5 - \sqrt{\frac{A}{\pi}}}{2} \tag{2-10}$$

式中　l_v——补加垂直接地体的最小长度，m。

d. 当土壤电阻率大于 500Ω·m、小于或等于 3000Ω·m，且对环形接地体所包围面积的等效圆半径符合下式的计算值时，每一引下线处应补加水平接地体或垂直接地体：

$$\sqrt{\frac{A}{\pi}}<\frac{11\rho-3600}{380} \tag{2-11}$$

e. 上述 d 补加水平接地体时，其最小总长度应按下式计算：

$$l_{\mathrm{r}}=\left(\frac{11\rho+3600}{380}\right)-\sqrt{\frac{A}{\pi}} \tag{2-12}$$

f. 上述 d 补加垂直接地体时，其最小总长度应按下式计算：

$$l_{\mathrm{v}}=\frac{\left(\frac{11\rho-3600}{380}\right)-\sqrt{\frac{A}{\pi}}}{2} \tag{2-13}$$

注：按本款方法敷设接地体以及环形接地体所包围面积的等效圆半径等于或大于所规定的值时，每根引下线的冲击接地电阻可不作规定。共用接地装置的接地电阻按 50Hz 电气装置的接地电阻确定，应为不大于按人身安全所确定的接地电阻值。

⑦ 当建筑物高于 30m 时，应采取下列防侧击的措施。

a. 应从 30m 起每隔不大于 6m 沿建筑物四周设水平接闪带并与引下线相连。

b. 30m 及以上外墙上的栏杆、门窗等较大的金属物应与防雷装置连接。

⑧ 在电源引入的总配电箱处应装设Ⅰ级试验的电涌保护器。电涌保护器的电压保护水平值应小于或等于 2.5kV。每一保护模式的冲击电流值，当无法确定时，冲击电流应取等于或大于 12.5kA。

⑨ 电源总配电箱处所装设的电涌保护器，其每一保护模式的冲击电流值，当电源线路无屏蔽层时宜按式(2-14) 计算，当有屏蔽层时宜按式(2-15) 计算：

$$I_{\mathrm{imp}}=\frac{0.5I}{nm} \tag{2-14}$$

$$I_{\mathrm{imp}}=\frac{0.5IR_{\mathrm{s}}}{n(mR_{\mathrm{s}}+R_{\mathrm{c}})} \tag{2-15}$$

式中 I——雷电流，取 200kA；

n——地下和架空引入的外来金属管道和线路的总数；

m——每一线路内导体芯线的总根数；

R_{s}——屏蔽层每公里的电阻，Ω/km；

R_{c}——芯线每公里的电阻，Ω/km。

⑩ 电源总配电箱处所设的电涌保护器，其连接的导体截面、最大持续运行电压值和接线形式应按《建筑物防雷设计规范》(GB 50057—2010) 的规定确定。

⑪ 当电子系统的室外线路采用金属线时，在其引入的终端箱处应安装 D1 类高能量试验类型的电涌保护器，其短路电流当无屏蔽层时，宜按式(2-14) 计算，当有屏蔽层时宜按式(2-15) 计算；当无法确定时应选用 2kA。

⑫ 当电子系统的室外线路采用光缆时，在其引入的终端箱处的电气线路侧，当无金属线路引出本建筑物至其他有自己接地装置的设备时，可安装 B2 类慢上升率试验类型的电涌保护器，其短路电流应按《建筑物防雷设计规范》(GB 50057—2010) 的规定确定，宜选用 100A。

⑬ 输送火灾爆炸危险物质的埋地金属管道，当其从室外进入户内处设有绝缘段时，应在绝缘段处跨接符合下列要求的电压开关型电涌保护器或隔离放电间隙。

a. 选用Ⅰ级试验的密封型电涌保护器。

b. 电涌保护器能承受的冲击电流按式(2-14) 计算，取 $m=1$。

c. 电涌保护器的电压保护水平应小于绝缘段的耐冲击电压水平，无法确定时，应取其等于或大于 1.5kV 和等于或小于 2.5kV。

d. 输送火灾爆炸危险物质的埋地金属管道在进入建筑物处的防雷等电位连接，应在绝缘段之后管道进入室内处进行，可将电涌保护器的上端头接到等电位连接带。

⑭ 具有阴极保护的埋地金属管道，在其从室外进入户内处宜设绝缘段，并应在绝缘段处跨接符合下列要求的电压开关型电涌保护器或隔离放电间隙。

a. 选用Ⅰ级试验的密封型电涌保护器。

b. 电涌保护器能承受的冲击电流按式(2-14) 计算，取 $m=1$。

c. 电涌保护器的电压保护水平应小于绝缘段的耐冲击电压水平，并应大于阴极保护电源的最大端电压。

d. 具有阴极保护的埋地金属管道在进入建筑物处的防雷等电位连接，应在绝缘段之后管道进入室内处进行，可将电涌保护器的上端头接到等电位连接带。

2.2.3 第二类防雷建筑物的防雷措施

① 第二类防雷建筑物的外部防雷措施，宜采用装设在建筑物上的接闪网、接闪带或接闪杆，也可采用由接闪网、接闪带或接闪杆混合组成的接闪器。接闪网、接闪带应按《建筑物防雷设计规范》(GB 50057—2010) 的规定沿屋角、屋脊、屋檐和檐角等易受雷击的部位敷设，并应在整个屋面组成不大于 10m×10m 或 12m×8m 的网格；当建筑物高度超过 45m 时，首先应沿屋顶周边敷设接闪带，接闪带应设在外墙外表面或屋檐边垂直面上，也可设在外墙外表面或屋檐边垂直面外。接闪器之间应互相连接。

② 突出屋面的放散管、风管、烟囱等物体，应按下列方式保护。

a. 排放爆炸危险气体、蒸气或粉尘的放散管、呼吸阀、排风管等管道应符合 2.2.2.2 节的规定。

b. 排放无爆炸危险气体、蒸气或粉尘的放散管、烟囱，1 区、21 区、2 区和 22 区爆炸危险场所的自然通风管，0 区和 20 区爆炸危险场所的装有阻火器的放散管、呼吸阀、排风管，以及 2.2.2.3 节所规定的管、阀及煤气和天然气放散管等，其防雷保护应符合下列规定。

ⅰ. 金属物体可不装接闪器，但应和屋面防雷装置相连。

ⅱ. 除符合 2.2.5 节⑦的规定情况外，在屋面接闪器保护范围之外的非金属物体应装接闪器，并和屋面防雷装置相连。

③ 专设引下线不应少于 2 根，并应沿建筑物四周和内庭院四周均匀对称布置，其间距沿周长计算不宜大于 18m。当建筑物的跨度较大，无法在跨距中间设引下线，应在跨距两端设引下线并减小其他引下线的间距，专设引下线的平均间距不应大于 18m。

④ 外部防雷装置的接地应和防雷电感应、内部防雷装置、电气和电子系统等接地共用接地装置，并应与引入的金属管线做等电位连接。外部防雷装置的专设接地装置宜围绕建筑物敷设成环形接地体。

⑤ 利用建筑物的钢筋作为防雷装置时应符合下列规定。

a. 建筑物宜利用钢筋混凝土屋顶、梁、柱、基础内的钢筋作为引下线。《建筑物防雷设计规范》(GB 50057—2010) 第 3.0.3 条 2～4 款、第 9 款、第 10 款涉及的建筑物，当其女儿墙以内的屋顶钢筋网以上的防水和混凝土层允许不保护时，宜利用屋顶钢筋网作为接闪器；《建筑物防雷设计规范》(GB 50057—2010) 第 3.0.3 条 2～4 款、第 9 款、第 10 款涉及的建筑物为多层建筑，且周围很少有人停留时，宜利用女儿墙压顶板内或檐口内的钢筋作为接闪器。

b. 当基础采用硅酸盐水泥或周围土壤的含水量不低于 4% 及基础的外表面无防腐层或有

沥青质防腐层时，宜利用基础内的钢筋作为接地装置。当基础的外表面有其他类的防腐层且无桩基可利用时，宜在基础防腐层下面的混凝土垫层内敷设人工环形基础接地体。

c. 敷设在混凝土中作为防雷装置的钢筋或圆钢，当仅为一根时，其直径不应小于10mm。被利用作为防雷装置的混凝土构件内有箍筋连接的钢筋时，其截面积总和不应小于一根直径为10mm钢筋的截面积。

d. 利用基础内钢筋网作为接地体时，在周围地面以下距地面不应小于0.5m，每根引下线所连接的钢筋表面积总和应按下式计算：

$$S \geqslant 4.24 k_c^2 \tag{2-16}$$

式中 S——钢筋表面积总和，m^2；

k_c——分流系数。

e. 当在建筑物周边的无钢筋的闭合条形混凝土基础内敷设人工基础接地体时，接地体的规格尺寸应按表2-2的规定确定。

表2-2 第二类防雷建筑物环形人工基础接地体的最小规格尺寸

闭合条形基础的周长/m	扁钢/mm	圆钢，根数×直径/mm
≥60	4×25	2×ϕ10
40～60	4×50	4×ϕ10 或 3×ϕ12
<40	钢材表面积总和≥4.24m²	

注：1. 当长度相同、截面相同时，宜选用扁钢。

2. 采用多根圆钢时，其敷设净距不小于直径的2倍。

3. 利用闭合条形基础内的钢筋作接地体时可按本表校验，除主筋外，可计入箍筋的表面积。

f. 构件内有箍筋连接的钢筋或成网状的钢筋，其箍筋与钢筋、钢筋与钢筋应采用土建施工的绑扎法、对焊或搭焊连接。单根钢筋、圆钢或外引预埋连接板、线与构件内钢筋的连接应焊接或采用螺栓紧固的卡夹器连接。构件之间必须连接成电气通路。

⑥ 共用接地装置的接地电阻应按50Hz电气装置的接地电阻确定，不应大于按人身安全所确定的接地电阻值。在土壤电阻率小于或等于3000Ω·m时，外部防雷装置的接地体应符合下列规定之一以及环形接地体所包围面积的等效圆半径等于或大于所规定的值时，可不计冲击接地电阻；但当每根专设引下线的冲击接地电阻不大于10Ω时，可不按下述a、b敷设接地体。

a. 当土壤电阻率ρ小于或等于800Ω·m时，对环形接地体所包围面积的等效圆半径小于5m的情况，每一引下线处应补加水平接地体或垂直接地体。当补加水平接地体时，其最小长度应按公式(2-9)计算；当补加垂直接地体时，其最小长度应按公式(2-10)计算。

b. 当土壤电阻率大于800Ω·m、小于或等于3000Ω·m时，且对环形接地体所包围的面积的等效圆半径小于按下式的计算值时，每一引下线处应补加水平接地体或垂直接地体：

$$\sqrt{\frac{A}{\pi}} < \frac{\rho + 550}{50} \tag{2-17}$$

c. 当b补加水平接地体时，其最小总长度应按下式计算：

$$l_r = \left(\frac{\rho - 550}{50}\right) - \sqrt{\frac{A}{\pi}} \tag{2-18}$$

d. 当b补加垂直接地体时，其最小总长度应按下式计算：

$$l_v = \frac{\left(\frac{\rho - 550}{50}\right) - \sqrt{\frac{A}{\pi}}}{2} \tag{2-19}$$

e. 在符合⑤规定的条件下，利用槽形、板形或条形基础的钢筋作为接地体或在基础下面混凝土垫层内敷设人工环形基础接地体，当槽形、板形基础钢筋网在水平面的投影面积或成环的条形基础钢筋或人工环形基础接地体所包围的面积符合下列规定时，可不补加接地体。

ⅰ. 当土壤电阻率小于或等于 800Ω·m 时，所包围的面积应大于或等于 $79m^2$。

ⅱ. 当土壤电阻率大于 800Ω·m 且小于等于 3000Ω·m 时，所包围的面积应大于或等于按下式的计算值：

$$A \geqslant \pi \left(\frac{\rho-550}{50}\right)^2 \tag{2-20}$$

f. 在符合⑤规定的条件下，对 6m 柱距或大多数柱距为 6m 的单层工业建筑物，当利用柱子基础的钢筋作为外部防雷装置的接地体并同时符合下列规定时，可不另加接地体。

ⅰ. 利用全部或绝大多数柱子基础的钢筋作为接地体。

ⅱ. 柱子基础的钢筋网通过钢柱、钢屋架、钢筋混凝土柱子、屋架、屋面板、吊车梁等构件的钢筋或防雷装置互相连成整体。

ⅲ. 在周围地面以下距地面不小于 0.5m，每一柱子基础内所连接的钢筋表面积总和大于或等于 $0.82m^2$。

⑦《建筑物防雷设计规范》(GB 50057—2010) 第 3.0.3 条 5～7 款所规定的建筑物，其防雷电感应的措施应符合下列规定。

a. 建筑物内的设备、管道、构架等主要金属物，应就近接到防雷装置或共用接地装置上。

b. 除《建筑物防雷设计规范》(GB 50057—2010) 第 3.0.3 条 7 款所规定的建筑物外，平行敷设的管道、构架和电缆金属外皮等长金属物应符合 2.2.2 节②中 b 的规定，但长金属物连接处可不跨接。

c. 建筑物内防闪电感应的接地干线与接地装置的连接，不应少于 2 处。

⑧ 防止雷电流流经引下线和接地装置时产生的高电位对附近金属物或电气和电子系统线路的反击，应符合下列要求。

a. 在金属框架的建筑物中，或在钢筋连接在一起、电气贯通的钢筋混凝土框架的建筑物中，金属物或线路与引下线之间的间隔距离可无要求；在其他情况下，金属物或线路与引下线之间的间隔距离应按下式计算：

$$S_{a3} \geqslant 0.06 k_c l_x \tag{2-21}$$

式中 S_{a3}——空气中的间隔距离，m；

l_x——引下线计算点到连接点的长度，m，连接点即金属物或电气和电子系统线路与防雷装置之间直接或通过电涌保护器相连之点。

b. 当金属物或线路与引下线之间有自然或人工接地的钢筋混凝土构件、金属板、金属网等静电屏蔽物隔开时，金属物或线路与引下线之间的间隔距离可无要求。

c. 当金属物或线路与引下线之间有混凝土墙、砖墙隔开时，其击穿强度应为空气击穿强度的 1/2。当间隔距离不能满足 a 的规定时，金属物应与引下线直接相连，带电线路应通过电涌保护器与引下线相连。

d. 在电气接地装置与防雷接地装置共用或相连的情况下，应在低压电源线路引入的总配电箱、配电柜处装设Ⅰ级试验的电涌保护器。电涌保护器的电压保护水平值应小于或等于 2.5kV。每一保护模式的冲击电流值，当无法确定时应取等于或大于 12.5kA。

e. 当 Yyn0 型或 Dyn11 型接线的配电变压器设在本建筑物内或附设于外墙处时，应在变压器高压侧装设避雷器；在低压侧的配电屏上，当有线路引出本建筑物至其他有独自敷设接地装置的配电装置时，应在母线上装设Ⅰ级试验的电涌保护器，电涌保护器每一保护模式的冲击电流值，当无法确定时冲击电流应取等于或大于12.5kA；当无线路引出本建筑物时，应在母线上装设Ⅱ级试验的电涌保护器，电涌保护器每一保护模式的标称放电电流值应等于或大于5kA。电涌保护器的电压保护水平值应小于或等于2.5kV。

f. 低压电源线路引入的总配电箱、配电柜处装设Ⅰ级实验的电涌保护器，以及配电变压器设在本建筑物内或附设于外墙处，并在低压侧配电屏的母线上装设Ⅰ级实验的电涌保护器时，电涌保护器每一保护模式的冲击电流值，当电源线路无屏蔽层时可按式(2-14）计算，当有屏蔽层时可按式(2-15）计算，式中的雷电流应取等于150kA。

g. 在电子系统的室外线路采用金属线时，其引入的终端箱处应安装D1类高能量试验类型的电涌保护器，其短路电流当无屏蔽层时，可按式(2-14）计算，当有屏蔽层时可按式(2-15）计算，式中的雷电流应取等于150kA；当无法确定时应选用1.5kA。

h. 在电子系统的室外线路采用光缆时，其引入的终端箱处的电气线路侧，当无金属线路引出本建筑物至其他有自己接地装置的设备时，可安装B2类慢上升率试验类型的电涌保护器，其短路电流宜选用75A。

i. 输送火灾爆炸危险物质和具有阴极保护的埋地金属管道，当其从室外进入户内处设有绝缘段时应符合2.2.2.4中⑬的规定，当按式(2-14）计算时，式中的雷电流应取150kA。

⑨ 高度超过45m的建筑物，除屋顶的外部防雷装置应符合2.2.3节①的规定外，还应符合下列规定。

a. 对水平突出外墙的物体，当滚球（半径为45mm）球体从屋顶周边接闪带外向地面垂直下降接触到突出外墙的物体时，应采取相应的防雷措施。

b. 高于60m的建筑物，其上部占高度20%并超过60m的部位应防侧击，防侧击应符合下列规定。

ⅰ. 在建筑物上部占高度20%并超过60m的部位，各表面上的尖物、墙角、边缘、设备以及显著突出的物体，应按屋顶的保护措施考虑。

ⅱ. 在建筑物上部占高度20%并超过60m的部位，布置接闪器应符合对本类防雷建筑物的要求，接闪器应重点布置在墙角、边缘和显著突出的物体上。

ⅲ. 外部金属物，当其最小尺寸符合《建筑物防雷设计规范》（GB 50057—2010）第5.2.7条第2款的规定时，可利用其作为接闪器，还可利用布置在建筑物垂直边缘处的外部引下线作为接闪器。

ⅳ. 符合2.2.3节⑤规定的钢筋混凝土内的钢筋和符合《建筑物防雷设计规范》（GB 50057—2010）第5.3.5条规定的建筑物金属框架，当作为引下线或与引下线连接时，均可利用其作为接闪器。

c. 外墙内、外竖直敷设的金属管道及金属物的顶端和底端，应与防雷装置等电位连接。

⑩ 有爆炸危险的露天钢质封闭气罐，在其高度小于或等于60m的、罐顶壁厚不小于4mm时，或其高度大于60m的条件下、罐顶壁厚和侧壁壁厚均不小于4mm时，可不装设接闪器，但应接地，且接地点不应少于2处，两接地点间距离不宜大于30m，每处接地点的冲击接地电阻不应大于30Ω。当防雷的接地装置符合本节⑥的规定时，可不计及其接地电阻值，但本节⑥中所规定的10Ω可改为30Ω。放散管和呼吸阀的保护应符合本节②的规定。

2.2.4 第三类防雷建筑物的防雷措施

① 第三类防雷建筑物外部防雷的措施宜采用装设在建筑物上的接闪网、接闪带或接闪

杆，也可采用由接闪网、接闪带或接闪杆混合组成的接闪器。接闪网、接闪带应按《建筑物防雷设计规范》(GB 50057—2010) 的规定沿屋角、屋脊、屋檐和檐角等易受雷击的部位敷设，并应在整个屋面组成不大于 20m×20m 或 24m×16m 的网格；当建筑物高度超过 60m 时，首先应沿屋顶周边敷设接闪带，接闪带应设在外墙外表面或屋檐边垂直面上，也可设在外墙外表面或屋檐边垂直面外。接闪器之间应互相连接。

② 突出屋面的物体的保护措施应符合 2.2.3 节②的规定。

③ 专设引下线不应少于 2 根，并应沿建筑物四周和内庭院四周均匀对称布置，其间距沿周长计算不宜大于 25m。当建筑物的跨度较大，无法在跨距中间设引下线时，应在跨距两端设引下线并减小其他引下线的间距，专设引下线的平均间距不应大于 25m。

④ 防雷装置的接地应与电气和电子系统等接地共用接地装置，并应与引入的金属管线做等电位连接。外部防雷装置的专设接地装置宜围绕建筑物敷设成环形接地体。

⑤ 建筑物宜利用屋面、梁、柱、基础内的钢筋作为引下线和接地装置，当其女儿墙以内的屋顶钢筋网以上的防水和混凝土层允许不保护时，宜利用屋顶钢筋网作为接闪器，以及当建筑物为多层建筑时，其女儿墙压顶板内或檐口内有钢筋且周围除保安人员巡逻外通常无人停留时，宜利用女儿墙压顶板内或檐口内的钢筋作为接闪器，并应符合 2.2.3 节⑤中 b、c、f 的规定，同时应符合下列规定。

a. 利用基础内钢筋网作为接地体时，在周围地面以下距地面不小于 0.5m 深，每根引下线所连接的钢筋表面积总和应按下式计算：

$$S \geqslant 1.89k_c^2 \tag{2-22}$$

b. 当在建筑物周边的无钢筋的闭合条形混凝土基础内敷设人工基础接地体时，接地体的规格尺寸应按表 2-3 的规定确定。

表 2-3　第三类防雷建筑物环形人工基础接地体的最小规格尺寸

闭合条形基础的周长/m	扁钢/mm	圆钢，根数×直径/mm
≥60	—	1×ϕ10
40～60	4×20	2×ϕ8
<40	钢材表面积总和≥1.89m²	

注：1. 当长度相同、截面相同时，宜选用扁钢。
2. 采用多根圆钢时，其敷设净距不小于直径的 2 倍。
3. 利用闭合条形基础内的钢筋作接地体时可按本表校验，除主筋外，可计入箍筋的表面积。

⑥ 共用接地装置的接地电阻应按 50Hz 电气装置的接地电阻确定，不应大于按人身安全所确定的接地电阻值。在土壤电阻率小于或等于 3000Ω·m 时，外部防雷装置的接地体当符合下列规定之一以及环形接地体所包围面积的等效圆半径等于或大于所规定的值时可不计冲击接地电阻；当每根专设引下线的冲击接地电阻不大于 30Ω，但对《建筑物防雷设计规范》(GB 50057—2010) 第 3.0.4 条第 2 款所规定的建筑物则不大于 10Ω 时，可不按下述 a 敷设接地体。

a. 对环形接地体所包围面积的等效圆半径小于 5m 时，每一引下线处应补加水平接地体或垂直接地体。当补加水平接地体时，其最小长度应按式(2-9) 计算；当补加垂直接地体时，其最小长度应按式(2-10) 计算。

b. 在符合本节⑤规定的条件下，利用槽形、板形或条形基础的钢筋作为接地体或在基础下面混凝土垫层内敷设人工环形基础接地体，当槽形、板形基础钢筋网在水平面的投影面积或成环的条形基础钢筋或人工环形基础接地体所包围的面积大于或等于 79m² 时，可不补加接地体。

c. 在符合本节⑤规定的条件下，对 6m 柱距或大多数柱距为 6m 的单层工业建筑物，当利用柱子基础的钢筋作为外部防雷装置的接地体并同时符合下列规定时，可不另加接地体。

ⅰ. 利用全部或绝大多数柱子基础的钢筋作为接地体。

ⅱ. 柱子基础的钢筋网通过钢柱、钢屋架、钢筋混凝土柱子、屋架、屋面板、吊车梁等构件的钢筋或防雷装置互相连成整体。

ⅲ. 在周围地面以下距地面不小于 0.5m 深，每一柱子基础内所连接的钢筋表面积总和大于或等于 0.37m²。

⑦ 为防止雷电流流经引下线和接地装置时产生的高电位对附近金属物或电气和电子系统线路的反击，应符合下列规定。

a. 应符合 2.2.3 节⑧中 a～e 的规定，并应按下式计算：

$$S_{a3} \geqslant 0.04 k_c l_x \tag{2-23}$$

b. 低压电源线路引入的总配电箱、配电柜处装设Ⅰ级实验的电涌保护器，以及配电变压器设在本建筑物内或附设于外墙处，并在低压侧配电屏的母线上装设Ⅰ级实验的电涌保护器时，电涌保护器每一保护模式的冲击电流值，当电源线路无屏蔽层时可按式(2-14) 计算，当有屏蔽层时可按式(2-15) 计算，式中的雷电流应取等于 100kA。

c. 在电子系统的室外线路采用金属线时，在其引入的终端箱处应安装 D1 类高能量试验类型的电涌保护器，其短路电流当无屏蔽层时，可按式(2-14) 计算，当有屏蔽层时可按式(2-15) 计算，式中的雷电流应取等于 100kA；当无法确定时应选用 1.0kA。

d. 在电子系统的室外线路采用光缆时，其引入的终端箱处的电气线路侧，当无金属线路引出本建筑物至其他有自己接地装置的设备时，可安装 B2 类慢上升率试验类型的电涌保护器，其短路电流宜选用 50A。

e. 输送火灾爆炸危险物质和具有阴极保护的埋地金属管道，当其从室外进入户内处设有绝缘段时，应符合《建筑物防雷设计规范》（GB 50057—2010）第 4.2.4 条第 13 款和第 14 款的规定，当按式(2-14) 计算时，雷电流应取等于 100kA。

⑧ 高度超过 60m 的建筑物，除屋顶的外部防雷装置应符合本节①的规定外，还应符合下列规定。

a. 对水平突出外墙的物体，当滚球（半径为 60mm）球体从屋顶周边接闪带外向地面垂直下降接触到突出外墙的物体时，应采取相应的防雷措施。

b. 高于 60m 的建筑物，其上部占高度 20％并超过 60m 的部位应防侧击，防侧击应符合下列要求。

ⅰ. 在建筑物上部占高度 20％并超过 60m 的部位，各表面上的尖物、墙角、边缘、设备以及显著突出的物体，应按屋顶的保护措施考虑。

ⅱ. 在建筑物上部占高度 20％并超过 60m 的部位，布置接闪器应符合对本类防雷建筑物的要求，接闪器应重点布置在墙角、边缘和显著突出的物体上。

ⅲ. 外部金属物，当其最小尺寸符合《建筑物防雷设计规范》（GB 50057—2010）第 5.2.7 条第 2 款的规定时，可利用其作为接闪器，还可利用布置在建筑物垂直边缘处的外部引下线作为接闪器。

ⅳ. 符合本节⑤规定的钢筋混凝土内钢筋和符合《建筑物防雷设计规范》（GB 50057—2010）第 5.3.5 条规定的建筑物金属框架，当其作为引下线或与引下线连接时均可作为接闪器。

c. 外墙内、外竖直敷设的金属管道及金属物的顶端和底端，应与防雷装置等电位连接。

⑨ 砖烟囱、钢筋混凝土烟囱，宜在烟囱上装设接闪杆或接闪环保护。多支接闪杆应连接在闭合环上。

当非金属烟囱无法采用单支或双支接闪杆保护时，应在烟囱口装设环形接闪带，并应对称布置三支高出烟囱口不小于 0.5m 的接闪杆。

钢筋混凝土烟囱的钢筋应在其顶部和底部与引下线和贯通连接的金属爬梯相连。当符合 2.2.4 节⑤的规定时，宜利用钢筋作为引下线和接地装置，可不另设专用引下线。

高度不超过 40m 的烟囱，可只设一根引下线，超过 40m 时应设两根引下线。可利用螺栓或焊接连接的一座金属爬梯作为两根引下线用。

金属烟囱应作为接闪器和引下线。

2.2.5 其他防雷措施

① 当一座防雷建筑物中兼有第一、二、三类防雷建筑物时，其防雷分类和防雷措施宜符合下列规定。

a. 当第一类防雷建筑物部分的面积占建筑物总面积的 30%及以上时，该建筑物宜确定为第一类防雷建筑物。

b. 当第一类防雷建筑物部分的面积占建筑物总面积的 30%以下，且第二类防雷建筑物部分的面积占建筑物总面积的 30%及以上时，或当这两部分防雷建筑物的面积均小于建筑物总面积的 30%，但其面积之和大于 30%时，该建筑物宜确定为第二类防雷建筑物。但对第一类防雷建筑物部分的防雷电感应和防闪电电涌侵入，应采取第一类防雷建筑物的保护措施。

c. 当第一、二类防雷建筑物部分的面积之和小于建筑物总面积的 30%，且不可能遭直接雷击时，该建筑物可确定为第三类防雷建筑物；但对第一、二类防雷建筑物部分的防雷电感应和防闪电电涌侵入，应采取各自类别的保护措施；当可能遭直接雷击时，宜按各自类别采取防雷措施。

② 当一座建筑物中仅有一部分为第一、二、三类防雷建筑物时，其防雷措施宜符合下列规定。

a. 当防雷建筑物部分可能遭直接雷击时，宜按各自类别采取防雷措施。

b. 当防雷建筑物部分不可能遭直接雷击时，可不采取防直击雷措施，可仅按各自类别采取防闪电感应和防闪电电涌侵入的措施。

c. 当防雷建筑物部分的面积占建筑物总面积的 50%以上时，该建筑物宜按本节①的规定采取防雷措施。

③ 当采用接闪器保护建筑物、封闭气罐时，其外表面外的 2 区爆炸危险场所可不在滚球法确定的保护范围内。

④ 固定在建筑物上的节日彩灯、航空障碍信号灯及其他用电设备和线路应根据建筑物的防雷类别采取相应的防止闪电电涌侵入的措施，并应符合下列规定。

a. 无金属外壳或保护网罩的用电设备应处在接闪器的保护范围内。

b. 从配电箱引出的配电线路应穿钢管。钢管的一端应与配电箱和 PE 线相连；另一端应与用电设备外壳、保护罩相连，并应就近与屋顶防雷装置相连。当钢管因连接设备而中间断开时应设跨接线。

c. 在配电箱内应在开关的电源侧装设Ⅱ级试验的电涌保护器，其电压保护水平不应大于 2.5kV，标称放电电流值应根据具体情况确定。

⑤ 粮、棉及易燃物大量集中的露天堆场，当其年预计雷击次数大于或等于 0.05 时，应

采用独立接闪杆或架空接闪线防直击雷。独立接闪杆和架空接闪线保护范围的滚球半径可取 100m。

在计算雷击次数时，建筑物的高度可按可能堆放的高度计算，其长度和宽度可按可能堆放面积的长度和宽度计算。

⑥ 在建筑物引下线附近保护人身安全需采取的防接触电压和跨步电压的措施，应符合下列规定。

a. 防接触电压应符合下列规定之一：

ⅰ. 利用建筑物金属构架和建筑物互相连接的钢筋在电气上是贯通且不少于 10 根柱子组成的自然引下线，作为自然引下线的柱子应包括位于建筑物四周和建筑物内的；

ⅱ. 引下线 3m 范围内地表层的电阻率不小于 50kΩ · m，或敷设 5cm 厚沥青层或 15cm 厚砾石层；

ⅲ. 外露引下线，其距地面 2.7m 以下的导体用耐 1.2/50μs 冲击电压 100kV 的绝缘层隔离，或用至少 3mm 厚的交联聚乙烯层隔离；

ⅳ. 用护栏、警告牌使接触引下线的可能性降至最低。

b. 防跨步电压应符合下列规定之一：

ⅰ. 利用建筑物金属构架和建筑物互相连接的钢筋在电气上是贯通且不少于 10 根柱子组成的自然引下线，作为自然引下线的柱子应包括位于建筑物四周和建筑物内的；

ⅱ. 引下线 3m 范围内土壤地表层的电阻率不小于 50kΩ · m，或敷设 5cm 厚沥青层或 15cm 厚砾石层；

ⅲ. 用网状接地装置对地面做均衡电位处理；

ⅳ. 用护栏、警告牌使进入距引下线 3m 范围内地面的可能性减小到最低。

⑦ 对第二类和第三类防雷建筑物，应符合下列规定。

a. 没有得到接闪器保护的屋顶孤立金属物的尺寸不超过以下数值时，可不要求附加保护措施：

ⅰ. 高出屋顶平面不超过 0.3m；

ⅱ. 上层表面总面积不超过 1.0m²；

ⅲ. 上层表面的长度不超过 2.0m。

b. 不处在接闪器保护范围内的非导电性屋顶物体，当它没有突出由接闪器形成的平面 0.5m 以上时，可不要求增设接闪器的保护措施。

⑧ 在独立接闪杆、架空接闪线、架空接闪网的支柱上，严禁悬挂电话线、广播线、电视接收天线及低压架空线等。

2.3 防雷与接地装置

2.3.1 防雷装置使用的材料

① 防雷装置使用的材料及其应用条件应符合表 2-4 的规定。

② 做防雷等电位连接各连接部件的最小截面，应符合表 2-5 的规定。连接单台或多台Ⅰ级分类试验或 D1 类电涌保护器的单根导体的最小截面，应按下式计算：

$$S_{min} \geqslant I_{imp}/8 \qquad (2\text{-}24)$$

式中 S_{min}——单根导体的最小截面，mm²；

I_{imp}——流入该导体的雷电流，kA。

表 2-4　防雷装置的材料及使用条件

材料	使用于大气中	使用于地中	使用于混凝土中	耐腐蚀情况		
				在下列环境中能耐腐蚀	在下列环境中增加腐蚀	与下列材料接触形成直流电耦合可能受到严重腐蚀
铜	单根导体，绞线	单根导体，有镀层的绞线，铜管	单根导体，有镀层的绞线	在许多环境中良好	硫化物有机材料	
热镀锌钢	单根导体，绞线	单根导体，钢管	单根导体，绞线	敷设于大气、混凝土和无腐蚀性的一般土壤中受到的腐蚀是可接受的	高氯化物含量	铜
电镀铜钢	单根导体	单根导体	单根导体	在许多环境中良好	硫化物	—
不锈钢	单根导体，绞线	单根导体，绞线	单根导体，绞线	在许多环境中良好	高氯化物含量	—
铝	单根导体，绞线	不适合	不适合	在含有低浓度硫和氯化物的大气中良好	碱性溶液	铜
铅	有镀铅层的单根导体	禁止	不适合	在含有高浓度硫酸化合物的大气中良好	—	铜不锈钢

注：1. 敷设于黏土或潮湿土壤中的镀锌钢可能受到腐蚀。
2. 在沿海地区，敷设于混凝土中的镀锌钢不宜延伸进入土壤中。
3. 不得在土地中采用铅。

表 2-5　防雷装置各连接部件的最小截面

<table>
<tr><th colspan="3">等电位连接部件</th><th>材料</th><th>截面/mm²</th></tr>
<tr><td colspan="3">等电位连接带（铜、外表面镀铜的钢或热镀锌钢）</td><td>Cu(铜)、Fe(铁)</td><td>50</td></tr>
<tr><td colspan="3" rowspan="4">从等电位连接带至接地装置或各等电位连接带之间的连接导体</td><td>Cu(铜)</td><td>16</td></tr>
<tr><td>Al(铝)</td><td>25</td></tr>
<tr><td>Fe(铁)</td><td>50</td></tr>
<tr><td>Cu(铜)</td><td>6</td></tr>
<tr><td colspan="3" rowspan="2">从屋内金属装置至等电位连接带的连接导体</td><td>Al(铝)</td><td>10</td></tr>
<tr><td>Fe(铁)</td><td>16</td></tr>
<tr><td rowspan="5">连接电涌保护器的导体</td><td rowspan="3">电气系统</td><td>Ⅰ级试验的电涌保护器</td><td rowspan="5">Cu(铜)</td><td>6</td></tr>
<tr><td>Ⅱ级试验的电涌保护器</td><td>2.5</td></tr>
<tr><td>Ⅲ级试验的电涌保护器</td><td>1.5</td></tr>
<tr><td rowspan="2">电子系统</td><td>D1 类电涌保护器</td><td>1.2</td></tr>
<tr><td>其他类的电涌保护器（连接导体的截面可小于 1.2mm²）</td><td>根据具体情况确定</td></tr>
</table>

2.3.2　接闪器

2.3.2.1　接闪器的材料、结构和截面要求

接闪器的材料、结构和最小截面应符合表 2-6 的规定。

表 2-6　接闪线（带）、接闪杆和引下线的材料、结构与最小截面

材料	结构	最小截面/mm²	备注⑩
铜，镀锡铜①	单根扁铜	50	厚度 2mm
	单根圆铜⑦	50	直径 8mm
	铜绞线	50	每股线直径 1.7mm
	单根圆铜③④	176	直径 15mm

续表

材料	结构	最小截面/mm²	备注⑩
铝	单根扁铝	70	厚度 3mm
	单根圆铝	50	直径 8mm
	铝绞线	50	每股线直径 1.7mm
铝合金	单根扁形导体	50	厚度 2.5mm
	单根圆形导体③	50	直径 8mm
	绞线	50	每股线直径 1.7mm
	单根圆形导体	176	直径 15mm
	外表面镀铜的单根圆形导体	50	直径 8mm,径向镀铜厚度至少 70μm,铜纯度 99.9%
热浸镀锌钢②	单根扁钢	50	厚度 2.5mm
	单根圆钢⑨	50	直径 8mm
	绞线	50	每股线直径 1.7mm
	单根圆钢③④	176	直径 15mm
不锈钢⑤	单根扁钢⑥	50⑧	厚度 2mm
	单根圆钢⑥	50⑧	直径 8mm
	绞线	70	每股线直径 1.7mm
	单根圆钢③④	176	直径 15mm
外表面镀铜的钢	单根圆钢(直径 8mm)	50	镀铜厚度至少 70μm,铜纯度 99.9%
	单根扁钢(厚 2.5mm)		

① 热浸或电镀锡的锡层最小厚度为 1μm。

② 镀锌层宜光滑连贯、无焊剂斑点，镀锌层圆钢至少 22.7g/m²、扁钢至少 32.4g/m²。

③ 仅应用于接闪杆。当应用于机械应力没达到临界值之处，可采用直径 10mm、最长 1m 的接闪杆，并增加固定。

④ 仅应用于入地之处。

⑤ 不锈钢中，铬的含量等于或大于 16%，镍的含量等于或大于 8%，碳的含量等于或小于 0.08%。

⑥ 对埋于混凝土中以及与可燃材料直接接触的不锈钢，其最小尺寸宜增大至直径 10mm 的 78mm² 单根圆钢和最小厚度 3mm 的 75mm² 单根扁钢。

⑦ 在机械强度没有重要要求之处，50mm²（直径 8mm）可减为 28mm²（直径 6mm），并应减小固定支架间的间距。

⑧ 当温升和机械受力是重点考虑之处，50mm² 加大至 75mm²。

⑨ 避免在单位能量 10MJ/Ω 下熔化的最小截面是铜为 16mm²、铝为 25mm²、钢为 50mm²、不锈钢为 50mm²。

⑩ 截面积允许误差为 −3%。

2.3.2.2 接闪器的选择要求

① 接闪杆宜采用热镀锌圆钢或钢管制成时，其直径应符合下列规定：

a. 杆长 1m 以下时，圆钢不应小于 12mm，钢管不应小于为 20mm；

b. 杆长 1～2m 时，圆钢不应小于 16mm，钢管不应小于 25mm；

c. 独立烟囱顶上的杆，圆钢不应小于 20mm，钢管不应小于 40mm。

② 接闪杆的接闪端宜做成半球状，其最小弯曲半径宜为 4.8mm，最大宜为 12.7mm。

③ 当独立烟囱上采用热镀锌接闪环时，其圆钢直径不应小于 12mm；扁钢截面不应小于 100mm²，其厚度不应小于 4mm。

④ 架空接闪线和接闪网宜采用截面不小于 50mm² 的热镀锌钢绞线或铜绞线。

建筑物防雷装置可采用避雷针、避雷带（网）、屋顶上的永久性金属物及金属屋面作为接闪器。避雷针宜采用圆钢或焊接钢管制成，其直径应符合表 2-7 的规定。

表 2-7 避雷针的直径

针长、部位 \ 材料规格	圆钢直径/mm	钢管直径/mm
1m 以下	≥12	≥20
1～2m	≥16	≥25
烟囱顶上	≥20	≥40

避雷网和避雷带宜采用圆钢或扁钢，其尺寸应符合表2-8的规定。

表2-8 避雷网、避雷带及烟囱顶上的避雷环规格

类别＼材料规格	圆钢直径/mm	扁钢截面/mm²	扁管厚度/mm
避雷网、避雷带	⩾8	⩾48	⩾4
烟囱上的避雷环	⩾12	⩾100	⩾4

⑤ 除第一类防雷建筑物外，金属屋面的建筑物宜利用其屋面作为接闪器，并应符合下列规定。

a. 板间的连接应是持久的电气贯通，可采用铜锌合金焊、熔焊、卷边压接、缝接、螺钉或螺栓连接。

b. 金属板下面无易燃物品时，铅板的厚度不应小于2mm，不锈钢、热镀锌钢、钛和铜板的厚度不应小于0.5mm，铝板的厚度不应小于0.65mm，锌板的厚度不应小于0.7mm。

c. 金属板下面有易燃物品时，不锈钢、热镀锌钢和钛板的厚度不应小于4mm，铜板的厚度不应小于5mm，铝板的厚度不应小于7mm。

d. 金属板无绝缘被覆层。其中，薄的油漆保护层或1mm厚沥青层或0.5mm厚聚氯乙烯层均不属于绝缘被覆层。

⑥ 除第一、二类防雷建筑物的规定外，屋顶上永久性金属物宜作为接闪器，但其各部件之间应连成电气贯通，并应符合下列规定。

a. 旗杆、栏杆、装饰物、女儿墙上的盖板等，其截面应符合表2-6的规定，其壁厚应符合⑤的规定。

b. 输送和储存物体的钢管和钢罐的壁厚不应小于2.5mm；当钢管、钢罐一旦被雷击穿，其内部的介质会对周围环境造成危险时，其壁厚不应小于4mm。

c. 利用屋顶建筑构件内钢筋作接闪器应符合2.2.3节中⑤和2.2.4节⑤的规定。

⑦ 除利用混凝土构件钢筋或在混凝土内专设钢材作接闪器外，钢质接闪器应热镀锌。在腐蚀性较强的场所，应采取加大其截面或其他防腐措施。

⑧ 不得利用安装在接收无线电视广播的天线杆顶上的接闪器保护建筑物。

2.3.2.3 接闪器的布置要求

① 专门敷设的接闪器应由下列的一种或多种组成。

a. 独立接闪杆或避雷针。

b. 架空接闪线或架空接闪网。

c. 直接装设在建筑物上的接闪杆、接闪带或接闪网。

② 明敷接闪导体固定支架的间距不宜大于表2-9的规定。固定支架的高度不宜小于150mm。

表2-9 明敷接闪导体和引下线固定支架的间距

布置方式	扁形导体和绞线固定支架的间距/mm	单根圆形导体固定支架的间距/mm
安装于水平面上的水平导体	500	1000
安装于垂直面上的水平导体	500	1000
安装于从地面至高20m垂直面上的垂直导体	1000	1000
安装在高于20m垂直面上的垂直导体	500	1000

③ 专门敷设的接闪器，其布置应符合表2-10的规定。布置接闪器时，可单独或任意组合采用接闪杆、接闪带、接闪网，并应按表2-10规定的不同建筑防雷类别的滚球半径h_r，

采用滚球法计算接闪器的保护范围。

表 2-10 接闪器布置

建筑物防雷类别	滚球半径 h_r/mm	接闪网网格尺寸/mm
第一类防雷建筑物	30	≤5×5 或≤6×4
第二类防雷建筑物	45	≤10×10 或≤12×8
第三类防雷建筑物	60	≤20×20 或≤24×16

其中，滚球法是以 h_r 为半径的一个球体，沿需要防直击雷的部位滚动，当球体只触及接闪器（包括作为接闪器的金属物）或接闪器和地面（包括与大地接触能承受雷击的金属物）而不触及需要保护的部位时，则该部分就得到接闪器的保护。滚球法确定接闪器的保护范围应符合《建筑物防雷设计规范》(GB 50057—2010) 附录的规定。

2.3.3 引下线

2.3.3.1 引下线选择要求

① 引下线的材料、结构和最小截面应按表 2-6 的规定取值。

② 引下线宜采用热镀锌圆钢或扁钢，宜优先采用圆钢。当独立烟囱上的引下线采用圆钢时，其直径不应小于 12mm；采用扁钢时，其截面不应小于 $100mm^2$，厚度不应小于 4mm。

③ 防腐措施应符合 2.3.2.2 节中⑦的规定。利用建筑构件内钢筋作引下线应符合 2.2.3 节中⑤和 2.2.4 节⑤的规定。

2.3.3.2 引下线布置要求

① 专设引下线应沿建筑物外墙外表面明敷，并经最短路径接地；建筑外观要求较高者可暗敷，但其圆钢直径不应小于 10mm，扁钢截面不应小于 $80mm^2$。

② 建筑物的钢梁、钢柱、消防梯等金属构件以及幕墙的金属立柱宜作为引下线，但其各部件之间均应连成电气贯通，可采用铜锌合金焊、熔焊、卷边压接、缝接、螺钉或螺栓连接；其截面应按表 2-6 的规定取值；各金属构件可被覆有绝缘材料。

③ 采用多根专设引下线时，应在各引下线上于距地面 0.3～1.8m 之间装设断接卡。

当利用混凝土内钢筋、钢柱作为自然引下线并同时采用基础接地体时，可不设断接卡，但利用钢筋作引下线时应在室内外的适当地点设若干连接板。当仅利用钢筋作引下线并采用埋于土壤中的人工接地体时，应在每根引下线上距地面不低于 0.3m 处设接地体连接板。采用埋于土壤中的人工接地体时应设断接卡，其上端应与连接板或钢柱焊接。连接板处宜有明显标志。

④ 在易受机械损伤之处，地面上 1.7m 至地面下 0.3m 的一段接地线应采用暗敷或采用镀锌角钢、改性塑料管或橡胶管等加以保护。

⑤ 第二类防雷建筑物或第三类防雷建筑物为钢结构或钢筋混凝土建筑物时，在其钢构件或钢筋之间的连接满足本规范规定并利用其作为引下线的条件下，当其垂直支柱均起到引下线的作用时，可不要求满足专设引下线之间的间距。

⑥ 明敷引下线固定支架的间距不宜大于表 2-9 的规定。

2.3.4 接地装置

① 接地体的材料、结构和最小截面应符合表 2-11 的规定。利用建筑构件内钢筋作接地装置时应符合 2.2.3 节中⑤和 2.2.4 节⑤的规定。

表 2-11 接地体的材料、结构和最小尺寸

材料	结构	最小尺寸			备注
		垂直接地体直径/mm	水平接地体/mm²	接地板/mm	
铜、镀锡铜	铜绞线	—	50	—	每股直径 1.7mm
	单根圆铜	15	50	—	—
	单根扁铜	—	50	—	厚度 2mm
	铜管	20	—	—	壁厚 2mm
	整块铜板	—	—	500×500	厚度 2mm
	网格铜板	—	—	600×600	各网格边截面 25mm×2mm，网格网边总长度不少于 4.8m
热镀锌钢	圆钢	14	78	—	—
	钢管	20	—	—	壁厚 2mm
	扁钢	—	90	—	厚度 3mm
	钢板	—	—	500×500	厚度 3mm
	网格钢板	—	—	600×600	各网格边截面 30mm×3mm，网格网边总长度不少于 4.8m
	型钢	注 3	—	—	—
裸钢	钢绞线	—	70	—	每股直径 1.7mm
	圆钢	—	78	—	—
	扁钢	—	75	—	厚度 3mm
外表面镀铜的钢	圆钢	14	50	—	镀铜厚度至少 250μm，铜纯度 99.9%
	扁钢	—	90(厚 3mm)	—	
不锈钢	圆形导体	15	78	—	—
	扁形导体	—	100	—	厚度 2mm

注：1. 热镀锌层应光滑连贯、无焊剂斑点，镀锌层圆钢至少 22.7g/m²、扁钢至少 32.4g/m²。

2. 热镀锌之前螺纹应先加工好。

3. 不同截面的型钢，其截面不小于 290mm²，最小厚度 3mm，可采用 50mm×50mm×3mm 的角钢。

4. 当完全埋在混凝土中时才可采用裸钢。

5. 外表面镀铜的钢，铜应与钢结合良好。

6. 不锈钢中，铬的含量等于或大于 16%，镍的含量等于或大于 5%，钼的含量等于或大于 2%，碳的含量等于或小于 0.08%。

7. 截面积允许误差为 −3%。

② 在符合表 2-4 规定的条件下，埋于土壤中的人工垂直接地体宜采用热镀锌角钢、钢管或圆钢；埋于土壤中的人工水平接地体宜采用热镀锌扁钢或圆钢。

接地线应与水平接地体的截面相同。

③ 人工钢质垂直接地体的长度宜为 2.5m。其间距以及人工水平接地体的间距均宜为 5m，当受地方限制时可适当减小。

④ 人工接地体在土壤中的埋设深度不应小于 0.5m，并宜敷设在当地冻土层以下，其距墙或基础的距离不宜小于 1m。接地体宜远离受烧窑、烟道等高温影响使土壤电阻率升高的地方。

⑤ 在敷设于土壤中的接地体连接到混凝土基础内起基础接地体作用的钢筋或钢材的情况下，土壤中的接地体宜采用铜质、镀铜或不锈钢导体。

⑥ 在高土壤电阻率的场地，降低防直击雷冲击接地电阻宜采用下列方法：

a. 采用多支线外引接地装置，外引长度不应大于有效长度；

b. 接地体埋于较深的低电阻率土壤中；

c. 换土；

d. 采用降阻剂。

⑦ 防直击雷的专设引下线距出入口或人行道边沿不宜小于 3m。

⑧ 接地装置埋在土壤中的部分，其连接宜采用放热焊接；当采用通常的焊接方法时，应在焊接处做防腐处理。

2.4 弱电系统的防雷接地工程施工

2.4.1 防雷接地工程施工准备工作

2.4.1.1 开工前的准备

防雷接地经过调研，确定方案后，下一步就是工程的实施，而工程实施的第一步则是开工前的准备工作。开工前应做的准备工作主要有以下几项。

① 严把设计审查关。

② 为确保施工安全，施工工期一定避开雷雨季节。当在无雷雨季节施工时，在进行设备操作时也一定要停止施工。

③ 设计防雷接地实际施工图。设计防雷接地实际施工图主要是供施工人员、督导人员以及主管人员使用。

④ 备料。防雷接地施工过程需要的施工材料主要有以下几种：避雷针安装材料、避雷网安装材料、防雷引下线材料、支架安装材料、接地体安装材料、接地干线安装材料。

防雷及接地装置所有部件均应采用镀锌材料，并且应具有出厂合格证和镀锌质量证明书。在施工过程中应注意保护镀锌层。此外，镀锌材料主要有：扁钢、角钢、圆钢、钢管、铅丝、螺栓、垫圈、U形螺栓、元宝螺栓以及支架等。

⑤ 不同规格的工程用料就位。

⑥ 制订好施工安全措施。

⑦ 制订施工进度表。

⑧ 向工程单位提交开工报告。

2.4.1.2 确定施工安装流程

防雷接地工程的施工安装流程：接地体→接地干线→支架→引下线明敷→避雷针→避雷网→避雷带或均压环。

2.4.1.3 施工过程中要注意的事项

① 施工现场督导人员要认真负责，及时处理施工进程中出现的各种情况，协调处理各方意见。

② 如果现场施工碰到不可预见的问题，应及时向施工单位汇报，并提出解决办法供施工单位当场研究解决，以免影响工程进度。

③ 对施工单位计划不周的问题，要及时妥善解决。

④ 对施工单位新增加的内容要及时在施工图中反映出来。

⑤ 对部分场地或工段要及时进行阶段检查验收，确保工程质量。

⑥ 制订工程进度表。

在制订工程进度表时，要留有余地，还要考虑其他工程施工时可能对本工程带来的影响，避免出现不能按时完工、交工的问题。

2.4.2 接地装置安装工程

2.4.2.1 接地装置安装工序

自然接地体底板钢筋敷设完成，应按设计要求做接地施工，应经检查确认并做隐蔽工程验收记录后再支模或浇捣混凝土。

人工接地体应按设计要求位置开挖沟槽，打入人工垂直接地体或敷设金属接地模块（管）和使用人工水平接地体进行电气连接，应经检查确认并做隐蔽工程验收记录。

接地装置隐蔽应经检查验收合格后再覆土回填。

2.4.2.2　人工接地体安装

（1）接地体的制作加工　根据防雷接地施工图规定，可采用镀锌钢管或镀锌角钢制作接地体，其做法如下。

① 所采用的镀锌钢管或镀锌角钢，应符合设计规定，一般切割接地体长度不应小于2.5m。

② 镀锌钢管。端部加工，可根据施工现场土质情况制作，遇松软土壤时，可将镀锌钢管一端头加工成斜面形，为了避免打入时受力不均使管子歪斜，可将镀锌钢管一端头加工成扁尖形。遇到土质很硬时，可将镀锌钢管一端头加工成锥形。

③ 镀锌角钢接地体应采用不小于∟ 40mm×4mm 的角钢，长度不应小于2.5m，角钢一端头应加工成小头形状，如图2-3所示。

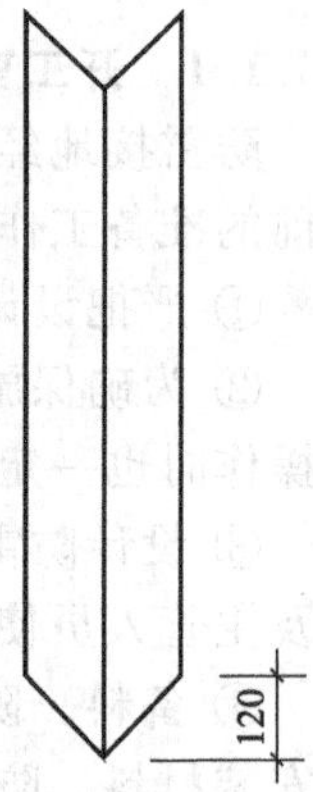

120

图2-3　镀锌角钢接地体

（2）挖沟　根据防雷接地施工图路径要求，进行测量放线，弹出接地体的具体尺寸位置，标出沟的长度与宽度尺寸，其宽度不应小于0.5m。根据弹线定位路径及宽度，进行沟的挖掘工作，其深度为0.8～1m，宽度为0.5m，沟的上部稍宽底部渐窄，目的是防止塌坡。

当遇到沟底有垃圾灰渣或不符合规定的土质时，应及时清除。遇到电阻率较高的土壤时，应换电阻率较低的泥土，如砂质黏土、耕地土壤、黑土等，更换土层深度应符合设计要求，同时进行分层回填夯实，将沟底清理平整。

（3）接地体敷设　人工防雷接地体敷设方式，分为水平敷设和垂直敷设两种，垂直接地敷设方式的具体做法如下。

① 角钢、钢管、铜棒、铜管等接地体应垂直配置。人工垂直接地体的长度宜为2.5m，人工垂直接地体之间的间距不宜小于5m。

② 人工接地体与建筑物外墙或基础之间的水平距离不宜小于1m，挖沟前应注意此间距。根据接地体间距标定在中心线的具体位置，然后将接地体打入地中。接地体打入时，一人用手扶着接地体，一人用大锤敲打接地体的顶部。为了防止接地镀锌钢管或镀锌角钢打劈端头，采用护管帽套入接地极顶端，保护镀锌钢管接地极。对镀锌角钢，可采用短角钢（约10cm）焊在接地镀锌角钢顶端。

③ 用大锤敲打接地极时，敲打要平稳，锤击接地体正中，不得打偏，应与地面保持垂直，当接地体顶部与地面间距离在600mm时停止打入。

（4）接地体间连接。

① 镀锌扁钢敷设前应先进行调直，然后将镀锌扁钢放置于沟内接地极端部的侧面，即端部100mm以下位置，并用铁丝将镀锌扁钢立面紧贴接地极绑扎牢固。

② 镀锌扁钢与镀锌钢管或镀锌角钢搭接处，放置平正后，及时焊接，其焊接面应均匀，焊口无夹渣、咬肉、裂纹、气孔等现象。焊接好后，趁热清除表面药皮，同时涂刷沥青油做防腐处理。

③ 将接地线引至需要预留的位置，同时留有足够的延长米。

④ 接地体的连接应采用焊接，并宜采用放热焊接（热剂焊）。当采用通用的焊接方法时，应在焊接处做防腐处理。钢材、铜材的焊接应符合下列规定：

a. 导体为钢材时，焊接时的搭接长度及焊接方法应符合表 2-12 的规定。

表 2-12　防雷装置钢材焊接时的搭接长度及焊接方法

焊接材料	搭接长度	焊接方法
扁钢与扁钢	不应少于扁钢宽度的 2 倍	两个大面不应少于 3 个棱边焊接
圆钢与圆钢	不应少于圆钢直径的 6 倍	双面施焊
圆钢与扁钢	不应少于圆钢直径的 6 倍	双面施焊
扁钢与钢管、扁钢与角钢	紧贴角钢外侧两面或紧贴 3/4 钢管表面，上、下两侧施焊，并应焊以由扁钢弯成的弧形（或直角形）卡子或直接由扁钢本身弯成弧形或直角形与钢管或角钢焊接	

b. 导体为铜材与铜材或铜材与钢材时，连接工艺应采用放热焊接，熔接接头应将被连接的导体完全包在接头里，要保证连接部位的金属完全熔化，并应连接牢固。

⑤ 接地装置在地面处与引下线的连接施工图示和不同地基的建筑物基础接地施工图示，如图 2-4～图 2-6 所示。

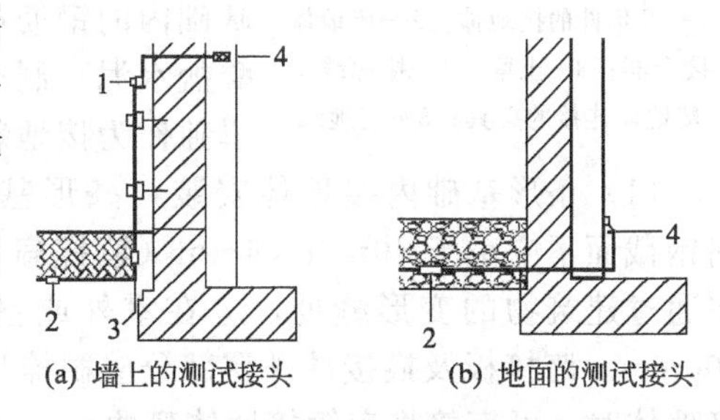

图 2-4　在建筑物地面处连接板（测试点）的安装

1—墙上的测试点；2—土壤中抗腐蚀的 T 形接头；3—土壤中抗腐蚀的接头；4—钢梁与接地线的接点

（5）防雷接地装置隐检　接地体连接完毕后，应及时请组检部门进行验收检查，检验接地体有关的材料材质证明文件、合格证，防雷接地体截面，安装位置，间距，焊接质量等均应符合设计要求和施工规范规定。检验防雷接地装置安装外观，防腐处理情况，接地电阻实测实量情况。对所使用的接地电阻测试仪应有经过当地权威资质计量单位的检测报告。接地电阻测试仪的接地钎子、锤入深度、间距、连接导线的

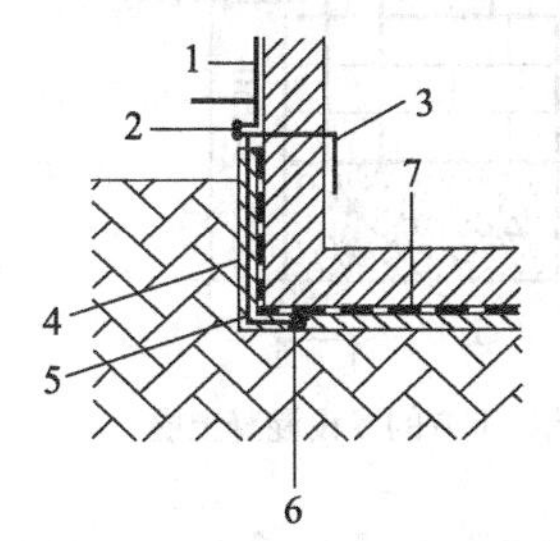

(a) 接地极位于沥青防水层下无钢筋的混凝土中

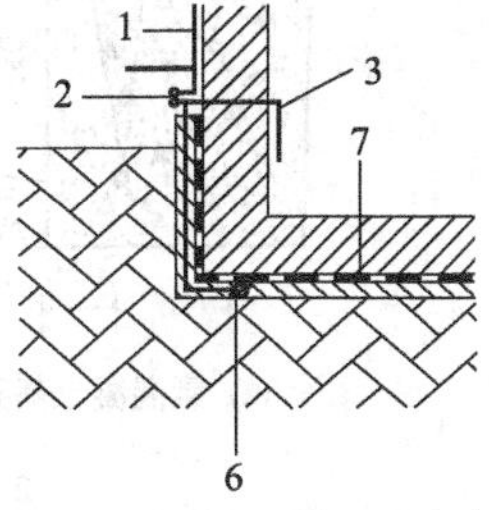

(b) 部分接地导体穿过土壤

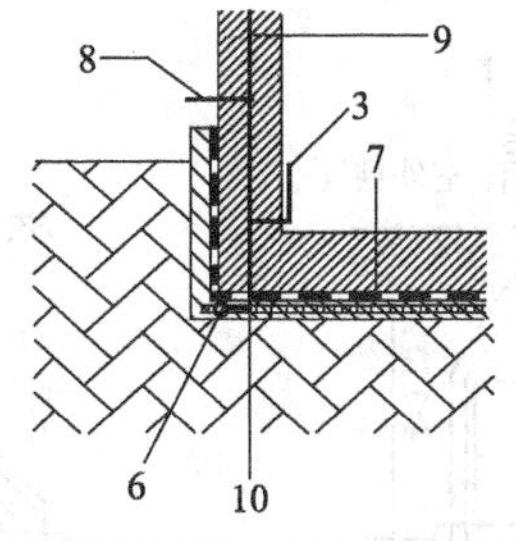

(c) 穿过沥青防水层将基础接地极与接地排相连的连接导体

图 2-5　地基防水层外接地极连接安装

1—引下线；2—测试接头；3—与内部 LPS 相连的等电位连接导体；4—无钢筋的混凝土；5—LPS 的连接导体；6—基础接地极；7—沥青防水层；8—测试接头与钢筋的连接导体；9—混凝土中的钢筋；10—穿过沥青防水层的防水套管

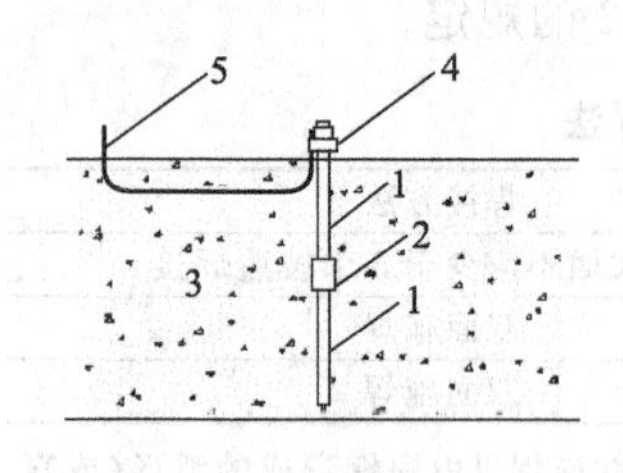

图 2-6　A 型接地装置与接地线连接安装

1—可延伸的接地体；2—接地体接合器；3—土壤；4—接地线与接地体连接的夹具；5—接地线

长度应符合要求。摇测接地电阻时，每分钟转数不应低于 120r/min，均匀摇测经过 1min 表针稳定后再读数，并做好隐蔽工程记录。

2.4.2.3　自然接地装置安装

高层建筑大多以建筑物的深基础作为接地装置。在土壤较好的地区，当建筑物基础采用以硅酸盐为基料的水泥，以及周围土壤当地历史上一年中最早发生雷闪时间以前的含水量不低于 4%，或者基础外表面无防腐层或沥青防腐层时，钢筋混凝土基础内的钢筋都可作为接地装置。对于一些采用防水水泥（铝酸盐水泥）制成的钢筋混凝土基础，由于其导电性差，则不宜单独作为接地装置。

(1) 条形基础内接地体安装　条形基础内接地体如采用圆钢，直径不应小于 12mm，扁钢截面不应小于 40mm×4mm（镀锌扁钢）。条形基础内接地体安装方式如图 2-7 所示。在通过建筑物的变形缝处，应在室外或室内装设弓形跨接板，弓形跨接板的弯曲半径为 100mm。跨接板及换接件外露部分应刷樟丹漆一道，面漆两道，如图 2-8 所示。当采用扁钢接地体时，可直接将扁钢接地体弯曲。

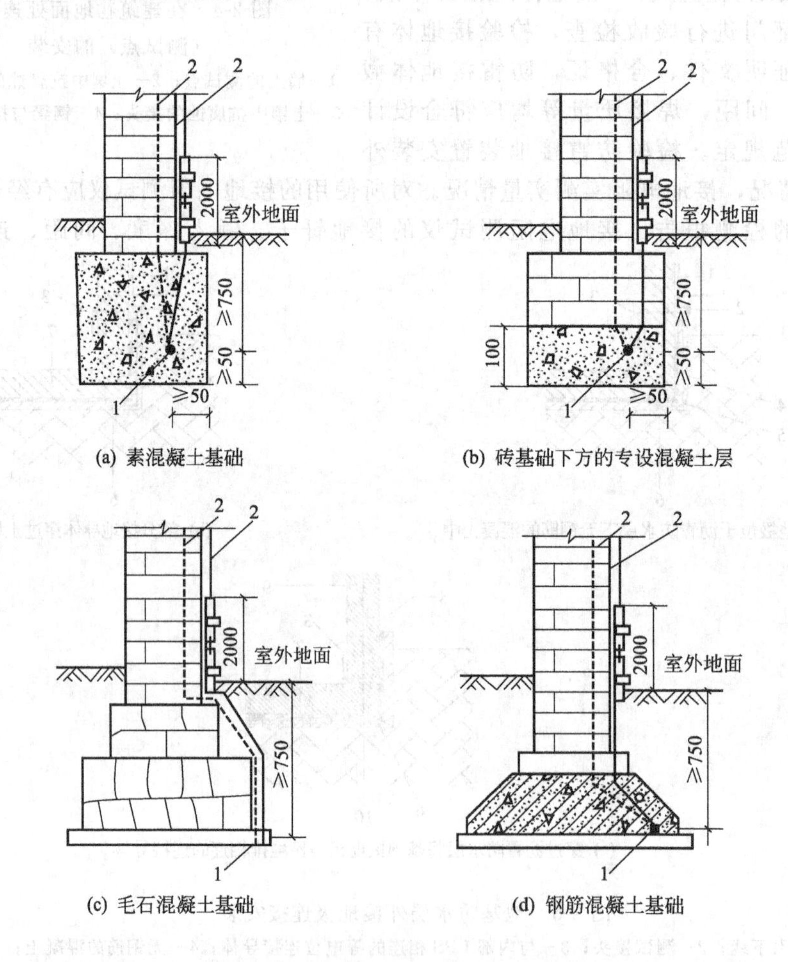

图 2-7　条形基础内接地体的安装

1—接地体；2—引下线

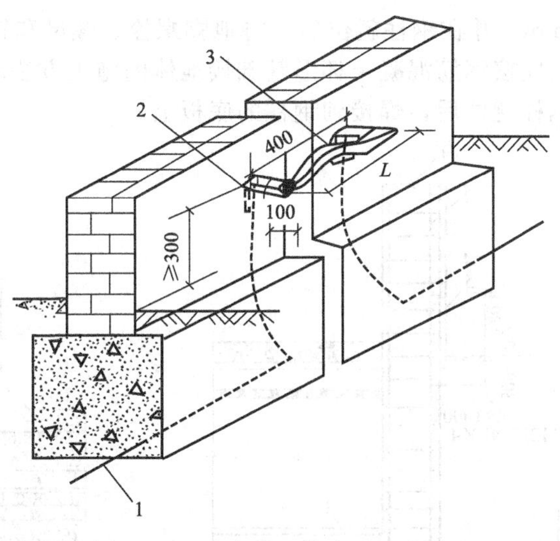

图 2-8 基础内接地体变形缝处做法

1—圆钢接地体；2—25mm×4mm 换接件；3—弓形跨接板

（2）钢筋混凝土桩基础接地体安装 桩基础接地体如图 2-9 所示，在作为防雷引下线的柱子位置处，将基础的抛头钢筋与承台梁主筋焊接，并与上面作为引下线的柱（或剪力墙）中的钢筋焊接。当每组桩基多于 4 根时，只需连接其四角桩基的钢筋作为接地体。

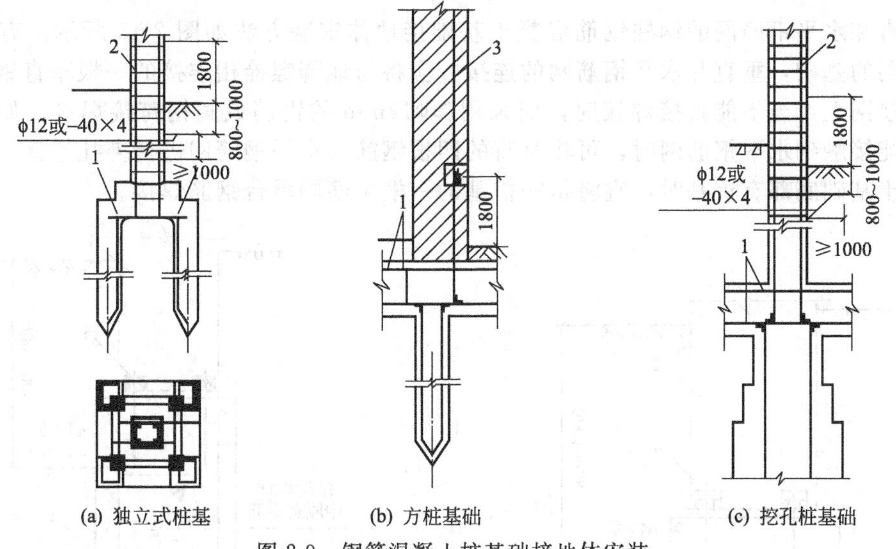

图 2-9 钢筋混凝土桩基础接地体安装

1—承台架钢筋；2—柱主筋；3—独立引下线

（3）独立柱基础、箱形基础接地体安装 钢筋混凝土独立基础及钢筋混凝土箱形基础作为接地体时，应将用作防雷引下线的现浇钢筋混凝土柱内的符合要求的主筋与基础底层钢筋网做焊接连接，如图 2-10 所示。钢筋混凝土独立基础如有防水油毡及沥青包裹时，应通过预埋件和引下线，跨越防水油毡及沥青层，将柱内的引下线钢筋、垫层内的钢筋与接地柱相焊接，如图 2-11 所示，利用垫层钢筋和接地桩柱作接地装置。

（4）钢柱钢筋混凝土基础接地体安装 仅有水平钢筋网的钢柱钢筋混凝土基础接地体的安装，如图 2-12 所示，每个钢筋基础中应有一个地脚螺栓通过连接导体（≥ϕ12mm 钢筋或圆钢）与水平钢筋网进行焊接连接。地脚螺栓与连接导体、连接导体与水平钢筋网之间的搭接焊接长度不应小于60mm，并在钢柱就位后，将地脚螺栓、螺母和钢柱焊为一体。当无法利用钢柱的地脚螺栓时，应按钢筋混凝土杯形基础接地体的施工方法施工。将连接导体引至钢柱就位的边线外，在钢柱就位后，焊接到钢柱的底板上。

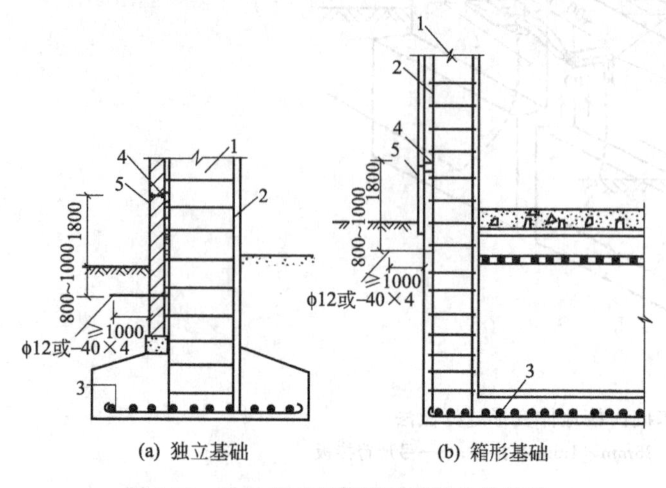

图 2-10 独立基础与箱形基础接地体安装

1—现浇混凝土柱；2—柱主筋；3—基础底层钢筋网；4—预埋连接件；5—引出连接板

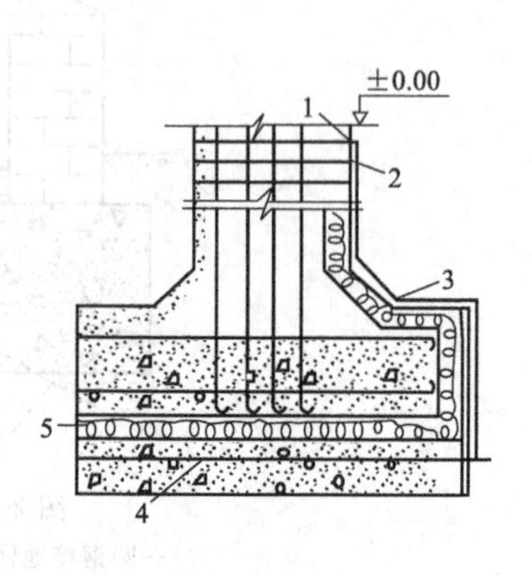

图 2-11 有防潮层的基础接地体安装

1—柱主筋；2—连接柱筋与引下线的预埋铁件；3—ϕ12mm 圆钢引下线；4—垫层钢筋；5—油毡防水层

有垂直和水平钢筋网的钢柱钢筋混凝土基础接地体安装方法如图 2-13 所示。有垂直和水平钢筋网的基础，垂直和水平钢筋网的连接，应将与地脚螺栓相连接的一根垂直钢筋焊接到水平钢筋网上，当不能直接焊接时，应采用≥ϕ12mm 的钢筋或圆钢跨接焊接。如果四根垂直主筋能接触到水平钢筋网时，可将垂直的四根钢筋与水平钢筋网进行绑扎连接。当钢柱钢筋混凝土基础底部有桩基时，宜将每一桩基的一根主筋同承台钢筋焊接。

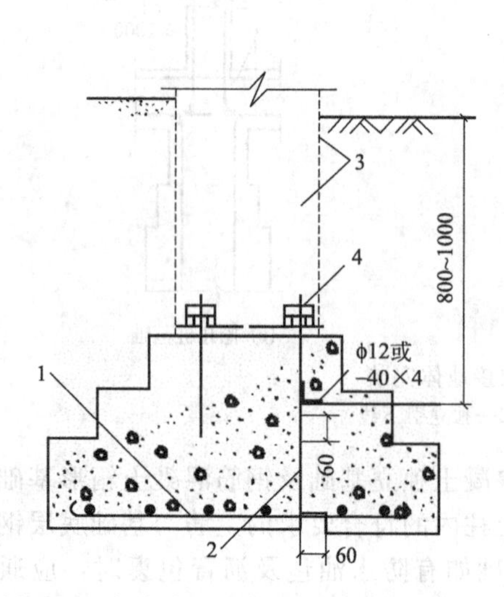

图 2-12 仅有水平钢筋网的基础接地体安装

1—水平钢筋网；2—连接导体；3—钢柱；4—地脚螺栓

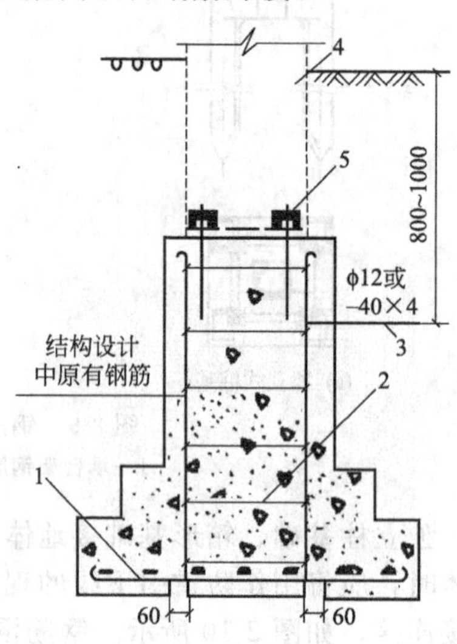

图 2-13 有垂直和水平钢筋网的基础接地体安装

1—水平钢筋网；2—垂直钢筋网；3—连接导体；4—钢柱；5—地脚螺栓

2.4.2.4 接地装置安装质量验收标准

接地装置安装质量验收标准见表 2-13。

表 2-13 接地装置安装质量验收标准

项目	内容
主控项目	人工接地装置或利用建筑物基础钢筋的接地装置必须在地面以上按设计要求位置设测试点
	测试接地装置的接地电阻值必须符合设计要求
	防雷接地的人工接地装置的接地干线埋设，经人行通道处埋地深度不应小于 1m，且应采取均压措施或在其上方铺设卵石或沥青地面
	接地模块顶面埋深不应小于 0.6m，接地模块间距不应小于模块长度的 3～5 倍。接地模块埋设基坑，一般为模块外形尺寸的 1.2～1.4 倍，且在开挖深度内详细记录地层情况
	接地模块应垂直或水平就位，不应倾斜设置，保持与原土层接触良好
一般项目	当设计无要求时，接地装置顶面埋设深度不应小于 0.6m。圆钢、角钢及钢管接地极应垂直埋入地下，间距不应小于 5m。接地装置的焊接应采用搭接焊，搭接长度应符合下列规定： (1)扁钢与扁钢搭接为扁钢宽度的 2 倍，不少于三面施焊； (2)圆钢与圆钢搭接为圆钢直径的 6 倍，双面施焊； (3)圆钢与扁钢搭接为圆钢直径的 6 倍，双面施焊； (4)扁钢与钢管、扁钢与角钢焊接，紧贴角钢外侧两面，或紧贴 3/4 钢管表面，上下两侧施焊； (5)除埋设在混凝土中的焊接接头外，有防腐措施
	当设计无要求时，接地装置的材料为钢材，热浸镀锌处理，最小允许规格、尺寸应符合表 2-14 的规定
	接地模块应集中引线，用干线把接地模块并联焊接成一个环路，干线的材质与接地模块焊接点的材质应相同，钢制的采用热浸镀锌扁钢，引出线不少于 2 处

表 2-14 最小允许规格、尺寸

种类、规格及单位		敷设位置及使用类别			
		地上		地下	
		室内	室外	交流电流回路	直流电流回路
圆钢直径/mm		6	8	10	12
扁钢	截面/mm^2	60	100	100	100
	厚度/mm	3	4	4	6
角钢厚度/mm		2	2.5	4	6
钢管管壁厚度/mm		2.5	2.5	3.5	4.5

2.4.3 防雷引下线安装

2.4.3.1 引下线安装工序

利用建筑物柱内钢筋作为引下线，在柱内主钢筋绑扎或焊接连接后，应做标志，并应按设计要求施工，应经检查确认记录后再支模。

直接从基础接地体或人工接地体引出的专用引下线，应先按设计要求安装固定支架，并应经检查确认后再敷设引下线。

2.4.3.2 引下线支架安装

由于引下线的敷设方法不同，使用的固定支架也不相同，各种不同形式的支架如图 2-14 所示。

当确定引下线位置后，明装引下线支持卡子应随着建筑物主体施工预埋。通常在距室外护坡 2m 高处，预埋第一个支持卡子，然后将圆钢或扁钢固定在支持卡子上，作为引下线。随着主体工程施工，在距第一个卡子正上方 1.5～2m 处，用线坠吊直第一个卡子的中心点，埋设第二个卡子，依此向上逐个埋设，其间距应均匀相等。支持卡子露出长度应一致，突出建筑外墙装饰面 15mm 以上。

引下线固定支架应固定可靠，每个固定支架应能承受 49N 的垂直拉力。固定支架的高度不宜小于 150mm，固定支架应均匀，引下线和接闪导体固定支架的间距应符合表 2-15 的要求。

表 2-15 引下线和接闪导体固定支架的间距

布置方式	扁形导体和绞线固定支架的间距/mm	单根圆形导体固定支架的间距/mm
水平面上的水平导体	500	1000
垂直面上的水平导体	500	1000
地面至 20m 处的垂直导体	1000	1000
从 20m 处起往上的垂直导体	500	1000

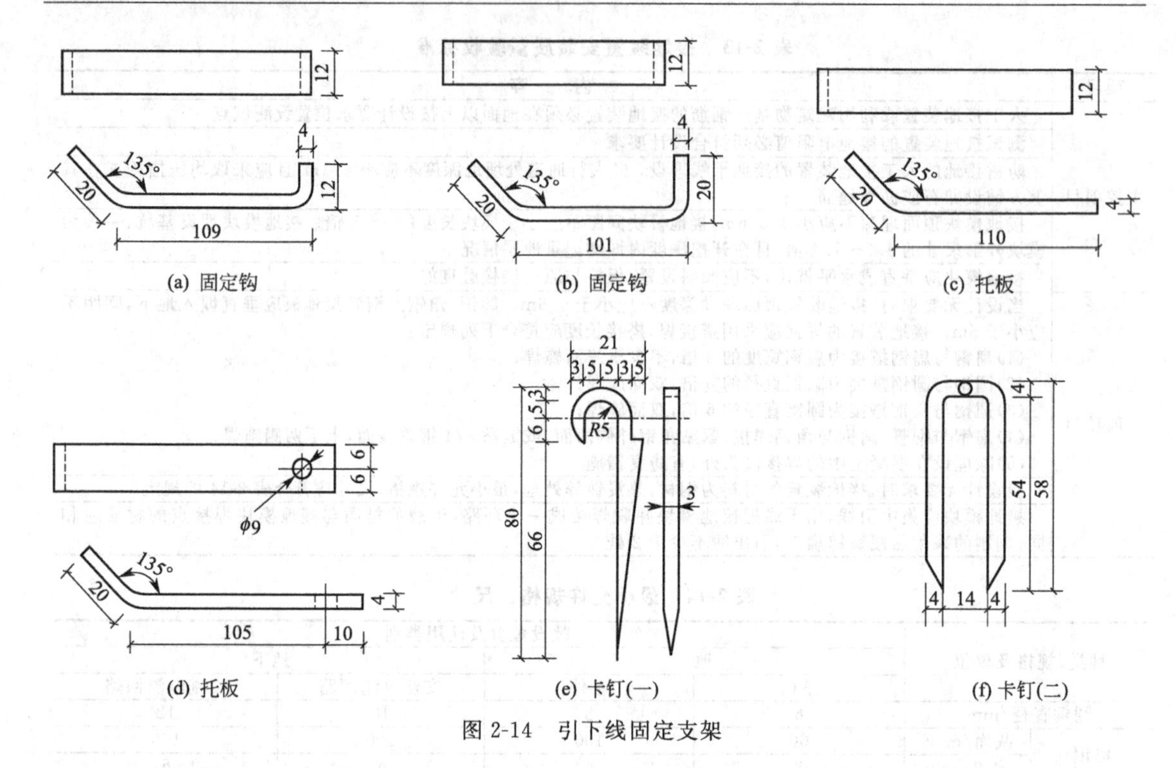

图 2-14　引下线固定支架

2.4.3.3　明敷引下线安装

明敷引下线应预埋支持卡子，支持卡子应突出外墙装饰面 15mm 以上，并且露出的长度应一致，然后将圆钢或扁钢固定在支持卡子上。通常第一个支持卡子在距室外护坡 2m 高处预埋，距第一个卡子正上方 1.5～2m 处埋设第二个卡子，依此向上逐个埋设，间距应均匀相等。

明敷引下线调直后，从建筑物的最高点由上而下，逐点与预埋在墙体内的支持卡子套环卡固，用螺栓或焊接固定，直到断接卡子为止，如图 2-15 所示。

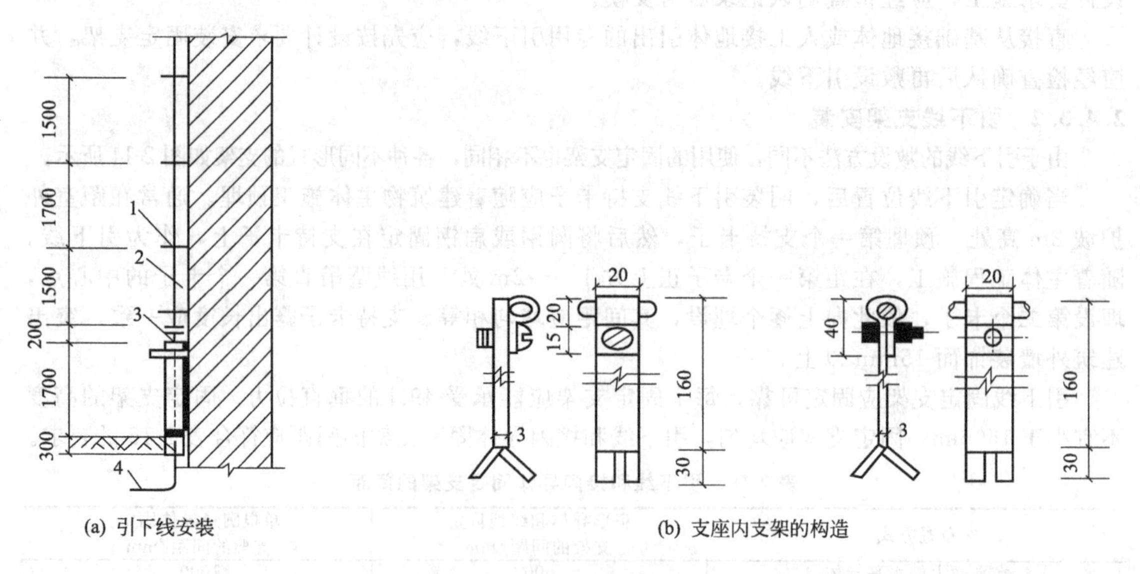

图 2-15　明敷引下线安装做法

1—扁钢卡子；2—明敷引下线；3—断接卡子；4—接地线

引下线经过屋面挑檐处，应做成弯曲半径较大的慢弯，引下线经过挑檐板和女儿墙的做法如图 2-16 所示。

引下线安装中避免形成小环路的安装示意图如图 2-17 所示；明敷引下线避免对人体闪络的安装示意图如图 2-18 所示，引下线（接闪导线）在弯曲处的焊接要求如图 2-19 所示。

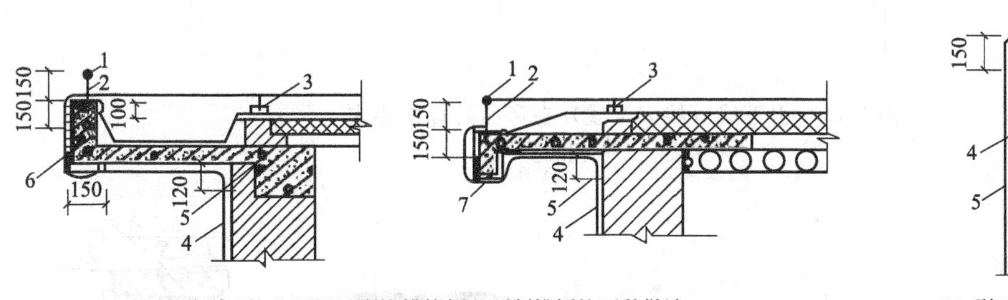

(a) 明装引下线分别经过现浇挑檐板和预制挑板的两种做法

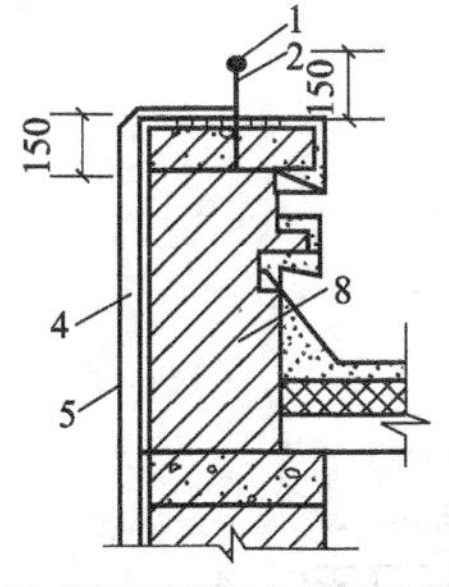

(b) 引下线经过女儿墙的做法

图 2-16　明装引下线经过挑檐板和女儿墙做法

1—避雷带；2—支架；3—混凝土支架；4—引下线；5—固定卡子；6—现浇挑檐板；7—预制挑檐板；8—女儿墙

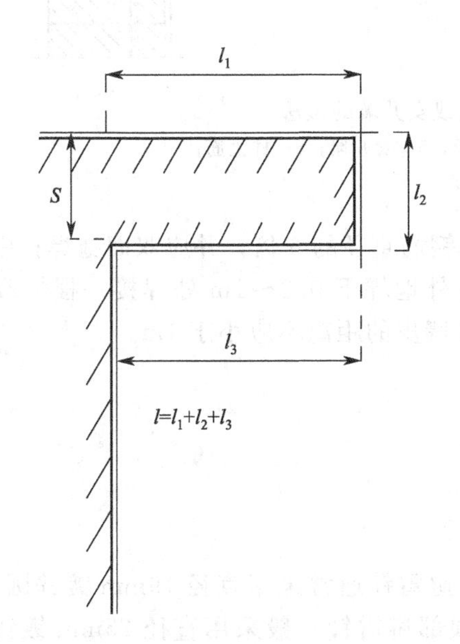

图 2-17　引下线安装中避免形成小环路的安装

S—隔距；l—计算隔距的长度

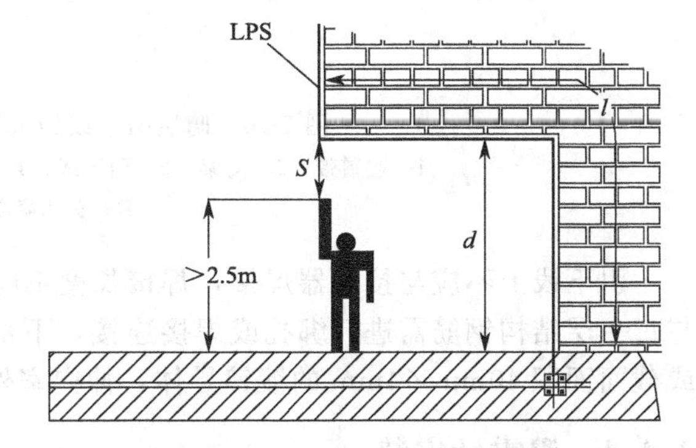

图 2-18　明敷引下线避免对人体闪络的安装

d—实际距离，应大于 $S+2.5$；

S—隔距，$S=k_i k_e/k_m l$（m）

注：k_i——第一类防雷建筑物取 0.08，第二类防雷建筑物取 0.06，第三类防雷建筑物取 0.04；

k_e——引下线为 1 根时取 1，引下线为 2 时取 0.66，引下线为 3 根或以上时取 0.44；

k_m——绝缘介质为空气时取 1，绝缘介质为钢筋混凝土或砖瓦时取 0.5；

l——需考虑隔离的点到最近某电位连接点的长度。

2.4.3.4　暗敷引下线安装

沿墙或混凝土构造柱暗敷的引下线，通常采用直径不小于ϕ12mm 镀锌圆钢或截面面积为 25mm×4mm 的镀锌扁钢。钢筋调直后与接地体（或断接卡子）用卡钉或方卡钉固定好，垂直固定距离为 1.5～2m，由上至下展放或者一段段连接钢筋。暗装引下线经过挑檐板或女儿墙的做法，如图 2-20 所示。

利用建筑物钢筋作引下线，当钢筋直径为ϕ16mm 及以上时，应采用绑扎或焊接的两根钢筋作为一组引下线；当钢筋直径为ϕ10mm 及以上时，应采用绑扎或焊接的四根钢筋作为一组引下线。

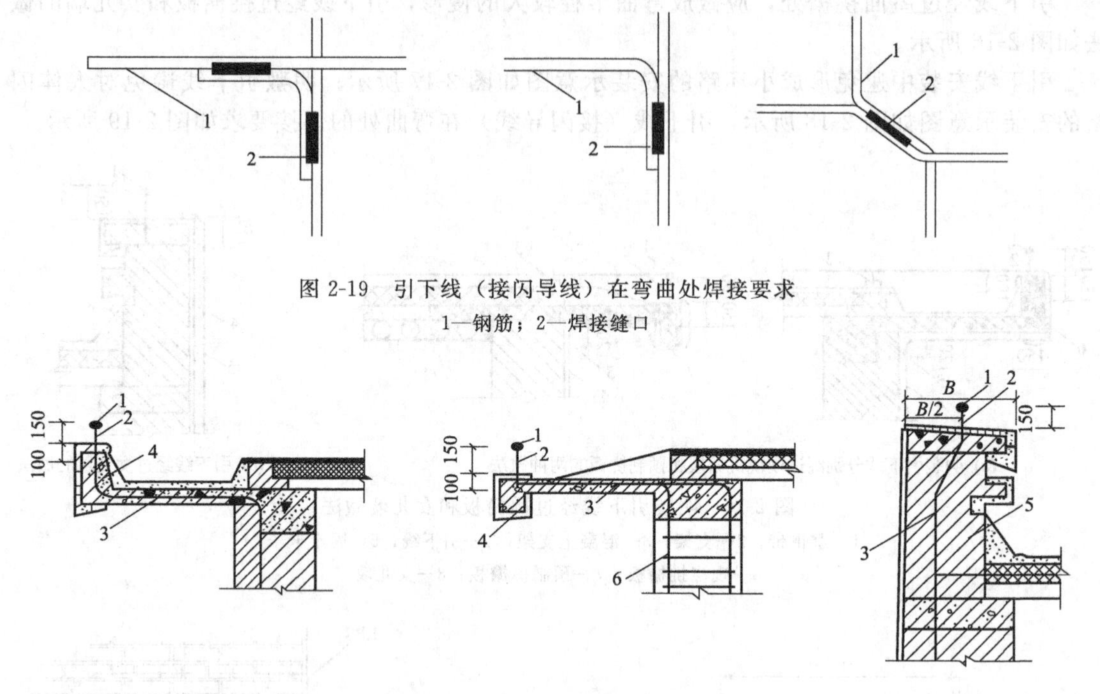

图 2-19　引下线（接闪导线）在弯曲处焊接要求

1—钢筋；2—焊接缝口

图 2-20　暗装引下线经过挑檐板或女儿墙的做法

1—避雷带；2—支架；3—引下线；4—挑檐板；5—女儿墙；6—柱主筋；

B—女儿墙墙体厚度

引下线上不应与接闪器焊接，焊接长度不应小于钢筋直径的 6 倍，并应双面施焊；中间与每一层结构钢筋需进行绑扎或焊接连接，下部在室外地坪下 0.8～1m 处焊接一根ϕ12mm 或截面面积 40mm×4mm 的镀锌导体，伸向室外距外墙皮的距离不应小于 1m。

2.4.4　避雷针安装

避雷针一般可以分为两种。

① 独立避雷针。

② 安装在高耸建筑物和构筑物上的避雷针。

避雷针通常采用镀锌圆钢或焊接钢管制作，独立避雷针通常采用直径 19mm 镀锌圆钢；屋面上避雷针通常采用直径 25mm 镀锌钢管；水塔顶部避雷针一般采用直径 25mm 镀锌圆钢或直径 40mm 镀锌钢管；烟囱顶部避雷针大都采用直径 25mm 镀锌圆钢或直径 40mm 镀锌钢管。

2.4.4.1　独立避雷针安装

（1）埋设接地体　在距离避雷针基础 3m 开外挖一条深 0.8m、宽度易于工人操作的环形沟，如图 2-21 所示。并将避雷针接地螺栓至沟挖出通道。将镀锌接地极棒ϕ(25～30)mm×(2500～3000)mm 圆钢垂直打入沟内，沟底上留出 100mm，间隔可按总根数计算，通常为 5m。也可用∟ 50mm×50mm×5mm 的镀锌角钢或ϕ32mm 的镀锌钢管作接地极棒。

将所有的接地极棒打入沟内后，应分别测量接地电阻，然后通过并联计算总的接地电阻，其值应小于 10Ω。如果不满足此条件，应增加接地极棒数量，直到总接地电阻≤10Ω 为止。

测量接地电阻时应注意以下几点。

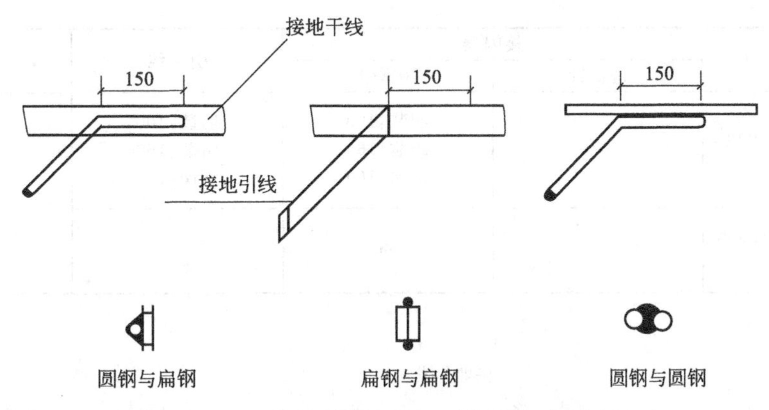

图 2-21 接地引线与接地干线焊接示意图

① 测量时必须断开接地引线和接地体（接地干线）的连接。

② 电流极、电压极的布置方向应和线路方向或地下金属管线方向垂直。

③ 雨雪天或气候恶劣天气应停止测量，防雷接地宜在春季最干燥时测量；保护接地、工作接地宜在春季最干燥时或冬季冰冻最严重时测量。

(2) 接地干线、接地引线的焊接 接地干线与接地体的焊接示意图如图 2-22 所示。焊接通常应采用电焊，若实在有困难可使用气焊。焊接必须牢固可靠，尽量将焊接面焊满。接地引线与接地干线的焊接如图 2-23 所示，其焊接要求同接地干线与接地体的焊接。接地干线和接地引线应使用镀锌圆钢，其规格应符合表 2-16 要求。焊接完成后将焊缝处焊渣清理干净，然后涂沥青漆防腐。

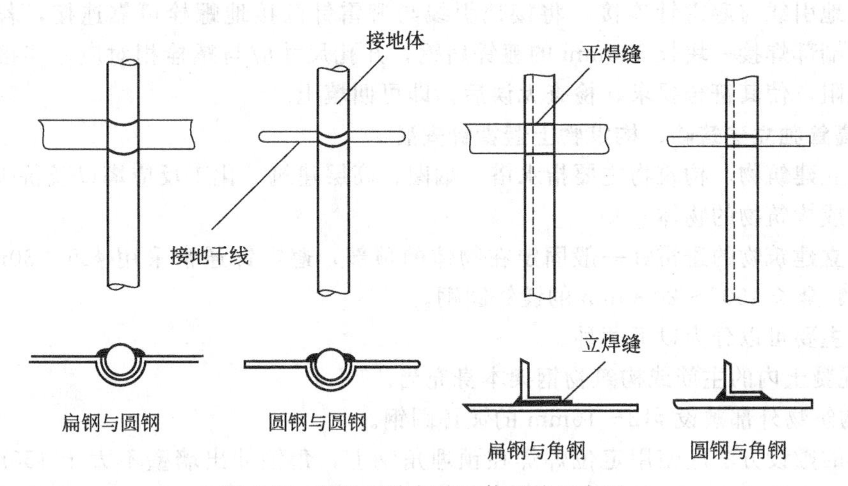

图 2-22 接地干线与接地体焊接示意图

表 2-16 防雷装置用金属材料基本要求

材料要求	接闪器		引下线	接地体
	避雷针	避雷带		
镀锌圆钢直径/mm	针长 1m 以下:12 针长 1～2m:16 烟囱顶上:20	明装:10 暗装:12 烟囱上:16	明装:10 暗装:12 烟囱上:16	16
钢管直径/mm(易燃易爆场所,壁厚≥4mm;一般场所,壁厚≥2.5mm)	针长 1m 以下:20 针长 1～2m:25 烟囱顶上:40	20	20	40

续表

材料要求	接闪器		引下线	接地体
	避雷针	避雷带		
镀锌扁钢截面面积/mm² (厚度≥4mm)	—	明装:100 暗装:160 烟囱:160	明装:100 暗装:160 烟囱:160	160
镀锌角钢截面面积/mm² (厚度≥4mm)	—	160	—	

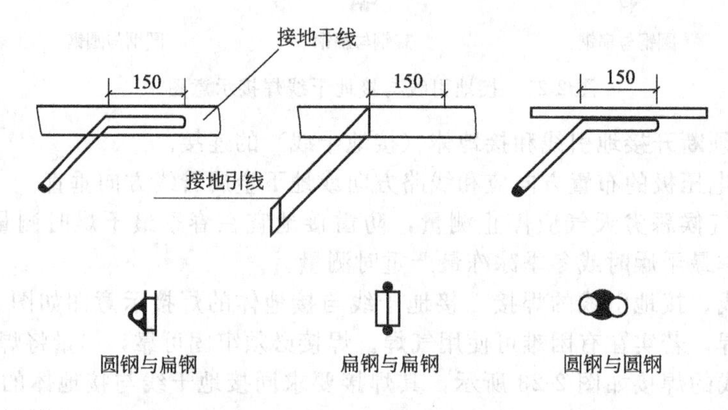

图 2-23 接地引线与接地干线焊接示意图

(3) 接地引线与避雷针连接　将接地引线与避雷针的接地螺栓可靠连接，若引线为圆钢，则应在端部焊接一块长 300mm 的镀锌扁钢，开孔尺寸应与螺栓相对应。连接前应再测一次接地电阻，使其符合要求。检查无误后，即可回填土。

2.4.4.2 高耸独立建筑物、构筑物上避雷针安装

高耸独立建筑物、构筑物主要指水塔、烟囱、高层建筑、化工反应塔以及桥头堡等高出周围建筑物或构筑物的物体。

高耸独立建筑物的避雷针一般固定在物体的顶部，避雷针通常采用 ϕ25～30mm、顶部锻尖 70mm、全长 1500～2000mm 的镀锌圆钢。

引下线主要可以分为以下两种。

① 用混凝土内的主筋或构筑物钢架本身充当。

② 在构筑物外部敷设 ϕ12～16mm 的镀锌圆钢。

引下线的敷设方法应使用定位焊焊在预埋角钢上，角钢伸出墙壁不大于 150mm，引下线必须垂直，在距地 2m 处到地坪之间应用竹管或钢管保护，竹管或钢管上应刷黑白漆，间隔 100mm。

接地极棒敷设及接地电阻要求同独立避雷针。对于底面积较大且为钢筋混凝土结构的高大建筑物，在其基础施工前，应在基础坑内将数条接地极棒打入坑内，间距≥5m，数量由设计或底面积的大小决定，并用镀锌接地母线连接形成一个接地网。基础施工时，再将主筋(每柱至少两根)与接地网焊接，一直引至顶层。

烟囱避雷针的安装如图 2-24 所示。烟囱避雷针的设置可按表 2-17 选择，当烟囱直径大于 1.7m，高度大于 60m 时，应在烟囱顶部装设避雷带；高度 100m 以上的，在地面以上 30m 处及以上每隔 12m 处设均压环；其接地引线可以利用扶梯或内筋。

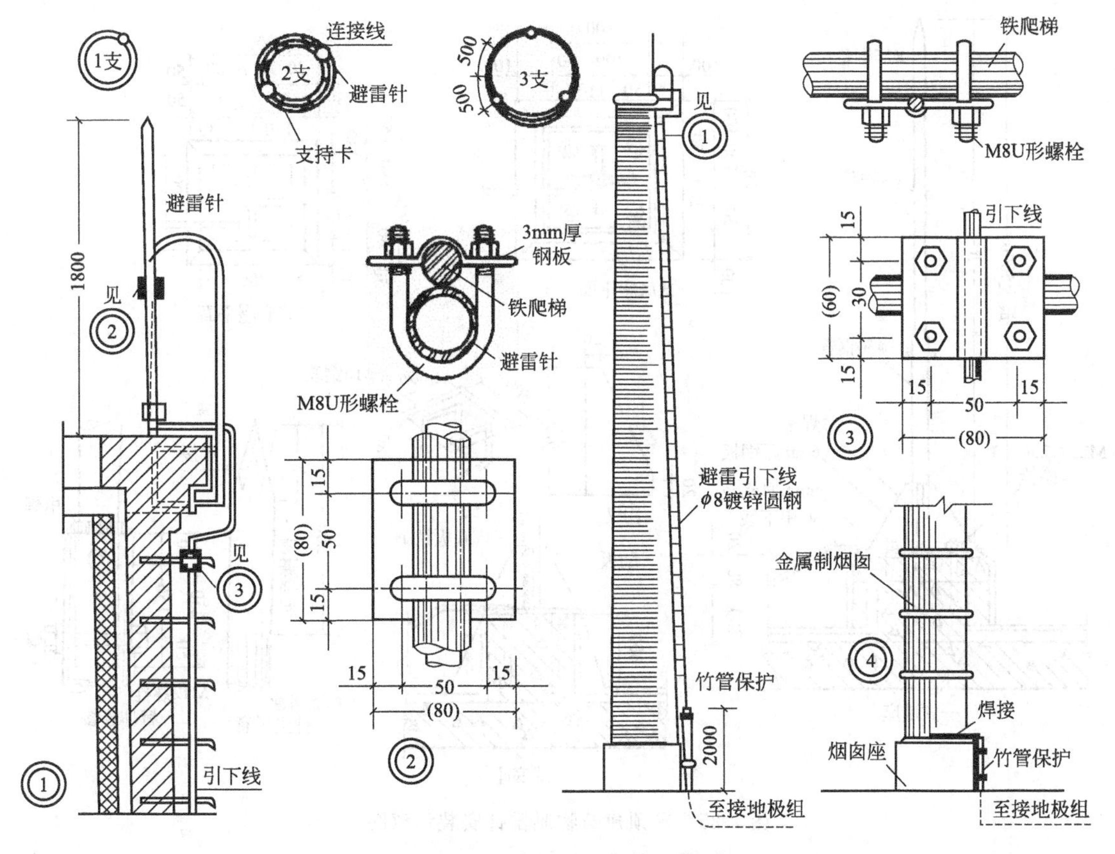

图 2-24　烟囱避雷针安装示意图

表 2-17　烟囱避雷针选择　　　单位：m

烟囱尺寸	内径	1	1	1.5	1.5	2	2	2.5	2.5	3
	高度	15～30	31～50	15～45	46～80	15～30	31～100	15～30	31～100	15～100
避雷针根数		1	2	2	3	2	3	2	3	3
避雷针长度		1.5								

避雷带通常都是采用镀锌圆钢或扁钢和避雷针及顶部避雷网连接，然后进行可靠的接地。避雷针通常用于高耸建筑物的顶部，采用支持卡子支撑。

均压环是在建筑物腰部采用镀锌圆钢或扁钢沿四周并与建筑物做成一体的闭合接地防雷系统，通常与避雷针或避雷带的接地引线（通常是建筑物柱体的主钢筋）可靠连接，通常用于高层建筑。可采用直径 12mm 镀锌圆钢或截面面积为 $100mm^2$ 的镀锌扁钢制作，通常在距地 30m 处设第一环，然后每隔 12m 设一环，直到顶部。避雷针、避雷带、均压环是高耸建筑物常用的防雷形式，通常结合在一起使用。

平顶建筑物的避雷针安装如图 2-25 所示，针体各节尺寸见表 2-18。

表 2-18　针体各节尺寸

<table>
<tr><td colspan="2">针全高/m</td><td>1.0</td><td>2.0</td><td>3.0</td><td>4.0</td><td>5.0</td></tr>
<tr><td rowspan="3">各节尺寸/mm</td><td>A</td><td>1000</td><td>2000</td><td rowspan="2">1500</td><td>1000</td><td rowspan="2">1500</td></tr>
<tr><td>B</td><td rowspan="2">—</td><td rowspan="2">—</td><td rowspan="2">1500</td></tr>
<tr><td>C</td><td>—</td><td>2000</td></tr>
</table>

注：1. 底座应与屋面板同时捣制，并预埋螺栓或底板铁脚。

2. 避雷针针体均镀锌。

3. 钢管壁厚不小于 3mm。

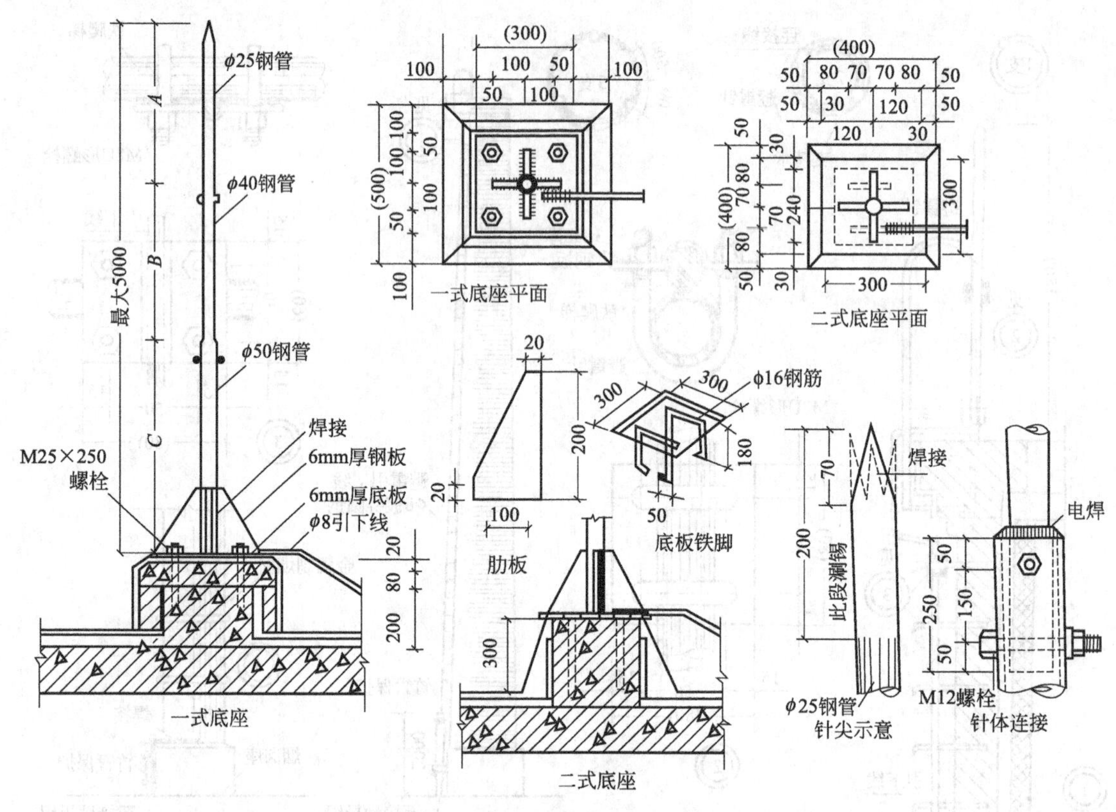

图 2-25　平顶建筑物避雷针安装示意图

2.4.5　接闪器安装

2.4.5.1　接闪器的构成

接闪器由独立避雷针、架空避雷线、架空中雷网以及直接装设在建筑物上的避雷针、避雷带或避雷网中的一种或多种组成。

（1）独立避雷针　避雷针采用圆钢或钢管制成时其直径不应小于下列数值。

① 独立避雷针通常采用直径 19mm 镀锌圆钢。

② 屋面上的避雷针通常采用直径 25mm 镀锌钢管。

③ 水塔顶部避雷针采用直径 25mm 或 40mm 镀锌钢管。

④ 烟囱顶上避雷针应采用直径 25mm 镀锌圆钢或直径 40mm 镀锌钢管。

⑤ 避雷环用直径 12mm 镀锌圆钢或截面积为 100mm^{2}镀锌扁钢。其厚度为 4mm。

（2）避雷线　避雷线如果采用扁钢，其截面不得小于 48mm^2；若采用圆钢，其直径不得小于 8mm。

除第一类防雷建筑物外，对于金属屋面的建筑物，通常可以利用屋面自身作为接闪器。利用屋面自身作接闪器时应符合以下几点要求。

① 金属板之间采用搭接连接时，其搭接长度不应小于 100mm。

② 金属板下面无易燃物品时，其厚度不应小于 0.5mm。

③ 金属板下面有易燃物品时，其厚度：铁板不应小于 4mm；铜板不应小于 5mm；铝板不应小于 7mm。

④ 金属板无绝缘被覆层。薄的油漆保护层或 0.5mm 厚沥青层或 1mm 厚聚氯乙烯层均不属于绝缘被覆层。

2.4.5.2 接闪器安装工序

暗敷在建筑物混凝土中的接闪导线，在主筋绑扎或认定主筋进行焊接，并做好标志后，应按设计要求施工，并应检查确认隐蔽工程验收记录后再支模或浇捣混凝土。

明敷在建筑物上的接闪器应在接地装置和引下线施工完成后再安装，并应与引下线电气连接。

2.4.5.3 明装避雷带（网）

（1）支座、支架的制作与安装　明装避雷带（网）时，应根据敷设部位选择支持件的形式。敷设部位不同，其支持件的形式也不相同。明装避雷带（网）支架通常采用圆钢或扁钢制作而成，其形式有多种，如图 2-26 所示。

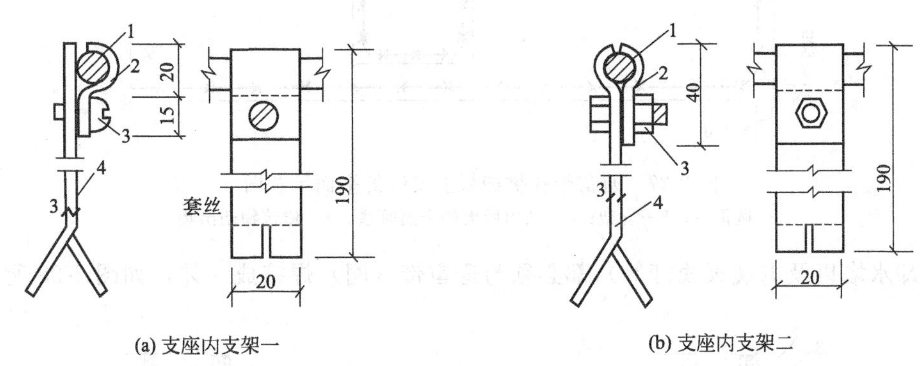

图 2-26　明装避雷带（网）支架

1—避雷带（网）；2—扁钢卡子；3—M5 机螺栓；4—20mm×3mm 支架

① 避雷带（网）沿屋面安装时，通常沿混凝土支座固定。在施工前，应预制混凝土支座。支座的安装位置应由避雷带（网）的安装位置决定。支座可以在建筑物屋面面层施工过程中现场浇制，也可预制砌牢或与屋面防水层进行固定。避雷带（网）距屋面边缘不应大于500mm，在避雷带（网）转角中心严禁设置避雷带（网）支座。

② 避雷带（网）沿女儿墙安装时，应采用支架固定，并应尽量随结构施工预埋支架，支架应与墙顶面垂直。在预留孔洞内埋设支架时，应首先采用素水泥浆湿润，放置好支架后，再用水泥砂浆注牢。支架支起的高度应不小于 150mm，待达到强度后再敷设避雷带（网）。

③ 避雷带在建筑物屋脊和檐口上安装时，可采用混凝土支座或支架固定。使用支座固定避雷带时，应配合土建施工，现场浇制支座。浇制时，先将脊瓦敲去一角，使支座与脊瓦内的砂浆连成一体。使用支架固定避雷带时，需用电钻将脊瓦钻孔，再将支架插入孔内，并用水泥砂浆填塞牢固。

（2）避雷带安装施工

① 明装避雷带（网）应采用镀锌圆钢或扁钢制成。镀锌圆钢直径应为 ϕ12mm，镀锌扁钢—25mm×4mm或—40mm×4mm。在使用前，应对圆钢或扁钢进行调直加工，对调直的圆钢或扁钢，顺直沿支座或支架的路径进行敷设，如图 2-27 所示。

② 在避雷带（网）敷设的同时，应与支座或支架进行卡固或焊接使连成一体，并同防雷引下线焊接好。其引下线的上端与避雷带（网）的交接处，应弯曲成弧形。

③ 当避雷带沿女儿墙及电梯机房或水池顶部四周敷设时，不同平面的避雷带（网）至少应有两处互相连接，连接应采用焊接。

④ 避雷带在屋脊上安装。建筑物屋顶上的突出金属物体（如旗杆、透气管、铁栏杆、

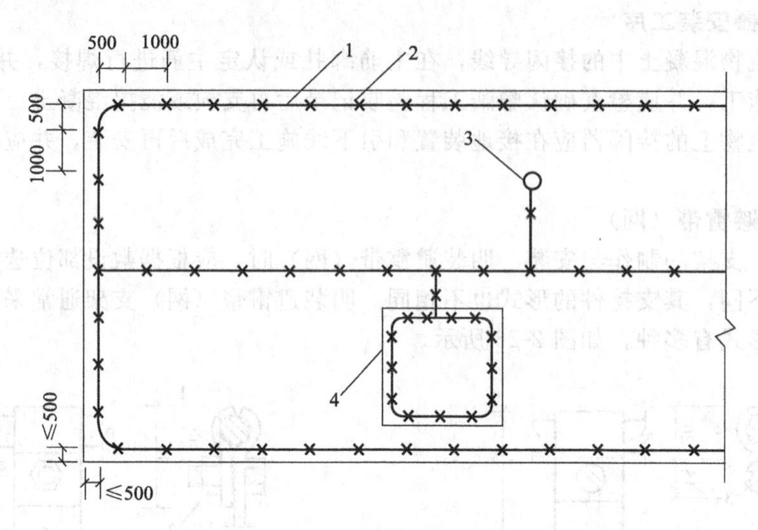

图 2-27 避雷带在挑檐板上安装的平面示意图

1—避雷带；2—支架；3—凸出屋面的金属管道；4—建筑物凸出物

爬梯、冷却水塔以及电视天线杆等）都必须与避雷带（网）焊接成一体，如图 2-28 所示。

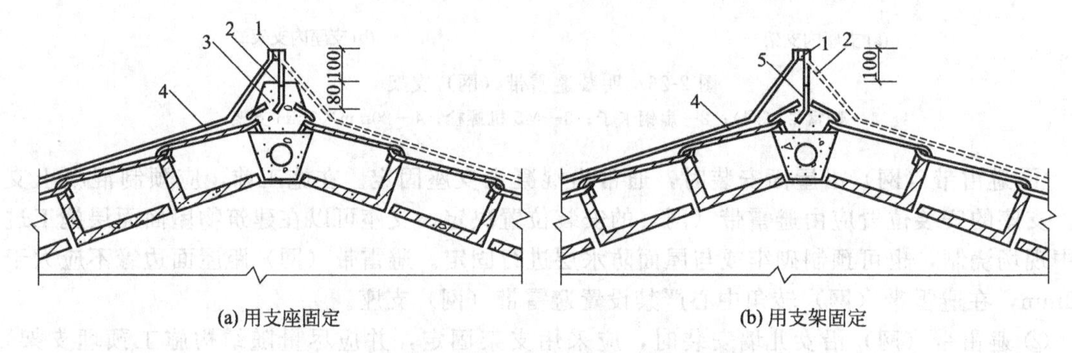

图 2-28 避雷带及引下线在屋脊上安装

1—避雷带；2—支架；3—支座；4—引下线；5—1：3 水泥砂浆

⑤ 避雷带（网）在转角处应随建筑造型弯曲，通常不宜小于 90°，弯曲半径不宜小于圆钢直径的 10 倍，如图 2-29 所示。

⑥ 避雷带沿坡形屋面敷设时，应与屋面平行布置，如图 2-30 所示。

⑦ 避雷带通过建筑物伸缩沉降缝处，可将避雷带向侧面弯成半径为 100mm 的弧形，且支持卡子中心距建筑物边缘减至 400mm，此外，也可将避雷带向下部弯曲，或用裸铜绞线连接避雷带。

2.4.5.4 暗装避雷带（网）

暗装避雷网是利用建筑物内的钢筋作避雷网，以达到建筑物防雷击的目的，已被广泛利用。

(1) 用建筑物 V 形折板内钢筋作避雷网 建筑物有防雷要求时，可利用 V 形折板内钢筋作避雷网。施工时，折板插筋与吊环和网筋绑扎，通长筋和插筋、吊环绑扎。折板接头部位的通长筋在端部预留钢筋头，长度不少于 100mm，便于与引下线连接。引下线的位置由工程设计决定。V 形折板钢筋作防雷装置，如图 2-31 所示。

(2) 用女儿墙压顶钢筋作暗装避雷带 女儿墙压顶为现浇混凝土的，可采用压顶板内的

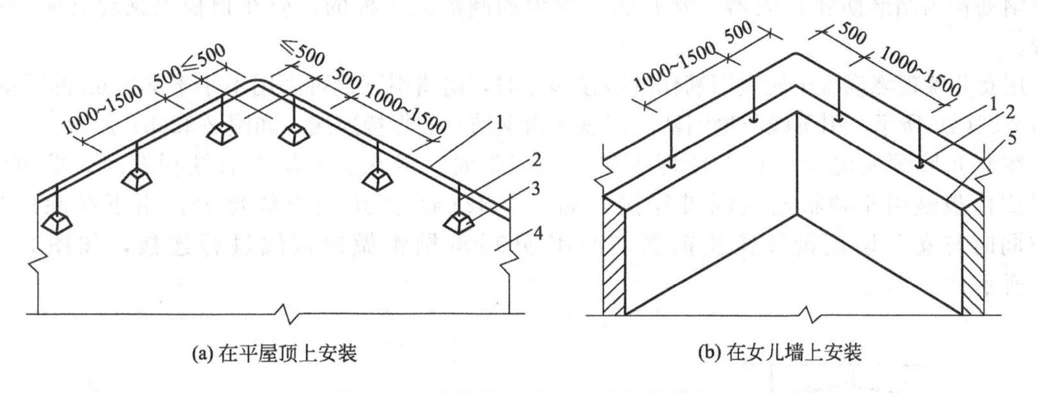

图 2-29 避雷带（网）在转弯处做法

1—避雷带；2—支架；3—支座；4—平屋面；5—女儿墙

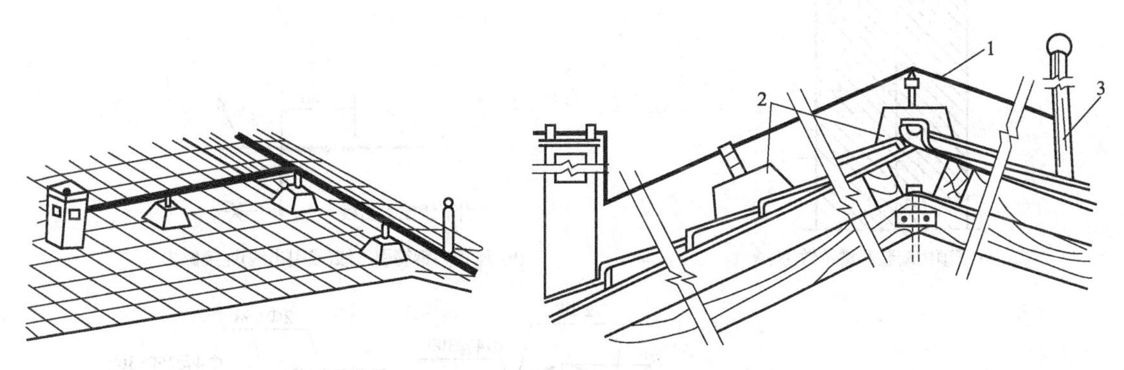

图 2-30 坡形屋面敷设避雷带

1—避雷带；2—混凝土支座；3—凸出屋面的金属物体

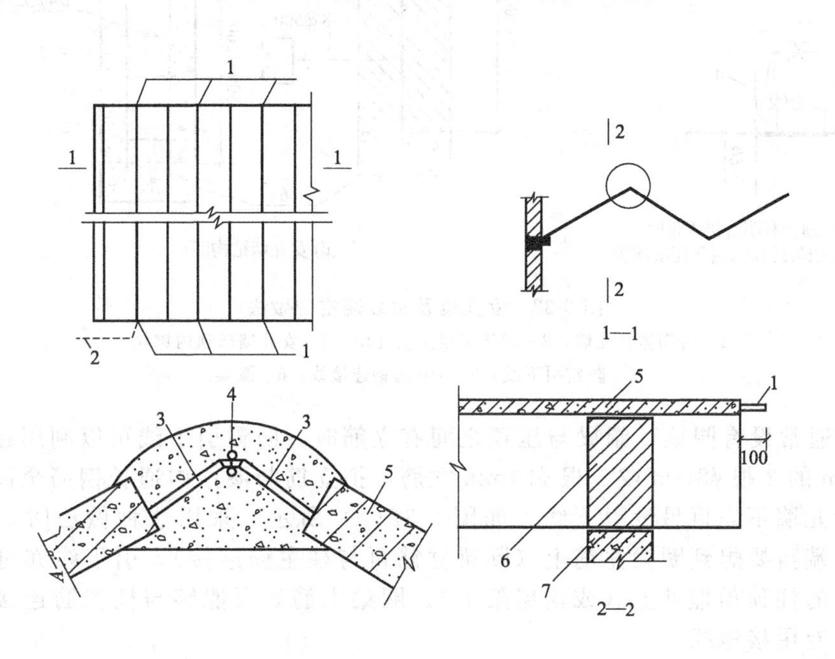

图 2-31 V形折板钢筋作防雷装置示意图

1—通长筋预留钢筋头；2—引下线；3—吊环（插筋）；4—附加通长Φ6 筋；5—折板；6—三脚架或三脚墙；7—支托构件

通长钢筋作为暗装防雷接闪器；女儿墙压顶为预制混凝土板的，应在顶板上预埋支架设接闪带。

用女儿墙现浇混凝土压顶钢筋作暗装接闪器时，防雷引下线可采用不小于ϕ10mm的圆钢，如图2-32(a)所示，引下线与接闪器（即压顶内钢筋）的焊接连接，如图2-32(b)所示。

在女儿墙预制混凝土板上预埋支架设接闪带时，或在女儿墙上有铁栏杆时，防雷引下线应出板缝引出顶板与接闪带连接，如图2-32(a)所示的虚线部分。引下线在压顶处应同时与女儿墙顶设计通长钢筋之间用ϕ10mm圆钢做连接线进行连接，如图2-32(c)所示。

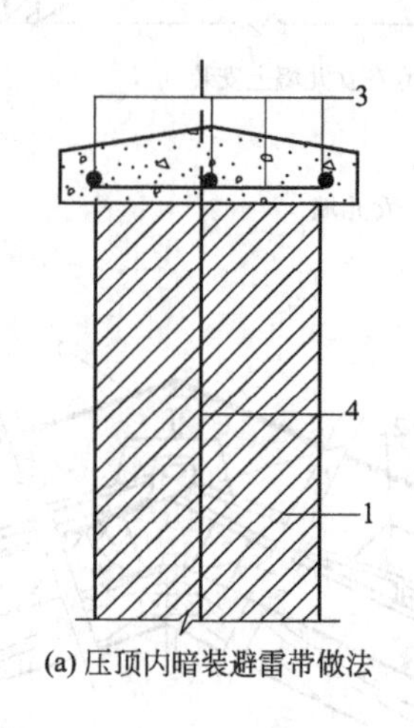

(a) 压顶内暗装避雷带做法

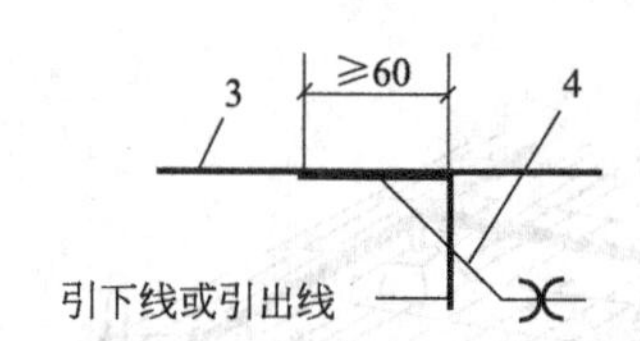

(b) 压顶内钢筋引下线(或引出线)连接做法

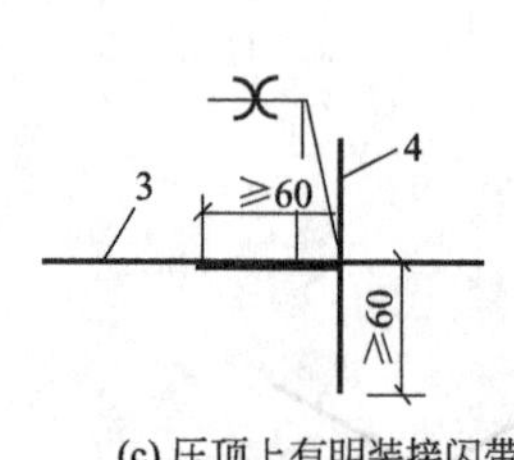

(c) 压顶上有明装接闪带时
引下线与压顶内钢筋连接做法

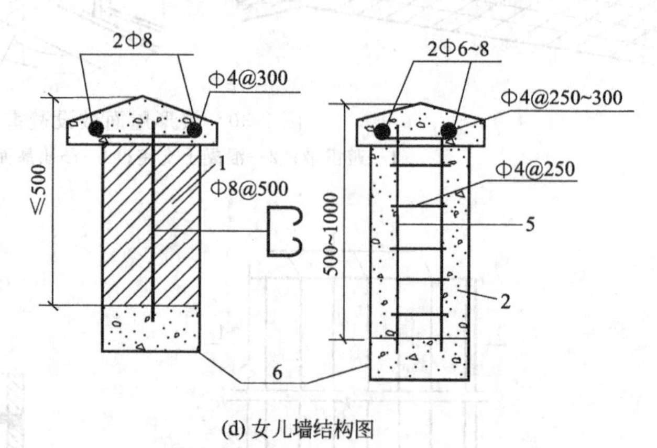

(d) 女儿墙结构图

图2-32 女儿墙及暗装避雷带做法

1—砖砌体女儿墙；2—现浇混凝土女儿墙；3—女儿墙压顶内钢筋；4—防雷引下线；5—ϕ10圆钢连接线；6—圈梁

女儿墙通常设有圈梁，圈梁与压顶之间有立筋时，防雷引下线可以利用在女儿墙中相距500mm的2根ϕ8mm或1根ϕ10mm立筋，把立筋与圈梁内通长钢筋全部绑扎为一体更好，女儿墙不需再另设引下线，如图2-32(d)所示。采用这种做法时，女儿墙内引下线的下端需要焊到圈梁立筋上（圈梁立筋再与柱主筋连接）。引下线亦可以直接焊到女儿墙下的柱顶预埋件上（或钢屋架上）。圈梁主筋如果能够与柱主筋连接，建筑物则不必另设专用接地线。

2.4.5.5 接闪器安装质量验收标准

接闪器安装质量验收标准见表2-19。

表 2-19 接闪器安装质量验收标准

项　目	内　容
主控项目	建筑物顶部的避雷针、避雷带等必须与顶部外露的其他金属物体连成一个整体的电气通路，且与避雷引下线连接可靠
一般项目	避雷针、避雷带应位置正确，焊接固定的焊缝应饱满无遗漏，螺栓固定的应备帽等防松零件齐全，焊接部分补刷的防腐油漆完整
	避雷带应平正顺直，固定点支持件间距均匀、固定可靠，每个支持件应能承受 5kg 的垂直拉力。当设计无要求时，支持件间距应均匀，水平直线部分 0.5～1.5m；垂直直线部分 1.5～3m；弯曲部分 0.3～0.5m

2.4.6 等电位连接安装

2.4.6.1 等电位连接的概念

等电位是采用连接导线或过电压保护器，将处在需要防雷空间的防雷装置和建筑物的金属构架、金属装置、外来导线、电气装置、电信装置等连接起来，形成一个等电位连接网络，以实现均压等电位。

等电位连接是使各个外露可导电部分，即在正常情况下不带电，但在故障情况下可能带电的电气设备的外露可导电体，以及装置的外导电部分（不属于电气装置一部分的可导电部分，但可能引入地电位）做实质上的相等电位连接。等电位连接将整个建筑物的金属管道、金属构件、金属线槽、铠装电缆、金属网架等全部焊接成一个整体后，可以保证建筑物内部不会产生危险的接触电压、跨步电压。而且建筑物的地面、墙体、金属管线、线路处于同一电位，也有利于防止雷电波的干扰。

2.4.6.2 等电位连接的分类与要求

（1）总等电位连接（MEB） 总等电位连接的作用在于降低建筑物内间接接触电击的接触电压和不同金属部件间的电位差，并消除自建筑物外经电气线路和各种金属管道引入的危险故障电压的危害，它应通过进线配电柜、箱近旁的总等电位连接端子板（接地母排）将下列导电部分互相连通。

① 进线配电箱的 PE（PEN）端子板（母排）。

② 建筑物内的金属管道。

③ 建筑物金属结构。

④ 人工接地体（极）引线。

⑤ 建筑物每一电源进线都应做总等电位连接，各个总等电位连接端子板应互相连通。

（2）辅助等电位连接（SEB） 将两导电部分用导线直接做等电位连接，使故障接触电压降至接触电压限值以下，称作辅助等电位连接。

下列情况下需做辅助等电位连接。

① 电源网络阻抗过大使自动切断电源时间过长不能满足防电击要求时。

② 自 TN 系统同一配电柜、箱供给固定式和移动式两种电气设备。而固定式设备保护电器切断电源时间不能满足移动式设备防电击要求时。

③ 为满足浴室、游泳池、医院手术室及潮湿场所对防电击的特殊要求时。

（3）局部等电位连接（LEB） 当需在一局部场所范围内做多个辅助等电位连接时，可通过局部等电位连接端子板将下列部分互相连通，以简便地实现该范围内的多个辅助等电位连接，被称作局部等电位连接。

① PE 母线或 PE 干线。

② 建筑物内的金属管道。

③ 建筑物金属结构。

④ 等电位连接线和等电位连接端子板应采用铜质材料。

2.4.6.3 等电位连接的要求

（1）连接材料和截面要求　下列情况下应做等电位连接。

① 所有进出建筑物的金属装置、外来导电物、电力线路、通信线路及其他电缆均应与总汇流排做好等电位金属连接。计算机机房应敷设等电位均压网，并应与大楼的接地系统相连接。

② 穿越各防雷区交界处的金属物和系统，以及防雷区内部的金属物和系统都应在防雷区交界处做等电位连接。

③ 等电位网宜采用 M 型网络，各设备的直流接地应以最短距离与等电位网连接。

④ 如因条件需要，建筑物应采用电涌保护器（SPD）做等电位连接，如图 2-33 所示。

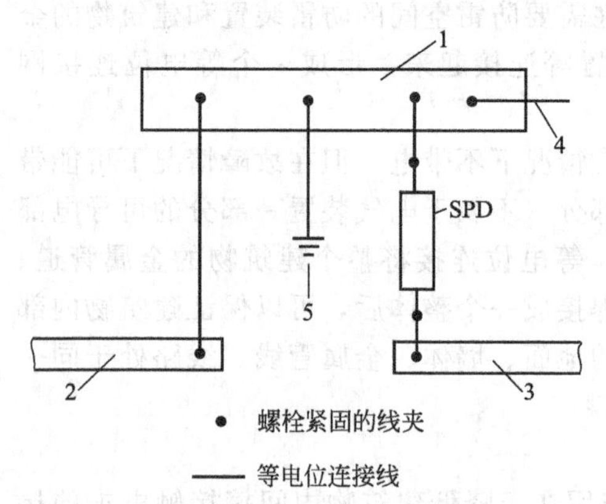

图 2-33　导电物体或电气系统等电位连接示意图

1—等电位连接带；2—要求直接做等电位连接的物体或系统；3—要求用 SPD 做等电位连接的系统；4—PE 线；5—接地装置

⑤ 实行等电位连接的主体应为：

a. 设备所在建筑物的主要金属构件和进入建筑物的金属管道；

b. 供电线路含外露可导电部分；

c. 防雷装置；

d. 由电子设备构成的信息系统。

⑥ 有条件的计算机机房六面应敷设金属屏蔽网，屏蔽网应与机房内环形接地母线均匀多点相连，机房内的电力电缆（线）应尽可能采用屏蔽电缆。

⑦ 架空电力线由终端杆引下后应更换为屏蔽电缆，进入大楼前应水平直埋 50m 以上，埋地深度应大于 0.6m，屏蔽层两端接地，非屏蔽电缆应穿镀锌铁管并水平直埋 50m 以上，铁管两端接地。

⑧ 无论是等电位连接还是局部等电位连接，每一电气装置可只连接一次，并未规定必须做多次连接。

⑨ 等电位连接只限于大型金属部件，孤立的接触面积小的金属部件不必连接，因其不足以引起电击事故。但以手握持的金属部件，由于电击危险大，必须纳入等电位连接。

⑩ 离地面 2.5m 的金属部件，因位于伸臂范围以外不需要做连接。

（2）等电位连接的要求　等电位连接线和连接端子板宜采用铜质材料，等电位连接端子板截面不得小于等电位连接线的截面，连接所用的螺栓、垫圈、螺母等均应作镀锌处理。在土壤中，应避免使用铜线或带铜皮的钢线作连接线，若使用铜线作连接线，则应用放电间隙与管道钢容器或基础钢筋相连接。与基础钢筋连接时，建议连接线选用钢材，并且这种钢材最好也用混凝土保护。确保其与基础钢筋电位基本一致，不会形成电化学腐蚀。在与土壤中钢管连接时，应采取防腐措施，如选用塑料电线或铅包电线（缆）。

等电位连接线应满足表 2-20 的要求。

2.4.6.4 等电位连接施工

（1）等电位连接安装工序　在建筑物入户处的总等电位连接，应对入户金属管线和总等电位连接板的位置检查确认后再设置与接地装置连接的总等电位连接板，并应按设计要求做等电位连接。

表 2-20 等电位连接线截面要求

	总等电位连接线	局部等电位连接线	辅助等电位连接线	
一般值	不小于 0.5×进线 PE(PEN)线截面	不小于 0.5×进线 PE 线截面①	两电气设备外露导电部分间	1×较小 PE 线截面
			电气设备与装置可导电部分间	0.5×PE 线截面
最小值	$6mm^2$ 铜线或相同电导值的导线②	同右	有机械保护	$2.5mm^2$ 铜线或 $4mm^2$ 铝线
			无机械保护	$4mm^2$ 铜线
	热镀锌圆钢 ϕ10mm 或扁钢 25mm×4mm		热镀锌圆钢 ϕ8 或扁钢 20mm×4mm	
最大值	$25mm^2$ 铜线或相同电导值的导线②	同左	—	

① 局部场所内最大 PE 截面。

② 不允许采用无机械保护的铝线。

在后续防雷区交界处，应对供连接用的等电位连接板和需要连接的金属物体的位置检查确认并记录后再设置与建筑物主筋连接的等电位连接板，并应按设计要求做等电位连接。

在确认网形结构等电位连接网与建筑物内钢筋或钢构件连接点的位置、信息技术设备的位置后，应按设计要求施工。网形结构等电位连接网的周边宜每隔 5m 与建筑物内的钢筋或钢结构连接一次。电子系统模拟线路工作频率小于 300kHz 时，可在选择与接地系统最接近的位置设置接地基准点后，再按星形结构等电位连接网设计要求施工。

(2) 防雷等电位连接　穿过各防雷区交界处的金属部件和系统，以及在同一防雷区内部的金属部件和系统，都应在防雷区交界处做等电位连接。需要时还应采取避雷器做暂态等电位连接。

在防雷交界处的等电位连接还应考虑建筑物内的信息系统，在那些对雷电电磁脉冲效应要求最小的地方，等电位连接带最好采用金属板，并多次连接在钢筋或其他屏蔽物件上。对信息系统的外露导电物应建立等电位连接网。原则上，电位连接网不需要直接与大地相连，但实际上所有等电位连接网都有通向大地的连接。图 2-34～图 2-36 给出几种系统等电位连接的示例。

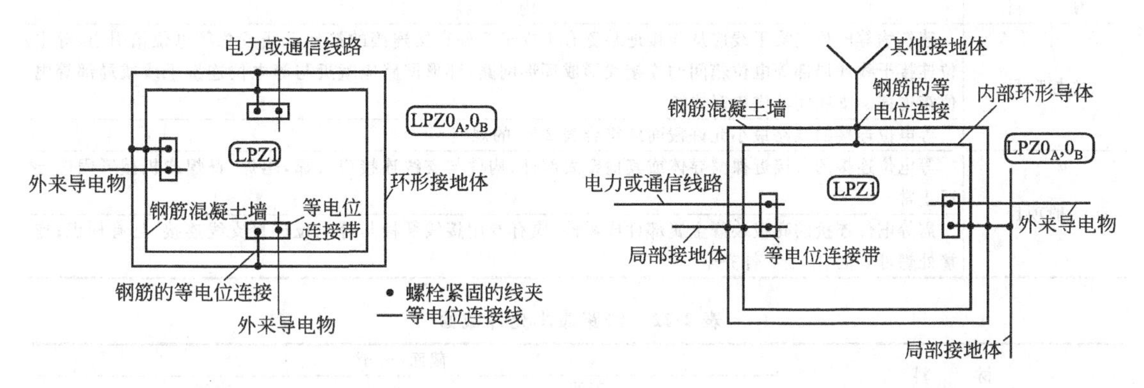

图 2-34　防雷等电位连接做法（一）　　图 2-35　防雷等电位连接做法（二）

当外来导电物、电力线、通信线从不同位置进入建筑物，则需要若干个等电位连接带，且应就近连接到环形接地体、钢筋和金属立面上，如图 2-34 所示。如果没有环形接地体，这些等电位连接带应连至各自的接地体，并用内部环形导体互相连接起来，如图 2-35 所示。对于在地面以上进入的导电物，等电位连接带应连到设于墙内或墙外的水平环形导体上，当有引下线和钢筋时，该水平环形导体要连接到引下线和钢筋上，如图 2-36 所示。

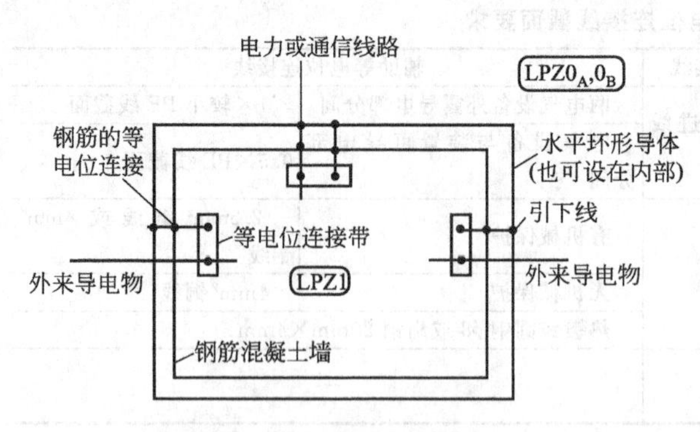

图 2-36 防雷等电位连接做法（三）

（3）信息系统等电位连接 在设有信息系统设备的室内应敷设等电位连接带，机柜、电气及电子设备的外壳和机架、计算机直流接地（逻辑接地）、防静电接地、金属屏蔽缆线外层、交流地和对供电系统的相线、中性线进行电涌保护的SPD接地端等均应以最短距离就近于这个等电位连接带直接连接。连接的基本方法应采用网型（M）结构或星型（S）结构。小型计算机网络采用S型连接，中、大型计算机网络采用M型连接。在复杂系统中，两种型式的优点可组合在一起。网型结构等电位连接带应每隔5m经建筑物内钢盘、金属立面与接地系统连接，如图2-37所示。

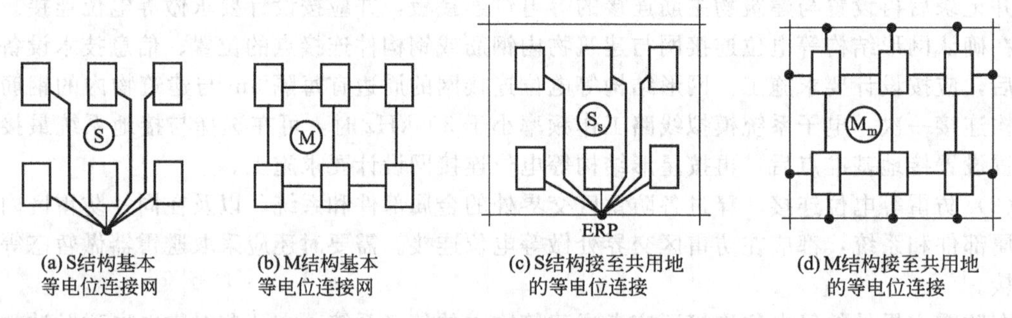

图 2-37 信息系统等电位连接基本方法

2.4.6.5 等电位连接质量验收标准

等电位连接质量验收标准见表2-21。

表 2-21 等电位连接质量验收标准

项目	内容
主控项目	建筑物等电位连接干线应从与接地装置有不少于2处直接连接的接地干线或总等电位箱引出，等电位连接干线或局部等电位箱间的连接线形成环形网路，环形网路应就近与等电位连接干线或局部等电位箱连接。支线间不应串联连接
	等电位连接的线路最小允许截面应符合表2-22的规定
一般项目	等电位连接的可接近裸露导体或其他金属部件、构件与支线连接应可靠，熔焊、钎焊或机械紧固应导通正常
	需等电位连接的高级装修金属部件或零件，应有专用接线螺栓与等电位连接支线连接，且有标识；连接处螺母紧固、防松零件齐全

表 2-22 线路最小允许截面

材料	截面/mm²	
	干线	支线
铜	16	6
钢	50	16

建筑消防系统施工技术

3.1 建筑消防系统概述

3.1.1 火灾自动报警系统

3.1.1.1 火灾自动报警系统的组成

火灾自动报警系统是由触发器件、火灾报警装置、火灾警报装置以及具有其他辅助功能的装置组成的，对于复杂系统还包括消防控制设备，如图3-1所示。其组成部件及特点见表3-1。

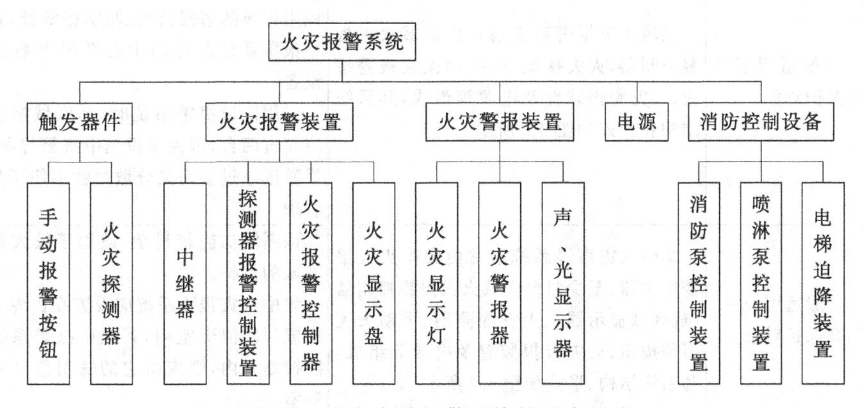

图3-1 火灾自动报警系统的基本组成

表3-1 火灾自动报警系统组成部件及特点

组成部件	特点
触发器件	自动或手动发出火灾报警信号的器件称为触发器件，主要包括火灾探测器和手动火灾报警按钮。 (1)火灾探测器是能对火灾参数(如烟、温度、火焰辐射、气体浓度等)响应，并自动产生火灾报警信号的器件。 (2)手动火灾报警按钮是火灾自动报警系统中不可缺少的组成部分之一，是依靠手动方式产生火灾报警信号、启动火灾自动报警系统的器件
火灾报警装置	用来接收、显示和传递火灾报警信号，并能发出控制信号和具有其他辅助功能的控制指示设备称为火灾报警装置。火灾报警控制器是最基本的一种，它担负着为火灾探测器提供稳定的工作电源，监视探测器及系统自身的工作状态，接收、转换、处理火灾探测器输出的报警信号，进行声光报警，指示报警的具体部位及时间，同时执行相应辅助控制等诸多任务，是火灾报警系统中的核心组成部分。 在火灾报警装置中，还有一些如中断器、区域显示器、火灾显示盘等功能不完整的报警装置，它们可视为火灾报警控制器的演变或补充，在特定条件下应用，与火灾报警控制器同属火灾报警装置
火灾警报装置	用以发出区别于环境声、光的火灾警报信号的装置称为火灾警报装置。它以声、光、音响方式向报警区域发出火灾警报信号，以警示人们采取安全疏散、灭火救灾等措施

续表

组成部件	特　点
电源	火灾自动报警系统属于消防用电设备，其主电源应当采用消防电源，备用电源采用蓄电池。系统电源除为火灾报警控制器供电外，还为与系统相关的消防控制设备等供电
消防控制设备	当接收到火灾报警后，能自动或手动启动相关消防设备并显示其状态的设备，称为消防控制设备。主要包括火灾报警控制器，自动灭火系统的控制装置，室内消火栓系统的控制装置，防烟排烟系统及空调通风系统的控制装置，常开防火门、防火卷帘的控制装置，电梯回降控制装置，以及火灾应急广播、火灾警报装置、消防通信设备、火灾应急照明与疏散指示标志的控制装置等控制装置中的部分或全部。 消防控制设备一般设置在消防控制中心，以便于实行集中统一控制。有的消防控制设备设置在被控消防设备所在现场，但其动作信号必须返回消防控制室，实行集中与分散相结合的控制方式

3.1.1.2　火灾自动报警系统的形式

火灾报警与消防联动控制系统的设计应根据保护对象的分级规定、功能要求和消防管理体制等因素综合考虑确定。火灾自动报警系统的基本形式有：区域报警系统、集中报警系统和控制中心报警系统三种，见表 3-2。

表 3-2　火灾自动报警系统的基本形式

形式	适用对象	组　成	应　用
区域报警系统	一般适用于二级保护对象	区域火灾报警系统通常由区域火灾报警控制器、火灾探测器、手动火灾报警按钮、火灾警报装置及电源等组成，其系统结构和形式如图 3-2 所示	该系统功能简单，适用于较小范围的保护，可单独用在工矿企业的计算机机房等重要部位和民用建筑的塔楼公寓、写字楼等处，也可作为集中报警系统和控制中心系统中最基本的组成设备。 采用区域报警系统时，其区域报警控制器不应超过两台，因为未设集中报警控制器，当火灾报警区域过多而又分散时就不便于集中监控与管理
集中报警系统	一般适用于一、二级保护对象	集中火灾报警系统通常由集中火灾报警控制器、至少两台区域火灾报警控制器（或区域显示器）、火灾探测器、手动火灾报警按钮、火灾警报装置及电源等组成，其系统结构、形式如图 3-3 所示	该系统功能较复杂，适用于较大范围内多个区域的保护。 集中火灾报警系统应设置在由专人值班的房间或消防值班室内，若集中报警系统不设在消防控制室内，则应将它的输出信号引至消防控制室
控制中心报警系统	一般适用于特级、一级保护对象	控制中心报警系统通常由至少一台集中火灾报警控制器、一台消防联动控制设备、至少两台区域火灾报警控制器（或区域显示器）、火灾探测器、手动火灾报警按钮、火灾报警装置、火警电话、火灾应急照明、火灾应急广播、联动装置及电源等组成，其系统结构、形式如图 3-4 所示	该系统的容量较大，消防设施控制功能较全，适用于大型建筑的保护，主要用于大型宾馆、饭店、商场、办公室等

3.1.2　消防联动控制系统的控制内容

3.1.2.1　消火栓灭火控制

消火栓灭火系统由消防给水设备（包括给水管网、加压泵及阀门等）和电控部分（包括启泵按钮、消防中心启泵装置及消防控制柜等）组成。其中消防加压泵是为了给消防水管加压，以使消火栓中的喷水枪具有相当的水压。消防中心对室内消火栓系统的监控内容包括：控制消防水泵的启停、显示启泵按钮的位置和消防水泵的状态（工作/故障）。消防泵、喷淋泵联动控制原理框图，如图 3-5 所示。

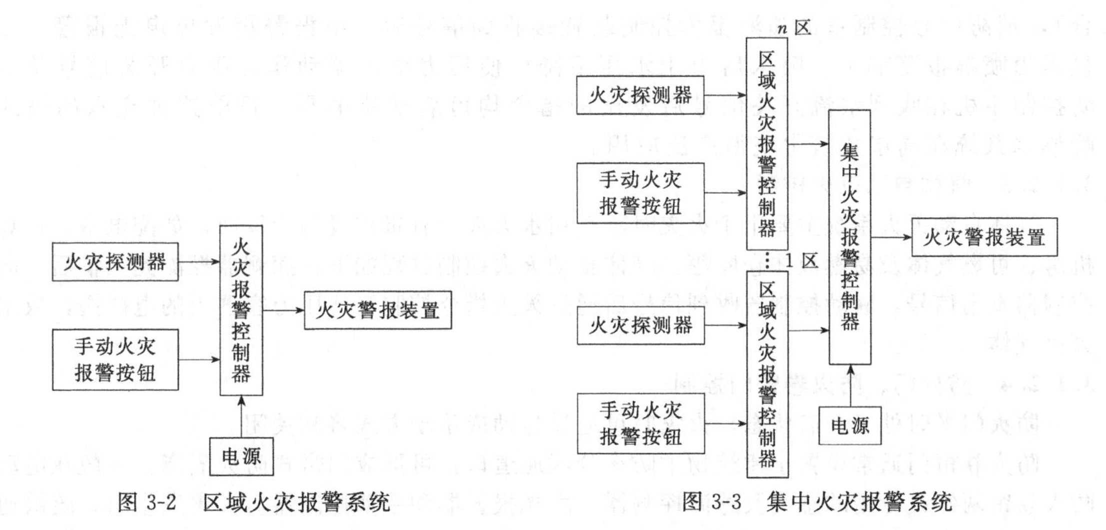

图 3-2 区域火灾报警系统　　图 3-3 集中火灾报警系统

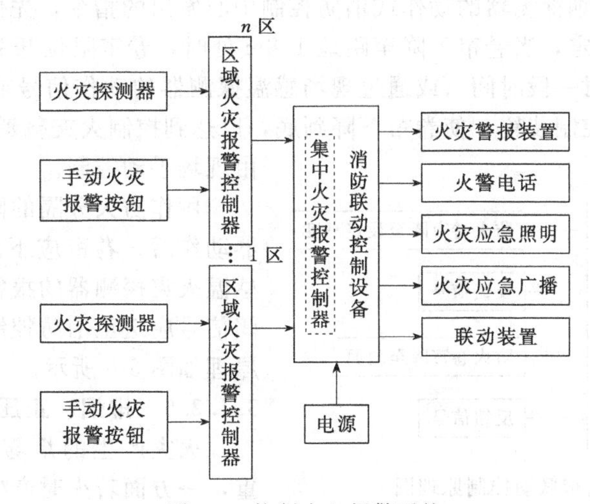

图 3-4 控制中心报警系统

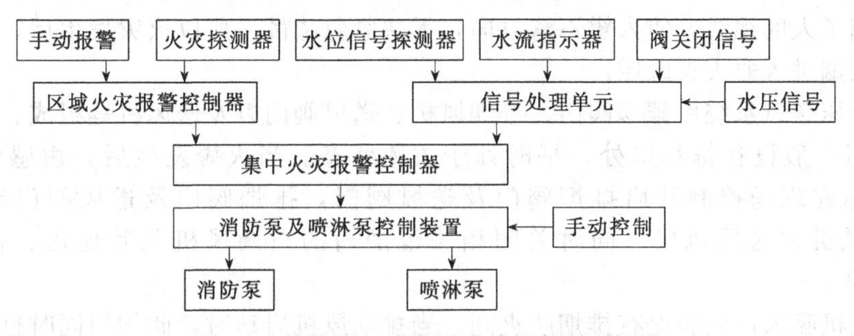

图 3-5 消防泵、喷淋泵联动控制原理框图

3.1.2.2 自动喷水灭火控制

常用的自动喷水灭火系统按喷水管内是否充水，分为湿式和干式两种。干式系统中喷水管网平时不充水，当火灾发生时，控制主机在收到火警信号后，立即开阀向管网系统内充水。而湿式系统中管网平时是处于充水状态的，当发生火灾时，着火场所温度迅速上升，当温度上升到一定值，闭式喷头温控件受热破碎，打开喷水口开始喷淋，此时安装在供水管道上的水流指示器动作（水流继电器的常开触点因水流动压力而闭

合），消防中心控制室的喷淋报警控制装置接收到信号后，由报警箱发出声光报警，并显示出喷淋报警部位。喷水后由于水压下降，使压力继电器动作，压力开关信号及消防控制主机在收到水流开关信号后发出的指令均可启动喷淋泵。目前这种充水的闭式喷淋水系统在高层建筑中获得广泛应用。

3.1.2.3　气体自动灭火控制

气体自动灭火系统主要用于火灾时不宜用水灭火或有贵重设备的场所，如配电室、计算机房、可燃气体及易燃液体仓库等。气体自动灭火控制过程如下：探测器探测到火情后，向控制器发出信号，联动控制器收到信号后通过灭火指令控制气体压力容器上的电磁阀，放出灭火气体。

3.1.2.4　防火门、防火卷帘门控制

防火门平时处于开启状态，火灾时可通过自动或手动方式将其关闭。

防火卷帘门通常设置于建筑物中防火分区通道口，可形成门帘式防火隔离。一般在电动防火卷帘两侧设专用的感烟及感温探测器、声光报警器和手动控制器。火灾发生时，疏散通道上的防火卷帘根据感烟探测器的动作或消防控制中心发出的指令，先使卷帘自动下降一部分（按现行消防规范规定，当卷帘下降至距地 1.8m 处时，卷帘限位开关动作使卷帘自动停止），以让人疏散，延时一段时间（或通过现场感温探测器的动作信号或消防控制中心的第二次指令），启动卷帘控制装置，使卷帘下降到底，以达到控制火灾蔓延的目的。卷帘也可由现场手动控制。

用作防火分隔的防火卷帘，火灾探测器动作后，卷帘应下降到底；同时感烟、感温火灾探测器的报警信号及防火卷帘关闭信号应送至消防控制中心，其联动控制原理如图 3-6 所示。

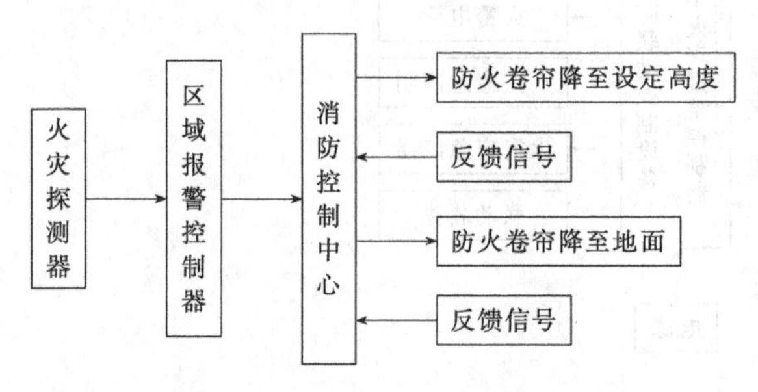

图 3-6　防火卷帘联动控制原理图

3.1.2.5　排烟、正压送风系统控制

火灾产生的烟雾对人的危害非常严重，一方面着火时产生的一氧化碳是造成人员死亡的主要原因，另一方面火灾时产生的浓烟遮挡了人的视线，使人辨不清方向，无法紧急疏散。所以火灾发生后，要迅速排出浓烟，防止浓烟进入非火灾区域。

排烟、正压送风系统由排烟阀门、排烟风机、送风阀门以及送风机等组成。

排烟阀门一般设在排烟口处，平时处于关闭状态。当火警发生后，由感烟探测器组成的控制电路在现场控制开启排烟阀门及送风阀门，排烟阀门及送风阀门动作后启动相关的排烟风机和送风风机，同时关闭相关范围内的空调风机及其他送、排风机，以防止火灾蔓延。

在排烟风机吸入口处装设有排烟防火阀，当排烟风机启动时，此阀门同时打开，进行排烟，当排烟温度高达 280℃时，装设在阀口上的温度熔断器动作，阀门自动关闭，同时联锁关闭排烟风机。

对于高层建筑，任意一层着火时，都应保持着火层及相邻层的排烟阀开启。

3.1.2.6　照明系统的联动控制

当火灾发生后，应切断正常照明系统，打开火灾应急照明。火灾应急照明包括备用照明、疏散照明和安全照明。

(1) 备用照明　备用照明应用于正常照明失效时，仍需继续工作或暂时继续工作的场合，一般设置在下列部位：疏散楼梯（包括防烟楼梯间前室）、消防电梯及其前室；消防控制室、自备电源室（包括发电机房、UPS室和蓄电池室等）、配电室、消防水泵房和防排烟机房等；观众厅、宴会厅、重要的多功能厅及每层建筑面积超过1500m^{2}的展览厅、营业厅等；建筑面积超过200m^{2}的演播室，人员密集建筑面积超过300m^{2}的地下室；通信机房、大中型计算机房、BAS中央控制室等重要技术用房；每层人员密集的公共活动场所等；公共建筑内的疏散走道和居住建筑内长度超过20m的内走道。

(2) 疏散照明　疏散照明是在火灾情况下，保证人员能从室内安全疏散至室外或某一安全地区而设置的照明，疏散照明一般设置在建筑物的疏散走道和公共出口处。

(3) 安全照明　安全照明应用于火灾时因正常电源突然中断，将导致人员伤亡的潜在危险场所（如医院的重要手术室、急救室等）。

3.1.2.7　电梯管理

消防电梯管理是指消防控制室对电梯，特别是消防电梯的运行管理。对电梯的运行管理通常有两种方式：一种方式是在消防控制中心设置电梯控制显示盘，火灾时，消防人员可根据需要直接控制电梯；另一种方式是通过建筑物消防控制中心或电梯轿厢处的专用开关来控制。火灾时，消防控制中心向电梯发出控制信号，强制电梯降至底层，并切断其电源。但应急消防电梯除外，应急消防电梯只供给消防人员使用。

3.2　火灾探测器的选择与安装

3.2.1　火灾探测器的类型

火灾探测器在火灾报警系统中的地位非常重要，它是整个系统中最早发现火情的设备。火灾探测器通常由敏感元件（传感器）、探测信号处理单元和判断、指示电路等组成。其可以从结构造型、火灾参数、使用环境、动作时刻、安装方式等几个方面进行分类，详见表3-3。

表 3-3　火灾探测器的类型

分类依据及类型		特　　点
按结构造型分类	线型探测器	是一种响应连续线路周围的火灾参数的探测器。"连续线路"可以是"硬"线路，也可以是"软"线路。所谓硬线路是由一条细长的铜管或不锈钢管做成，如差动气管式感温探测器和热敏电缆感温探测器等。软线路是由发送和接收的红外线光束形成的，如投射光束的感烟探测器等。这种探测器当通向受光器的光路被烟遮蔽或干扰时产生报警信号。因此在光路上要时刻保持无挡光的障碍物存在
	点型探测器	是探测元件集中在一个特定位置上，探测该位置周围火灾情况的装置，或者说是一种响应某点周围火灾参数的装置。点型探测器是一种广泛应用于住宅、办公楼、旅馆等建筑的探测器
按火灾参数分类	感烟探测器	用于探测物质初期燃烧所产生的气溶胶或烟粒子浓度。可分为点型探测器和线型探测器2种。 ①点型感烟探测器可分为离子感烟探测器、光电感烟探测器、电容式感烟探测器与半导体式感烟探测器，民用建筑中大多数场所采用点型感烟探测器。 ②线型探测器包括红外光束感烟探测器和激光型感烟探测器，线型感烟探测器由发光器和接收器2部分组成，中间为光束区。当有烟雾进入光束区时，探测器接收的光束衰减，从而发出报警信号，主要用于无遮挡大空间或有特殊要求的场所

续表

分类依据及类型		特　　点
按火灾参数分类	感温探测器	对异常温度、温升速率和温差等火灾信号作出响应，可分为点型和线型2类。 ①点型感温探测器又称为定点型探测器，其外形与感烟式探测器类似，它有定温、差温和差定温复合式3种；按其构造又可分为机械定温、机械差温、机械差定温、电子定温、电子差温及电子差定温等。 ②缆式线型定温探测器适用于电缆隧道、电缆竖井、电缆夹层、电缆桥架、配电装置、开关设备、变压器、各种皮带输送装置、控制室和计算机室的闷顶内、地板下及重要设施的隐蔽处等。空气管式线型差温探测器用于可能产生油类火灾且环境恶劣的场所，不宜安装点型探测器的夹层、闷顶
	感光火灾探测器	感光火灾探测器又称为火焰探测器，主要对火焰辐射出的红外、紫外、可见光作出响应，常用的有红外火焰型和紫外火焰型2种。按火灾的发生规律，发光是在烟的生成及高温之后，因而它属于火灾晚期探测器，但对于易燃、易爆物有特殊的作用。紫外线探测器对火焰发出的紫外光产生反应，红外线探测器对火焰发出的红外光产生反应，而对灯光、太阳光、闪电、烟雾和热量均不反应
	可燃气体探测器	可燃气体探测器利用对可燃气体敏感的元件来探测可燃气体浓度，当可燃气体浓度达到危险值（超过限度）时报警。主要用于易燃、易爆场所中探测可燃气体（粉尘）的浓度，一般整定在爆炸浓度下限的1/6～1/4时动作报警。适用于宾馆厨房或燃料气储备间、汽车库、压气机站、过滤车间、溶剂库、燃油电厂等有可燃气体的场所
	复合火灾探测器	复合火灾探测器可以响应2种或2种以上火灾参数，主要有感温感烟型、感光感烟型和感光感温型等
按使用环境分类		按使用场所、环境的不同，火灾探测器可分为陆用型（无腐蚀性气体，温度在－10～＋50℃，相对湿度85%以下）、船用型（高温，50℃以上；高湿，90%～100%相对湿度）、耐寒型（40℃以下的场所，或平均气温低于－10℃的地区）、耐酸碱型、耐爆型等
按安装方式分类		有外露型和埋入型（隐蔽型）两种探测器。后者用于特殊装饰的建筑中
按动作时刻分类		有延时与非延时动作的两种探测器。延时动作便于人员疏散
按操作后能否复位分类	可复位火灾探测器	在产生火灾报警信号的条件不再存在的情况下，不需更换组件即可从报警状态恢复到监视状态
	不可复位火灾探测器	在产生火灾报警信号的条件不再存在的情况下，需更换组件才能从报警状态恢复到监视状态

3.2.2　火灾探测器的选择

3.2.2.1　根据环境条件、安装场所选择探测器

（1）点型探测器的选择　点型探测器的类型、适用的场所及不适用场所见表3-4。

表3-4　点型探测器适用场所

探测器类型		宜选用场所	不宜选用场所
点型感烟探测器	离子感烟探测器	①饭店、旅馆、教学楼、办公楼的厅堂、卧室、办公室等； ②电子计算机房、通讯机房、电影或电视放映室等； ③楼梯、走道、电梯机房等； ④书库、档案库等； ⑤有电气火灾危险的场所	①相对湿度长期大于95%； ②气流速度大于5m/s； ③有大量粉尘、水雾滞留； ④可能产生腐蚀性气体； ⑤在正常情况下有烟滞留； ⑥产生醇类、醚类、酮类等有机物质
	光电感烟探测器		①可能产生黑烟； ②有大量积聚的粉尘、水雾； ③可能产生的蒸气和油雾； ④在正常情况下有烟滞留

续表

探测器类型	宜选用场所	不宜选用场所
感温探测器	①相对湿度经常高于95%； ②可能发生无烟火灾； ③有大量粉尘； ④在正常情况下有烟和蒸汽滞留； ⑤厨房、锅炉房、发电机房、茶炉房、烘干车间等； ⑥汽车库等； ⑦吸烟室等； ⑧其他不宜安装感烟探测器的厅堂和公共场所	可能产生阴燃火或者如发生火灾不及早报警将造成重大损失的场所，不宜选用感温探测器；温度在0℃以下的场所，不宜选用定温探测器；正常情况下温度变化较大的场所，不宜选用差温探测器
火焰探测器	①火灾时有强烈的火焰辐射； ②液体燃烧火灾等无阴燃阶段的火灾； ③需要对火焰作出快速反应	①可能发生无焰火灾； ②在火焰出现前有浓烟扩散； ③探测器的镜头易被污染； ④探测器的"视线"易被遮挡； ⑤探测器易受阳光或其他光源直接或间接照射； ⑥在正常情况下有明火作业以及受X射线、弧光等影响
可燃气体探测器	①使用管道煤气或天然气的场所； ②煤气站和煤气表房以及储存液化石油气罐的场所； ③其他散发可燃气体和可燃蒸气的场所； ④有可能产生一氧化碳气体的场所，宜选择一氧化碳气体探测器	①有硅黏结剂、发胶、硅橡胶的场所； ②有腐蚀性气体（H_2S、SO_x、Cl_2、HCl等）； ③室外

（2）线型探测器的选择　线型探测器的类型及适用的场所见表3-5。

表3-5　线型探测器适用场所

探测器类型	宜选用场所
缆式线型定温探测器	①计算机室、控制室的吊顶内、地板下及重要设施隐蔽处等； ②开关设备、发电厂、变电站及配电装置等； ③各种皮带运输装置； ④电缆夹层、电缆竖井、电缆隧道等； ⑤其他环境恶劣不适合点型探测器安装的危险场所
空气管线型差温探测器	①不宜安装点型探测器的夹层、吊顶； ②公路隧道工程； ③古建筑； ④可能产生油类火灾且环境恶劣的场所； ⑤大型室内停车场
红外光束感烟探测器	①隧道工程； ②古建筑、文物保护的厅堂馆所等； ③档案馆、博物馆、飞机库、无遮挡大空间的库房等； ④发电厂、变电站等
可燃气体探测器	①煤气表房、燃气站及大量储存液化石油气罐的场所； ②使用管道煤气或燃气的房屋； ③其他散发或积聚可燃气体和可燃液体蒸气的场所； ④有可能产生大量一氧化碳气体的场所，宜选用一氧化碳气体探测器

3.2.2.2　根据房间高度选择探测器

由于各种探测器的特点各异，其适用的房间高度也不一致，为了使选择的探测器能更有效地起到保护的目的，表 3-6 列举了几种常用的探测器对房间高度的要求，仅供参考。

如果高出顶棚的面积小于整个顶棚面积的 10%，只要这一顶棚部分的面积不大于 1 只探测器的保护面积，则该较高的顶棚部分同整个顶棚面积一样看待，否则，较高的顶棚部分应如同分隔开的房间处理。

在按房间高度选用探测器时，应注意这仅仅是按房间高度对探测器选用的大致划分，具体选用时还需结合火灾的危险度和探测器本身的灵敏度档次来进行。如判断不准时，需做模拟试验后确定。

表 3-6　根据房间高度选择探测器

房间高度 h/m	感烟探测器	感温探测器			火焰探测器
		一级	二级	三级	
$12<h\leqslant 20$	不适合	不适合	不适合	不适合	适合
$8<h\leqslant 12$	适合	不适合	不适合	不适合	适合
$6<h\leqslant 8$	适合	适合	不适合	不适合	适合
$4<h\leqslant 6$	适合	适合	适合	不适合	适合
$h\leqslant 4$	适合	适合	适合	适合	适合

3.2.3　火灾探测器数量的确定

由于建筑物的房间大小及探测区大小不一，房间高度、棚顶坡度也各不相同，设置火灾探测器的数量也不同。国家规范规定：探测区域内每个房间应至少设置一只火灾探测器。一个探测区域内所设置探测器的数量应按下式计算：

$$N\geqslant\frac{S}{KA} \tag{3-1}$$

式中　N——一个探测区域内所设置的探测器的数量（N 应取整数），只；

S——一个探测区域的地面面积，m^2；

A——探测器的保护面积，m^2，指一只探测器能有效探测的地面面积，由于建筑物房间的地面通常为矩形，因此，所谓“有效”探测的地面面积实际上是指探测器能探测到的矩形地面面积，探测器的保护半径 R(m) 是指一只探测器能有效探测的单向最大水平距离；

K——安全修正系数，特级保护对象 K 取 0.7～0.8，一级保护对象 K 取 0.8～0.9，二级保护对象 K 取 0.9～1.0，选取时根据设计者的实际经验，并考虑火灾可能对人身和财产的损失程度、火灾危险性的大小、疏散及扑救火灾的难易程度及对社会的影响大小等多种因素。

对于一只探测器而言，其保护面积和保护半径的大小与其探测器的类型、探测区域的面积、房间高度及屋顶坡度都有一定的联系。表 3-7 以两种常用的探测器反映了保护面积、保护半径与其他参量的相互关系。

另外，确定探测器的数量还要考虑通风换气对感烟探测器的保护面积的影响，在通风换气房间，烟的自然蔓延方式受到破坏。换气越频，燃烧产物（烟气体）的浓度越低，部分烟被空气带走，导致探测器接受的烟减少，或者说探测器感烟灵敏度相对降低。常用的补偿方法有两种：一是压缩每只探测器的保护面积，二是增大探测器的灵敏度，但要注意防误报。

表 3-7 感烟、感温探测器的保护面积和保护半径

<table>
<tr><th rowspan="4">火灾探测器的种类</th><th rowspan="4">地面面积 S/m^2</th><th rowspan="4">房间高度 h/m</th><th colspan="6">探测器的保护面积 A 和保护半径 R</th></tr>
<tr><th colspan="6">房顶坡度 θ</th></tr>
<tr><th colspan="2">$\theta \leqslant 15°$</th><th colspan="2">$15° < \theta \leqslant 30°$</th><th colspan="2">$\theta > 30°$</th></tr>
<tr><th>A/m^2</th><th>R/m</th><th>A/m^2</th><th>R/m</th><th>A/m^2</th><th>R/m</th></tr>
<tr><td rowspan="3">感烟探测器</td><td>$S \leqslant 80$</td><td>$h \leqslant 12$</td><td>80</td><td>6.7</td><td>80</td><td>7.2</td><td>80</td><td>8.0</td></tr>
<tr><td rowspan="2">$S > 80$</td><td>$6 < h \leqslant 12$</td><td>80</td><td>6.7</td><td>100</td><td>8.0</td><td>120</td><td>9.9</td></tr>
<tr><td>$h \leqslant 6$</td><td>60</td><td>5.8</td><td>80</td><td>7.2</td><td>100</td><td>9.0</td></tr>
<tr><td rowspan="2">感温探测器</td><td>$S \leqslant 30$</td><td>$h \leqslant 8$</td><td>30</td><td>4.4</td><td>30</td><td>4.9</td><td>30</td><td>5.5</td></tr>
<tr><td>$S > 30$</td><td>$h \leqslant 8$</td><td>20</td><td>3.6</td><td>30</td><td>4.9</td><td>40</td><td>6.3</td></tr>
</table>

3.2.4 火灾探测器的安装

3.2.4.1 火灾探测器的安装定位

虽然在施工图中确定了火灾探测器的型号、数量和整体的分布情况，但在施工过程中还需要根据现场的具体情况来确定火灾探测器的安装位置。在确定火灾探测器的安装位置和方向时，首先要考虑其功能的需要，另外也应考虑美观、周围灯具、风口和横梁的布置。

① 探测器至墙壁、梁边的水平距离，不应小于 0.5m，如图 3-7 所示。

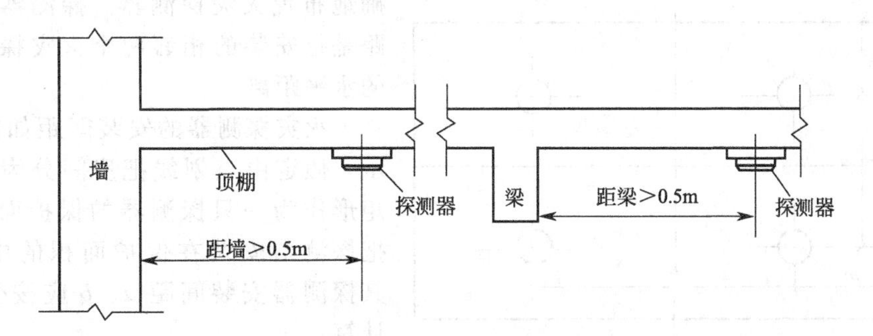

图 3-7 探测器至墙壁、梁边的水平距离

② 探测器周围 0.5m 内，不应有遮挡物。

③ 探测器应靠近回风口安装，探测器至空调送风口边的水平距离，不应小于 1.5m，如图 3-8 所示。

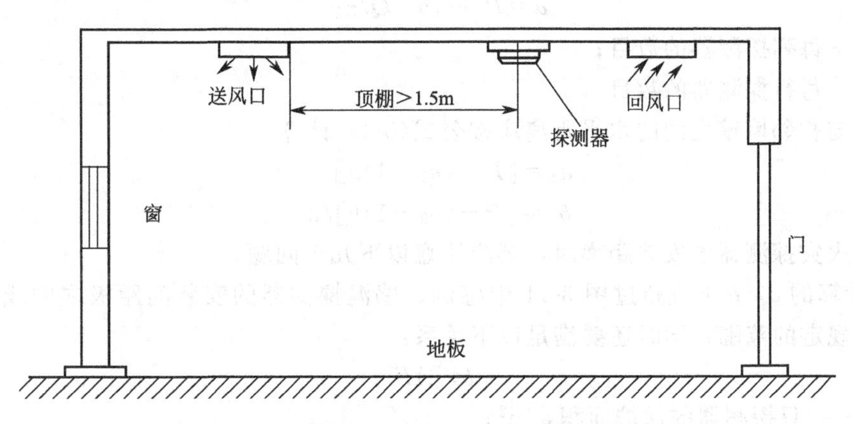

图 3-8 探测器至空调送风口边的水平距离

④ 在宽度小于 3m 的内走道顶棚上设置探测器时，应居中布置。两只感温探测器间的

安装间距，不应超过10m；两只感烟探测器间的安装间距，不应超过15m。探测器距端墙的距离，不应大于探测器安装间距的一半，如图3-9所示。

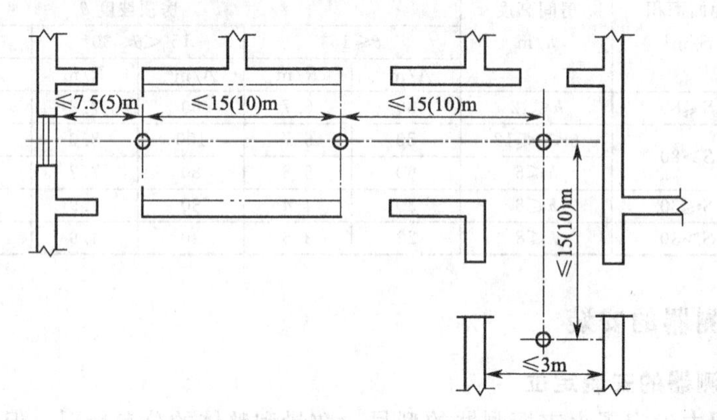

图3-9　探测器在走道顶棚上安装示意图

3.2.4.2　探测器安装间距的确定

现代建筑消防工程的设计中应根据建筑、土建及相关工种提供的图样、资料等条件，正确地布置火灾探测器。探测器的安装间距是指安装的相邻两个火灾探测器之间的水平距离。

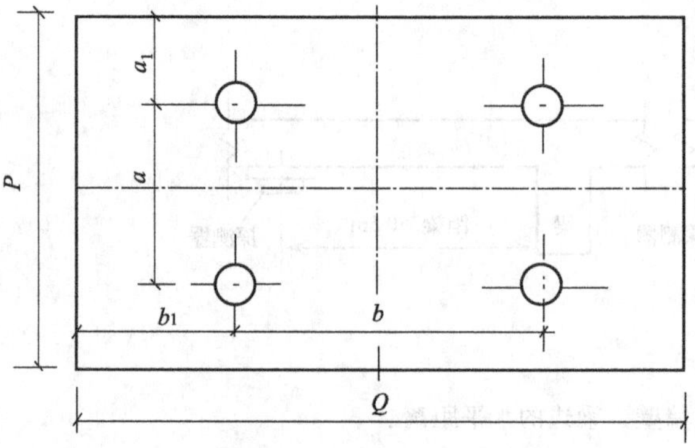

图3-10　火灾探测器安装间距 a、b 示意图

火灾探测器的安装间距如图3-10所示，假定由点划线把房间分为相等的小矩形作为一只探测器的保护面积，通常把探测器安装在保护面积的中心位置。其探测器安装间距 a、b 应按公式(3-2)计算：

$$a=P/2, b=Q/2 \tag{3-2}$$

式中，P、Q 分别为房间的宽度和长度。

如果使用多只探测器的矩形房间，则探测器的安装间距应按公式(3-3)计算：

$$a=P/n_1, b=Q/n_2 \tag{3-3}$$

式中　n_1——每列探测器的数目；

n_2——每行探测器的数目。

探测器与相邻墙壁之间的水平距离应按公式(3-4)计算：

$$a_1=[P-(n_1-1)a]/2$$

$$b_1=[P-(n_2-1)b]/2 \tag{3-4}$$

在确定火灾探测器的安装距离时，还应注意以下几个问题。

① 所计算的 a、b 不应超过图3-11中感烟、感温探测器的安装间距极限曲线 $D_1 \sim D_{11}$（含 D_9'）所规定的范围，同时还要满足以下关系：

$$ab \leqslant AK \tag{3-5}$$

式中　A——一只探测器的保护面积，m^2；

K——修正系数。

② 探测器至墙壁水平距离 a_1、b_1 均不应小于0.5m。

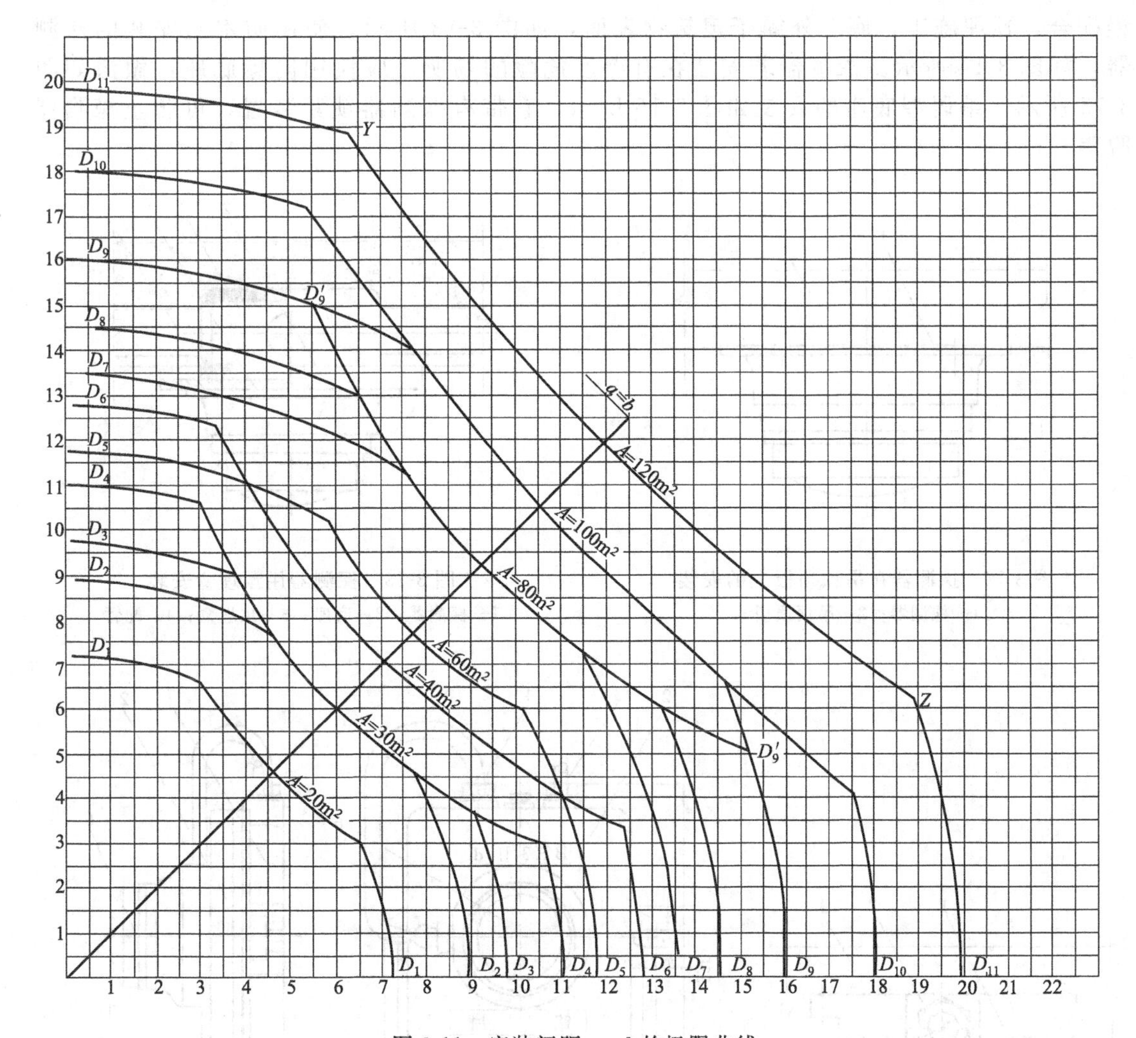

图 3-11　安装间距 a、b 的极限曲线

A—探测器的保护面积（m^2）；a、b—探测器的安装间距（m）；

D_1～D_{11}（含 D_9'）—在不同保护面积 A 和保护半径 R 下确定探测器安装间距 a、b 的极限曲线；

Y、Z—极限曲线的端点（在 Y 和 Z 两点的曲线范围内，保护面积可得到充分利用）

③ 对于使用多只探测器的狭长房间，如宽度小于 3m 的内通道走廊等处，在顶棚设置探测器时，为了装饰美观，宜居中心线布置。可按最大保护半径 R 的 2 倍作为探测器的安装间距，取 R 为房间两端的探测器距端墙的水平距离。

④ 一般来说，感温探测器的安装间距不应超过 10m，感烟探测器的安装间距不应超过 15m，且探测器至端墙的水平距离不应大于探测器安装间距的一半。

3.2.4.3　火灾探测器的固定

火灾探测器由底座和探头两部分组成，属于精密电子仪器。在安装探测器时，应先安装探测器底座，待整个火灾报警系统全部安装完毕时，再安装探头并作必要的调整工作。

常用的探测器底座就其结构形式有普通底座、编码型底座、防爆底座、防水底座等专用底座；根据探测器的底座是否明、暗装，又可区分成直接安装和用预埋盒安装的形式。

火灾探测器的明装底座有的可以直接安装在建筑物室内装饰吊顶的顶板上，如图 3-12 所示。需要与专用盒配套安装或用 86 系列灯位盒安装的探测器，盒体要与土建工程配合，预埋施工，底座外露于建筑物表面，如图 3-13 所示。使用防水盒安装的探测器，如图 3-14 所示。探测器若安装在有爆炸危险的场所，应使用防爆底座，做法如图 3-15 所示。编码型底座的安装如图 3-16 所示，它带有探测器锁紧装置，可防止探测器脱落。

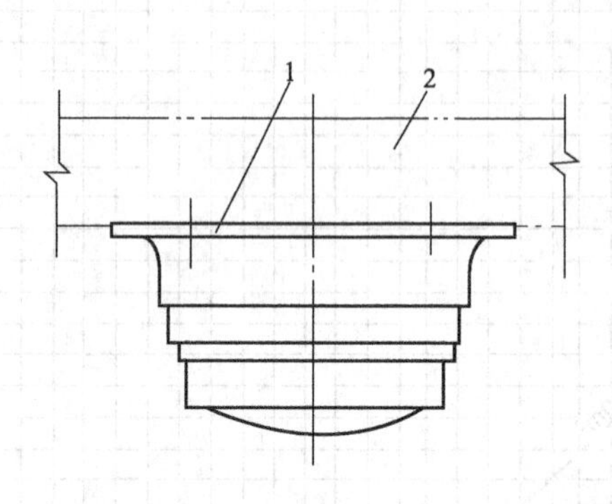

图 3-12　探测器在吊顶顶板上的安装

1—探测器；2—吊顶顶板

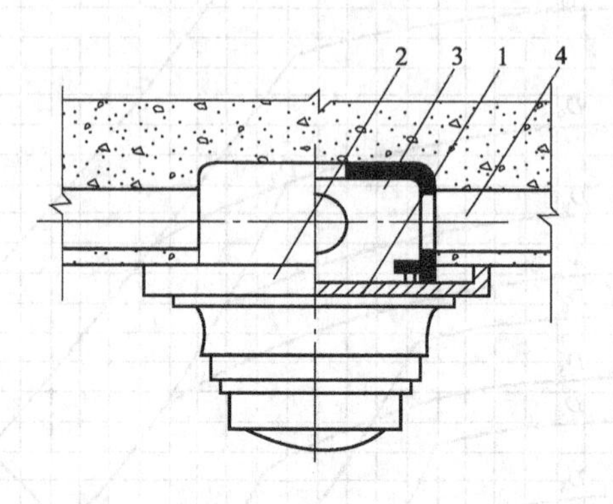

图 3-13　探测器用预埋盒安装

1—探测器；2—底座；3—预埋盒；4—配管

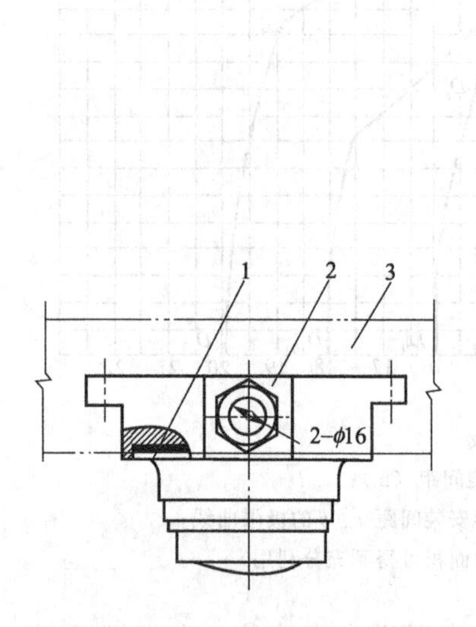

图 3-14　探测器用 FS 型防水盒安装

1—探测器；2—防水盒；

3—吊顶或天花板

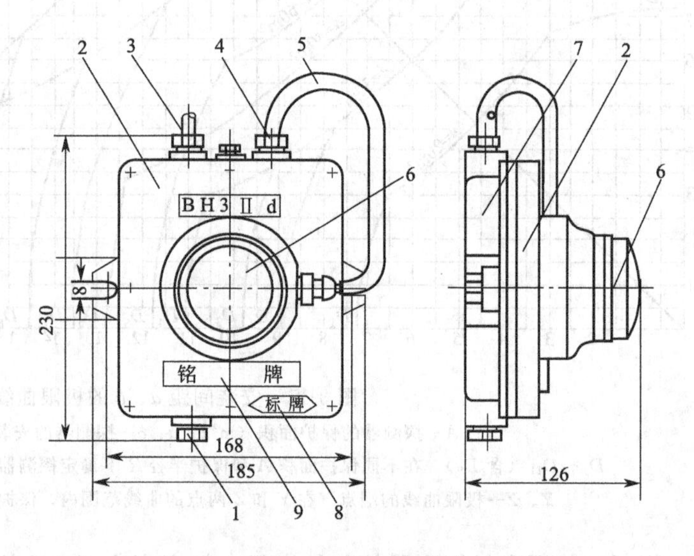

图 3-15　用 BHJW-1 型防爆底座安装感温式探测器

1—备用接线封口螺帽；2—壳盖；3—用户自备线路电缆；

4—探测器安全火花电路外接电缆封口螺帽；

5—安全火花电路外接电缆；6—二线制感温探测器；

7—壳体；8—“断电后方可启盖”标牌；9—铭牌

探测器或底座上的报警确认灯应面向主要入口方向，以便于观察。顶埋暗装盒时，应将配管一并埋入，用钢管时应将管路连接成一个导电通路。

在吊顶内安装探测器，专用盒、灯位盒应安装在顶板上面，根据探测器的安装位置，先在顶板上钻个小孔，再根据孔的位置，将灯位盒与配管连接好，配至小孔位置，将保护管固定在吊顶的龙骨上或吊顶内的支、吊架上。灯位盒应紧贴在顶板上面，然后对顶板上的小孔扩大，扩大面积应不大于盒口面积。

由于火灾探测器的型号、规格、种类繁多，其安装方式各不相同，因此，在施工图下发

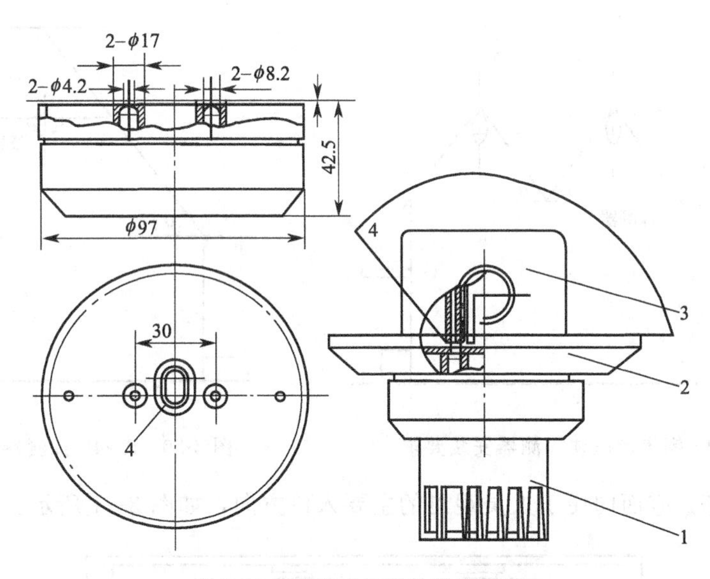

图 3-16　编码型底座外形及安装

1—探测器；2—装饰圈；3—接线盒；4—穿线孔

后，应仔细阅读图纸和产品使用说明，了解产品的技术性能，做到正确安装，达到合理使用的目的。

3.2.4.4　火灾探测器的接线与安装

火灾探测器的接线其实就是探测器底座的接线。安装探测器底座时，应先将预留在盒内的导线剥出芯线 10～15mm（注意保留线号）。将剥好的芯线连接在探测器底座各对应的接线端子上，需要焊接连接时，导线剥头应焊接焊片，通过焊片接于探测器底座的接线端子上。

不同规格型号的探测器其接线方法也有所不同，一定要参照产品说明书进行接线。接线完毕后，将底座用配套的螺栓固定在预埋盒上，并安装好防潮罩。按设计图检查无误后再拧上。

当房顶坡度 $\theta>15°$ 时，探测器应在人字坡屋顶下最高处安装，如图 3-17 所示。

当房顶坡度 $\theta\leqslant45°$ 时，探测器可以直接安装在屋顶板面上，如图 3-18 所示。

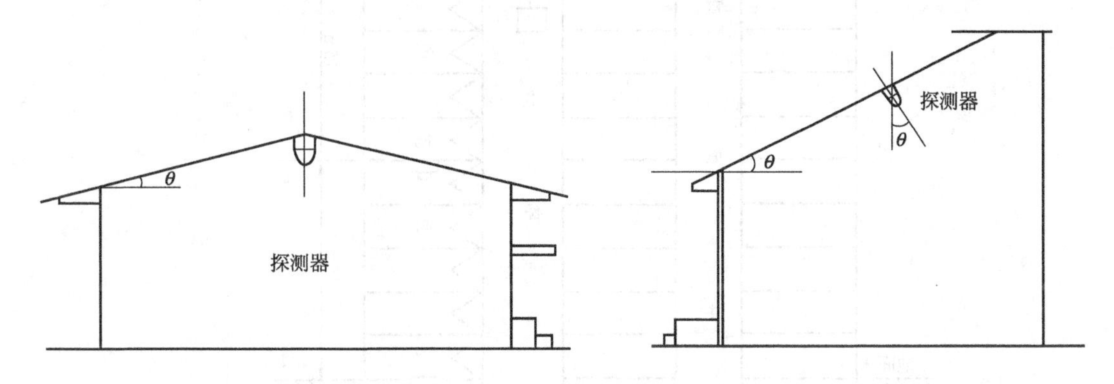

图 3-17　$\theta>15°$ 探测器安装要求　　图 3-18　$\theta\leqslant45°$ 探测器安装要求

锯齿形屋顶，当 $\theta>15°$ 时，应在每个锯齿屋脊下安装一排探测器，如图 3-19 所示。

当房顶坡度 $\theta>45°$ 时，探测器应加支架，水平安装，如图 3-20 所示。

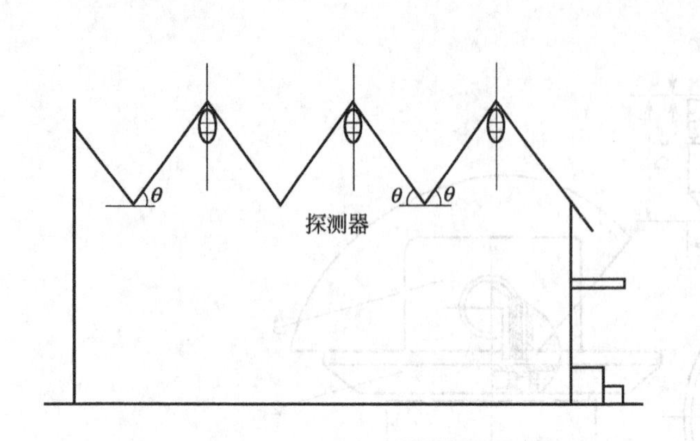

图 3-19 $\theta>15°$锯齿形屋顶探测器安装要求

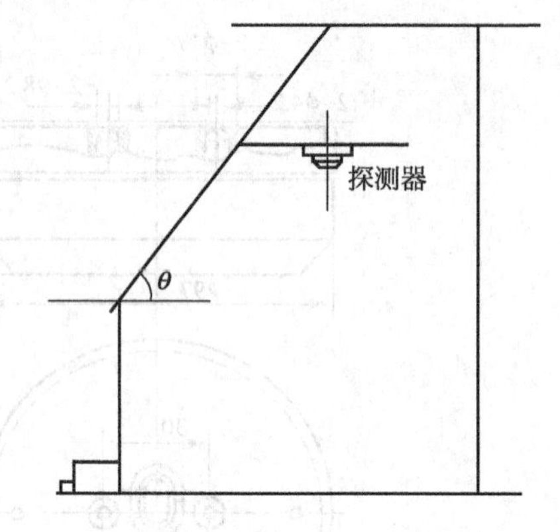

图 3-20 $\theta>45°$探测器安装要求

探测器确认灯，应面向便于人员观测的主要入口方向，如图 3-21 所示。

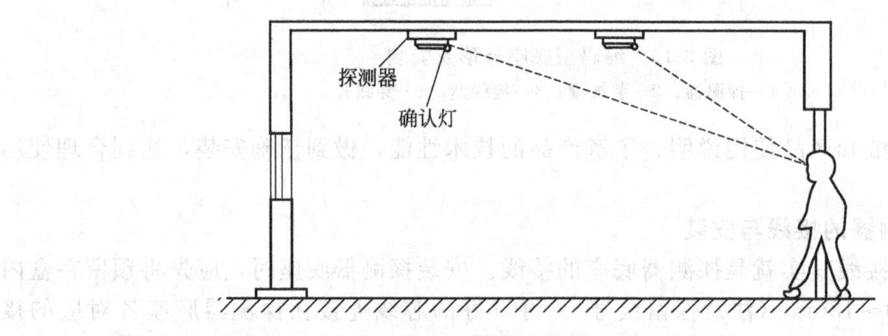

图 3-21 探测器确认灯安装方向要求

在电梯井、管道井、升降井处，可以只在井道上方的机房顶棚上安装一只探测器。在楼梯间、斜坡式走道处，可按垂直距离每 15m 高处安装一只探测器，如图 3-22 所示。

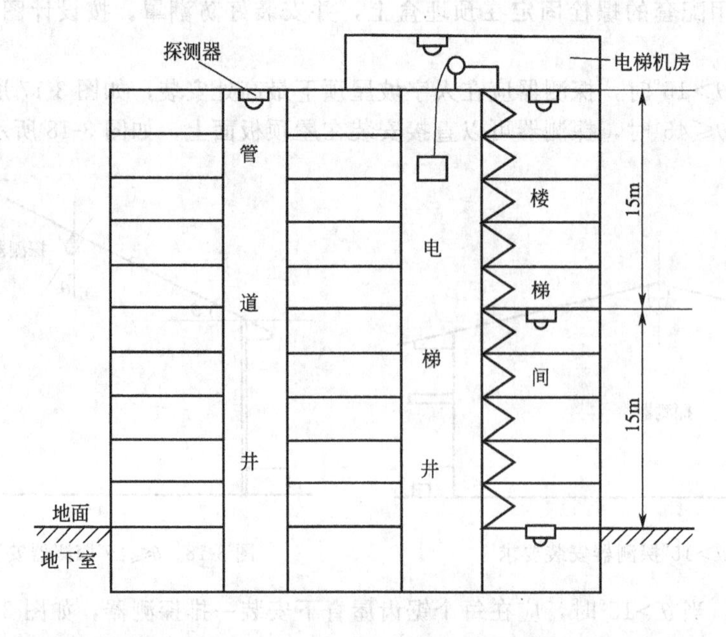

图 3-22 管井道、楼梯间、电梯井等处探测器安装要求

在无吊顶的大型桁架结构仓库，应采用管架将探测器悬挂安装，下垂高度应按实际需要选取。当使用感烟探测器时，应该加装集烟罩，如图3-23所示。

当房间被书架、设备等物品隔断时，如果分隔物顶部至顶棚或梁的距离小于房间净高的5%，则每个被分割部分至少安装一只探测器。

3.2.4.5 手动报警按钮的安装

(1) 手动报警按钮的分类　手动报警按钮按是否带电话可分为普通型和带电话插孔型，按是否带编码可分为编码型和非编码型，其外形示意如图3-24所示。

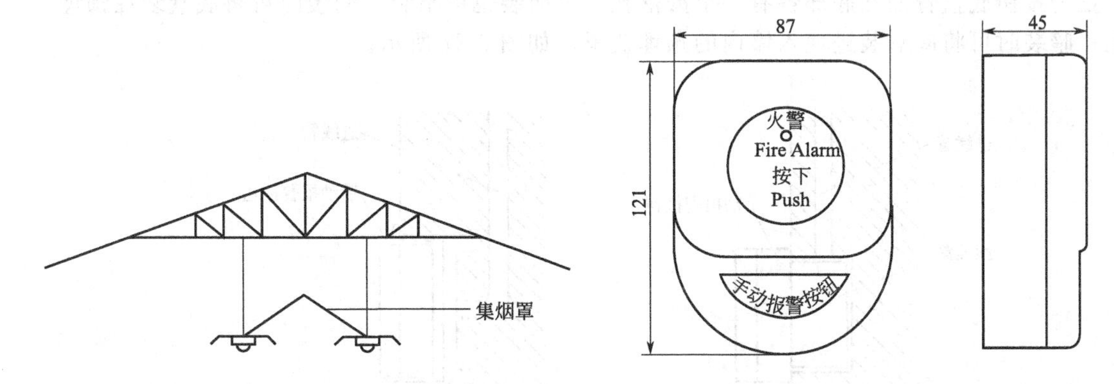

图3-23　桁架结构仓库探测器安装要求　　图3-24　手动报警按钮外形示意图

① 普通型手动报警按钮。普通型手动报警按钮操作方式一般为人工手动压下玻璃（一般为可恢复型），分为带编码型和不带编码型（子型），编码型手动报警按钮通常可带数个子型手动报警按钮。

② 带电话插孔手动报警按钮。带电话插孔手动报警按钮附加有电话插孔，以供巡逻人员使用手持电话机插入插孔后，可直接与消防控制室或消防中心进行电话联系。

(2) 手动报警按钮的布线　手动报警按钮接线端子如图3-25及图3-26所示。

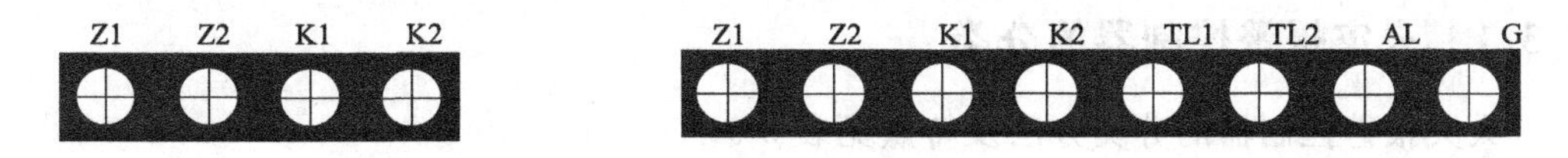

图3-25　手动报警按钮（不带插孔）接线端子　图3-26　手动报警按钮（带消防电话插孔）接线端子

手动报警按钮各端子的意义见表3-8。

表3-8　手动报警按钮各端子的意义

端子名称	端子的作用	布线要求
Z1、Z2	无极性信号二总线端子	布线时Z1、Z2采用RVS双绞线，导线截面≥1.0mm²
	与控制器信号二总线连接的端子	布线时Z1、Z2采用RVS双绞线，截面积≥1.0mm²
K1、K2	无源常开输出端子	—
	DC24V进线端子及控制线输出端子，用于提供直流24V开关信号	—
AL、G	与总线制编码电话插孔连接的报警请求线端子	报警请求线AL、G采用BV线，截面积≥1.0mm²
TL1、TL2	与总线制编码电话插孔或多线制电话主机连接音频接线端子	消防电话线TL1、TL2采用RVVP屏蔽线，截面积≥1.0mm²

(3) 手动报警按钮的安装　报警区域内每个防火分区，应至少设置1个手动火灾报警按

钮。从1个防火分区内的任何位置到最邻近的1个手动火灾报警按钮的距离，应不大于30m。手动火灾报警按钮宜设置在公共活动场所的出入口，如大厅、过厅、餐厅、多功能厅等主要公共场所的出入口，各楼层的电梯间、电梯前室、主要通道等。

手动火灾报警按钮应设置在明显的和便于操作的部位。当安装在墙上时，其底边距地（楼）面高度宜为1.3～1.5m，且应有明显的标志。

安装时，有的还应有预埋接线盒，手动报警按钮应安装牢固，且不得倾斜。为了便于调试、维修，手动报警按钮外接导线，应留有10cm以上的余量，且在其端部应有明显标志。手动报警按钮底盒背面和底部各有一个敲落孔，可明装也可暗装，明装时可将底盒装在预埋盒上；暗装时可将底盒装进埋入墙内的预埋盒里，如图3-27所示。

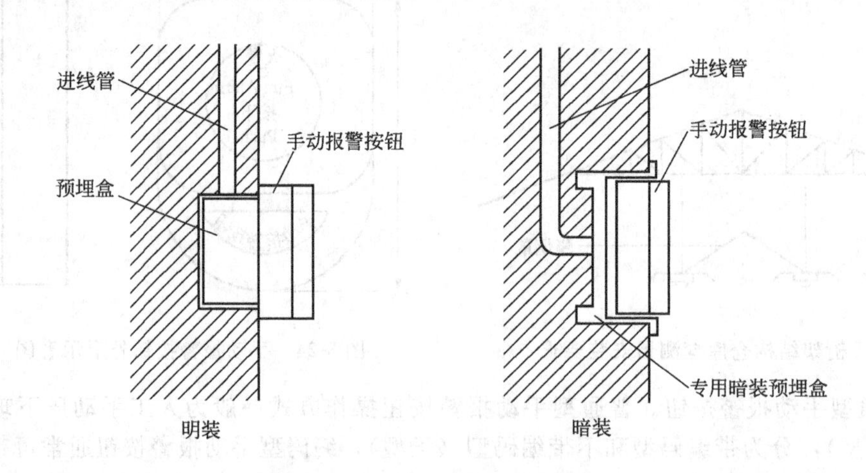

图3-27 手动报警按钮安装示意图

3.3 火灾自动报警控制器选择与安装

3.3.1 火灾报警控制器的分类

火灾报警控制器的分类方法及特点见表3-9。

表3-9 火灾报警控制器的分类方法及特点

分类方法	类型	特点
按系统布线方式分类	多线制火灾报警控制器	多线制(也称为二线制)火灾报警控制器的探测器与控制器的连接采用一一对应方式。每个探测器至少有一根线与控制器连接，因而其连线较多，仅适用于小型火灾自动报警系统。多线制报警控制器按用途分为区域报警控制器和集中报警控制器两种。 ①区域报警控制器(总根数为 $n+1$)用以进行区域范围内的火灾监测和报警工作，因此每台区域报警控制器与其区域内的控制器等正确连接后，经过严格调试验收合格后，就构成了完整独立的火灾自动报警系统。 ②集中报警控制器是连接多台区域报警控制器，收集处理来自各区域报警器送来的报警信号，以扩大监控区域范围。所以集中控制器主要用于监探器容量较大的火灾自动报警系统中
按系统布线方式分类	总线制火灾报警控制器	总线制火灾报警控制器是与智能型火灾探测器和模块相配套，采用总线接线方式，有二总线、三总线等不同形式，通过软件编程，分布式控制。 控制器与探测器采用总线(少线)方式连接。所有探测器均并联或串联在总线上(一般总线数量为2～4根)，具有安装、调试、使用方便，工程造价较低的特点，适用于大型火灾自动报警系统。目前总线制火灾自动报警系统已在工程中得到普遍使用

续表

分类方法	类型	特点
按控制范围分类	区域报警控制器	区域报警控制器由输入回路、光报警单元、声报警单元、自动监控单元、手动检查试验单元、输出回路和稳压电源及备用电源等组成。 控制器直接连接火灾探测器，处理各种报警信息，是组成自动报警系统最常用的设备之一。区域火灾报警控制器的主要功能有：供电功能、火警记忆功能、消声后再声响功能、输出控制功能、监视传输线切断功能、主备电源自动转换功能、熔丝烧断告警功能、火警优先功能和手动检查功能
	集中报警控制器	集中报警控制器由输入回路、光报警单元、声报警单元、自动监控单元、手动检查试验单元和稳压电源、备用电源等电源组成。 集中报警控制器一般不与火灾探测器相连，而与区域火灾报警控制器相连。处理区域级火灾报警控制器送来的报警信号，常使用在较大型系统中。 集中火灾报警控制器的电路除输入单元和显示单元的构成和要求与区域火灾报警控制器有所不同外，其基本组成部分与区域火灾报警控制器大同小异
	通用火灾报警控制器	通用火灾报警控制器兼有区域、集中两级火灾报警控制器的双重特点。通过设置或修改某些参数(可以是硬件或者是软件方面)，既可作区域级使用，连接探测器；又可作集中级使用，连接区域火灾报警控制器
按结构形式分类	壁挂式火灾报警控制器	一般来说，壁挂式火灾报警控制器的连接探测器回路数相应少一些，控制功能较简单，一般区域火灾报警控制器常采用这种结构
	台式火灾报警控制器	台式火灾报警控制器连接探测器回路数较多，联动控制功能较复杂，操作使用方便，一般常见于集中火灾报警控制器
	柜式火灾报警控制器	柜式火灾报警控制器与台式火灾报警控制器基本相同，内部电路结构多设计成插板组合式，易于功能扩展

3.3.2 火灾报警控制器的接线

对于不同厂家生产的不同型号的火灾报警控制器其线制各异，如三线制、四线制、两线制、全总线制及二总线制等。传统的有两线制和现代的全总线制、二总线制三种，见表3-10。

表 3-10 火灾报警控制器的接线形式

接线形式	特点
两线制	两线制接线，其配线较多，自动化程度较低，大多在小系统中应用，目前已很少使用。两线制接线如图3-28所示
二总线制	二总线制(共2根导线)其系统接线示意如图3-29所示。其中 S_- 为公共地线；S_+ 同时完成供电、选址、自检、报警等多种功能的信号传输。其优点是接线简单、用线量较少，现已广泛采用，特别是目前逐步应用的智能型火灾报警系统更是建立在二总线制的运行机制上
全总线制	全总线制接线方式在系统中显示出其明显的优势，接线非常简单。 区域报警器输入线为5根，即P、S、T、G及V线，即电源线、信号线、巡检控制线、回路地线及DC24V线。区域报警器输出线数等于集中报警器接出的六条总线，即 P_0、S_0、T_0、G_0、C_0、D_0，C_0 为同步线，D_0 为数据线。之所以称之为四全总线(或称总线)是因为该系统中所使用的探测器、手动报警按钮等设备均采用P、S、T、G 4根出线引至区域报警器上。如图3-30所示

3.3.3 火灾报警控制器的安装

3.3.3.1 火灾报警控制器的安装方法

火灾报警控制器可分为台式、壁挂式和柜式三种类型。国产台式报警器型号为JB-QT；壁挂式为JB-QB；柜式为JB-QG。“JB”为报警控制器代号，“T”、“B”、“G”分别为台、壁、柜代号。

(1) 台式报警器 台式报警器放在工作台上，外形尺寸如图3-31所示。长度 L 和宽度 W 为300～500mm。容量(带探测器部位数)越大，外形尺寸越大。

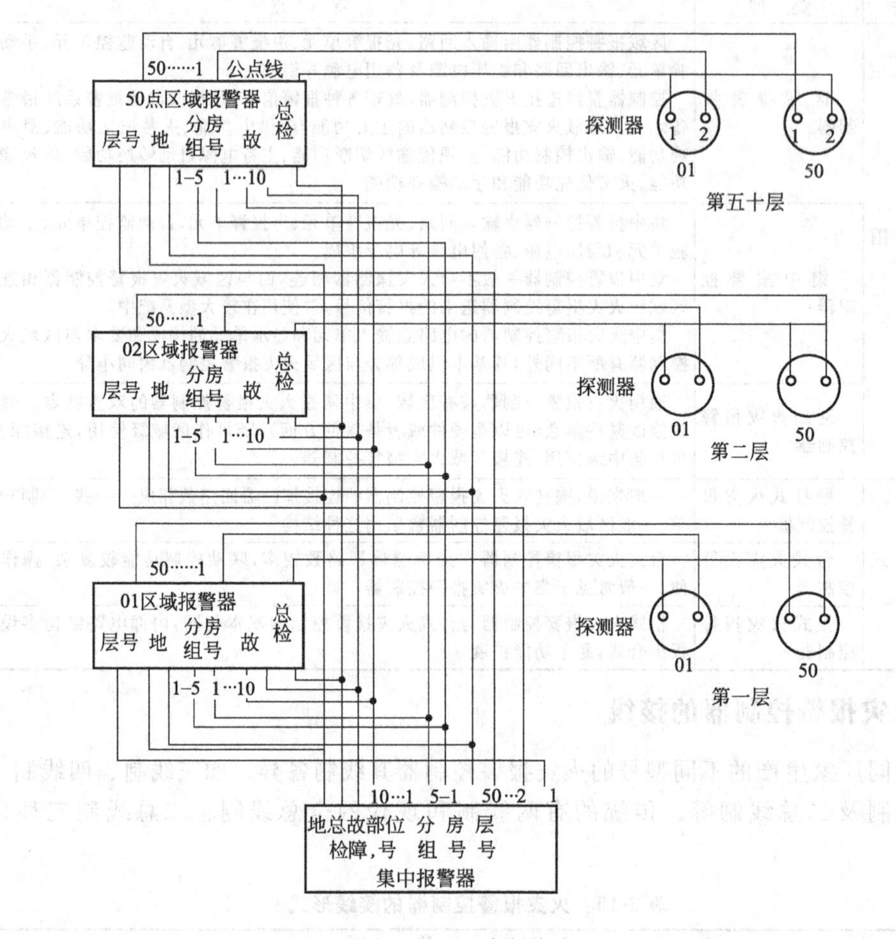

图 3-28 两线制接线

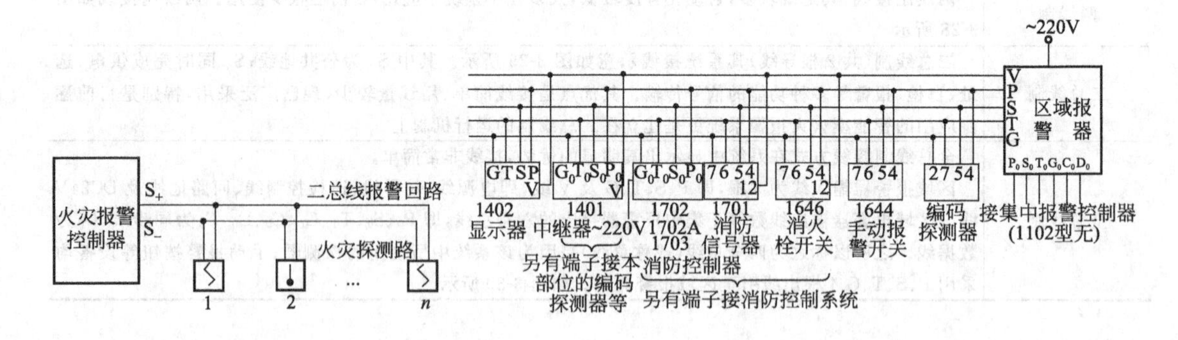

图 3-29 二总线制连接方式

图 3-30 四全总线制接线示意图

放置台式控制器的工作台有两种规格：一种长 1.2m，一种长 1.8m，两边有 3cm 的侧板，当一个基本台不够用时，可将若干个基本台拼装起来使用。台式报警器的安装方法如图 3-32 所示。

（2）壁挂式区域报警器 壁挂式区域报警器通常悬挂在墙壁上的，它的后箱板开有安装孔。报警器的安装尺寸如图 3-33 所示。

土建施工时，应在安装壁挂式区域报警器的墙壁上预先埋好固定铁件（带有安装螺孔），并预埋好穿线钢管、接线盒等。一般进线孔在报警器上方，所以接线盒位置应在报警器上方，靠近报警器的地方。安装报警器时，应先将电缆导线穿好，再将报警器放置在正确的位置，用螺钉紧固，然后按接线要求进行接线。

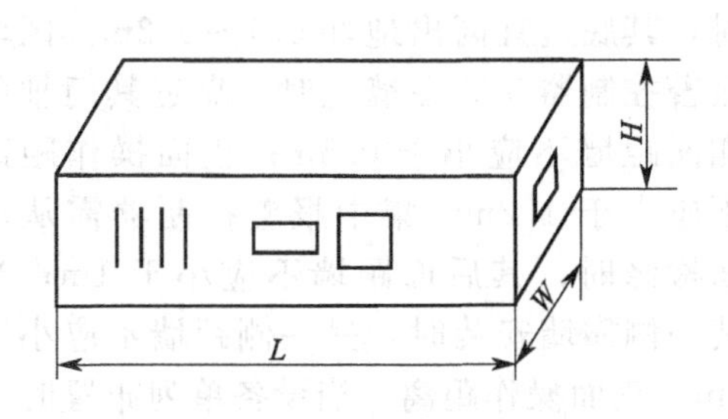

图 3-31 台式报警器外形图

L—长度；W—宽度；H—高度

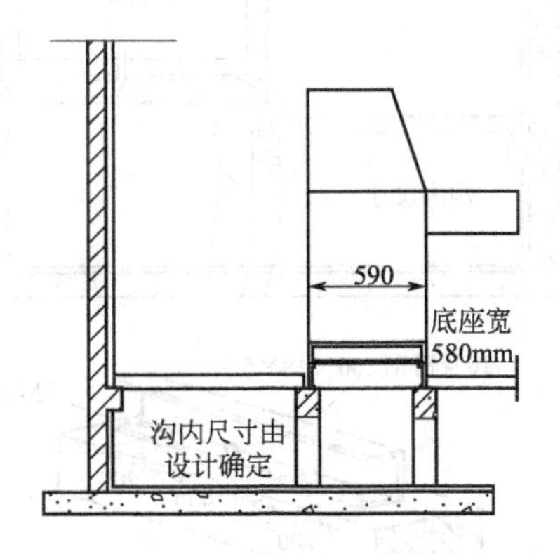

图 3-32 台式报警器的安装方法

一般壁挂式报警器箱长度 L 为 500～800mm，宽度 B 为 400～600mm，孔距 B_1 为 300～400mm，孔径 d 为 10～12mm，具体安装尺寸详见产品的使用说明书。

(3) 柜式区域报警器 柜式区域报警器外形尺寸如图 3-34 所示。

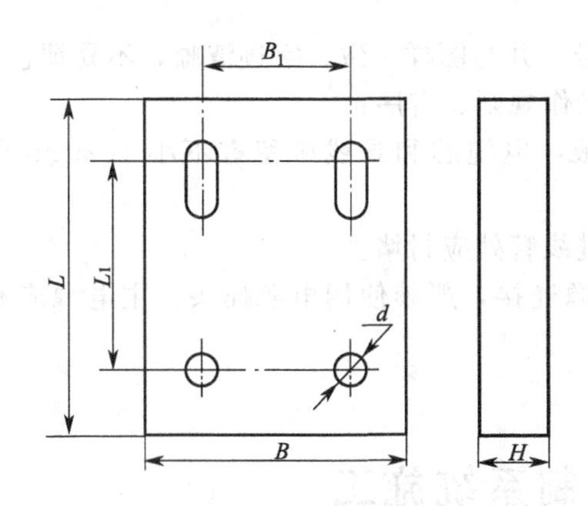

图 3-33 壁挂式区域报警器的安装尺寸

L—长度；B—宽度；H—高度；

B_1、L_1—孔距；d—孔径

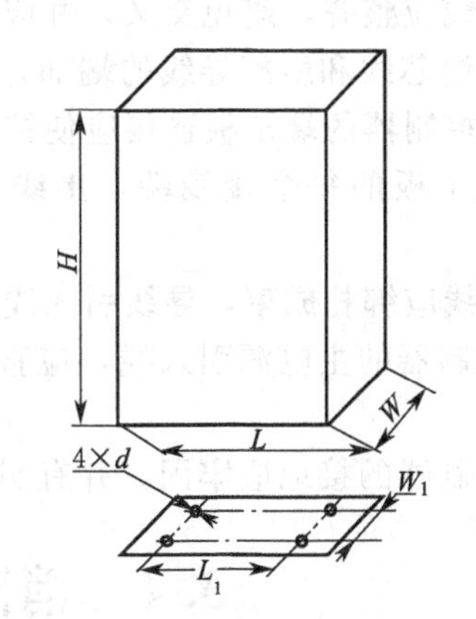

图 3-34 柜式区域报警器外形尺寸图

L—长度；W—宽度；H—高度；

W_1、L_1—孔距；d—孔径

柜式区域报警器的长 L 约为 500mm，宽 W 约为 400mm，高 H 约为 1900mm，孔距 L_1 为 300～320mm，W_1 为 320～370mm，孔径 d 为 12～13mm。柜式区域报警器安装在预制好的电缆沟槽上，底脚孔用螺钉紧固，然后按接线图接线。柜式报警器的安装方法如图 3-35 所示。

柜式区域报警器较壁挂式的容量大，接线方式与壁挂式基本相同，只是信号线数、总检线数相应增多。柜式区域报警器用在每层探测部位多、楼层高、需要联动消防设备的场所。

3.3.3.2 火灾报警控制器的安装要求

① 设备安装前土建工作应具备下列条件。

a. 屋顶、楼板施工完毕，不得有渗漏。

b. 结束室内地面工作；预埋件及预留孔符合设计要求，预埋件应牢固。

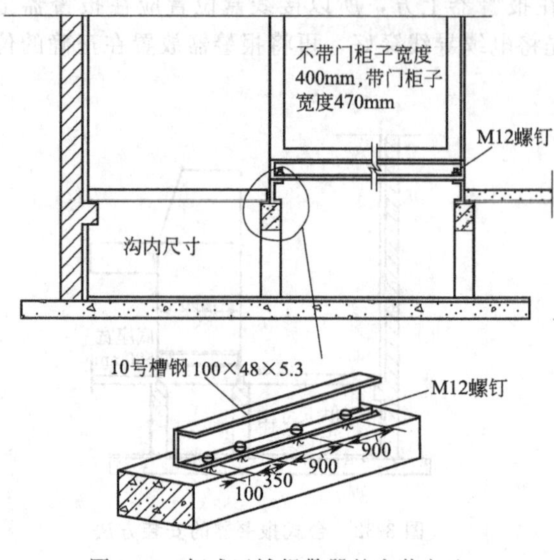

图 3-35　柜式区域报警器的安装方法

c. 门窗安装完毕。

d. 进行装饰工作时有可能损坏已安装设备或设备安装后不能再进行施工的装饰工作全部结束。

② 控制器在墙上安装时，其底边距地（楼）面高度不应小于 1.5m，落地安装时，其底边宜高出地坪 0.1～0.2m。区域报警控制器安装在墙上时，靠近其门轴的侧面距墙不应小于 0.5m；正面操作距离不应小于 1.2m。集中报警控制器需从后面检修时，其后面距墙不应小于 1m；当其一侧靠墙安装时，另一侧距墙不应小于 1m。正面操作距离，当设备单列布置时不应小于 1.5m，双列布置时不应小于 2m；在值班人员经常工作的一面，控制盘距墙不应小于 3m。

③ 控制器应安装牢固，不得倾斜；安装在轻质墙上时，应采取加固措施。

④ 引入控制器的电缆或导线，应符合下列要求：

a. 配线应整齐，避免交叉，并应固定牢靠；

b. 电缆芯线和所配导线的端部，均应标明编号，并与图样一致，字迹清晰，不易褪色；

c. 与控制器的端子板连接应使控制器的显示操作规则、有序；

d. 端子板的每个接线端，接线不得超过两根，电缆芯和导线应留有不小于 20cm 的余量；

e. 导线应绑扎成束，导线引入线穿线后，在进线管处应封堵。

⑤ 控制器的主电源引入线，应直接与消防电源连接，严禁使用电源插头，主电源应有明显标志。

⑥ 控制器的接地应牢固，并有明显标志。

3.4　消防联动控制系统施工

3.4.1　消防控制室

3.4.1.1　消防控制室的设置

① 消防控制室应设置在建筑物的首层（或地下 1 层），门应向疏散方向开启，且入口处应设置明显的标志，并应设置直通室外的安全出口。

② 消防控制室周围不宜布置电磁场干扰较强及其他影响消防控制设备工作的设备用房，不应将消防控制室设于厕所、锅炉房、浴室、汽车间、变压器室等的隔壁和上、下层相对应的房间。

③ 有条件时宜设置在防灾监控、广播、通讯设施等用房附近，并适当考虑长期值班人员房间的朝向。

3.4.1.2　消防控制室的设备布置

① 设备面盘前的操作距离：单列布置时不应小于 1.5m；双列布置时不应小于 2m。

② 在值班人员经常工作的一面，控制屏（台）至墙的距离不应小于3m。

③ 控制屏（台）后的维修距离不宜小于1m。

④ 控制屏（台）的排列长度大于4m时，控制屏（台）两端应设置宽度不小于1m的通道。

⑤ 集中报警控制器（或火灾通用报警控制器）安装在墙上时，其底边距地高度应为1.3～1.5m；靠近其门轴的侧面距墙不应小于0.5m；正面操作距离不应小于1.2m。

⑥ 消防控制室的送、回风管在其穿墙处应设防火阀。

⑦ 消防控制室内严禁与其无关的电气线路及管路穿过。

⑧ 火灾自动报警系统应设置带有汉化操作的界面，可利用汉化的CRT显示和中文屏幕菜单直接对消防联动设备进行操作。

⑨ 消防控制室在确认火灾后，宜向BAS系统及时传输，显示火灾报警信息，且能接收必要的其他信息。

消防报警控制室设备安装如图3-36所示。

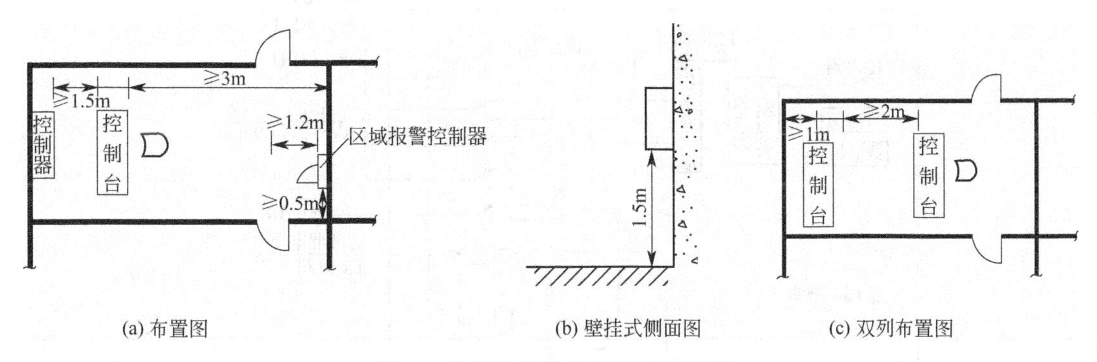

(a) 布置图　(b) 壁挂式侧面图　(c) 双列布置图

图3-36　消防报警控制室设备安装

3.4.2 火灾警报装置

3.4.2.1 火灾应急广播的设置范围和技术要求

火灾应急广播主要用来通知人员疏散及发布灭火指令。

① 火灾应急广播扬声器的设置，应符合下列要求。

a. 在民用建筑内，扬声器应设置在走道和大厅等公共场所。每个扬声器的额定功率不应小于3W，并且其数量应能确保从一个防火分区内的任何部位到最近一个扬声器的距离不大于25m。走道内最后一个扬声器至走道末端的距离不应大于12.5m。

b. 在环境噪声大于60dB的场所设置的扬声器，在其播放范围内最远点的播放声压级应高于背景噪声15dB。

c. 客房设置专用扬声器时，其额定功率不应小于1W。

② 火灾事故广播播放疏散指令的控制程序。

a. 地下室发生火灾，应先接通地下各层及首层。当首层与2层具有大的共享空间时，也应接通2层。

b. 首层发生火灾，应先接通本层、2层及地下各层。

c. 2层及2层以上发生火灾，应先接通火灾层及其相邻的上、下层。

③ 火灾事故广播线路应独立敷设，不应和其他线路（包括火警信号、联动控制等线路）同管或同线槽槽孔敷设。

④ 火灾应急广播与公共广播（包括背景音乐等）合用时应符合以下要求。

a. 火灾时，应能在消防控制室将火灾疏散层的扬声器和公共广播扩音机强制转入火灾应急广播状态。

b. 消防控制室应能监控用于火灾应急广播时的扩音机的工作状态，并具有遥控开启扩音机和采用传声器广播的功能。

c. 床头控制柜设有扬声器时，应有强制切换到应急广播的功能。

d. 火灾应急广播应设置备用扩音机，其容量不应小于火灾应急广播扬声器最大容量总和的 1.5 倍。

⑤ 火灾应急广播的控制方式主要有以下几种形式。

a. 独立的火灾应急广播。这种系统配置专用的扩音机、分路控制盘、音频传输网络及扬声器。当发生火灾时，由值班人员发出控制指令，接通扩音机电源，并按消防程序启动相应楼层的火灾事故广播分路。系统方框原理如图 3-37 所示。

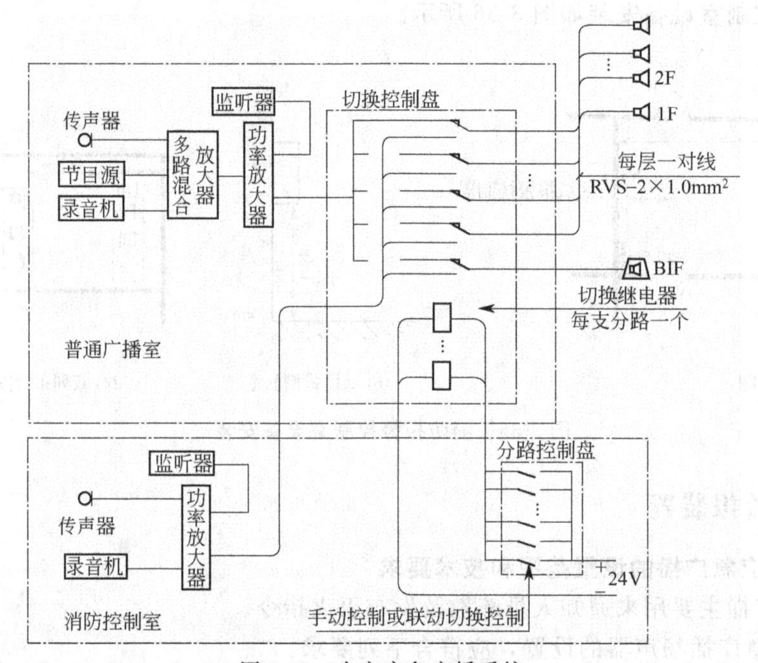

图 3-37　火灾应急广播系统

b. 火灾应急广播与广播音响系统合用。在该系统中，广播室内应设置一套火灾应急广播专用的扩音机及分路控制盘，但音频传输网络及扬声器共用。火灾事故广播扩音机的开机及分路控制指令由消防控制中心输出，通过强拆器中的继电器切除广播音响而接通火灾事故广播，将火灾事故广播送入相应的分路，其分路应与消防报警分区相对应。

利用消防广播具有切换功能的联动模块，可将现场的扬声器接入消防控制器的总线上，由正常广播和消防广播送来的音频广播信号，分别通过此联动模块的无源常闭触点和无源常开触点接在扬声器上。火灾发生时，联动模块根据消防控制室发出的信号，无源常闭触点打开，切除正常广播，无源常开触点闭合，接入消防广播，实现消防强切功能。一个广播区域可由一个联动模块控制，如图 3-38 所示。

3.4.2.2　火灾警报装置

未设置火灾应急广播的火灾自动报警系统，应设置火灾警报装置。

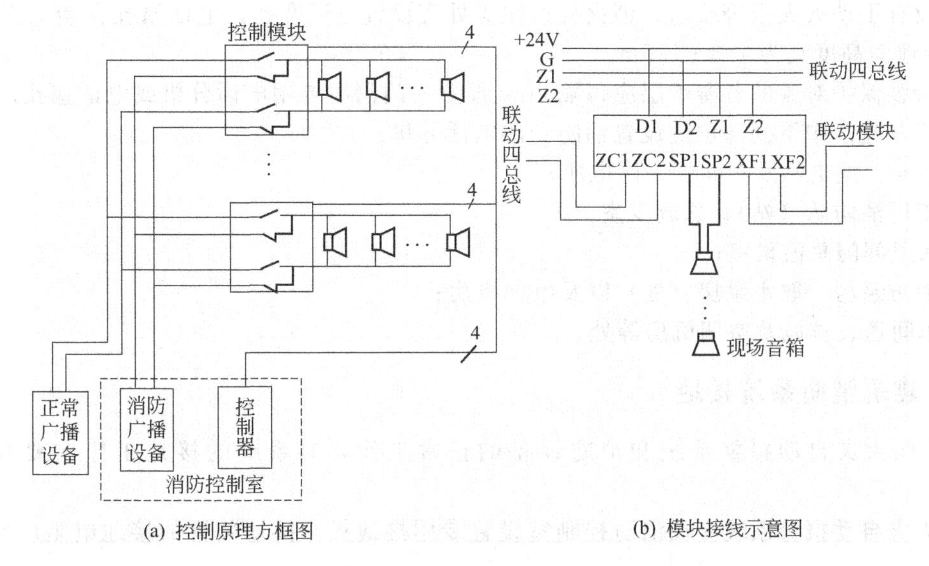

(a) 控制原理方框图　　(b) 模块接线示意图

图 3-38　总线制消防应急广播系统示意图

Z1，Z2—信号二总线连接端子；D1，D2—电源二总线连接端子；

ZC1，ZC2—正常广播线输入端子；XF1，XF2—消防广播线输入端子；

SP1，SP2—与扬声器连接的输出端子

火灾警报装置是在火灾时能发出火灾音响及灯光的设备。由电笛（或电铃）与闪光灯组成一体（也有只有音响而无灯光的）。音响的音调与一般音响有区别，通常是变调声（与消防车的音调类似），其控制方式与火灾应急广播相同。

火灾警报装置的设置范围和技术要求如下。

① 设置区域报警系统的建筑，应设置火灾警报装置；设置集中报警系统和控制中心报警系统的建筑，宜装设火灾警报装置。

② 在报警区域内，每个防火分区至少安装一个火灾警报装置。其安装位置，宜设在各楼层走道靠近楼梯出口处。警报装置宜采用手动或自动控制方式。

为了确保安全，火灾警报装置应在火灾确认后，由消防中心按疏散顺序统一向有关区域发出警报。在环境噪声大于 60dB（A）的场所设置火灾警报装置时，其声压级应高于背景噪声 15dB（A）。

3.4.3　消防专用电话

① 消防专用电话，应建成独立的消防通信网络系统。

② 消防控制室、消防值班室或工厂消防队（站）等处应装设向公安消防部门直接报警的外线电话（城市 119 专用火警电话用户线）。

③ 消防控制室应设消防专用电话总机，且宜选择共电式电话总机或对讲通信电话设备。

④ 下列部位应设置消防专用电话分机。

a. 消防水泵房、备用发电机房、配变电室、主要通风和空调机房、排烟机房、消防电梯机房以及其他与消防联动控制有关的且经常有人值班的机房。

b. 灭火控制系统操作装置处或控制室。

c. 企业消防站、消防值班室以及总调度室。

⑤ 设有手动火灾报警按钮、消火栓按钮等处宜设置电话塞孔。电话塞孔在墙上安装时，其底边距地面高度宜为1.3～1.5m。

⑥ 特级保护对象的各避难层应每隔20m设置一门消防专用电话分机或电话塞孔。

⑦ 工业建筑中下列部位应设置消防专用电话分机：

a. 总变、配电站及车间变、配电所；

b. 工厂消防队（站），总调度室；

c. 保卫部门总值班室；

d. 消防泵房、取水泵房（处）以及电梯机房；

e. 车间送、排风及空调机房等处。

3.4.4 建筑消防系统接地

为确保火灾自动报警系统和消防设备的正常工作，对系统的接地工作主要有如下规定。

① 火灾自动报警系统应在消防控制室设置专用接地板，接地装置的接地电阻应符合以下要求。

a. 当采用专用接地时，接地电阻值不应大于4Ω。

b. 当采用联合接地时，接地电阻值不应大于1Ω。

② 火灾报警系统应设专用接地干线，由消防控制室引至接地体。

③ 专用接地干线应采用铜芯绝缘导线，其芯线截面积不应小于25mm²，专用接地干线宜穿硬质型塑料管埋设至接地体。

④ 由消防控制室接地板引至各消防电子设备的专用接地线应选用铜芯塑料绝缘导线，其芯线截面积不应小于4mm²。

⑤ 消防电子设备凡采用交流供电时，设备金属外壳和金属支架等应做保护接地。接地线应与电气保护接地干线（PE线）相连接。

共用接地和专用接地如图3-39、图3-40所示。

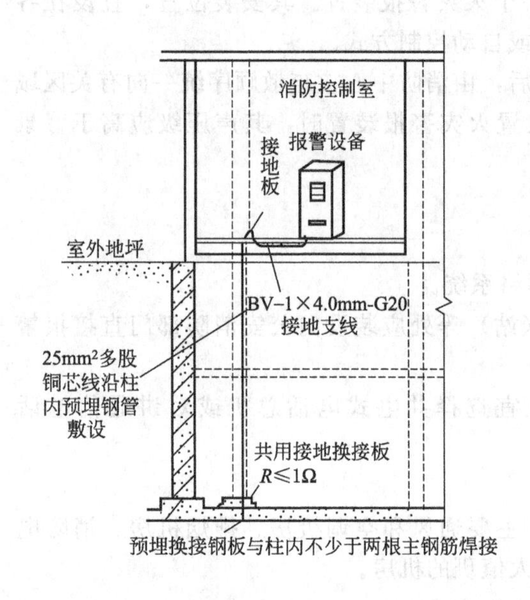

图3-39 共用接地装置示意图

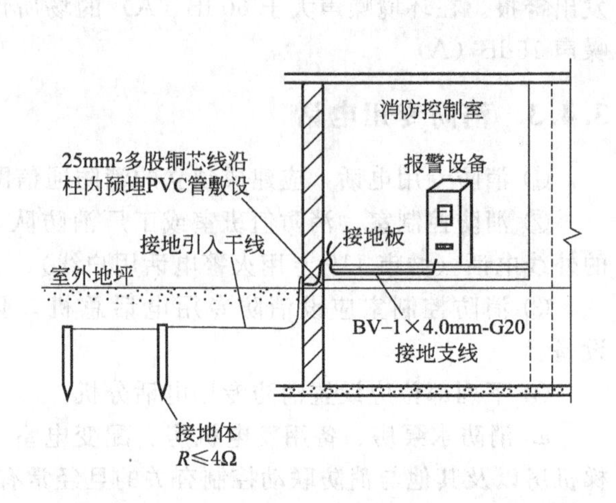

图3-40 专用接地装置示意图

3.5 建筑消防系统布线与配管

3.5.1 布线的防火耐热措施

① 火灾报警系统和消防设备的传输线应采用铜芯绝缘导线或铜芯电缆，推荐采用 NH 氧化镁防火电缆、耐火电缆或 ZR 阻燃型电线电缆等产品。这些缆线的电压等级不应低于交流 250V，芯线的最小截面通常应符合表 3-11 的要求。

表 3-11 火灾自动报警系统用导线最小截面

类　别	芯线最小截面/mm^2	备　注
穿管敷设的绝缘导线	1.00	—
线槽内敷设的绝缘导线	0.75	—
多芯电缆	0.50	—
由探测器到区域报警器	0.75	多股铜芯耐热线
由区域报警器到集中报警器	1.00	单股铜芯线
水流指示器控制线	1.00	—
湿式报警阀及信号阀	1.00	—
排烟防火电源线	1.50	控制线＞1.00mm^2
电动卷帘门电源线	2.50	控制线＞1.50mm^2
消火栓控制按钮线	1.50	—

② 系统布线采取必要的防火耐热措施，有较强的抵御火灾能力，即使在火灾十分严重的情况下，仍能保证消防系统安全可靠地工作。

防火配线是指由于火灾影响，室内温度高达 840℃时，仍能使线路在 30min 内可靠供电。

耐热配线是指由于火灾影响，室内温度高达 380℃时，仍能使线路在 15min 内可靠供电。

无论是防火配线还是耐热配线，都必须采取合适的措施。

a. 用于消防控制、消防通信、火灾报警以及用于消防设备的传输线路均应采取穿管保护。

金属管、PVC（聚氯乙烯）硬质或半硬质塑料管和封闭式线槽等都得到了广泛应用。然而，传输线路穿管敷设或暗敷于非延燃的建筑结构内时，其保护层厚度不应小于 30mm。当必须采取明敷时，应在线管外采用硅酸钙筒（壁厚 25mm）或用石棉、玻璃纤维隔热筒（壁厚 25mm）加以保护。

b. 在电缆井内敷设有非延燃性绝缘和护套的导线、电缆时，可不穿管保护，对消防电气线路所经过的建筑物基础、顶棚、墙壁、地板等处均应采用阻燃性能良好的建筑材料和建筑装饰材料。

c. 电缆井、管道井、排烟道、排气道以及垃圾道等竖向管道，其内壁应为耐火极限不低于 1h 的非燃烧体，并且内壁上的检查门应采用丙级防火门。

③ 为满足防火耐热要求，对金属管端头接线应保留一定余量；配管中途接线盒不应埋

设在易于燃烧部位，且盒盖应加套石棉布等耐热材料。

以上均为建筑消防系统布线的防火耐热措施，除此之外，消防系统室内布线还应遵照有关消防法规规定。消防系统室内布线还应做到以下几点。

① 不同系统、不同电压、不同电流类别的线路不应穿于同一根管内或线槽内的同一槽孔内。

② 建筑物内不同防火分区的横向敷设的消防系统传输线路，如采用穿管敷设，不应穿于同一根管内。

③ 建筑物内如只有一个电缆井（无强电与弱电井之分），则消防系统弱电部分线路与强电部分线路应分别设置于同一竖井的两侧。

④ 火灾探测器的传输线路应选择不同颜色的绝缘导线，同一工程中相同线别的绝缘导线颜色要一致，接线端子要设不同标号。

⑤ 绝缘导线或电缆穿管敷设时，所占总面积不应超过管内截面积的40%，穿于线槽的绝缘导线或电缆总面积不应大于线槽截面积的60%。

消防系统的防火耐热布线如图 3-41 所示。

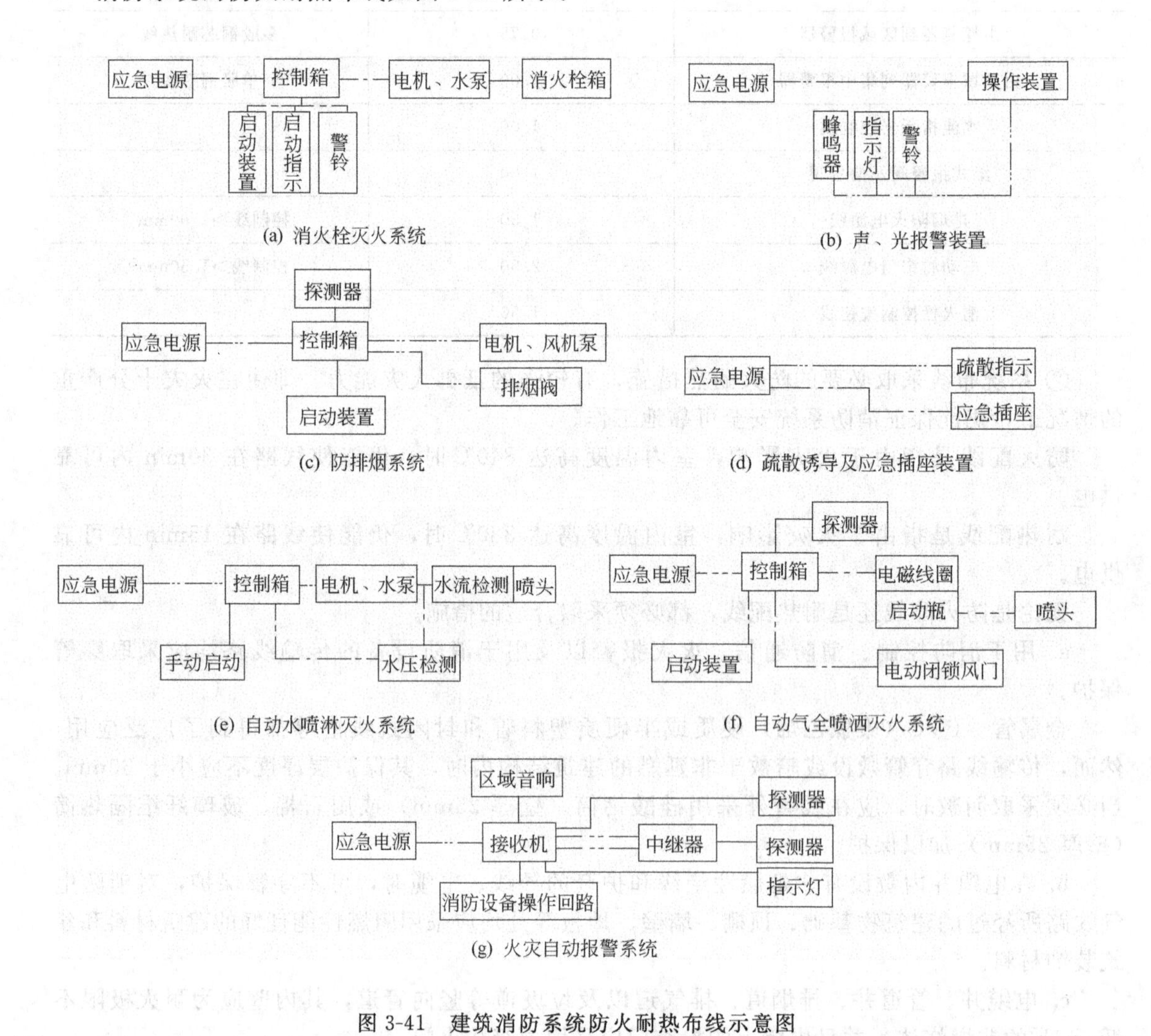

图 3-41　建筑消防系统防火耐热布线示意图

— — - - ——防火线；——— - ——耐热线；————————一般线

3.5.2 系统的配线

3.5.2.1 回路总线

回路总线是指主机到各编址单元之间的联动总线。导线规格为 RVS-2×1.5m^{2}双色双绞多股塑料软线。要求回路电阻小于 40Ω，是指从机器到最远编址单元的环线电阻值（两根导线）。

3.5.2.2 电源电线

电源电线是指主机或从机对编址控制模块和显示器提供的 DC24V 电源线。电源电线采用双色多股塑料软线，型号为 RVS-2×1.5mm^2。

3.5.2.3 通信总线

通信总线是指主机与从机之间的连接总线，或者主机—从机—显示器之间的连接总线。通信总线采用双色多绞多股塑料屏蔽导线，型号为 RVVP-2×1.5mm^2，距离短（<500m）时可用 2×1.0mm^2。

3.5.2.4 联动系统控制线

总线联动系统选用 RVS 双色双绞线，多线联动系统选用 RVV 电缆线，其余用 BVR 或 BV 线。

3.5.3 管线的安装

① 火灾自动报警系统报警线路应采用穿金属管、阻燃型硬制塑料管或封闭式线槽保护。消防控制、通信和警报线路在暗敷时宜采用阻燃型电线穿保护管敷设在不燃结构层内（保护层厚度 3cm）。控制线路与报警线路合用明敷时应穿金属管并喷涂防火涂料，其线采用氧化镁防火电缆。总线制系统的布线，宜采用电缆敷设在耐火电缆桥架内，有条件的可选用铜皮防火电缆。

② 消火栓泵、喷淋泵电动机配电线路宜选用穿金属管并埋设在非燃烧体结构内的电线，或选用耐火电缆敷设在耐火型电缆桥架，或选用氧化镁防火型电缆。

③ 建筑物各楼层带双电源切换的配电箱至防火卷帘的电源应采用耐火电缆。

④ 消防电梯配电线路应采用耐火电缆或氧化镁防火电缆。

⑤ 火灾应急照明线路、消防广播通讯应采用穿金属管保护电线，并暗敷于不燃结构内，且保护层厚度不小于 30mm，或采用耐火型电缆明敷于吊顶内。

⑥ 布线使用的非金属管材、线槽及其附件应采用不燃或非延燃性材料制成。

⑦ 管线经过建筑物的变形缝（包括沉降缝、伸缩缝、抗震缝等）处，应采用以下措施。

a. 管线经过建筑物的变形缝处，宜用两个接线盒分别设置在变形缝两侧。

b. 一个接线盒，两端应开长孔（孔直径大于保护管外径 2 倍以上），变形缝的另一侧管线通过此孔伸入接线盒处。

c. 连接缆线及跨接地线均应呈悬垂状且有余量。无论变形缝两侧采用两个还是一个接线盒，必须呈弯曲状且留有余量。

d. 工作接地线应采用铜芯绝缘导线或电缆，不得利用镀锌扁铁或金属软管。

⑧ 管线安装时，还应注意如下几点。

a. 不同系统、不同电压、不同电流类别的线路，应穿于不同的管内或线槽的不同槽孔内。

b. 同一工程中相同线别的绝缘导线颜色应一致，导线的接头应在接线盒内焊接，或用端子连接，接线端子应有标号。

c. 敷设在多尘和潮湿场所管路的管口和管子连接处，均应做密封处理。

d. 存在下列情况时，应在便于接线处装设接线盒。

ⅰ. 管子长度每超过 45m，无弯曲时。

ⅱ. 管子长度每超过 30m，有一个弯曲时。

ⅲ. 管子长度每超过 20m，有两个弯曲时。

ⅳ. 管子长度每超过 12m，有三个弯曲时。

e. 管子入盒时，盒外侧应套锁母，内侧应装护口。在吊顶内敷设时，盒的内外侧均应套锁母。

f. 线槽的直线段应每隔 1.0～1.5m 设置吊点或支点，在线槽接头处、距接线盒 0.2m 处及线槽走向改变或转角处亦应设吊点或支点，吊装线槽的吊杆直径应大于 6mm。

3.5.4 控制设备的接线要求

① 报警控制器的配线要求主要有以下几点。

a. 配线应整齐，避免交叉，并应固定牢靠。

b. 电缆芯线和所配导线的端部均应标明编号，并与图纸一致，字迹清晰不易褪色。

c. 端子板的每个接线端，接线不得超过两根。

d. 电缆芯和导线应留有不小于 20cm 的余量。

e. 导线应绑扎成束，导线引入线穿线后应在进线处封堵。

② 报警控制器的电源与接地要求主要有以下几点。

a. 控制器的主电源引入线应直接与消防电源连接，严禁使用电源插头。主电源应有明显标志。

b. 控制器的接地应牢固并有明显标志，工作接地线与保护接地线必须分开。

③ 消防联动控制设备的接线要求主要有以下几点。

a. 消防控制设备盘（柜）内不同电压等级、不同电流类别的端子应分开，并有明显标志。

b. 消防控制设备的外接导线，当采用金属软管作套管时，其长度不宜大于 1m，并应采用管卡固定，其固定点间距不应大于 0.5m。金属软管与消防控制设备的接线盒应采用锁母固定，并应根据配管规定接地。外接导线端部应有明显标志。

3.6 建筑消防系统调试与验收

3.6.1 建筑消防系统的调试

火灾自动报警系统的调试，应在系统施工结束后进行。调试单位在调试前应编制调试程序，并应按照调试程序工作。火灾自动报警系统的调试项目和调试内容见表 3-12。

3.6.2 建筑消防系统的验收

3.6.2.1 消防系统的验收一般规定

① 火灾自动报警系统竣工后，建设单位应负责组织施工、设计、监理等单位进行验收。验收不合格不得投入使用。

表 3-12 火灾自动报警系统的调试项目和调试内容

调试项目	调 试 内 容	检查数量	检验方法
火灾报警控制器调试	调试前应切断火灾报警控制器的所有外部控制连线,并将任一个总线回路的火灾探测器以及该总线回路上的手动火灾报警按钮等部件连接后,方可接通电源	全数检查	观察检查
	按《火灾报警控制器》(GB 4717—2005)的有关要求对控制器进行下列功能检查并记录,控制器应满足标准要求。 ①检查自检功能和操作级别。 ②使控制器与探测器之间的连线断路和短路,控制器应在100s内发出故障信号(短路时发出火灾报警信号除外)。在故障状态下,使任一非故障部位的探测器发出火灾报警信号,控制器应在1min内发出火灾报警信号,并应记录火灾报警时间,再使其他探测器发出火灾报警信号,检查控制器的再次报警功能。 ③检查消声和复位功能。 ④使控制器与备用电源之间的连线断路和短路,控制器应在100s内发出故障信号。 ⑤检查屏蔽功能。 ⑥使总线隔离器保护范围内的任一点短路,检查总线隔离器的隔离保护功能。 ⑦使任一总线回路上不少于10只的火灾探测器同时处于火灾报警状态,检查控制器的负载功能。 ⑧检查主、备电源的自动转换功能,并在备电工作状态下重复第⑦检查。 ⑨检查控制器特有的其他功能	全数检查	观察检查、仪表测量
	依次将其他回路与火灾报警控制器相连接,重复下列检查。 ①使控制器与探测器之间的连线断路和短路,控制器应在100s内发出故障信号(短路时发出火灾报警信号除外)。在故障状态下,使任一非故障部位的探测器发出火灾报警信号,控制器应在1min内发出火灾报警信号,并应记录火灾报警时间,再使其他探测器发出火灾报警信号,检查控制器的再次报警功能。 ②使总线隔离器保护范围内的任一点短路,检查总线隔离器的隔离保护功能。 ③使任一总线回路上不少于10只的火灾探测器同时处于火灾报警状态,检查控制器的负载功能	全数检查	观察检查、仪表测量
点型感烟、感温火灾探测器调试	采用专用的检测仪器或模拟火灾的方法,检查每只火灾探测器的报警功能,探测器应能发出火灾报警信号	全数检查	观察检查
	对于不可恢复的火灾探测器应采取模拟报警方法逐个检查其报警功能,探测器应能发出火灾报警信号。当有备品时,可抽样检查其报警功能	全数检查	观察检查
线型感温火灾探测器调试	在不可恢复的探测器上模拟火警和故障,探测器应能分别发出火灾报警和故障信号	全数检查	观察检查
	可恢复的探测器可采用专用检测仪器或模拟火灾的办法使其发出火灾报警信号,并在终端盒上模拟故障,探测器应能分别发出火灾报警和故障信号	全数检查	观察检查
红外光束感烟火灾探测器调试	调整探测器的光路调节装置,使探测器处于正常监视状态	全数检查	观察检查
	用减光率为0.9dB的减光片遮挡光路,探测器不应发出火灾报警信号	全数检查	观察检查
	用产品生产企业设定减光率(1.0～10.0dB)的减光片遮挡光路,探测器应发出火灾报警信号	全数检查	观察检查
	用减光率为11.5dB的减光片遮挡光路,探测器应发出故障信号或火灾报警信号	全数检查	观察检查
通过管路采样的吸气式火灾探测器调试	在采样管最末端(最不利处)采样孔加入试验烟,探测器或其控制装置应在120s内发出火灾报警信号	全数检查	观察检查
	根据产品说明书,改变探测器的采样管路气流,使探测器处于故障状态,探测器或其控制装置应在100s内发出故障信号	全数检查	观察检查
点型火焰探测器和图像型火灾探测器调试	采用专用检测仪器和模拟火灾的方法在探测器监视区域内最不利处检查探测器的报警功能,探测器应能正确响应	全数检查	观察检查

续表

调试项目	调试内容	检查数量	检验方法
手动火灾报警按钮调试	对可恢复的手动火灾报警按钮，施加适当的推力使报警按钮动作，报警按钮应发出火灾报警信号	全数检查	观察检查
	对不可恢复的手动火灾报警按钮应采用模拟动作的方法使报警按钮发出火灾报警信号（当有备用启动零件时，可抽样进行动作试验），报警按钮应发出火灾报警信号	全数检查	观察检查
消防联动控制器调试	将消防联动控制器与火灾报警控制器、任一回路的输入/输出模块及该回路模块控制的受控设备相连接，切断所有受控现场设备的控制连线，接通电源	全数检查	观察检查
	按《消防联动控制系统》（GB 16806—2006）的有关规定检查消防联动控制系统内各类用电设备的各项控制、接收反馈信号（可模拟现场设备启动信号）和显示功能	全数检查	观察检查
	使消防联动控制器分别处于自动工作和手动工作状态，检查其状态显示，并按《消防联动控制系统》（GB 16806—2006）的有关规定进行下列功能检查并记录，控制器应满足相应要求。 ①自检功能和操作级别。 ②消防联动控制器与各模块之间的连线断路或短路时，消防联动控制器能在100s内发出故障信号。 ③消防联动控制器与备用电源之间的连线断路或短路时，消防联动控制器应能在100s内发出故障信号。 ④检查消声、复位功能。 ⑤检查屏蔽功能。 ⑥使总线隔离器保护范围内的任一点短路，检查总线隔离器的隔离保护功能。 ⑦使至少50个输入/输出模块同时处于动作状态（模块总数少于50个时，使所有模块动作），检查消防联动控制器的最大负载功能。 ⑧检查主、备电源的自动转换功能，并在备电工作状态下重复⑦的检查	全数检查	观察检查
	接通所有启动后可以恢复的受控现场设备	全数检查	观察检查
	使消防联动控制器的工作状态处于自动状态，按《消防联动控制系统》（GB 16806—2006）的有关规定和设计的联动逻辑关系进行下列功能检查并记录。 ①按设计的联动逻辑关系，使相应的火灾探测器发出火灾报警信号，检查消防联动控制器接收火灾报警信号情况、发出联动信号情况、模块动作情况、受控设备的动作情况、受控现场设备动作情况、接收反馈信号（对于启动后不能恢复的受控现场设备，可模拟现场设备启动反馈信号）及各种显示情况。 ②检查手动插入优先功能	全数检查	观察检查
	使消防联动控制器的工作状态处于手动状态，按《消防联动控制系统》（GB 16806—2006）的有关规定和设计的联动逻辑关系依次手动启动相应的受控设备，检查消防联动控制器发出联动信号情况、模块动作情况、受控设备的动作情况、受控现场设备动作情况、接收反馈信号（对于启动后不能恢复的受控现场设备，可模拟现场设备启动反馈信号）及各种显示情况	全数检查	观察检查
	对于直接用火灾探测器作为触发器件的自动灭火控制系统除符合本节有关规定外，尚应按现行国家标准《火灾自动报警系统设计规范》（GB 50116—2013）规定进行功能检查	全数检查	观察检查
区域显示器（火灾显示盘）调试	将区域显示器（火灾显示盘）与火灾报警控制器相连接，按《火灾显示盘》（GB 17429—2011）的有关要求检查其下列功能并记录，控制器应满足标准要求。 ①区域显示器（火灾显示盘）能否在3s内正确接收和显示火灾报警控制器发出的火灾报警信号。 ②消声、复位功能；操作级别。 ③对于非火灾报警控制器供电的区域显示器（火灾显示盘），应检查主、备电源的自动转换功能和故障报警功能	全数检查	观察检查

续表

调试项目	调试内容	检查数量	检验方法
可燃气体报警控制器调试	切断可燃气体报警控制器的所有外部控制连线,将任一回路与控制器相连接后,接通电源。 控制器应按《可燃气体报警控制器》(GB 16808—2008)的有关要求进行下列功能试验,并应满足标准要求。 ①自检功能和操作级别。 ②控制器与探测器之间的连线断路或短路时,控制器应在100s内发出故障信号。 ③在故障状态下,使任一非故障探测器发出报警信号,控制器应在1min内发出报警信号,并应记录报警时间;再使其他探测器发出报警信号,检查控制器的再次报警功能。 ④消声和复位功能。 ⑤控制器与备用电源之间的连线断路或短路时,控制器应在100s内发出故障信。 ⑥高限报警或低、高两段报警功能。 ⑦报警设定值的显示功能。 ⑧控制器最大负载功能,使至少4只可燃气体探测器同时处于报警状态(探测器总数少于4只时,使所有探测器均处于报警状态)。 ⑨主、备电源的自动转换功能,并在备电工作状态下重复⑧的检查	全数检查	观察检查、仪表测量
	依次将其他回路与可燃气体报警控制器相连接重复上一行的检查	全数检查	观察检查、仪表测量
可燃气体探测器调试	依次逐个将可燃气体探测器按产品生产企业提供的调试方法使其正常动作,探测器应发出报警信号	全数检查	观察检查
	对探测器施加达到响应浓度值的可燃气体标准样气,探测器应在30s内响应。撤去可燃气体,探测器应在60s内恢复到正常监视状态	全数检查	观察检查、仪表测量
	对于线型可燃气体探测器除符合相关规定外,还应将发射器发出的光全部遮挡,探测器相应的控制装置应在100s内发出故障信号	全数检查	观察检查、仪表测量
消防电话调试	在消防控制室与所有消防电话、电话插孔之间互相呼叫与通话,总机应能显示每部分机或电话插孔的位置,呼叫铃声和通话语音应清晰	全数检查	观察检查
	消防控制室的外线电话与另外一部外线电话模拟报警电话通话,语音应清晰	全数检查	观察检查
	检查群呼、录音等功能,各项功能均应符合要求	全数检查	观察检查
消防应急广播设备调试	以手动方式在消防控制室对所有广播分区进行选区广播,对所有共用扬声器进行强行切换;应急广播应以最大功率输出	全数检查	观察检查
	对扩音机和备用扩音机进行全负荷试验,应急广播的语音应清晰	全数检查	观察检查
	对接入联动系统的消防应急广播设备系统,使其处于自动工作状态,然后按设计的逻辑关系,检查应急广播的工作情况,系统应按设计的逻辑广播	全数检查	观察检查
	使任意一个扬声器断路,其他扬声器的工作状态不应受影响	每一回路抽查一个	观察检查
系统备用电源调试	检查系统中各种控制装置使用的备用电源容量,电源容量应与设计容量相符	全数检查	观察检查
	使各备用电源放电终止,再充电48h后断开设备主电源,备用电源至少应保证设备工作8h,且应满足相应的标准及设计要求	全数检查	观察检查

续表

调试项目	调 试 内 容	检查数量	检验方法
消防设备应急电源调试	切断应急电源应急输出时直接切断设备的连线，接通应急电源的主电源。 按下述要求检查应急电源的控制功能和转换功能，并观察其输入电压、输出电压、输出电流、主电工作状态、应急工作状态、电池组及各单节电池电压的显示情况，做好记录，显示情况应与产品使用说明书规定相符，并满足要求。 ①手动启动应急电源输出，应急电源的主电源和备用电源应不能同时输出，且应在5s内完成应急转换。 ②手动停止应急电源的输出，应急电源应恢复到启动前的工作状态。 ③断开应急电源的主电源，应急电源应能发出声提示信号，声信号应能手动消除；接通主电源，应急电源应恢复到主电源工作状态。 ④给具有联动自动控制功能的应急电源输入联动启动信号，应急电源应在5s内转入到应急工作状态，且主电源和备用电源应不能同时输出；输入联动停止信号，应急电源应恢复到主电工作状态。 ⑤具有手动和自动控制功能的应急电源处于自动控制状态，然后手动插入操作，应急电源应有手动插入优先功能，且应有自动控制状态和手动控制状态指示	全数检查	观察检查
	断开应急电源的负载，按下述要求检查应急电源的保护功能，并做好记录。 ①使任一输出回路保护动作，其他回路输出电压应正常。 ②使配接三相交流负载输出的应急电源的三相负载回路中的任一相停止输出，应急电源应能自动停止该回路的其他两相输出，并应发出声、光故障信号。 ③使配接单相交流负载的交流三相输出应急电源输出的任一相停止输出，其他两相应能正常工作，并应发出声、光故障信号	全数检查	观察检查
	将应急电源接上等效于满负载的模拟负载，使其处于应急工作状态，应急工作时间应大于设计应急工作时间的1.5倍，且不小于产品标称的应急工作时间	全数检查	观察检查、仪表测量
	使应急电源充电回路与电池之间、电池与电池之间连线断线，应急电源应在100s内发出声、光故障信号，声故障信号应能手动消除	全数检查	观察检查
消防控制中心图形显示装置调试	将消防控制中心图形显示装置与火灾报警控制器和消防联动控制器相连，接通电源 操作显示装置使其显示完整系统区域覆盖模拟图和各层平面图，图中应明确指示出报警区域、主要部位和各消防设备的名称和物理位置，显示界面应为中文界面	全数检查	观察检查
	使火灾报警控制器和消防联动控制器分别发出火灾报警信号和联动控制信号，显示装置应在3s内接收，准确显示相应信号的物理位置，并能优先显示火灾报警信号相对应的界面	全数检查	观察检查
	使具有多个报警平面图的显示装置处于多报警平面显示状态，各报警平面应能自动和手动查询，并应有总数显示，且应能手动插入使其立即显示与火警相应的报警平面图	全数检查	观察检查
	使显示装置显示故障或联动平面，输入火灾报警信号，显示装置应能立即转入火灾报警平面的显示	全数检查	观察检查
气体灭火控制器调试	切断气体灭火控制器的所有外部控制连线，接通电源。 给气体灭火控制器输入设定的启动控制信号，控制器应有启动输出，并发出声、光启动信号	全数检查	观察检查
	输入启动设备启动的模拟反馈信号，控制器应在10s内接收并显示	全数检查	观察检查
	检查控制器的延时功能，延时时间应在0～30s内可调	全数检查	观察检查
	使控制器处于自动控制状态，再手动插入操作，手动插入操作应优先	全数检查	观察检查
	按设计控制逻辑操作控制器，检查是否满足设计的逻辑功能	全数检查	观察检查
	检查控制器向消防联动控制器发送的启动、反馈信号是否正确	全数检查	观察检查

续表

调试项目	调 试 内 容	检查数量	检验方法
防火卷帘控制器调试	防火卷帘控制器应与消防联动控制器、火灾探测器、卷门机连接并通电，防火卷帘控制器应处于正常监视状态。 手动操作防火卷帘控制器的按钮，防火卷帘控制器应能向消防联动控制器发出防火卷帘启、闭和停止的反馈信号	全数检查	观察检查
	用于疏散通道的防火卷帘控制器应具有两步关闭的功能，并应向消防联动控制器发出反馈信号。防火卷帘控制器接收到首次火灾报警信号后，应能控制防火卷帘自动关闭到中位处停止；接收到二次报警信号后，应能控制防火卷帘继续关闭至全闭状态	全数检查	观察检查、仪表测量
	用于分隔防火分区的防火卷帘控制器在接收到防火分区内任一火灾报警信号后，应能控制防火卷帘到全关闭状态，并应向消防联动控制器发出反馈信号	全数检查	观察检查
其他受控部件调试	对系统内其他受控部件的调试应按相应的产品标准进行，在无相应国家标准或行业标准时，宜按产品生产企业提供的调试方法分别进行	全数检查	观察检查
火灾自动报警系统的系统性能调试	将所有经调试合格的各项设备、系统按设计连接组成完整的火灾自动报警系统，按《火灾自动报警系统设计规范》(GB 50116—2013)和设计的联动逻辑关系检查系统的各项功能	全数检查	观察检查
	火灾自动报警系统在连续运行120h无故障后，按表3-13的规定填写调试记录表	全数检查	观察检查

表3-13　火灾自动报警系统调试记录

工程名称		施工单位	
施工执行规范名称及编号		监理单位	
子分部工程名称	调　　试		
项　　目	调试内容	施工单位检查评定记录	监理单位检查(验收)记录
调试前检查	查验设备规格、型号、数量、备品		
	检查系统施工质量		
	检查系统线路		
火灾报警控制器	自检功能及操作级别		
	与探测器连线断路、短路，控制器故障信号发出时间		
	故障状态下的再次报警功能		
	火灾报警时间的记录		
	控制器的二次报警功能		
	消声和复位功能		
	与备用电源连线断路、短路，控制器故障信号发出时间		
	屏蔽和隔离功能		
	负载功能		
	主备电源的自动转换功能		
	控制器特有的其他功能		
	连接其他回路时的功能		
点型感烟、感温火灾探测器	检查数量		
	报警数量		
线型感温火灾探测器	故障功能		
	报警数量		
	故障功能		
红外光束感烟火灾探测器	减光率0.9dB的光路遮挡条件，检查数量和未响应数量		
	1.0～10dB的光路遮挡条件，检查数量和响应数量		
	11.5dB的光路遮挡条件，检查数量和响应数量		

续表

项　　目	调试内容	施工单位检查评定记录	监理单位检查（验收）记录
吸气式火灾探测器	报警时间		
	故障发出时间		
点型火焰探测器和图像型火灾探测器	报警功能		
	故障功能		
手动火灾报警按钮	检查数量		
	报警数量		
消防联动控制器	自检功能及操作级别		
	与模块连线断路、短路故障信号发出时间		
	与备用电源连线断路、短路故障信号发出时间		
	消声和复位功能		
	屏蔽和隔离功能		
	负载功能		
	主备电源的自动转换功能		
消防联动控制器	自动联动、联动逻辑及手动插入优先功能		
	手动启动功能		
	自动灭火控制系统功能		
区域显示器（火灾显示盘）	接收火灾报警信号的时间		
	消声和复位功能		
	操作级别		
	火灾报警时间的记录		
	控制器的二次报警功能		
	主备电源的自动转换功能和故障报警功能		
可燃气体报警控制器	自检功能及操作级别		
	与探测器连线断路、短路故障信号发出时间		
	故障状态下的再次报警时间及功能		
	消声和复位功能		
	与备用电源连线断路、短路故障信号发出时间		
	高、低限报警功能		
	设定值显示功能		
	负载功能		
	主备电源的自动转换功能		
	连接其他回路时的功能		
可燃气体探测器	探测器响应时间		
	探测器恢复时间		
消防电话	检查数量		
	功能正常、语音清晰的数量		
消防应急广播设备	手动强行切换功能		
	全负荷试验，广播语音清晰的数量		
	联动功能		
	任一扬声器断路条件下其他扬声器工作状态		
系统备用电源	电源容量		
	断开主电源，备用电源工作时间		
消防设备应急电源	控制功能和转换功能		
	显示状态		
	保护功能		
	应急工作时间		
	故障功能		

续表

项 目	调试内容	施工单位检查评定记录	监理单位检查（验收）记录
消防控制中心图形显示装置	显示功能		
	查询功能		
	手动插入及自动切换		
气体灭火控制器	启动及反馈功能		
	延时功能		
	自动及手动控制功能		
	信号发送功能		
防火卷帘控制器	手动控制功能		
	两步关闭功能		
	分隔防火分区功能		
其他受控部件	检查数量		
	合格数量		
系统性能	系统功能		
结论	施工单位项目负责人：（签章） 年 月 日	监理工程师（建设单位项目负责人）：（签章） 年 月 日	

② 火灾自动报警系统工程验收时应按规定要求填写相应的记录。

③ 对系统中下列装置的安装位置、施工质量和功能等进行验收。

a. 火灾报警系统装置（包括各种火灾探测器、手动火灾报警按钮、火灾报警控制器和区域显示器等）。

b. 消防联动控制系统（含消防联动控制器、气体灭火控制器、消防电气控制装置、消防设备应急电源、消防应急广播设备、消防电话、传输设备、消防控制中心图形显示装置、模块、消防电动装置、消火栓按钮等设备）。

c. 自动灭火系统控制装置（包括自动喷水、气体、干粉、泡沫等固定灭火系统的控制装置）。

d. 消火栓系统、通风空调、防烟排烟及电动防火阀等控制装置。

e. 电动防火门控制装置、防火卷帘控制器；消防电梯和非消防电梯的回降控制装置。

f. 火灾警报装置；火灾应急照明和疏散指示控制装置；切断非消防电源的控制装置；电动阀控制装置。

g. 消防联网通信。

h. 系统内的其他消防控制装置。

④ 按《火灾自动报警系统设计规范》(GB 50116—2013）设计的各项系统功能进行验收。

⑤ 系统中各装置的安装位置、施工质量和功能等的验收数量应满足以下要求。

a. 各类消防用电设备主、备电源的自动转换装置，应进行 3 次转换试验，每次试验均应正常。

b. 火灾报警控制器（含可燃气体报警控制器）和消防联动控制器应按实际安装数量全部进行功能检验。消防联动控制系统中其他各种用电设备、区域显示器应按下列要求进行功能检验。

ⅰ. 实际安装数量在 5 台以下者，全部检验。

ⅱ. 实际安装数量在 6～10 台者，抽验 5 台。

ⅲ．实际安装数量超过10台者，按实际安装数量30%～50%的比例、但不少于5台抽验。

ⅳ．各装置的安装位置、型号、数量、类别及安装质量应符合设计要求。

c. 火灾探测器（含可燃气体探测器）和手动火灾报警按钮，应按下列要求进行模拟火灾响应（可燃气体报警）和故障信号检验。

ⅰ．实际安装数量在100只以下者，抽验20只（每个回路都应抽验）。

ⅱ．实际安装数量超过100只，每个回路按实际安装数量10%～20%的比例进行抽验，但抽验总数应不少于20只。

ⅲ．被检查的火灾探测器的类别、型号、适用场所、安装高度、保护半径、保护面积和探测器的间距等均应符合设计要求。

d. 室内消火栓的功能验收应在出水压力符合现行国家有关建筑设计防火规范的条件下，抽验下列控制功能。

ⅰ．在消防控制室内操作启、停泵1～3次。

ⅱ．消火栓处操作启泵按钮，按5%～10%的比例抽验。

e. 自动喷水灭火系统，应在符合《自动喷水灭火系统设计规范（2005年版）》（GB 50084—2001）的条件下，抽验下列控制功能：

ⅰ．在消防控制室内操作启、停泵1～3次。

ⅱ．水流指示器、信号阀等按实际安装数量的30%～50%的比例进行抽验。

ⅲ．压力、电动阀、电磁阀等按实际安装数量全部开关进行检验。

f. 气体、泡沫、干粉等灭火系统，应在符合国家现行有关系统设计规范的条件下按实际安装数量的20%～30%的比例抽验下列控制功能。

ⅰ．自动、手动启动和紧急切断试验1～3次。

ⅱ．与固定灭火设备联动控制的其他设备动作（包括关闭防火门窗、停止空调风机、关闭防火阀等）试验1～3次。

g. 电动防火门、防火卷帘，5樘以下的应全部检验，超过5樘的应按实际安装数量的20%的比例，但不小于5樘，抽验联动控制功能。

h. 防烟排烟风机应全部检验，通风空调和防排烟设备的阀门，应按实际安装数量的10%～20%的比例，抽验联动功能，并应符合下列要求。

ⅰ．报警联动启动、消防控制室直接启停、现场手动启动联动防烟排烟风机1～3次。

ⅱ．报警联动停、消防控制室远程停通风空调送风1～3次。

ⅲ．报警联动开启、消防控制室开启、现场手动开启防排烟阀门1～3次。

i. 消防电梯应进行1～2次手动控制和联动控制功能检验，非消防电梯应进行1～2次联动返回首层功能检验，其控制功能、信号均应正常。

j. 火灾应急广播设备，应按实际安装数量的10%～20%的比例进行下列功能检验。

ⅰ．对所有广播分区进行选区广播，对共用扬声器进行强行切换。

ⅱ．对扩音机和备用扩音机进行全负荷试验。

ⅲ．检查应急广播的逻辑工作和联动功能。

k. 消防专用电话的检验，应符合下列要求。

ⅰ．消防控制室与所设的对讲电话分机进行1～3次通话试验。

ⅱ．电话插孔按实际安装数量的10%～20%的比例进行通话试验。

ⅲ．消防控制室的外线电话与另一部外线电话模拟报警电话进行1～3次通话试验。

l. 火灾应急照明和疏散指示控制装置应进行1～3次使系统转入应急状态检验，系统中各消防应急照明灯具均应能转入应急状态。

⑥ 本节各项检验项目中，当有不合格时，应修复或更换，并进行复验。复验时，对有抽验比例要求的，应加倍检验。

⑦ 系统工程质量验收评定标准应符合下列要求。

a. 系统内的设备及配件规格型号与设计不符、无国家相关证明和检验报告的，系统内的任一控制器和火灾探测器无法发出报警信号，无法实现要求的联动功能的，定为A类不合格。

b. 验收前施工单位提供的资料不符合下列要求的定为B类不合格。

ⅰ. 竣工验收申请报告、设计变更通知书、竣工图。

ⅱ. 工程质量事故处理报告。

ⅲ. 施工现场质量管理检查记录。

ⅳ. 火灾自动报警系统施工过程质量管理检查记录。

ⅴ. 火灾自动报警系统的检验报告、合格证及相关材料。

c. 除a、b款规定的A、B类不合格外，其余不合格项均为C类不合格。

d. 系统验收合格评定为：A=0，B≤2，且B+C≤检查项的5%为合格，否则为不合格。

3.6.2.2 消防系统的验收

火灾自动报警系统的验收项目及内容见表3-14。

表3-14 火灾自动报警系统的验收项目及内容

验收项目及内容		检查数量	检验方法
按《建筑电气工程施工质量验收规范》(GB 50303—2002)的规定和布线要求对系统的布线进行检验		全数检查	尺量、观察检查
按要求验收技术文件		全数检查	观察检查
火灾报警控制器验收	火灾报警控制器的安装应满足规范要求	—	尺量、观察检查
	火灾报警控制器的规格、型号、容量、数量应符合设计要求	—	对照图纸观察检查
	火灾报警控制器的功能验收应按其调试的要求进行检查，检查结果应符合《火灾报警控制器》(GB 4717—2005)和产品使用说明书的有关要求	—	—
点型火灾探测器验收	点型火灾探测器的安装应满足要求	—	尺量、观察检查
	点型火灾探测器的规格、型号、数量应符合设计要求	—	对照图纸观察检查
	点型火灾探测器的功能验收应按其调试的要求进行检查，检查结果应符合要求	—	—
线型感温火灾探测器验收	线型感温火灾探测器的安装应满足规范要求	—	尺量、观察检查
	线型感温火灾探测器的规格、型号、数量应符合设计要求	—	对照图纸观察检查
	线型感温火灾探测器的功能验收应按其调试的要求进行检查，检查结果应符合要求	—	—
红外光束感烟火灾探测器	红外光束感烟火灾探测器的安装应满足规范要求	—	尺量、观察检查
	红外光束感烟火灾探测器的规格、型号、数量应符合设计要求	—	对照图纸观察检查
	红外光束感烟火灾探测器的功能验收应按其调试的要求进行检查，结果应符合要求	—	—
通过管路采样的吸气式火灾探测器	通过管路采样的吸气式火灾探测器的安装应满足规范要求	—	尺量、观察检查
	通过管路采样的吸气式火灾探测器的规格、型号、数量应符合设计要求	—	对照图纸观察检查
	采样孔加入试验烟，空气吸气式火灾探测器在120s内应发出火灾报警信号	—	秒表测量，观察检查
	依据说明书使采样管气路处于故障时，通过管路采样的吸气式火灾探测器在100s内应发出故障信号	—	秒表测量，观察检查

续表

验收项目及内容		检查数量	检验方法
点型火焰探测器和图像型火灾探测器验收	点型火焰探测器和图像型火灾探测器的安装应满足规范要求	—	尺量、观察检查
	点型火焰探测器和图像型火灾探测器的规格、型号、数量应符合设计要求	—	对照图纸观察检查
	在探测区域最不利处模拟火灾，探测器应能正确响应	—	观察检查
手动火灾报警按钮验收	手动火灾报警按钮的安装应满足规范要求	—	尺量、观察检查
	手动火灾报警按钮的规格、型号、数量应符合设计要求	—	对照图纸观察检查
	施加适当推力或模拟动作时，手动火灾报警按钮应能发出火灾报警信号	—	观察检查
消防联动控制器验收	消防联动控制器的安装应满足规范要求	—	尺量、观察检查
	消防联动控制器的规格、型号、数量应符合设计要求	—	对照图纸观察检查
	消防联动控制器的功能验收应按其调试项逐项检查，结果应符合要求		
	消防联动控制器处于自动状态时，其功能应满足《火灾自动报警系统设计规范》(GB 50116—2013)和设计的联动逻辑关系要求	—	按设计的联动逻辑关系，使相应的火灾探测器发出火灾报警信号，检查消防联动控制器接收火灾报警信号情况、发出联动信号情况、模块动作情况、消防电气控制装置的动作情况、现场设备动作情况、接收反馈信号（对于启动后不能恢复的受控现场设备，可模拟现场设备启动反馈信号）及各种显示情况；检查手动插入优先功能
	消防联动控制器处于手动状态时，其功能应满足《火灾自动报警系统设计规范》(GB 50116—2013)和设计的联动逻辑关系要求	—	使消防联动控制器的工作状态处于手动状态，按现行国家标准《消防联动控制系统》(GB 16806—2006)和设计的联动逻辑关系依次启动相应的受控设备，检查消防联动控制器发出联动信号情况、模块动作情况、消防电气控制装置的动作情况、现场设备动作情况、接收反馈信号（对于启动后不能恢复的受控现场设备，可模拟现场设备启动反馈信号）及各种显示情况
消防电气控制装置验收	消防电气控制装置的安装应满足规范要求	—	尺量、观察检查
	消防电气控制装置的规格、型号、数量应符合设计要求	—	对照图纸观察检查
	消防电气控制装置的控制、显示功能应满足《消防联动控制系统》(GB 16806—2006)的有关要求	—	依据《消防联动控制系统》(GB 16806—2006)的有关要求进行检查
区域显示器（火灾显示盘）验收	区域显示器（火灾显示盘）的安装应满足规范要求	—	尺量、观察检查
	区域显示器（火灾显示盘）的规格、型号、数量应符合设计要求	—	对照图纸观察检查
	区域显示器（火灾显示盘）的功能验收应按其调试的要求进行检查，检查结果应符合要求	—	—
可燃气体报警控制器验收	可燃气体报警控制器的安装应满足规范要求	—	尺量、观察检查
	可燃气体报警控制器的规格、型号、容量、数量应符合设计要求	—	对照图纸观察检查
	可燃气体报警控制器的功能验收应按其调试的要求进行检查，检查结果应符合要求	—	—

续表

验收项目及内容		检查数量	检验方法
可燃气体探测器验收	可燃气体探测器的安装应满足规范要求	—	尺量、观察检查
	可燃气体探测器的规格、型号、数量应符合设计要求	—	对照图纸观察检查
	可燃气体探测器的功能验收应按其调试的要求进行检查，检查结果应符合要求	—	—
消防电话验收	消防电话的安装应满足规范要求	—	尺量、观察检查
	消防电话的规格、型号、数量应符合设计要求	—	对照图纸观察检查
	消防电话的功能验收应按其调试的要求进行检查，检查结果应符合要求	—	—
消防应急广播设备验收	消防应急广播设备的安装应满足规范要求	—	尺量、观察检查
	消防应急广播设备的规格、型号、数量应符合设计要求	—	对照图纸观察检查
	消防应急广播设备的功能验收应按其调试的要求进行检查，检查结果应符合要求	—	—
系统备用电源验收	系统备用电源的容量应满足相关标准和设计要求	—	尺量、观察检查
	系统备用电源的工作时间应满足相关标准和设计要求	—	充电 48h 后，断开设备主电源，测量持续工作时间
消防设备应急电源验收	消防设备应急电源的安装应满足规范要求	—	尺量、观察检查
	消防设备应急电源的功能验收应按其调试的要求进行检查，检查结果应符合要求	—	—
消防控制中心图形显示装置验收	消防控制中心图形显示装置的规格、型号、数量应符合设计要求	—	对照图纸观察检查
	消防控制中心图形显示装置的功能验收应按其调试的要求进行检查，检查结果应符合要求	—	—
气体灭火控制器验收	气体灭火控制器的安装应满足规范要求	—	尺量、观察检查
	气体灭火控制器的规格、型号、数量应符合设计要求	—	对照图纸观察检查
	气体灭火控制器的功能验收应按其调试的要求进行检查，检查结果应符合要求	—	—
防火卷帘控制器验收	防火卷帘控制器的安装应满足规范要求	—	尺量、观察检查
	防火卷帘控制器的规格、型号、数量应符合设计要求	—	对照图纸观察检查
	防火卷帘控制器的功能验收应按其调试的要求进行检查，检查结果应符合要求	—	—
系统性能验收	系统性能的要求应符合《火灾自动报警系统设计规范》(GB 50116—2013)和设计的联动逻辑关系要求	—	依据《火灾自动报警系统设计规范》(GB 50116—2013)和设计的联动逻辑关系进行检查
消火栓的控制功能验收	消火栓的控制功能验收应符合《火灾自动报警系统设计规范》(GB 50116—2013)和设计的有关要求	—	在消防控制室内操作启、停泵 1～3 次
自动喷水灭火系统的控制功能验收	自动喷水灭火系统的控制功能验收应符合《火灾自动报警系统设计规范》(GB 50116—2013)和设计的有关要求	—	在消防控制室内操作启、停泵 1～3 次
泡沫、干粉等灭火系统的控制功能验收	泡沫、干粉等灭火系统的控制功能验收应符合现行国家标准《火灾自动报警系统设计规范》(GB 50116—2013)和设计的有关要求	—	自动、手动启动和紧急切断试验 1～3 次；与固定灭火设备联动控制的其他设备动作(包括关闭防火门窗、停止空调风机、关闭防火阀等)试验 1～3 次
电动防火门、防火卷帘、挡烟垂壁的功能验收	电动防火门、防火卷帘、挡烟垂壁的功能验收应符合《火灾自动报警系统设计规范》(GB 50116—2013)和设计的有关要求	—	依据《火灾自动报警系统设计规范》(GB 50116—2013)和设计的有关要求进行检查

续表

验收项目及内容		检查数量	检验方法
防烟排烟风机、防火阀和防排烟系统阀门的功能验收	防烟排烟风机、防火阀和防排烟系统阀门的功能验收应符合《火灾自动报警系统设计规范》(GB 50116—2013)和设计的有关要求	—	报警联动启动、消防控制室直接启停、现场手动启动防烟排烟风机 1～3 次；报警联动停、消防控制室直接停通风空调送风 1～3 次；报警联动开启、消防控制室开启、现场手动开启防排烟阀门 1～3 次
消防电梯的功能验收	消防电梯的功能验收应符合《火灾自动报警系统设计规范》(GB 50116—2013)和设计的有关要求	—	消防电梯应进行 1～2 次手动控制和联动控制功能检验，非消防电梯应进行 1～2 次联动返回首层功能检验

注：本节各项检验项目中，当有不合格时，应修复或更换，并进行复验。复验时，对有抽验比例要求的，应加倍检验。

通信网络系统施工技术

4.1 有线电视和卫星接收系统施工

4.1.1 有线电视和卫星接收系统的组成

4.1.1.1 有线电视系统的基本组成

有线电视（电缆电视，即CATV系统）系统是以有线闭路形式传输电视节目信号和应用的信息工程系统。

有线电视系统一般由信号源、前端设备、传输干线和用户分配网络几个部分组成。如图4-1所示为有线电视系统的基本组成的框图。实际系统可以是这几个部分的变形或组合，可视需要而定。如图4-2所示为邻频系统的基本构成。

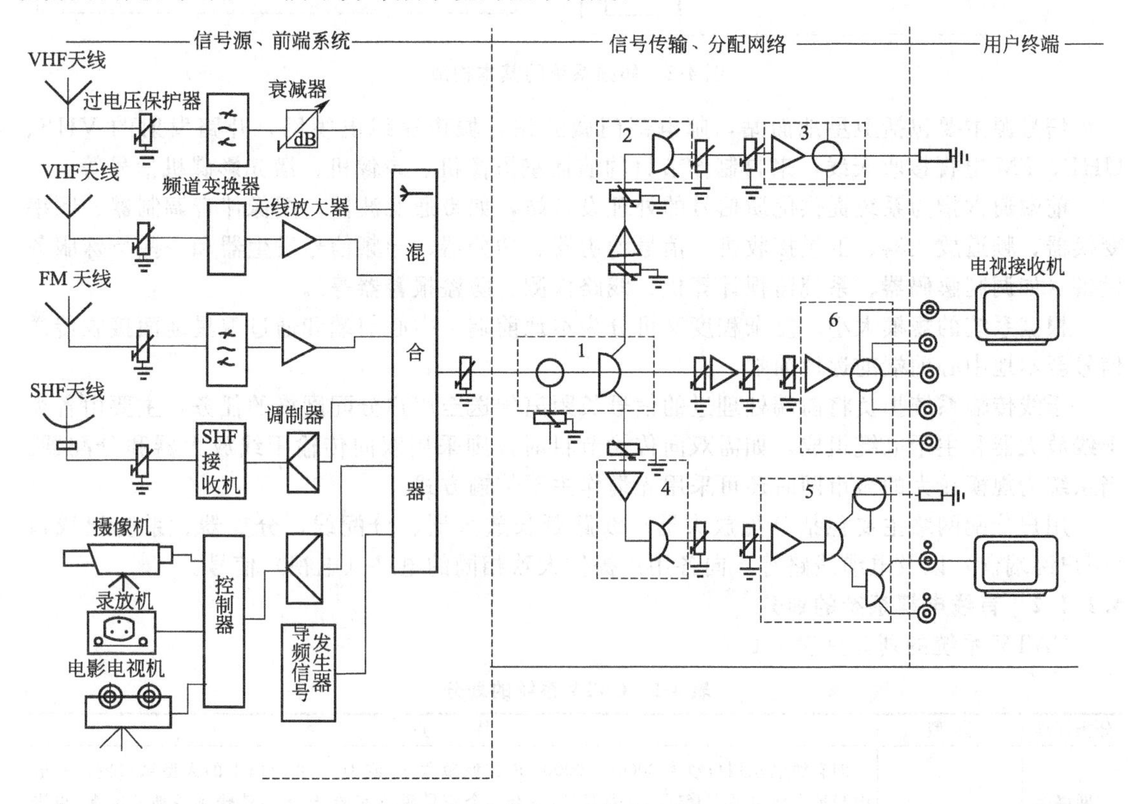

图4-1 有线电视系统的基本组成

注：图中数字1、2、3、…、6代表楼号，高频避雷器应安装在架空线的出楼和进楼前。

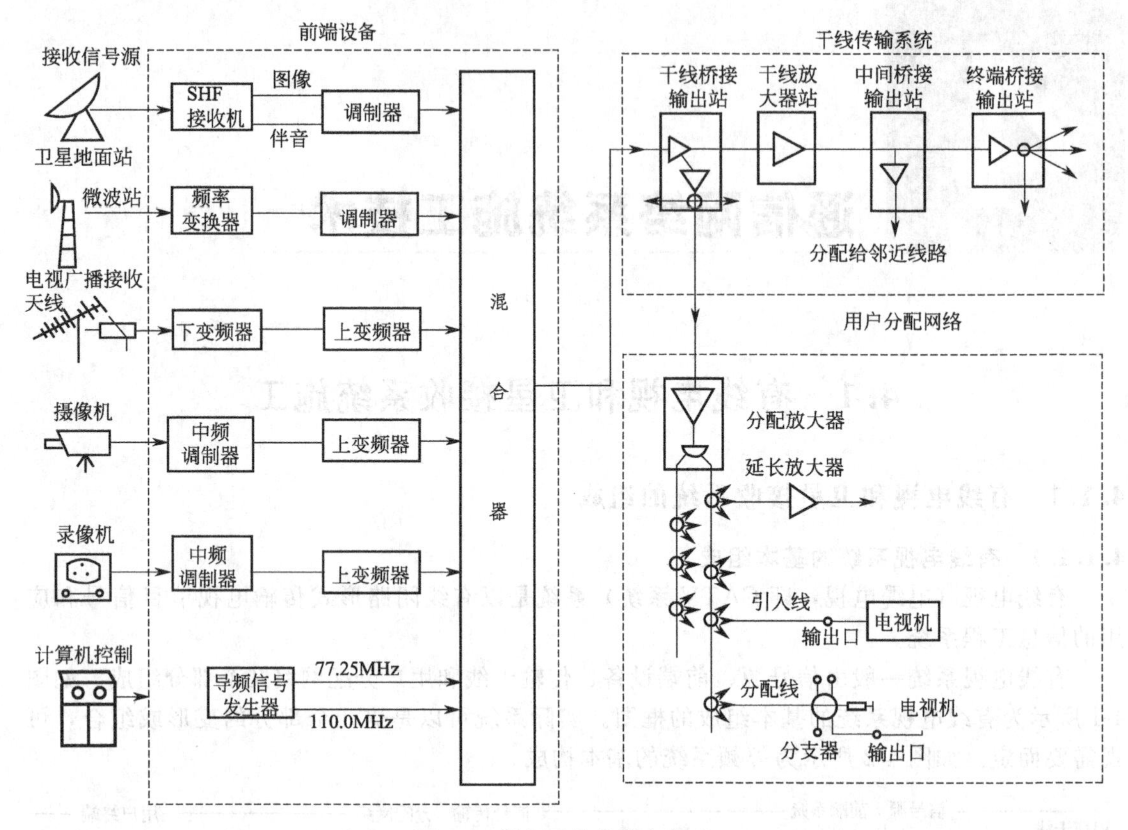

图 4-2　邻频系统的基本构成

信号源主要包括卫星地面站，邮电部门微波站，城市有线电视网，开路发射的 VHF、UHF、FM 电视接收天线，来自制作节目的演播室摄像机、录像机、激光影碟机信号等。

前端通常指为系统提供优质信号的处理设备站，如带通滤波器、图像伴音调制器、频率变换器、频道放大器、卫星接收机、信号均衡器、功分器、导频信号发生器和一些特殊服务设备（如调制解码器、系统监视计算机、线路检测、防盗报警器等）。

根据系统的规模大小、复杂程度又可分为本地前端、中心前端和通过卫星地面接收传送信号至本地中心前端的远地前端。

干线传输系统担负将前端处理过的信号长距离传送至用户分配网络的任务，主要由各类干线放大器和主干电缆组成，如需双向传输节目时，则采用双向传输干线放大器和分配器。当系统为规模较大的城市网时还可采用光缆作主干传输方式。

用户分配网络主要包括分配放大器、线路延长放大器、分配线、分支器、系统出线口（用户终端盒）以及电缆线路等，向各用户提供大致相同的电平（电视）信号。

4.1.1.2　有线电视系统的划分

CATV 系统的划分见表 4-1。

表 4-1　CATV 系统的划分

分类标准	类 型	特　　点
按网络类型分类	城域网	即有线电视用户数为 2000～100000 户的城镇联网，或 100000 户以上的大型城市网。一般由当地有线电视主管部门经营管理，设有一个信号源总前端，经干线传输到各地分前端，再进入用户分配网。传输干线多采用光纤传送技术与用户分配电缆网连接，形成光缆-电缆混合网（即 HFC），其网络拓扑结构如图 4-3 所示

续表

分类标准	类 型	特 点
按网络类型分类	局域网	即用户数在2000户以下的有线电视网。一般可采用全电缆网方式,用户分散、区域较大的情况下也可采用HFC方式。局域网也可通过电缆与城域网连接
	双向传输有线数字电视网	即在HFC网络的基础上,正向(下行)通道传输有线电视模拟信号、数字电视信号和各种数据业务信号,反向(上行)通道传输各种宽、窄带数字业务信号
按传输频带分类	隔频传输系统	频道在频谱上的排列是间隔的传输系统,即VHF(甚高频)系统、UHF(超高频)系统、全频道系统(VHF+UHF)。其中VHF频段有DS1~DS12频道,UHF频段有DS13~DS68频道
	邻频传输系统	即300MHz、450MHz、550MHz、750MHz、862MHz系统。由于国家规定的68个标准频道是不连续的、跳跃的,因此在系统内部可以利用这些不连续的频率来设置增补频道,用Z来表示。邻频系统频道划分及应用见表4-2

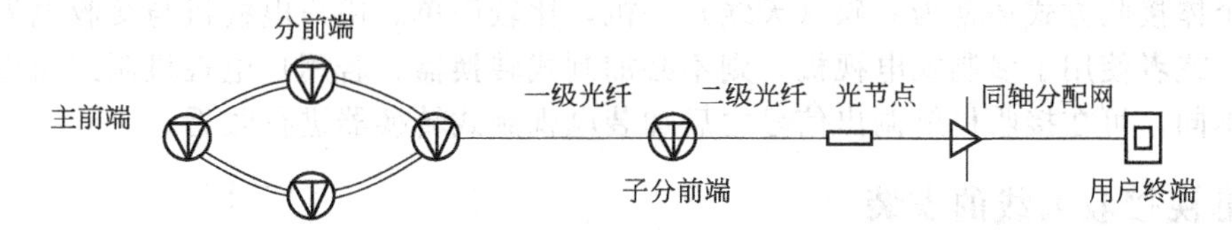

图4-3 HFC典型网络拓扑结构

表4-2 邻频系统频道划分及应用

系统类型	传输频道数目	可传输的频道号
300MHz邻频系统	28个频道	DS1~DS12+Z1~Z16
450MHz邻频系统	47个频道	DS1~DS12+Z1~Z35
550MHz邻频系统	52个频道	DS6~DS22+Z1~Z37
750MHz邻频系统	79个频道	DS6~DS42+Z1~Z42
862MHz邻频系统	93个频道	DS6~DS56+Z1~Z42

注:1. 小城镇中的住宅小区、企业可选用450MHz或550MHz邻频系统。

2. 大中城市中的住宅小区、企业应选择750MHz或862MHz系统,有条件的部门宜选用1GHz系统。

3. 对于新建的有线电视系统,单向传输时一般选用550MHz邻频系统,双向传输时选用750MHz、862MHz邻频系统,300MHz和450MHz邻频系统只用于现存的老系统。

4.1.1.3 卫星电视接收系统的组成

卫星电视接收系统主要由接收天线、高频头以及卫星接收机三大部分组成,如图4-4所示。接收天线与天线馈源相连的高频头,通常放置在室外,因此,又合称为室外单元设备。卫星接收机一般是放置在室内,与电视机相接,因此,又称为室内单元设备。室外单元设备与室内单元设备之间通过一根同轴电缆相连,将接收的信号由室外单元传送给室内单元设备即接收机。

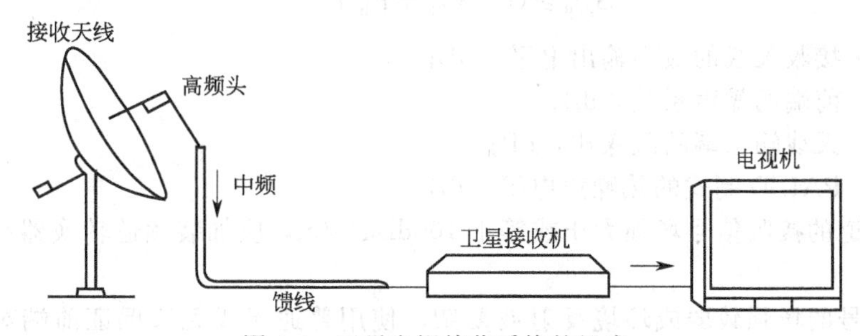

图4-4 卫星电视接收系统的组成

卫星电视的接收按接收设备的组成形式主要可以分为以下两种方式。

① 家庭用的个体接收。

② CATV用的集体接收(图4-5)。

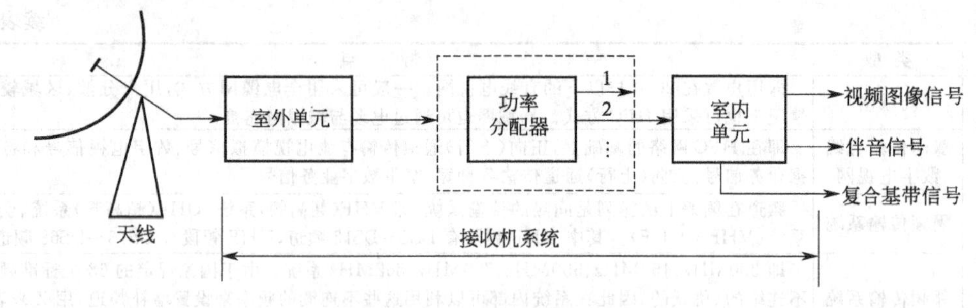

图 4-5 卫星电视接收站设备组成

家用个体接收方式通常为一碟（天线）一机，比较简单。用户电视机与接收电视信号的制式相同，或者使用了多制式电视机，则不必加制式转换器；若用户电视机制式与接收电视节目制式不同，可在接收机解调出信号之后加装电视制式转换器进行收看。

4.1.2 电视接收天线的安装

4.1.2.1 电视接收天线的选择

电视接收天线主要可以分为分电视接收天线（多采用八木天线，如图 4-6 所示）和卫星电视天线（多采用抛物面天线）。

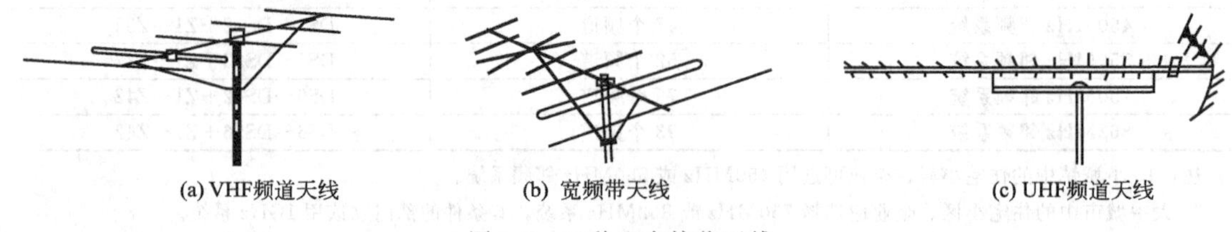

(a) VHF频道天线　(b) 宽频带天线　(c) UHF频道天线

图 4-6 三种八木接收天线

接收天线种类的选择应符合以下几个方面的规定。

① 当接收 VHF 甚高频段信号时，应采用频道天线，其频带宽度为 8MHz。

② 当接收 UHF 超高频段信号时，应采用频道天线，其带宽应满足系统的设计要求。接收天线各频道信号的技术参数应满足系统前端对输入信号的质量要求。

③ 接收天线的最小输出电平可按下式计算，当不满足下式要求时，应采用高增益天线或加装低噪声天线放大器：

$$S_{\min} \geqslant (C/N)_{\mathrm{h}} + F_{\mathrm{h}} + 2.4 \tag{4-1}$$

式中　$S_{\min}$—— 接收天线的最小输出电平，dB；

F_{h}—— 前端的噪声系数，dB；

$(C/N)_{\mathrm{h}}$—— 天线输出端的载噪比，dB；

2.4—— PAL-D 制式的热噪声电平，dB。

④ 当某频道的接收信号场强大于或等于 100dBμV/m，应加装频道转换器或解调器、调制器。

⑤ 接收信号的场强较弱或环境反射波复杂，使用普通天线无法保证前端对输入信号的质量要求时，可采用高增益天线、抗重影天线、组合天线（阵）等特殊形式的天线。

4.1.2.2 电视接收天线架设位置的选择

正确选择接收天线的架设位置，是使系统取得一定的信号电平及良好信噪比的关键。在实际工作过程中，首先应对当地接收情况有所了解，可用带图像的场强计如 APM-741FM

(用 LFC 型或同类型场强计亦可）进行信号场强测量及图像信号分析，以信号电平及接收图像信号质量最佳处为接收天线的安装位置，并将天线方向固定在最高场强方向上，完成初安装、调试工作。有时由于接收环境比较恶劣，要接收的某频道信号存在重影、干扰及场强较低的情况，此时应在一定范围内实际选点，以求达到最佳接收效果，选择该频道天线的最佳安装位置。在具体选择天线安装位置时，主要应注意以下几点。

① 天线与发射台之间不要有高山、高楼等障碍物，以免造成绕射损失。

② 天线可架设在山顶或高大建筑物上，以提高天线的实际高度，也有利于避开干扰源。

③ 要确保接收地点有足够的场强和良好的信噪比，要细致了解周围环境，避开干扰源。接收地点的场强应该大于 46dBμV，信噪比要大于 40dB。

④ 尽量缩小馈线长度，避免拐弯，以减少信号损失。

⑤ 天线位置（通常就是机房位置）应尽量选在本 CATV 系统的中心位置，以方便信号的传输。

独立杆塔接收天线的最佳绝对高度 h_j 为：

$$h_j=\frac{\lambda d}{4h_1} \tag{4-2}$$

式中 λ—— 天线接收频道中心频率的波长，m；

d—— 天线杆塔至电视发射塔间的距离，m；

h_1—— 电视发射塔的绝对高度，m。

4.1.2.3 电视接收天线基座和竖杆的安装

天线的固定底座通常可以分为以下两种形式。

① 由 12mm 和 6mm 厚钢板作肋板，同天线竖杆装配焊接而成。

② 钢板和槽钢焊接成底座，天线竖杆与底座用螺栓紧固，如图 4-7 所示。

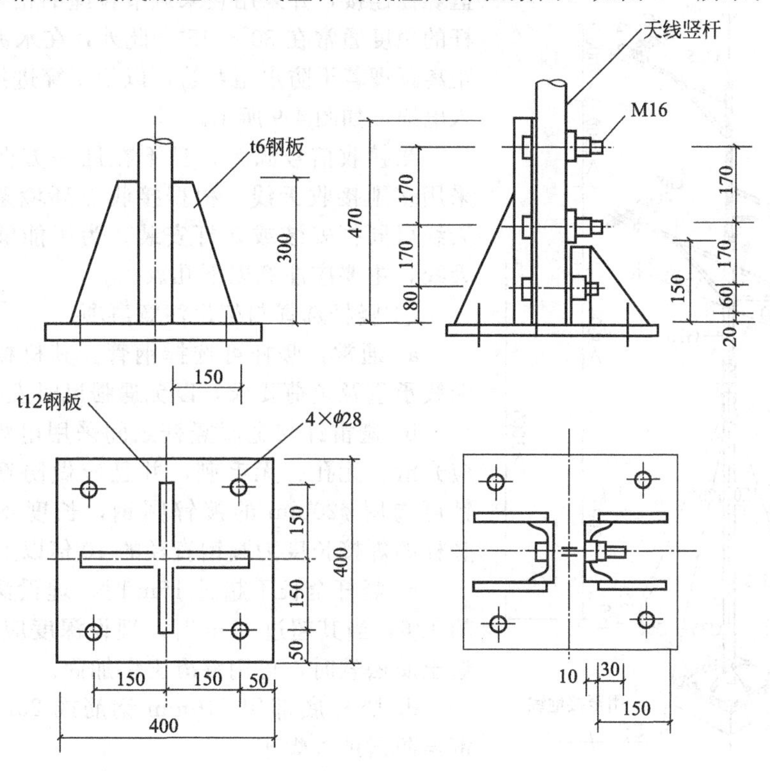

图 4-7 天线竖杆底座

天线竖杆底座是采用地脚螺栓固定在底座下的混凝土基座上。在土建工程浇筑混凝土屋面时，应当在事先选好的天线位置浇筑混凝土基座，在浇筑基座的同时，应在天线基座边沿适当位置上预埋几根电缆导入管（装几副天线就预埋几根），导入管上端应处理成防水弯或者使用防水弯头，并将暗设接地圆钢敷设好一同埋入基座内，如图 4-8 所示。

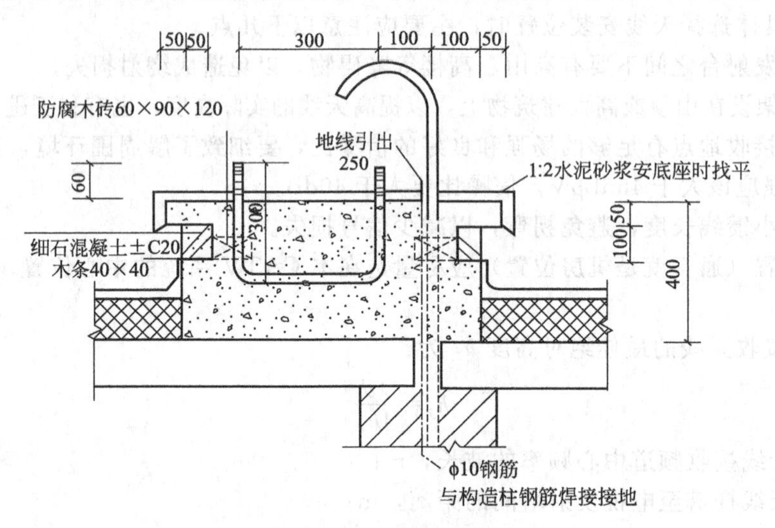

图 4-8　底座式天线基座安装图

在浇灌水泥底座的同时，应在距底座中心 2m 的半径上每隔 120°处预埋 3 个拉耳环（地锚），以便于紧固钢线拉绳用。为避免钢丝拉绳对天线接收性能的影响，每隔小于 1/4 最高接收频道的波长处串入一个绝缘子（即拉绳瓷绝缘子）以绝缘。拉绳与拉耳环（地锚）之间用花篮螺栓连接，并采用它来调节拉绳的松紧。拉绳与竖杆的角度通常在 30°～45°。此外，在水泥底座沿适当距离预埋若干防水型弯管，以便于穿进接收天线的引入电缆，如图 4-9 所示。

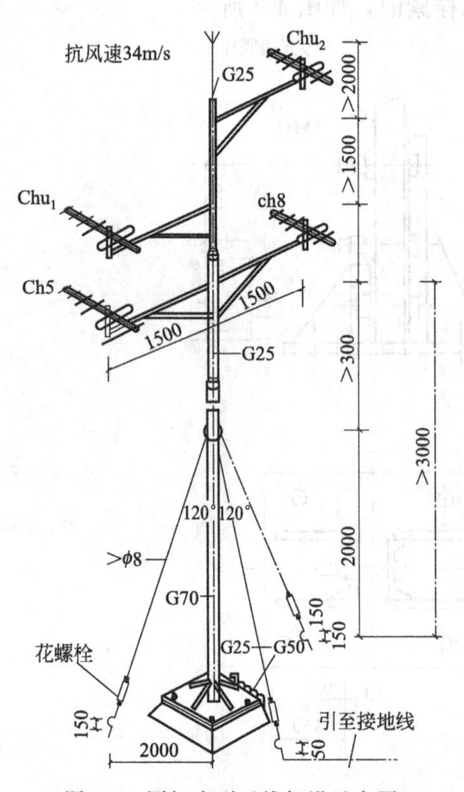

图 4-9　同杆多副天线架设示意图

当接收信号源多，且不在同一方向上时，则需采用多副接收天线。根据接收点环境条件等，接收天线可同杆安装或多杆安装。为了能够合理地架设天线，主要应注意以下几点。

① 竖杆选择与架设注意事项。

a. 通常，竖杆可选择钢管。其机械强度应符合天线承重及负荷要求，以免遇强风时发生事故。

b. 避雷针与金属竖杆之间采用电焊焊牢，焊点应光滑、无孔、无毛刺，并且应做防锈处理。避雷针可选用 ϕ20mm 的镀锌圆钢，长度不少于 2.5m，竖杆的焊接长度为圆钢直径的 10 倍以上。

c. 竖杆全长不超过 15m 时，埋设深度应为全长的 1/6；当其超过 15m 时，埋设深度应为 2.5m。若遇土质松软时，可用混凝土墩加固。

d. 竖杆底部用 ϕ10mm 钢筋或 25mm×4mm 扁钢与防雷地线焊牢。

e. 在最底层天线位置下面约 30cm 处，焊装 3

个拉线耳环。拉线应采用直径大于6mm的多股钢绞线，并以绝缘子分段，最下面可用花篮螺栓与地锚连接并紧固。三根拉线互成120°，与立杆之间的夹角在30°～45°之间。天线较高需两层拉线时，上层拉线不应穿越天线的主接收面，不能位于接收信号的传播路径上，两层天线通常共用同一地锚。

② 天线与屋顶（或地面）表面平行安装，最底层天线与基础平面的最小垂直距离不小于天线的最长工作波长，通常为3.5～4.5m，否则会因地面对电磁波的反射，使接收信号产生严重重影等。

③ 多杆架设时，同一方向的两天线支架横向间距应在5m以上，或前后间距应在10m以上。

④ 接收不同信号的两副天线叠层架设，两天线间的垂直距离应大于或等于半个工作波长；在同一横杆上架设，两天线的横向间距也应大于或等于半个工作波长，如图4-10所示。

⑤ 多副天线同杆架设，通常都是将高频道天线架设在上层，低频道天线架设在下层。

4.1.2.4 卫星电视天线的安装

(1) 站址选择　卫星地面站站址的选择直接关系到接收卫星电视信号的质量、基建投资以及维护管理是否方便等。站址的选择要考虑诸多因素，有时还要进行实地勘察和收测，最后选定最佳站址。其主要应考虑以下几个方面。

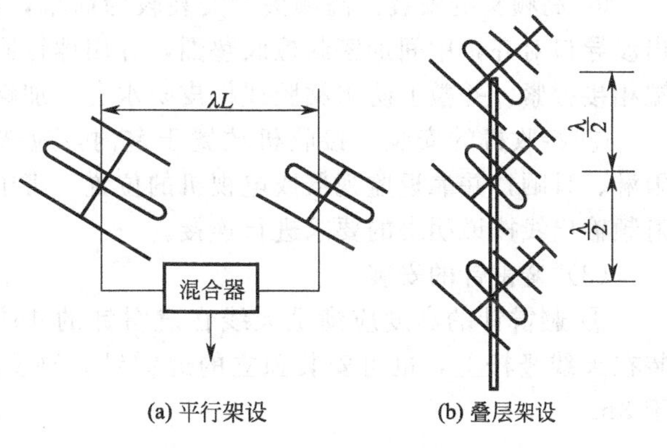

图4-10　两种常用组合天线

① 计算接收天线的仰角和方位角。根据站址的地理经度、纬度及欲收卫星轨道的经度，可采用图表法或计算公式计算出站址处接收天线的方位角和仰角，观察接收前方（正南方向东西范围）视野是否开阔，应无任何阻挡。

② 要避开微波线路、高压输电线路、飞机场、雷达站等干扰源。通常采用微波干扰场强测试仪来测站址处是否有微波杂波干扰。当接收机灵敏度为−60dB·m时，如干扰电平小于−35dB·m，则不会对图像信号造成干扰。

③ 卫星电视接收站以尽可能与CATV前端合建在一起为宜。这样既节约基建费用，亦便于操作和管理。室内单元可置于机房内，接收天线的架设地点距室内单元一般以小于30m、衰减不超过12dB为宜。但当采用6m天线、$G\geqslant60$dB的高增益高频头时，可用小于50m长度的电缆；如采用3m天线、$G=54$dB的高频头，则电缆长度应小于20m。如因场地、干扰等原因，需要把天线架设在离室内单元较远之处时，它们之间的连接应改用低耗同轴电缆，或增设一个能补偿电缆损耗（放大信号）的高频宽带线性放大器。

④ 其他因素考虑（如交通方便、地质结构坚实及气象条件等）。

(2) 卫星天线的安装　抛物面天线的安装，通常是按照厂家提供的结构安装图进行安装，抛物面天线的反射板主要分为整体结构和分瓣结构两种，大口径天线多为分瓣结构。天线座架主要有立柱座架和三脚座架两种，其中立柱座架较为常见。卫星天线的安装主要应按照以下几个步骤进行。

① 安装天线座架。把座架安装在准备好的基座上，校正水平后，固紧座脚螺钉。然后装上俯仰角和方位角调节部件。安装天线座架应注意方向。

② 拼装天线反射板。天线反射板的拼装要求按生产厂家说明进行安装，反射板和反射

板相拼接时，螺钉暂不紧固，待拼装完后，在调整板面平整时再固紧，在安装过程中不要碰伤反射板，同时还应注意安装馈源支杆的三瓣反射板的位置。

③ 安装馈源支架和馈源固定盘。

④ 固定天线面。将拼装好的天线反射面装到天线座架上，并用螺钉紧固，使天线面大致对准所接收的卫星方向。

⑤ 馈源、高频头的安装。把高频头的矩形波导口对准馈源的矩形波导口，两波导口之间应对齐，并在凹槽内垫上防水橡皮圈，用螺钉紧固。将连接好的馈源、高频头装入固定盘内，对准抛物面天线中心焦点位置。由于矩形波导中的主模 TE_{10}，电场矢量平行于窄边，当馈源矩形波导口的窄边平行地面时，为水平极化，矩形波导口窄边垂直地面时，为垂直极化。对于圆极化波，应使矩形导波口的两窄边垂直线与移相器内的螺钉或介质片所在平面相交成45°角。

⑥ 高频头的安装。高频头的安装较为简单，将高频头的输入波导口与馈源或极化器输出波导口对齐，中间加密封橡胶垫圈，并用螺钉固紧。高频头的输出端与中频电缆线的播送端相接拧紧，并敷上防水粘胶或橡皮防水套，加钢制防水保护管套效果更理想。

⑦ 接收机的安装。接收机放置于室内，应选择通风良好，能防尘、防震，不受风吹、雨淋、日晒，并靠近监视器或电视机的位置。将中频输入线、电源输出线、音视频输出线和射频输出线按说明书的要求进行连接。

（3）避雷针的安装

① 避雷针的高度应满足天线在避雷针的45°保护角之内，如图4-11所示。避雷针可装在天线竖杆上，也可安装独立的避雷针。独立避雷针与天线之间的最小水平间距应大于3m。

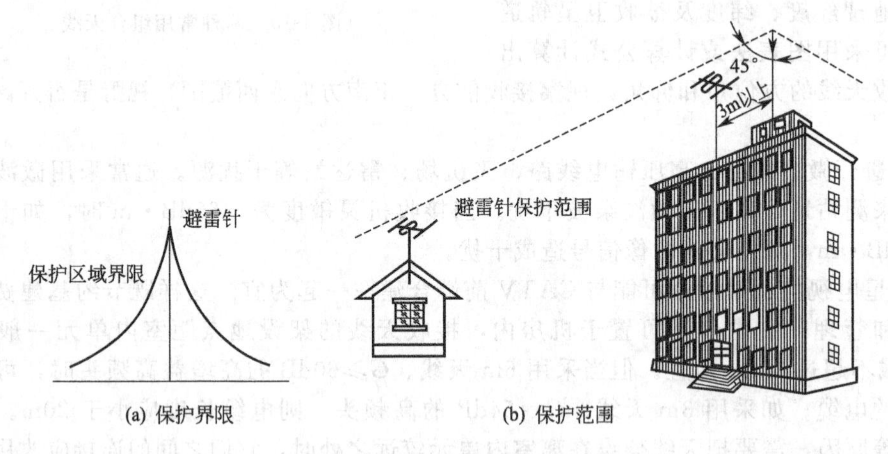

图4-11　单根避雷针的保护区域

② 避雷针通常采用圆钢或紫铜制成，避雷针长度应按设计要求确定，并不应小于2.5m，直径不应小于20mm。接闪器与竖杆的连接宜采用焊接。焊接的搭接长度宜为圆钢直径的10倍。当采用法兰连接时，应另加横截面不小于48mm² 的镀锌圆钢电焊跨接。

③ 独立避雷针和接收天线的竖杆均应有可靠的接地。当建筑物已有防雷接地系统时，避雷针和天线竖杆的接地应与建筑物的防雷接地系统的地连接。当建筑物无专门的防雷接地可利用时，应设置专门的接地装置，从接闪器至接地端的引下线最好采用两根，从不同方位以最短的距离沿建筑物引下，其接地电阻不应大于4Ω。

④ 避雷针引下线通常采用圆钢或扁钢，圆钢直径为10mm，扁钢为25mm×4mm，暗敷

时，截面应加大一倍，如图 4-12 所示。

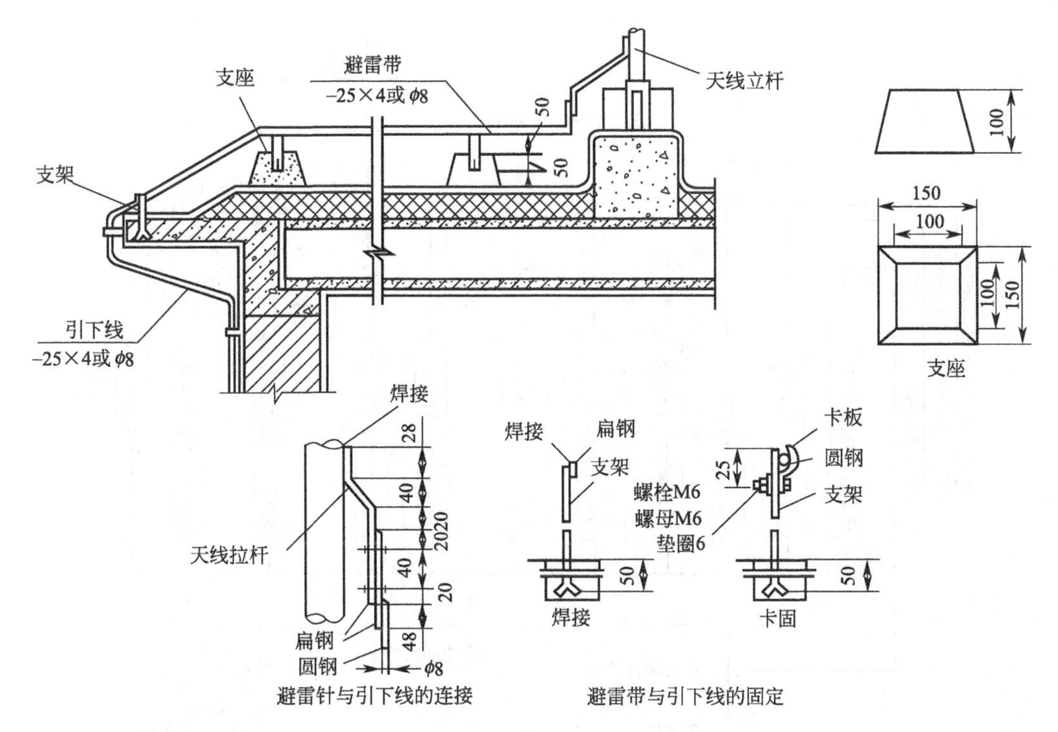

图 4-12 平面屋顶防雷装置做法图

注：1. 支座在粉面层时浇制，也可先预制再砌牢。

2. 避雷带水平敷设时，中间支持间距为 1～0.5m，终端及转弯处为 0.5～1m。

⑤ 避雷带支撑件间的距离在水平直线部分通常为 1～1.5m，垂直部分为 1.5～2m，转弯部分为 0.5m。

4.1.3 前端设备的布线与安装

4.1.3.1 前端系统的组成

前端是 CATV 系统的核心，其主要作用是将天线接收的信号和各种自办节目信号进行处理，并混合成一路宽带复合信号输往后续的传输系统。前端系统设备质量与调试效果的好坏，将直接影响整个 CATV 系统图像、伴音的传输质量以及收视效果。CATV 前端设备从信号传输方式来说，基本上可划分为以下两大类。

① 全频道传输系统（包括隔频传输系统）的前端。

② 邻频道传输系统的前端，如图 4-13 所示。目前，新建的系统通常以采用邻频前端为宜。

4.1.3.2 前端设备的布置

前端设备的布置应根据实际情况合理布局，要求既整洁、美观、实用，又便于管理和维护。前端设备根据使用情况可分开放置，经常使用（操作）的设备应放置在专门的操作台上，与之相对应的设备就近放在操作台内或背面。而其他设备应放在立柜内，较小的部件可放置在立柜后面或侧面并用螺钉固定好。卫星电视接收机与调制器可以统一放置也可以分开放置在立柜内。前端设备的装置立柜如图 4-14 所示。其规格按设备规模而定，如设备过多，可以采用多个立柜。柜内堆放设备的上、下层之间应保持一定距离，这样便于设备的放置和散热。

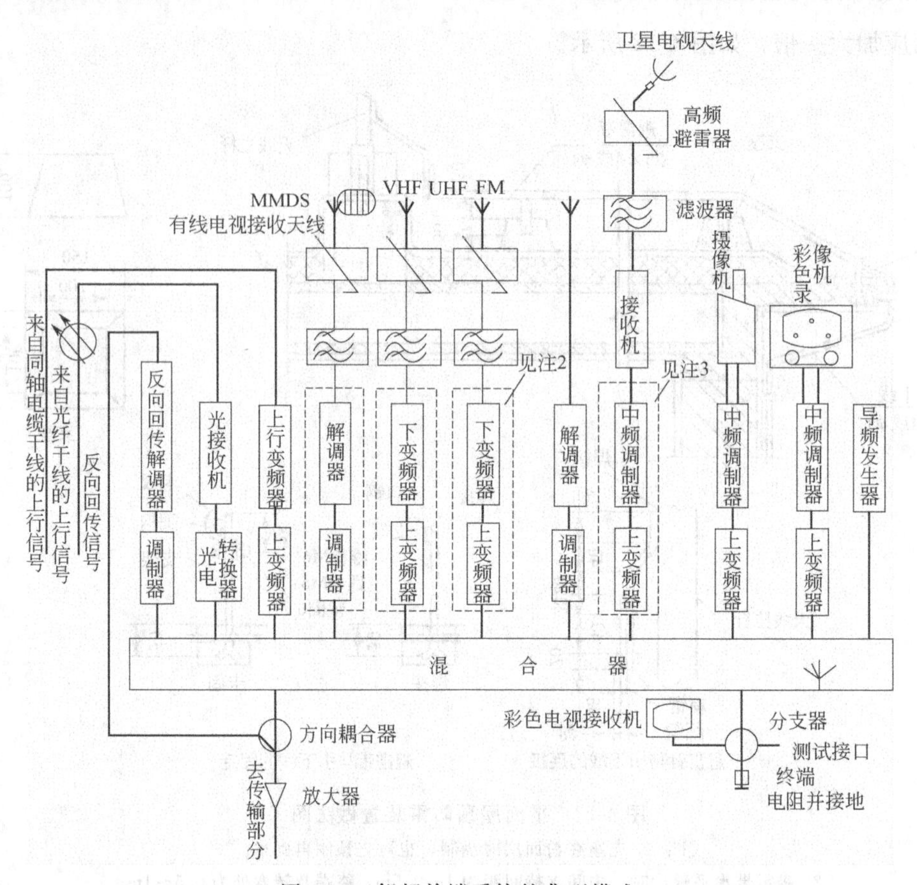

图 4-13　邻频前端系统的典型模式

注：1. 本图为邻频前端适应于550MHz或750MHz系统。
2. 有的厂家产品将上、下变频器两个部件合为一体，称为信号处理器或频道处理器。
3. 有的厂家产品将中频调制器、上变频器两个部分合为一体称为调制器。

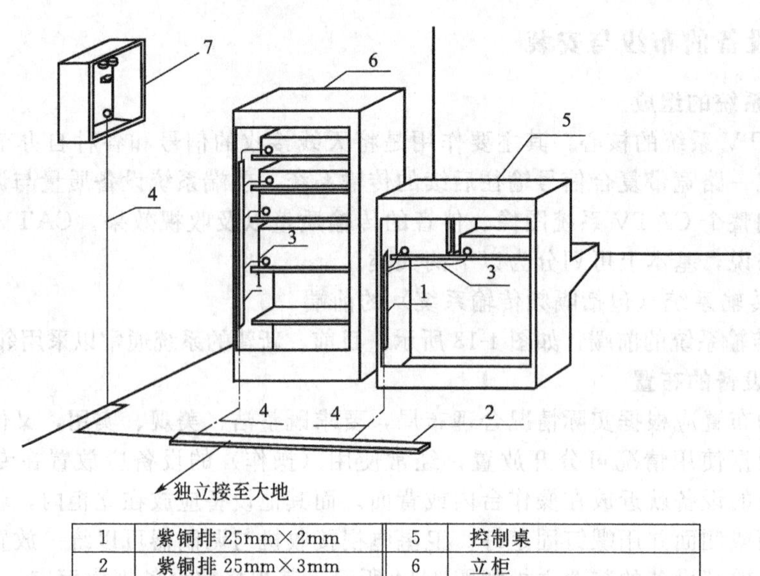

1	紫铜排 25mm×2mm	5	控制桌
2	紫铜排 25mm×3mm	6	立柜
3	接地铜线 ϕ3mm	7	避雷器箱
4	接地铜线 ϕ6mm		

图 4-14　机房接地图

4.1.3.3 前端设备的布线

前端设备布置完毕，就可以连接相关线路。把卫星接收天线高频头的输出电缆接入功分器(或接收机)，采用适当长度的电缆线连接功分器与接收机；把接收机和录像机等设备的视频、音频输出接入相应的调制器输入端，然后用电缆把调制器的射频输出和电视接收天线输出接入混合器相对应的输入频道上；最后采用电缆连接混合器的输出端与主放大器的输入端。

由于前端设备在低电压、大电流和高频率的状况下工作，因此布线工作十分重要，倘若布线不当，将会产生不必要的干扰和信号衰减，影响信号的传输质量，同时又不便于对线路的识别。因此，在布线时，主要应注意以下几个方面。

① 电源、射频、视频、音频线绝不能相互缠绕在一起，应分开敷设。

② 射频电缆线的长度越短越好，走线不宜迂回，射频输入、输出电缆尽量减少交叉。

③ 视频、音频线不宜过长，不能与电源线平行敷设。

④ 各设备之间接地线要良好接地，射频电缆的屏蔽层要与设备的机壳接触良好。

⑤ 电缆与电源线穿入室内处要留防水弯头，以防雨水流入室内。

⑥ 电源线与传输电缆要有避雷装置。

4.1.3.4 前端设备与控制台安装

① 前端设备的安装不宜靠近具有强电磁场干扰和具有高电位危险的设备。

② 前端箱应避免安装在高温、潮湿或易受损伤的场所。

③ 按机房平面布置图进行设备机架与控制台定位。机架背面、侧面与墙净距不小于0.8m。控制台正面与墙的净距离不应小于1.2m，侧面与墙或其他设备的净距在主要通道上不应小于1.5m，在次要通道不应小于0.8m。

④ 机架与控制台到位后，均应进行垂直度调整，并从一端按顺序进行，几个机架并排在一起时，两机架间的缝隙不得大于3mm。机架面板应在同一直线上，并与基准线平行，前后偏差不大于3mm。相互有一定间隔而排成一列的设备，其面板前后偏差不应大于5mm。

⑤ 机架与控制台安装竖直平稳，前端机房所有设备应摆放在购置或自制的标准机架上。

⑥ 机架内机盘、部件和控制台的设备安装应牢固，固定用的螺钉、垫片、弹簧垫片均应按要求安装，不得遗漏。

4.1.3.5 机房内电缆的布设

① 当采用地槽时，电缆由机架底部引入，顺着地槽方向理直，按电缆的排列顺序放入槽内，顺直无扭绞，不得绑扎。电缆进出槽口时，拐弯处应成捆绑扎，并应符合最小弯曲半径要求。

② 当采用架槽时，电缆在槽架内布放可不绑扎，并宜留有出线口。电缆应由机架上方的出线口引入，引入机架的电缆应成捆绑扎，绑扎应整齐美观。

③ 当采用电缆走道时，电缆也应由机架上方引入。走道上布放的电缆应在每个梯铁上进行绑扎。上下走道间的电缆或电缆离开走道进入机架内时，应在距离弯点1cm处开始，每隔20cm空绑一次。

④ 当采用防静电地板时，电缆应顺直无扭绞，不得使电缆盘结；在引入机架处应成捆绑扎。

⑤ 各种电缆用管道要分开敷设，绑扎时要分类，视、音频电缆严禁与电源线及射频线等同管埋设或一起绑扎。

⑥ 电缆的敷设在两端应留有余量，并标示明显的永久性标记。

⑦ 各种电缆插头的装设应遵照生产厂家的要求实施，并应做到接触良好、牢固、美观。

4.1.4 传输分配系统安装

4.1.4.1 建筑物之间的线路施工

(1) 建筑物间线路架空敷设要求

① 从支撑杆上引入电缆跨过街道或庭院时，电缆架设最小高度应大于5m。电缆在固定到建筑物上时，应安装吊钩和电缆夹板，电缆在进入到建筑物之前先做一个10cm的滴水弯。

② 在居民小区内建筑物间跨线时，有车道的地方不低于4.5m，无车道的地方不低于4m。

③ 建筑物间电缆的架设，应根据电缆及钢绞线的自重而采用不同的结构安装方式，如图4-15所示。其中图4-15(a)、(b) 为两种不同结构的安装方式，进出建筑物的电缆应穿带滴水弯的钢管敷设，钢管在建筑物上安装完毕后，应对墙体按原貌修复。

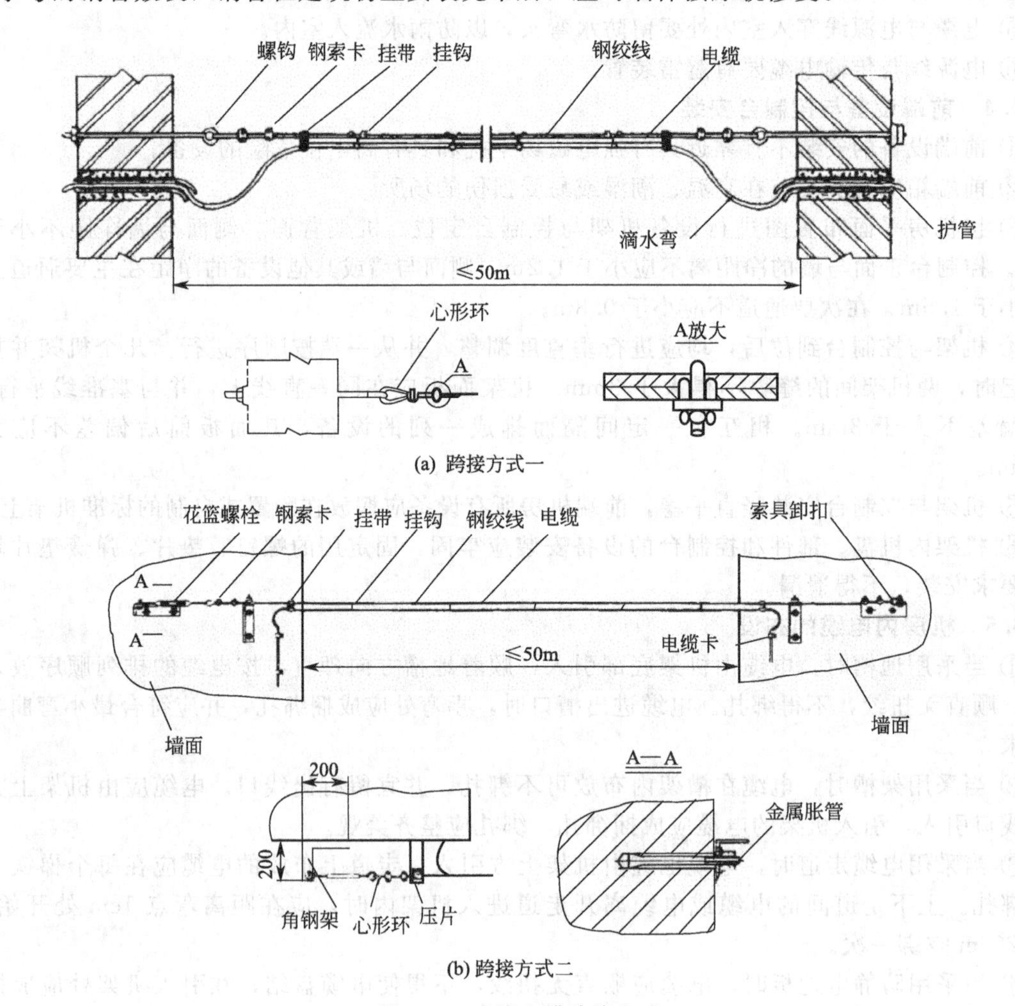

(a) 跨接方式一

(b) 跨接方式二

图4-15 支线电缆跨接方式

④ 在架设电缆时，通常要求建筑物间电缆跨距不得大于50m，在其跨距大于50m时，应在中间另加立杆支撑。在跨距大于20m的建筑物间的吊线，采用规格为1×7－4.2mm的钢绞线，在跨距小于20mm的建筑物间的吊线可用1×7－2.4mm；同一条吊线最多吊挂两根电缆，用电缆挂钩将支线电缆挂在吊线上面，挂钩间距为0.5m，如图4-16所示。

（2）建筑物间线路暗埋敷设要求 建筑物间跨线需暗埋时，应采用钢管加以保护，埋深不得小于0.8m，钢管出地面后应高出地面2.5m以上，用卡环固定在墙上，电缆出口加防雨保护罩。

（3）建筑物上沿墙敷设电缆要求

① 在建筑物上安装的墙担（拉台）应在一层至二层楼之间，墙担间距不超过15m，墙担用ϕ10mm膨胀螺栓固定在建筑物外墙上，电缆经过建筑物转角处要安装转角担，电缆终端处安装终端担。

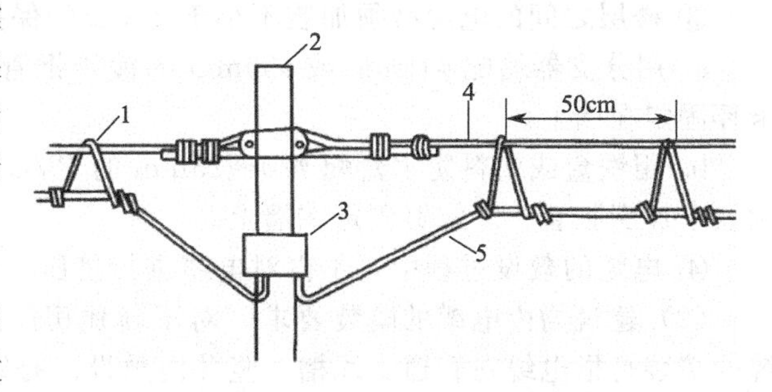

图4-16 架空明线的安装示意图
1—电缆挂环；2—电杆；3—干线部件防水箱；4—钢丝；5—电缆

② 沿建筑物外墙敷设的吊线可用1×7—2.4mm的钢绞线，钢绞线应架在一、二层间空余处，以不影响开窗为宜。

③ 电缆沿墙敷设应横平竖直，弯曲自然，符合弯曲半径要求。挂钩或线卡间距为0.5m。

4.1.4.2 建筑物内的电缆敷设

建筑物内的电缆敷设按新旧建筑物主要可以分成明装和暗装两种方式。

（1）建筑物内电缆的明装要求

① 电缆由建筑物门栋窗户侧墙打孔进入楼道，孔内要求穿带防水弯的钢管保护，以免雨水进入，电缆要留滴水弯，在钢绞线处用绑线扎牢。

② 电缆进入建筑物内后，需沿楼梯墙上方用钢钉卡或木螺丝加铁卡，将电缆固定并引至分支盒，电缆转弯处要注意电缆的弯曲半径要求。电缆卡之间的间距为0.5m，如图4-17所示。

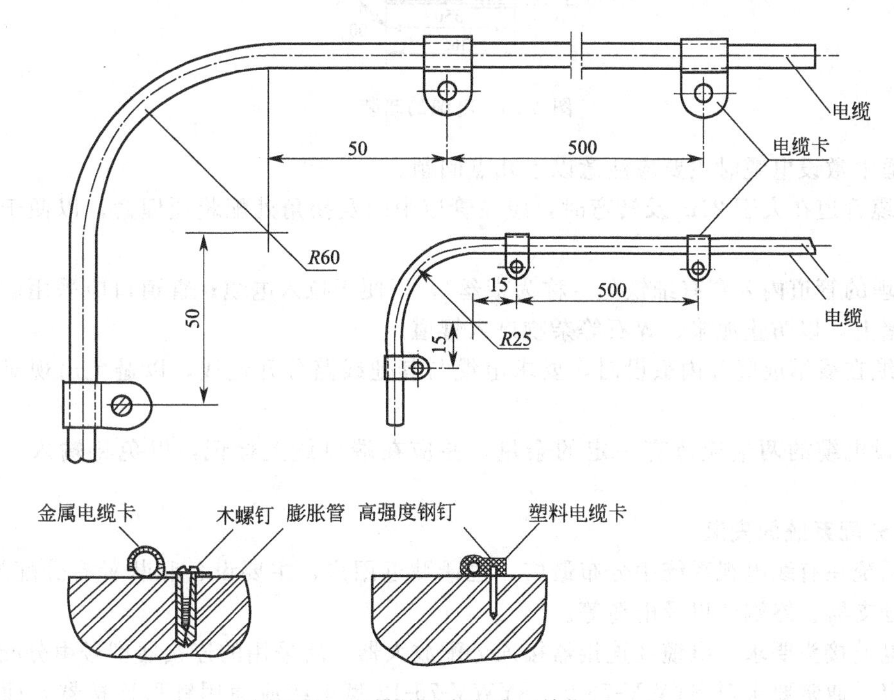

图4-17 电缆的固定方法（单位：mm）

③ 楼层之间的电缆必须加装不小于 2m 长的保护管加以保护。

a. 用分支器箱配 ϕ45mm 或 ϕ30mm 的镀锌钢管保护，分支器放在分支盒内，钢管用铁卡环固定在墙上。

b. 用铁盒或塑料防水盒配 ϕ20～25mm 的 PVC 管保护，分支器放在防水盒内，PVC 管用铁卡加膨胀管、木螺钉固定在墙上。

④ 电缆的敷设过程中，不得对电缆进行挤压、扭绞及施加过大拉力，外皮不得有破损。

(2) 建筑物内电缆的暗装要求　对于新建房屋应采用分支-分配式设计并暗管预埋。电缆的暗装是指电缆在管道、线槽、竖井内敷设。有线电视系统管线是由建筑设计人员进行设计的，不同建筑物内的管道设计会有所不同。有的宾馆、饭店和写字楼的各种专用线路，包括有线系统是利用竖井和顶棚中的线槽或管道敷设的。砖结构建筑物的管道是在建筑施工时预埋在墙中，而板状结构建筑物的管道可事先预埋浇筑在板墙内。敷设电缆时必须按照建筑设计图纸施工。电缆的暗装如图 4-18 所示。

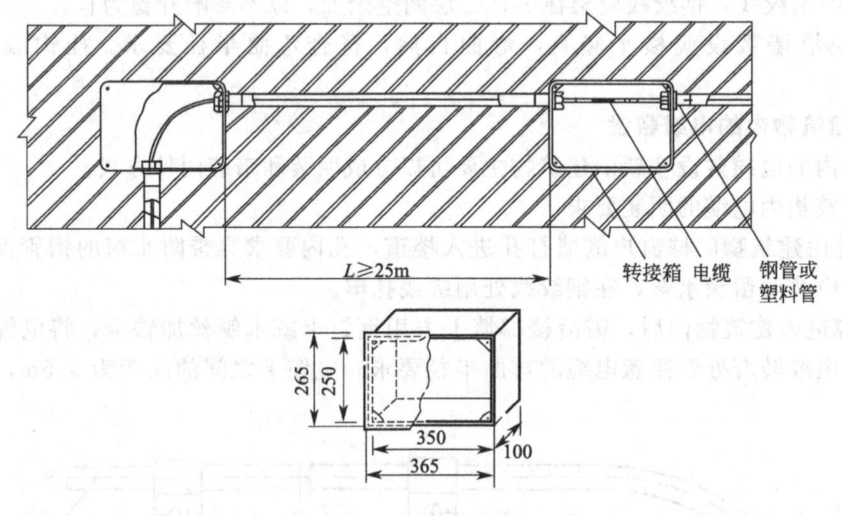

图 4-18　电缆的暗装

在管道中敷设电缆时主要应注意以下几点问题。

① 电缆管道在大于 25m 及转弯时，应在管道中间及拐角处配装预埋盒，以便于电缆顺利穿过。

② 预埋的管道内要穿有细铁丝（称为带丝），以便于拉入电缆；管道口应采用软物或专用塑料帽堵上，以防止泥浆、碎石等杂物进入管道。

③ 电缆在线槽或竖井内敷设时，要求电缆与其他线路分开走线，以避免出现对电视信号的干扰。

④ 敷设电缆的两端应留有一定的余量，并应在端口做上标记，以免将输入、输出线搞混。

4.1.4.3　分配系统的安装

分配系统在有线电视系统中分布最广，也最贴近用户，主要设备和装置有分配放大器、分配器、分支器、终端盒以及电缆等。

(1) 电缆接头要求　电缆经连接器接入分配放大器，所采用的连接器型号由分配放大器输入口决定。通常要求对 SYWV-75-9、SYWV-75-12 型电缆应使用针形连接器，而不提倡使用冷压或环加 F 形连接器。对 SYWV-75-7 型电缆应使用带针防水 F 形连接器，如图 4-19

所示。对 SYWV-75-5 型电缆可使用冷压或环加 F 形连接器，如图 4-20 所示。

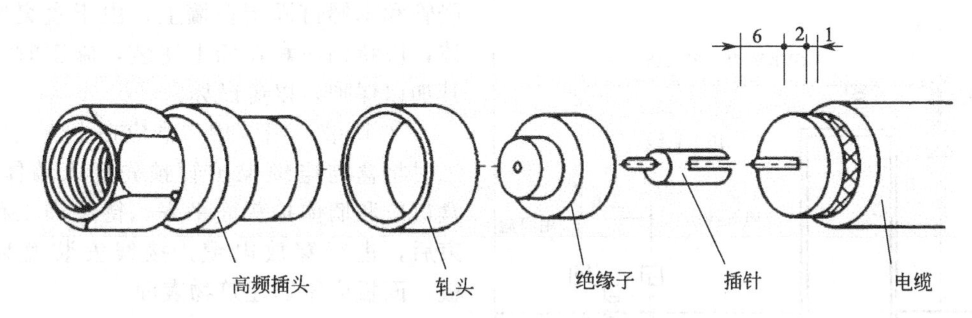

图 4-19 带插针的 F 形连接器

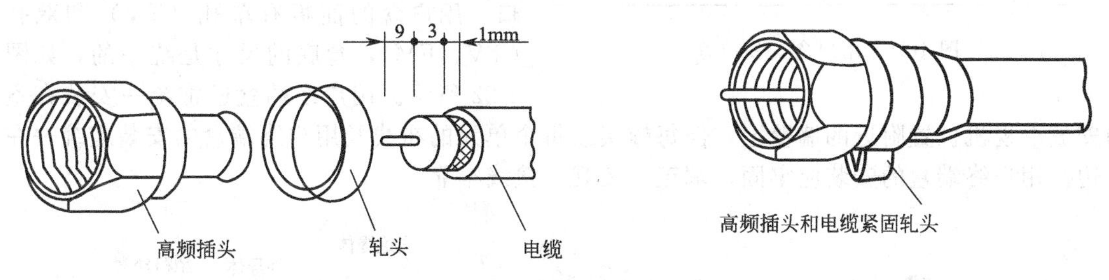

图 4-20 环加 F 形连接器

(2) 分配放大器的安装要求　根据建筑物的设计方案的不同，分配放大器可能安装在室外，也可能安装在室内。

① 在建筑物外安装分配放大器，应使用防水型分配放大器，其安装方法与干线放大器相同。

② 新建房屋可将分配放大器安装在预埋的分前端箱内。

③ 在建筑物内明装情况下，应在不影响人行的位置安装铁箱，箱体底部距楼道地面不低于 1.8m，将分配放大器安装在铁箱内。

(3) 分支器、分配器的安装要求　分配系统所用分支器、分配器的输入以及输出端口通常是 F 形插座（分英制、公制两种），可配接 F 形冷压接头，各空接端口应接 75Ω 终端负载。

① 分支器、分配器的明装要求。

a. 安装方法是按照部件的安装孔位，采用 ϕ16mm 合金钻头打孔后，塞进塑料膨胀管，然后采用木螺钉对准安装孔加以紧固。如塑料型分支器、分配器或安装孔在盒盖内的金属型分配器、分支器。

分支器、分配器或安装孔在盒盖内的金属型分配器、分支器，则要揭开盒盖对准安装盒钻眼；压铸型分配器、分支器，则对准安装孔钻眼。

b. 对于非防水型分配器和分支器，明装的位置通常是在分配器箱内或走廊、阳台下面，必须注意防止雨淋受潮，连接电缆水平部分留出长 250～300mm 的余量，然后导线向下弯曲，以防止雨水顺电缆流入部件内部。

② 分支器、分配器的暗装要求。暗装主要可以分为木箱和铁箱两种，并装有单扇或双扇箱门，颜色尽量与墙面相同。在木箱上安装分配器或分支器时，可按安装孔位置，直接用木螺钉固定。采用铁箱结构时，可利用二层板将分配器或分支器固定在二层板上，然后将二层板固定在铁箱上。

(4) 用户盒安装　用户盒的安装主要可以分为明装与暗装，明装用户盒（插座）只有塑料盒一种，暗装盒既有塑料盒，又有铁盒，应根据施工图要求进行安装。通常盒底边距地 0.3～1.8m，用户盒与电源插座盒应尽量靠近，间距通常为 0.25m，如图 4-21 所示。

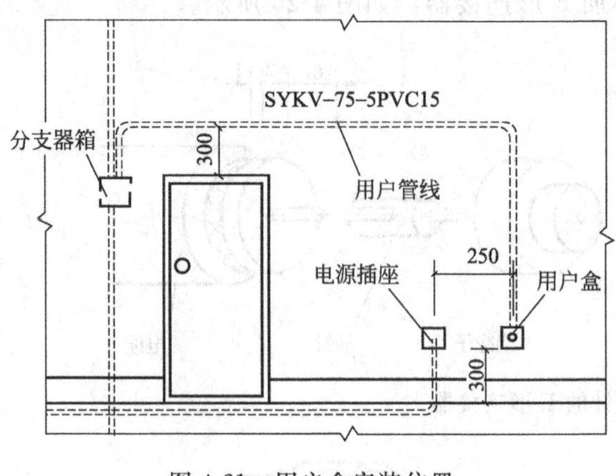

图 4-21 用户盒安装位置

① 明装。明装用户盒是直接采用塑料胀管和木螺钉固定在墙上，由于盒突出墙体，应特别注意在墙上明装，施工时应对其加以保护，以免碰坏。

② 暗装。暗装用户盒应在土建主体施工时将盒与电缆保护管预先埋入墙体内，盒口应和墙体抹灰面平齐，待装饰工程结束后，进行穿放电缆，接线安装盒体面板，面板应紧贴建筑物表面。

用户盒是系统与用户电视机连接的端口。用户盒的面板有单孔（TV）和双孔（TV、FM），盒底的尺寸是统一的，如图 4-22 所示。用户终端盒通常统一安装在室内安放电视机位置附近的墙壁上，但每幢楼或每个单元的布线及用户终端盒的安装应统一在一边。用户终端盒的安装应牢固、端正、美观，接线牢靠。

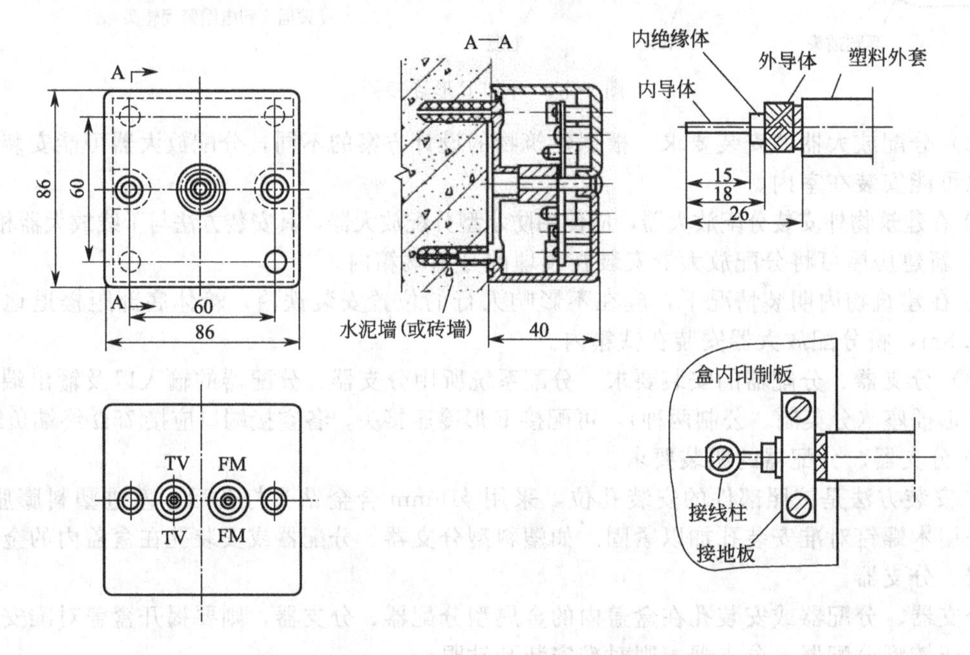

图 4-22 用户盒（串接—分支）明装示意图

用户电缆应从门框上端附近钻孔进入住户，用塑料钉卡住钉牢，卡距应小于 0.4m，布线要横平竖直，弯曲自然，符合弯曲半径要求。用户盒的安装如图 4-22、图 4-23 所示。用户盒无论明装还是暗装，盒内均应留有约 100～150mm 的电缆余量，以便于安装和维修时使用。

4.1.5 有线电视和卫星接收系统测试与验收

4.1.5.1 有线电视系统的调试

（1）系统调试步骤 《有线电视系统工程技术规范》(GB 50200—1994) 对有线电视系统的调试有着具体的要求。系统工程的各项设施安装完成后，对各部分工作状态进行调试，

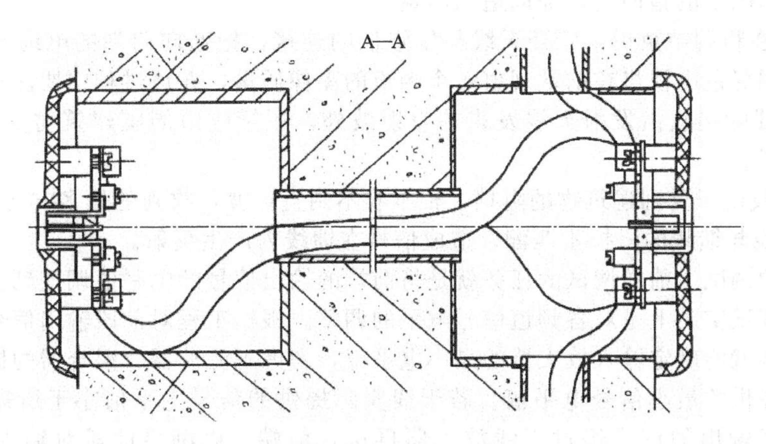

图 4-23 相邻两个用户盒的安装法（暗装）

以使整个系统达到实际要求。其具体步骤如下。

① 前端部分的调试步骤。

a. 检查前端设备所用的电源是否符合设计要求。

b. 在各频道天线馈线的输出端测量该频道的电平值是否符合设计要求；如若不符，则应查明原因，加以解决。

c. 在前端输出口测量各频道的输出电平，通过调节各专用放大器输入衰耗器，使输出口电平达到设计规定值。

② 干线放大器、支线放大器输出电平调整步骤。

a. 检查被测放大器的供电器所用电源是否符合设计要求。

b. 在每个干线放大器的输出端或输出电平测试点，测量其高、低频道的电平值，通过调整干线放大器内的损耗均衡器，使其输出电平达到设计要求。

c. 分配器的调整按 a、b 两条进行。

③ 用户端测量步骤。

a. 测量各用户端高、低频道的电平值是否达到设计要求。

b. 在一个区域内多数用户的电平值偏离要求时，应重新对分配放大器进行调整，使之达到设计要求。

c. 在系统较大，用户数较多时，可只抽测 10%～20%的用户。

调试过程中应当做好前端设备测试记录、干线放大器测试记录和用户端测试记录。

（2）天线的调试　天线调试的最终目标是使系统用户获得清晰、稳定、色彩鲜艳、基本上觉察不出重影的四级图像。具体操作如下。

① 粗调。

a. 天线调试要一个频道一个频道地进行。先将该频道的接收天线对准该频道电视台的发射天线，天线的输出端用电缆与场强仪输入端相连接，转动天线观察场强仪的电平指示值的变化。

b. 将天线停留在电平指示值为最大时的方位上，若在调试过程中场强仪的电平指示值始终低于 57dBμV，检查接收天线又正常时，则应在附近另找一个接收信号的位置，或换一副高增益的天线来代替。

c. 将天线在最佳指向位置向左、右慢慢转动 45°，这时，场强仪的电平指示值至少应下降 3dB。若电平没有变化，说明天线连接有问题，应当立即检查并且排除故障。最后将天线固定在最大输出电平的指向上，加以适当固定。

② 细调。在粗调结束后，断开天线与场强仪的连接，把通向前端的电缆与天线的输出端连接，然后用彩色电视机在前端观察每个频道的图像质量，在该过程中要注意以下几点。

a. 接收天线除接收由发射天线发来的直射波外，还接收由周围建筑物反射的反射波，因此会造成重影。

b. 接收天线由于受到建筑物的阻挡，根本收不到直射波，收到的是多方向的反射波。

c. 接收天线与馈线的阻抗不匹配，造成信号在馈线内产生反射。

（3）前端的调试　前端调试的任务就是将前端的输出信号的电平值调整到工程设计的设计值上，前端调试实质上是对各频道信号电平的调整。根据工程对前段输出信号电平的要求和放大器的增益就能确定输入放大器的最小电平值，考虑到滤波器、混合器的插入损耗就能算出需要天线提供的最小信号电平值。若天线实际提供的信号电平值小于所需提供的电平值，则需将天线输出的信号经过天线放大器再送入前端，以满足前段对输入信号电平的要求。

在调试过程中，可用彩色电视机监视前端输出信号的图像质量。由于前端输出电平通常在 100dBμV 以上，因此，不能直接把电视机的输入端与前端输出端相连，中间应增加 30～40dB 的衰减器。通过调节频道的衰减器，使各频道在主放大器的输入端插值等于或小于规定值，以减少交调的产生。

前端中若有录像机、卫星电视接收机传输过来的信号，在调试前必须使其处于正常的工作状态，观察它们的信号本身是否存在声、像干扰。对于多频道的信号更要检查是否有交调和互调干扰。

经过调试，前端的输出电平满足施工设计要求，用电视机观察各频道信号的图像质量均能达到四级，则可认为前端调试结束。

（4）干线和分配网络的调试

① 干线调试的重点是放大器输出的电平值的调整和均衡器的配接是否合适。通常在设计阶段只是对干线长度作一估计，实际上干线的长度肯定会有变化，因此，必须根据实际情况重新选用均衡器和调整放大器的增益，使放大器的输出电平达到工程设计要求，各频道信号电平的差值应满足规定的要求。调试过程中除用场强仪测试每个放大器的输出端、每个频道的信号电平值外，还应通过彩色电视机收看各频道信号的图像质量和交调情况。

② 分配系统可在安装完毕后便进行粗调，但必须在线路放大器输入端接上一个信号源，通常可用电视信号发生器发送彩条，调节电视信号发生器的射频信号输出电平，使线路放大器的输出电平达到工程设计值，然后用场强仪测试每根分支电缆的最末端的用户终端盒输出的电平，观察其是否符合设计要求。

③ 调试分配网络，在分配网络中出现问题最多的是电缆接头接触不良。有的将输入、输出端错接而造成分支端输出电平过低，有的是分支器的分支损耗达不到设计的要求。

④ 前端调试完毕后，应使用前端输出的信号进行细调，首先调整线路放大器，使其输出电平达到设计要求。接着由前向后，沿分支电缆的走向逐点测试分配器、分支器和每个用户端的各频道信号的电平值，检查是否符合设计要求。

（5）系统的统调　系统的统调是在对系统的天线、前端、传输干线和分配网络分别调试完毕的基础上进行的。系统调试的工作主要有以下几个方面。

① 寻找重影产生的原因。

a. 直射波的串扰。由于场强太强，电波不是经天线、前端进入用户端，而是由电缆、分配器、分支器等部件直接进入电视机。所以反应在电视的屏幕上是左重影，解决的办法是采用金属外壳封装的分配器和分支器来替代原有的用塑料外壳封装的分配器，并且适当提高用户端的电平。

b. 系统内部的不匹配。系统内部不匹配造成用户端出现右重影。出现这种重影首先应检查各分配器、分支器和电缆的连接是否良好，特别是电缆的屏蔽线和分支器、分配器的地线接触是否良好，这对于地面频道信号来说尤为重要。

检查系统内所用分配器的分配端是否存在空载，有则以 75Ω 负载电阻端接。各分支电缆最末一个分支器的主输出端应接 75Ω 负载电阻端。做到系统内部负载均衡。

② 交调。交调在前端输出的信号中不存在，而是在用户端出现。其现象是在背景较暗的图像上仔细观看电视机屏幕上有一条灰色竖带，其亮度比图像的背景稍亮些且缓慢地向右、向左移动。若有的话，就表明存在交调现象。由于交调是因放大器的非线性造成的，解决的最好办法是降低放大器的输出电平或选用标称最大输出电平比原来的放大器大的放大器，具体降低哪一个放大器的输出电平或替换哪一个放大器则要视具体情况而定。

③ 其他干扰。各种外来干扰会使图像的质量受到伤害，有时屏幕上出现网纹干扰，一般是由广播电台的高次谐波、汽车发动机的点火装置和热塑机等工业机电设备产生的火花引起的。在该情况下通常采用屏蔽和避开干扰源的方法减少干扰对系统的影响。

有时在电视机屏幕上出现 1～2 条水平方向的横道向上或向下缓慢移动，若电视机是好的，那么则有可能是系统内的有源部分的支流电源纹波过大。系统在调试结束之后，应试运行一段时间，如发生故障应及时查明原因和排除故障，做好维护工作。

4.1.5.2 卫星电视接收系统的调试

（1）调试方法　卫星电视接收系统的调试方法可分为以下两个部分。

① 粗调。粗调是指通过转动天线支撑架上的圆盘和调整天线斜支撑架的角度，使天线的方位角和仰角大致符合计算出来的数值，并将紧固螺母稍微拧紧，使天线保持不动即可。

② 细调。天线的细调是指在对信号进行接收的前提下实施。细调前首先要将一台卫星接收机、一台监视器与电缆、电源插板等连接好。其次将卫星电视接收机预调到要接收的卫星电视节目的频道上，接通电源后，监视器上应出现卫星电视节目的模糊图像。这时，微调天线的方位角和仰角，使图像质量达到最好，图像背景最干净。

当然，细调还可以通过使用示波器观察图像信号的波形进行。将卫星接收机输出的图像信号用电缆送入示波器，调整天线的方位角和仰角，微调馈源的位置和角度，使图像信号的行同步信号幅度为最大值，且同步头上的噪波干扰最小为止。

（2）极轴天线的校准　极轴天线的校准步骤主要有以下几步。

① 校准立柱的垂直度。

② 天线口面与极轴面的校准。

a. 利用多功能罗盘测出磁南北极，再根据当地的磁偏角修正，找出正北方向，通过天线立柱画出南北线。

b. 松开立柱外套上的四颗螺钉，将天线口面和极轴线调成直线并对准正南。

③ 确定与调整极轴角。

a. 根据当地的纬度，查出极轴角近似等于的纬度，见表 4-3。

表 4-3　极轴角

地区	纬度	极轴角	补偿角	正南仰角
北京	39°92′	40°62′	5°55′	43°83′
南京	32°07′	32°66′	4°59′	52°75′
广州	23°25′	23°77′	3°43′	62°80′

b. 调整极轴角。

④ 调整仰角。

a. 确定补偿角。

b. 进行仰角的计算。

c. 调整仰角。

⑤ 利用仪器对天线进行精调。

a. 将仪器置于频谱挡，按天控器按钮，使天线扫描，找到位于正南附近的卫星，此时，在测试仪屏幕上可呈现该卫星水平（或垂直）极化方向上的所有频道信号的频谱线；左右微调天线，使谱线最长。

b. 微调极轴角螺杆，使天线上下微动，找到信号最强处，这时谱线最长。

c. 按动天控器，使天线向东大幅度摆动，找到东边另一颗卫星，并微调使信号最好。

d. 微调极轴角螺杆，观察信号场强变化，如果在仰角抬高时，谱线最长，则说明支座方向偏东，应将支座向西微调；反之，则应向东微调。

e. 将天线返回到正南那颗卫星，重复上述 b～d 项，经来回重复数次，逐步逼近，直至天线支座对准正南为止。

4.1.5.3 系统的验收

（1）系统验收的一般规定

① 系统工程竣工后，应由设计、施工单位向建设单位提出竣工报告，建设单位向系统主管部门申请验收。系统工程验收由系统主管部门，工程的设计、施工、建设单位的代表组成验收小组，按规范规定和竣工图纸进行验收。

② 系统工程验收前，应由施工单位负责提供调试记录。系统工程验收测试必需的仪器、设备由主管单位负责解决，仪器应附有计量合格证。

③ 系统工程验收。系统工程验收包括以下内容：

a. 系统图像质量的主观评价；

b. 系统质量的客观测试；

c. 系统工艺规范和施工质量的检查；

d. 系统避雷、安全和接地设施的检查；

e. 验收文件和图纸、资料的审核移交。

④ 系统规模的分类。系统规模按所容纳的输出口数分为 4 类。

a. A 类：系统所容纳的输出口数在 10000 以上。

b. B 类：系统所容纳的输出口数在 2001～10000。

c. C 类：系统所容纳的输出口数在 300～2000。

d. D 类：系统所容纳的输出口数在 300 以下。

⑤ 标准测点的规定。作为系统主观评价和客观测试用的测试点称为标准测试点。标准测试点的最小数量规定如下。

a. 对于 A 类和 B 类系统，每 1000 个系统输出口中应有 1～3 个测试点，而且至少一个测试点是位于系统中主干线的最后一个分配放大器之后的。对于 A 类系统，其中系统设置上相同的测试点可限制在 10 个以内。

b. 对于 C 类系统，至少应有两个测试点，其中一个或多个测试点应接近主干线或分配线的终点。对于 D 类系统，至少有一个具有代表性的测试点。

（2）系统质量的主观评价

① 图像质量的主观评价和标准。图像质量的主观评价采用五级损伤标准。图像和伴音

质量损伤的主观评价项目见表 4-4。五级损伤标准见表 4-5。

表 4-4 主观评价项目

项 目	损伤的主观评价现象
载噪比	噪波，即“雪花干扰”
交扰调制比	图像中移动的垂直或倾斜图案，即“串台”
载波互调比	图像中垂直、倾斜纹或水平条纹，即“网纹”
载波交流比	图像中上下移动的水平纹，即“滚道”
回波值	图像中沿水平方向分布在右边一条或多条轮廓线，即“重影”
色/亮度时延差	色、光信号没有对齐，即“彩色鬼影”
伴音和调频广播的声音	背景噪声，如咝咝声、哼声、蜂声和串音等

表 4-5 五级损伤标准

图像质量损伤的主观评价	等级	图像质量损伤的主观评价	等级
不觉察有损伤	5	很讨厌	2
可觉察，但不讨厌	4	不能观看	1
有些讨厌	3		

② 系统质量主观评价的方法和要求。

a. 输入前端的射频信号源质量不得劣于 4.5 级。当信号源质量在 4.5 级以下时，可以采用标准信号发生器或高质量录像信号代替。

b. 电视接收机应是彩色、全频道、符合国家标准的。

c. 观看距离为荧光屏面高度的 6 倍，室内照度适中，光线柔和。

d. 系统应处于正常工作状态。

e. 视听人员为专业人员。视听人员首先在前端对信号源进行主观评价，然后在标准测试点独立视听。

f. 信号源质量符合设计要求时，主观评价项目中的各项目在每个频道的得分值均不低于五级损伤标准中所要求的 4 级标准，则系统质量的主观评价为合格。

③ 系统质量的客观测试。

a. 在不同类别系统的每一个标准测点上的客观必测项目见表 4-6。

b. 在主观评价中，确认不合格的项目，可以增加表 4-6 规定以外的测试项目，并以客观测试结果为准。

c. 系统质量的客观测试参数要求和测试方法要符合《电视和声音信号的电缆分配系统》(GB/T 6510—1996) 的规定。

表 4-6 客观必测项目

项 目	类 别	项 目	类 别
图像和调频载波电平	A、B、C、D	频道内频响	A
载噪比	A、B、C	色/亮度时延差	A
载波互调比	A、B、C	微分增益	A
交扰调制比	A、B	微分相位	A
载波交流声比	A、B		

(3) 系统工程的施工质量

① 施工质量检查要点。施工质量检查要点见表 4-7。

② 系统工程的施工质量应取得验收组成员的认可，才可确定为合格。

③ 与土建工程同步施工的系统中隐蔽工程的施工质量可由建设单位、施工单位进行验收，验收记录作为施工质量验收的依据。

表 4-7 施工质量检查要点

<table>
<tr><th colspan="2">检 查 项 目</th><th>检 查 要 点</th></tr>
<tr><td rowspan="4">接收天线</td><td>天线</td><td>①振子排列、安装方向正确。
②各固定部位牢固。
③各间距合乎要求</td></tr>
<tr><td>天线放大器</td><td>①牢固安装在竖杆上。
②防水措施有效</td></tr>
<tr><td>馈线</td><td>①穿金属管保护安装。
②电缆与各部件的接收点正确、牢固、防水</td></tr>
<tr><td>竖杆(架)及拉线</td><td>①强度够。
②拉线方向正确、拉力均匀</td></tr>
<tr><td colspan="2">避雷针及接地</td><td>①避雷针安装高度合适。
②接地线合乎施工要求。
③各部位电气连接良好。
④接地电阻≤4Ω</td></tr>
<tr><td colspan="2">前端</td><td>①设备及部件安装地点恰当。
②连接正确、美观、整齐。
③进、出电缆符合设计要求,有标记</td></tr>
<tr><td colspan="2">传输设备</td><td>①按设计安装。
②各连接点正确、牢固、防水。
③空余端正确处理,外壳接地</td></tr>
<tr><td colspan="2" rowspan="3">用户设备</td><td>①布线整齐、美观、牢固。</td></tr>
<tr><td>②输出口用户盒安装位置正确、安装平整。</td></tr>
<tr><td>③用户接地盒、避雷器按要求安装</td></tr>
<tr><td colspan="2">电缆及接插件</td><td>①电缆走向、布线和敷设合理、美观。
②电缆弯曲、扭转、盘接不过分。
③电缆离地面高度及与其他管线间距离要求合适。
④架设、敷设的安装物件选用合适。
⑤接插部件牢固、防水、防蚀</td></tr>
<tr><td colspan="2">供电器、电源线</td><td>符合设计要求、施工要求</td></tr>
</table>

(4) 系统工程的验收 工程验收是施工方向业主移交的正式手续，也是业主对工程的认可。系统工程验收主要有以下内容。

① 基础资料：接收频道、自播频道与信号场强；系统输出口数量，干线传输距离；信号质量（干扰、反射、阻挡等)；系统调试记录。

② 系统图，包括：前端及接收天线；传输及分配网络系统；用户分配电平图。

③ 布线图，包括：前端、传输、分配各部件和标准试点的位置；干线、支线路由图；天线位置及安装图；标准层平面图，管线位置，系统输出口位置；在土建工程时施工部分的施工记录。

④ 客观测试记录。

⑤ 施工质量与安全检查记录。

⑥ 设备、器材明细表。

⑦ 主观评价。

4.2 电话通信系统施工

4.2.1 电话通信系统的组成

构成电话通信系统的三个组成部分见表 4-8。

表 4-8 电话通信系统的组成

组成部分	内 容
电话交换设备	交换设备主要就是电话交换机，是接通电话用户之间通信线路的专用设备。正是借助于交换机，一门用户电话机能拨打其他任意一门用户电话机，使人们的信息交流能在很短的时间内完成。 电话交换机的发展经历了四大阶段，即人工制交换机、步进制交换机、纵横制交换机和存储程序控制交换机（简称程控交换机）。目前普遍采用程控交换机
传输系统	传输系统按传输媒介分为有线传输（明线、电缆、光纤等）和无线传输（短波、微波中继、卫星通信等）。本节着重讲述有线传输。有线传输按传输信息工作方式又分为模拟传输和数字传输两种。模拟传输是将信息转换成为与之相应大小的电流模拟量进行传输，例如普通电话就是采用模拟语言信息传输。数字传输则是将信息按数字编码（PCM）方式转换成数字信号进行传输，具有抗干扰能力强、保密性强、电路便于集成化（设备体积小）等优点
用户终端设备	用户终端设备主要指电话机，现在又增加了许多新设备，如传真机、计算机终端等

4.2.1.1 程控交换机的组成

程控交换机是指用计算机来控制的交换系统，它由硬件和软件两大部分组成（表 4-9）。这里所说的基本组成只是它的硬件结构。图 4-24 是程控交换系统硬件的基本组成框图。

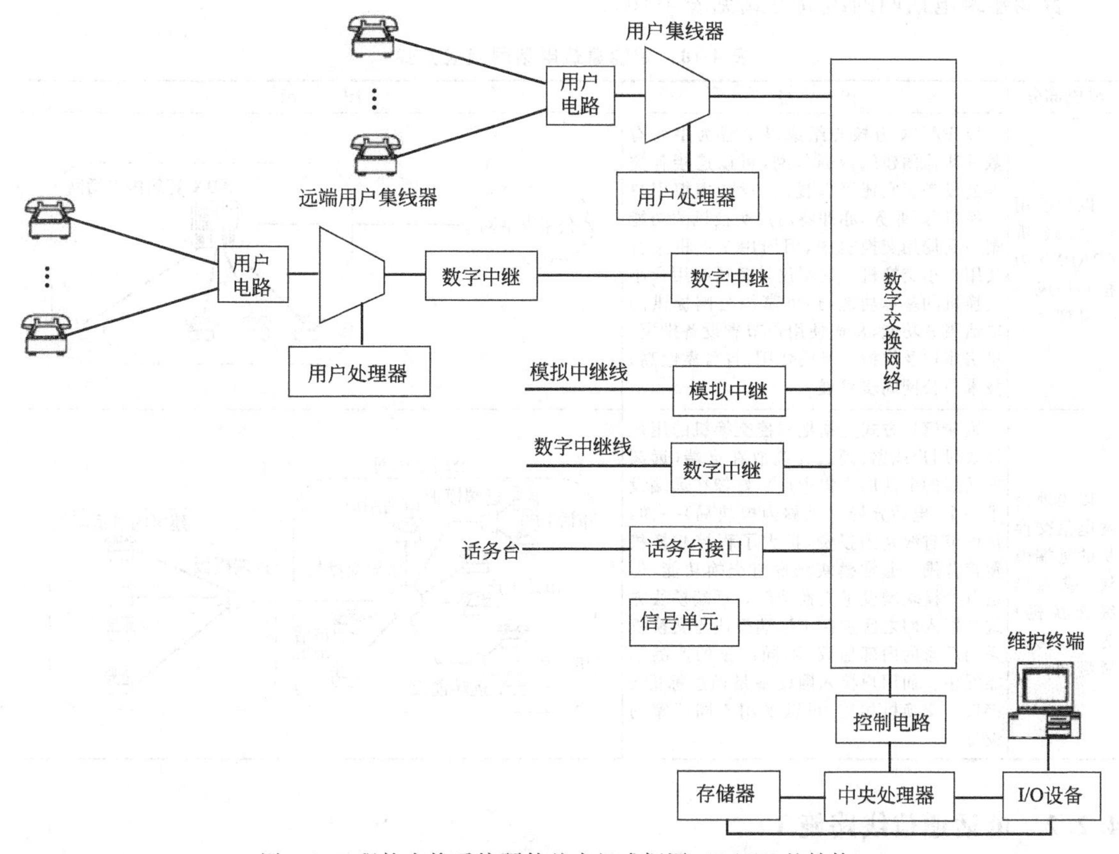

图 4-24 程控交换系统硬件基本组成框图（PABX 的结构）

表 4-9 程控用户交换机的组成

组成部分	内 容
控制设备	控制设备主要由处理器和存储器组成。处理器执行交换机软件，指示硬件、软件协调操作。存储器用来存放软件程序及有关永久和中间的数据。控制设备有单机配置和多机配置，其控制方式可分为集中控制和分散控制两种
交换网络	交换网络的基本功能是根据用户的呼叫请求，通过控制部分的接续命令，建立主叫与被叫用户之间的连接通路。目前主要采用由电子开关阵列构成的空分交换网络和由存储器等电路构成的时分接续网络

续表

组成部分	内　容
外围接口	外围接口是交换系统中的交换网络与用户设备、其他交换机或通信网络之间的接口。根据所连设备及其信号方式的不同,外围接口电路有多种形式。 ①模拟用户接口电路:模拟用户接口电路所连接的设备是传统的模拟话机,它是一个2线接口,线路上传送的是模拟信号。 ②模拟中继电路:数字交换机和其他交换机(步进、纵横、程控模拟、数字交换机等)之间可以使用模拟中继线相连。模拟接口(包括中继和用户电路)的主要功能是对信号进行A/D(或D/A)转换、编码、解码及时分复用。 ③数字用户电路:数字用户电路是数字交换机和数字话机、数据终端等设备的接口电路,其线路上传输的是数字信号,它是2线或4线接口,使用2B+D信道传送信息。 ④数字中继电路:数字中继电路是两台数字交换机之间的接口电路。其线路上传送的是PCM基群或者高次群数字信号,基群接口通常使用双绞线或同轴电缆传输信号,而高次群接口则正在逐步采用光缆传输方式
信号设备	信号设备主要有回铃音、忙音、拨号音等各种信号音发生器,双音多频信号接收器、发送器等

4.2.1.2 智能建筑电话网组成方式

智能建筑电话网的组成方式见表4-10。

表4-10　智能建筑电话网组成方式

组成部分	内　容	图　示
以程控用户交换机(PABX)为核心构成一个星型网	以PABX为核心组成以语音为主兼有数据通信的建筑内通信网,可以连接各类办公设备。它还可以提供一种"虚拟用户交换机"新业务,亦即将用户交换机的功能集中到局用交换机中,用局用交换机来替代用户小交换机。它不仅具备所有用户小交换机的基本功能,还可享用公网提供的电话服务功能,从而使用户节省设备投资、机房用地及维护人员的费用,且可靠性高,技术与公网同步发展	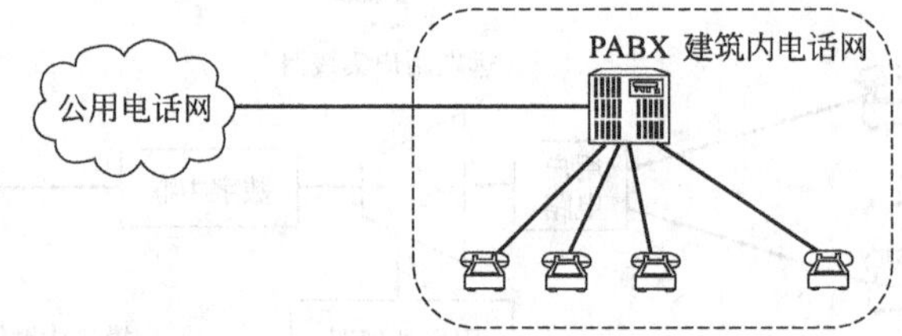 公用电话网 PABX 建筑内电话网
以当地公网电信交换机的远端模块(或端局级交换机)为核心构成星型网	远端模块方式是指把程控交换机的用户模块(用户线路)通过光缆放在远端(远离电话局的电话用户集中点),好像在远端设了一个"电话分局"(又称为模块局)一样,从而节省线路的投资,扩大了程控交换机覆盖范围。通常模块局没有交换功能,但也有些模块增设了交换功能。远端模块方式与接入网之区别在于远端模块与交换机采用厂家的内部协议,不同厂家的产品不能混用。而用户接入网设备是通过标准5接口与交换机相连,可以采用不同厂家的设备	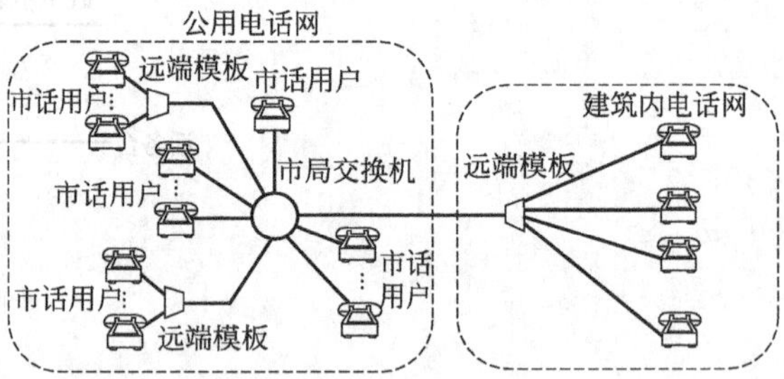 公用电话网 远端模板 市话用户 市话用户 市局交换机 市话用户 市话用户 市话用户 远端模板 建筑内电话网 远端模板

4.2.2 电话通信线路施工

4.2.2.1 电话通信线路的组成

电话通信线路从进屋管线一直到用户出线盒,通常是由以下几个部分组成的(图4-25)。

(1)引入(进户)电缆管路　引入(进户)电缆管路主要可以分为地下进户和外墙进户两种方式。

(2)交接设备或总配线设备　交接设备或总配线设备是引入电缆进屋后的终端设备,有设置与不设置用户交换机两种情况。

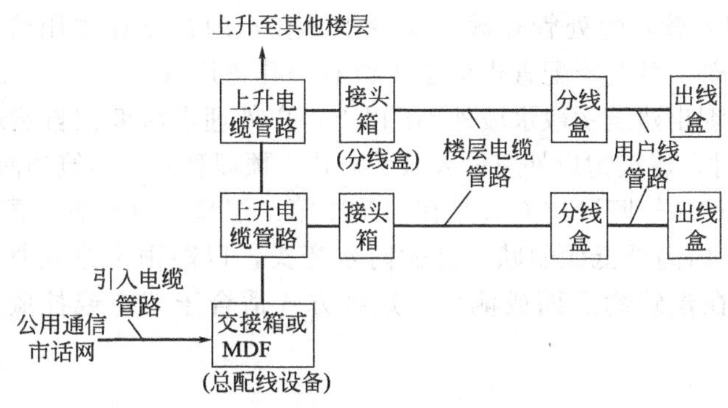

图 4-25 电话通信线路的组成

① 设置用户交换机，采用总配线箱或总配线架。

② 不设用户交换机，常用交接箱或交接间。

交接设备宜装在房屋的一二层，如有地下室，且较干燥、通风，可考虑设置在地下室。

(3) 上升电缆管路 有上升管路、上升房和竖井三种建筑类型。

(4) 楼层电缆管路

(5) 配线设备 如电缆接头箱、过路箱、分线盒、用户出线盒，是通信线路分支、中间检查、终端用设备。

4.2.2.2 电话通信线路的进户方式

进户管线主要可以分为以下两种形式。

(1) 地下进户方式 地下进户方式是为了市政管网美观要求而将管线转入地下。地下进户管线又分为两种敷设形式：一种是建筑物设有地下层，地下进户管直接进入地下层，采用的是直进户管；另一种是建筑物无地下层，地下进户管只能直接引入设在底层的配线设备间或分线箱（小型多层建筑物没有配线或交接设备时），这时采用的进户管为弯管。地下进户方式如图 4-26 所示。

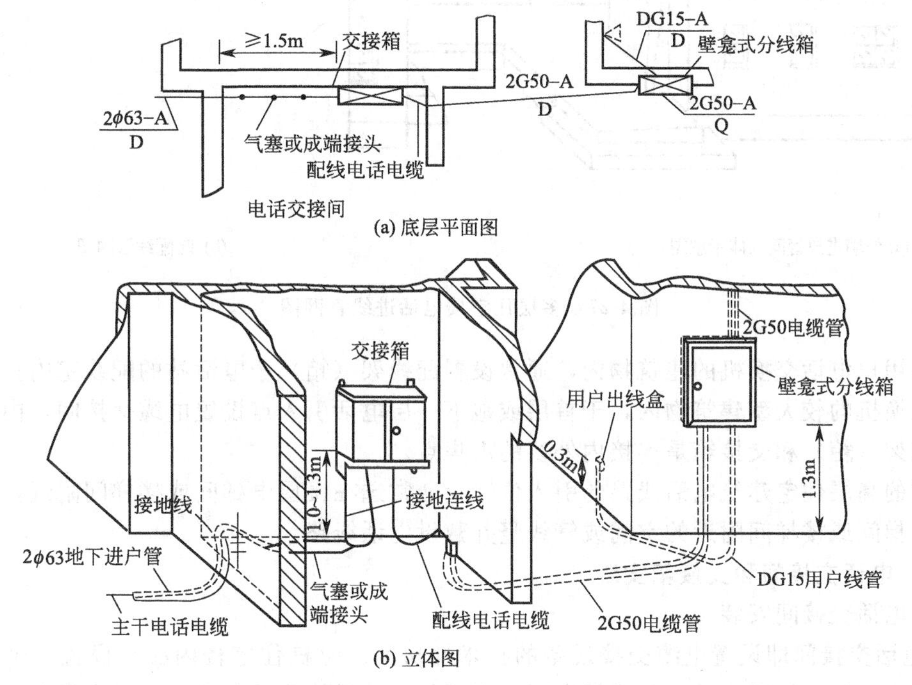

图 4-26 电话线路地下进户方式

① 建筑物通信引入管，每处管孔数不应少于 2 孔，即在核算主用管孔数量后，应至少留有一孔备用管。同样，引上暗配管也应至少留有一孔备用管。

② 地下进户管应埋出建筑物散水坡外 1m 以上，户外埋设深度在自然地坪下 0.8m。当电话进线电缆对数较多时，建筑物户外应设人（手）孔。预埋管应由建筑物向人孔方向倾斜。

（2）外墙进户方式　外墙进户方式是在建筑物第二层预埋进户管至配线设备间或配线箱（架）内。进户管应呈内高外低倾斜状，并做防水弯头，以防雨水进入管中。进户点应靠近配线设施，并尽量选在建筑物后面或侧面。这种方式适合于架空或挂墙的电缆进线，如图 4-27 所示。

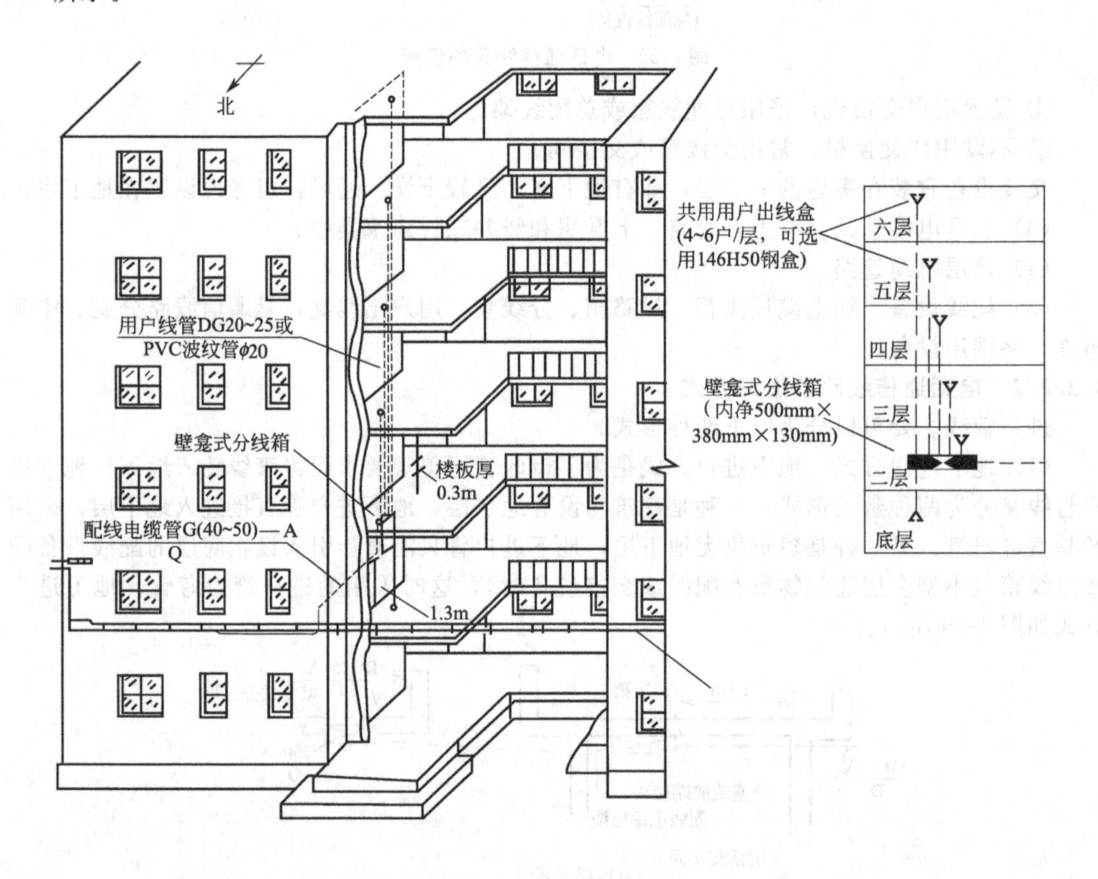

(a) 外墙进户管网立体示意图　　(b) 暗配线管网图

图 4-27　多层住宅楼电话进线管网图

在有用户电话交换机的建筑物内，通常设置配线架（箱）于电话站的配线室内；在不设置用户交换机的较大型建筑物内，于首层或地下一层电话引入点设置电缆交接间，内置交接箱。配线架（箱）和交接箱是连接内外线的汇集点。

塔式的高层住宅建筑电话线路的引入位置，通常选在楼层电梯间或楼梯间附近，这样可以利用电梯间或楼梯间附近的空间或管线竖井敷设电话线路。

4.2.2.3　电话交接间和交接箱安装

（1）电话交接间安装

① 电话交接间即设置电缆交接设备的技术性房间。每栋住宅楼内必须设置一个专用电话交接间。电话交接间宜设在住宅楼底层，靠近竖向电缆管路的上升点，且应设在线路网中

心，靠近电话局或室外交接箱一侧。

② 交接间使用面积：高层不应小于 $6m^2$，多层不应小于 $3m^2$，室内净高不小于 2.4m，应通风良好，有保安措施，设置宽度为 1m 的外开门。

③ 电话交接间内可设置落地式交接箱，落地式电话交接箱可以横向也可以竖向放置。

④ 楼梯间电话交接间也可安装壁龛式交接箱，如图 4-28 所示。

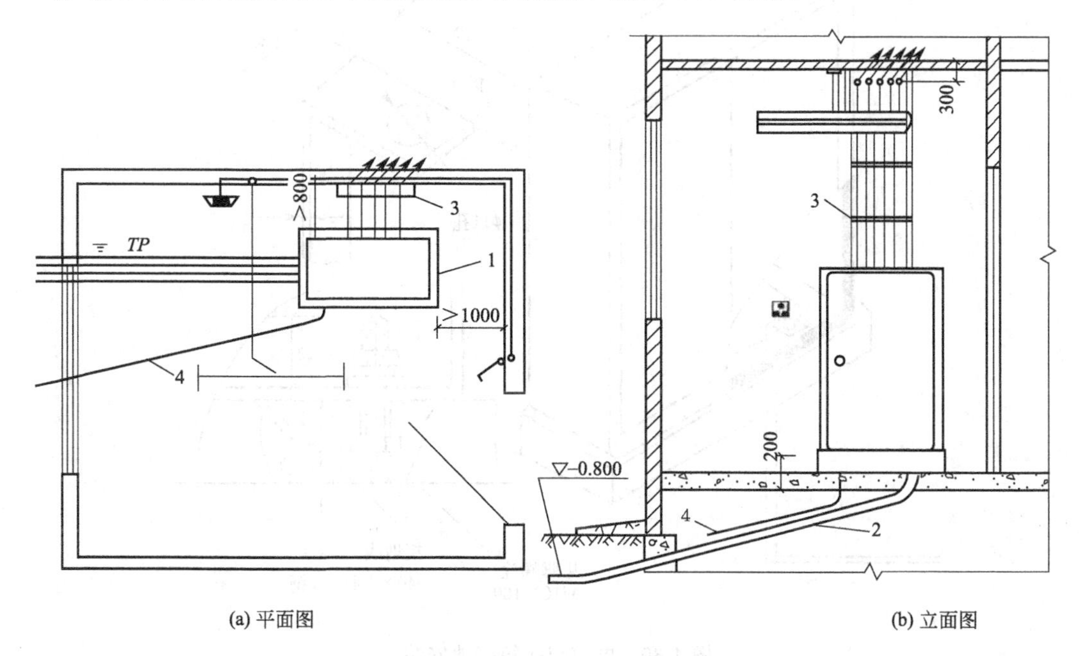

图 4-28 电话交接间布置示意图

1—电缆交接箱；2—电缆进线护管；3—电缆支架；4—接地线

⑤ 交接间内应设置照明灯及 220V 电源插座。

⑥ 交接间通信设备可用住宅楼综合接地线作保护接地（包括电缆屏蔽接地），其综合接地时电阻不宜大于 1Ω，独自接地时其接地电阻应不大于 5Ω。

（2）落地式交接箱安装 交接箱是用于连接主干电缆和配线电缆的设备。落地电话交接箱可以横向也可以竖向放置，如图 4-29 所示。

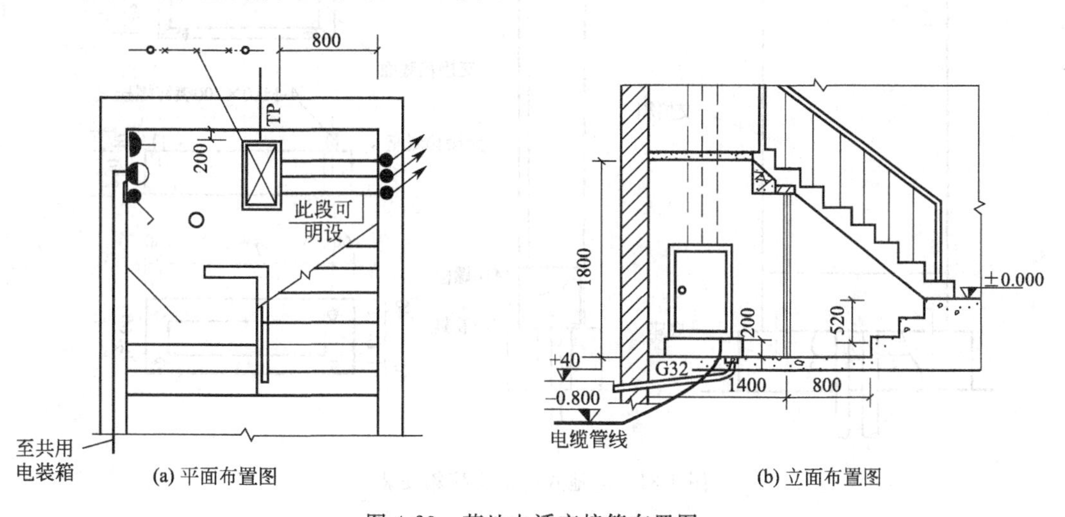

图 4-29 落地电话交接箱布置图

安装交接箱前，应先检查交接箱是否完好，然后放在底座上，箱体下边的地脚孔应对正地脚螺栓，并要拧紧螺母加以固定。落地式交接箱接地做法，如图 4-30 所示。

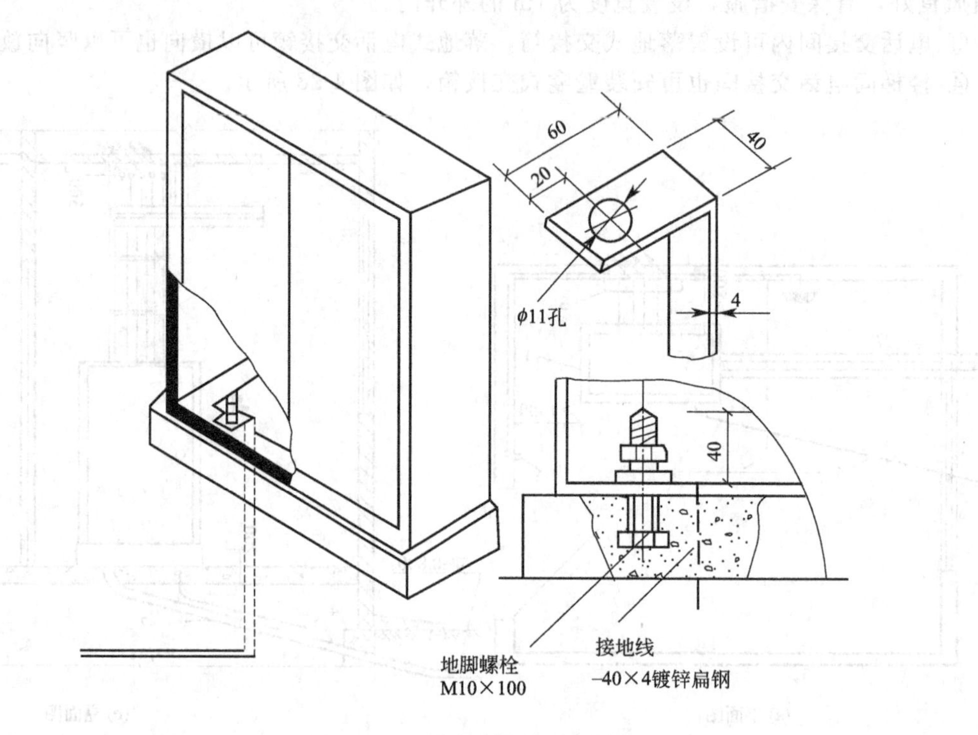

图 4-30 电缆交接箱接地安装

① 交接箱基础底座的高度不应小于 200mm，在底座的四个角上应预埋 4 颗 M10×100 长的镀锌地脚螺栓，用来固定交接箱，且在底座中央留置适当的长方洞作电缆及电缆保护管的出入口，如图 4-31 所示。

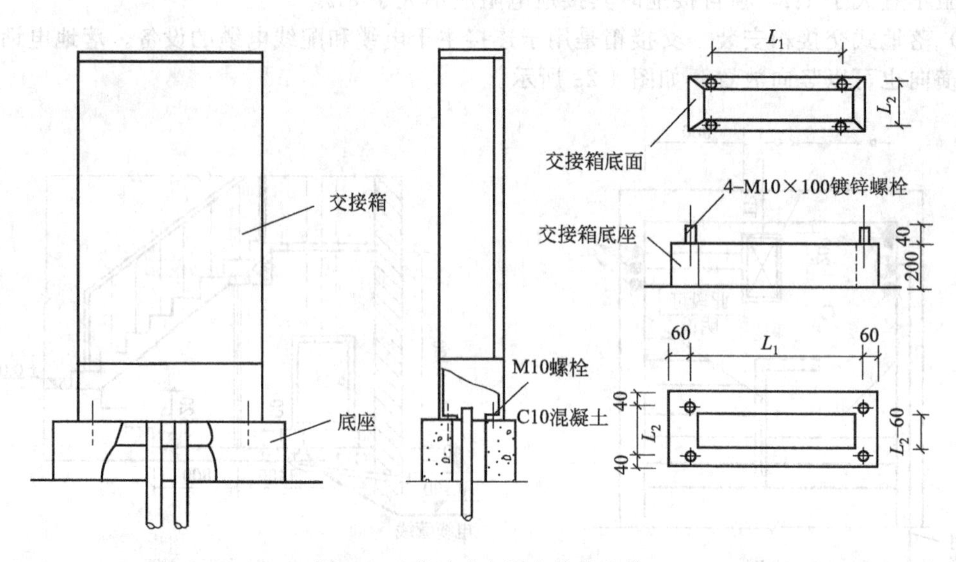

图 4-31 落地式电话交接箱安装

② 将交接箱放在底座上，箱体下边的地脚孔应对正地脚螺栓，且拧紧螺母加以固定。

③ 将箱体底边与基础底座四周用水泥砂浆抹平，以防止水流进底座。

4.2.2.4 分线箱和过路箱的安装

暗装电缆交接箱、分线箱及过路箱统称为壁龛，以供电缆在上升管路及楼层管路内分歧、接续以及安装分线端子板用。

① 壁龛可设置在建筑物的底层或二层，其安装高度应为其底边距地面 1.3m。

② 壁龛安装与电力、照明线路以及设施最小距离应为 30mm 以上；与燃气、热力管道等最小净距不应小于 300mm。

③ 壁龛与管道随土建墙体施工预埋。接入壁龛内部的管子应管口光滑，并且在壁龛内露出长度应为 10～15mm。钢管端部应用丝扣，并采用锁紧螺母固定。

④ 壁龛主进线管和进线管，通常应敷设在箱内的两对角线位置上，各分支回路的出线管应布置在壁龛底部和顶部的中间位置上。

⑤ 壁龛箱本体可为钢质、铝质或木质，并具有防潮、防尘以及防腐的能力。壁龛、分线小间的外门形式、色彩应与安装地点的建筑物环境基本协调。铝合金框室内电缆交接箱规格见表 4-11。壁龛分线箱规格见表 4-12。

表 4-11 铝合金框室内电缆交接箱规格表

规格/对	高×宽×厚/mm×mm×mm	质量/kg
100	470×350×220	12
200	600×350×220	14
300	800×350×220	18
400	1000×350×220	21

表 4-12 壁龛分线箱规格表 单位：mm

规格/对	厚	高	宽
10	120	250	250
20	120	300	300
30	120	300	300
50	120	350	300
100	120	400	300
200	120	500	350

通常壁龛主进线管和出线管应敷设在箱内的两对角线的位置上，各分支回路的出线管应布置在壁龛底部和顶部的中间位置上。

壁龛内部电缆的布置形式和引入管子的位置有密切关系，然而管子的位置因配线连接的不同要求而有不同的方式。有电缆分歧和无电缆分歧，管孔也由于进出箱位置不同分为如图 4-32 所示的几种形式。

4.2.2.5 上升通信管路的施工

(1) 上升管路的建筑方式与安装 暗敷管路系统上升部分的几种建筑方式见表 4-13，上升电缆直接敷设的方法和上升管路在墙内的敷设方式分别如图 4-33、图 4-34 所示。

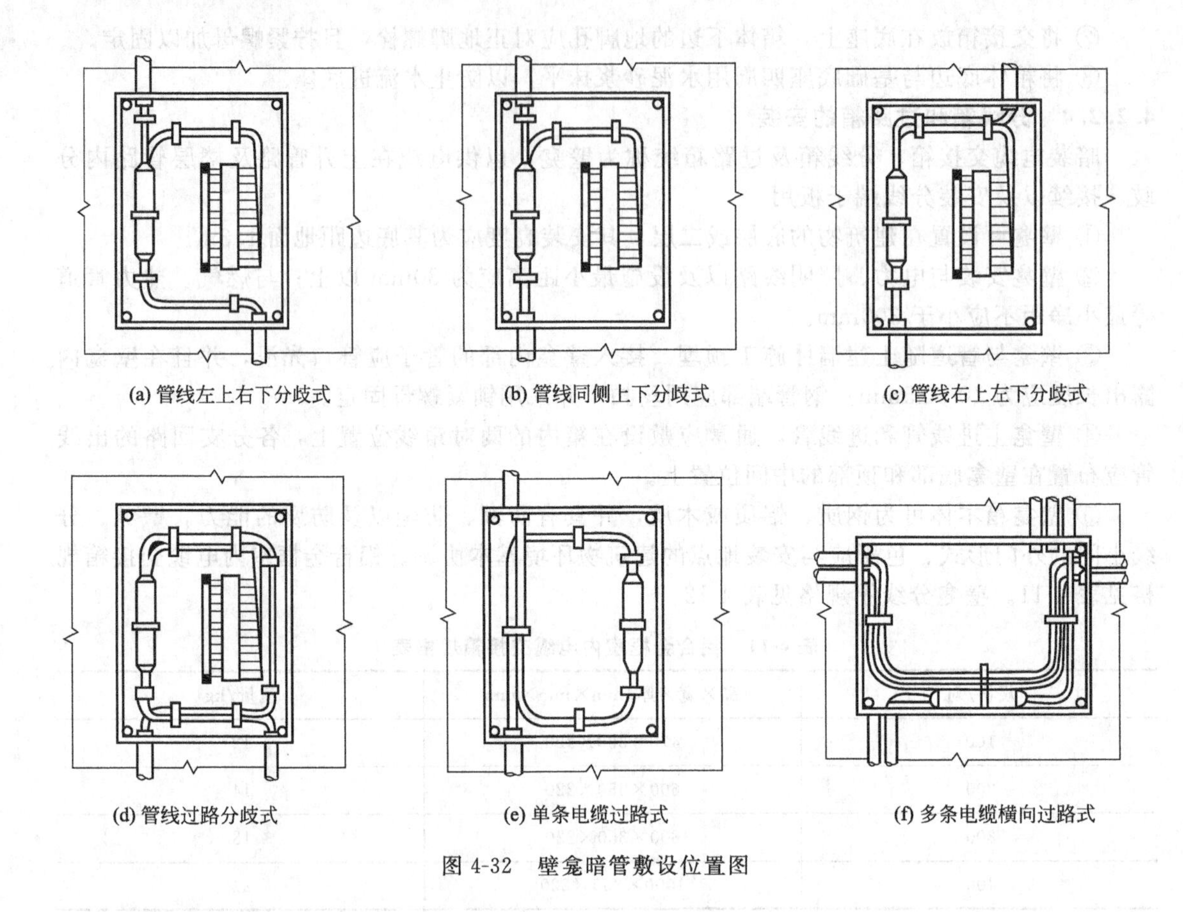

图 4-32 壁龛暗管敷设位置图

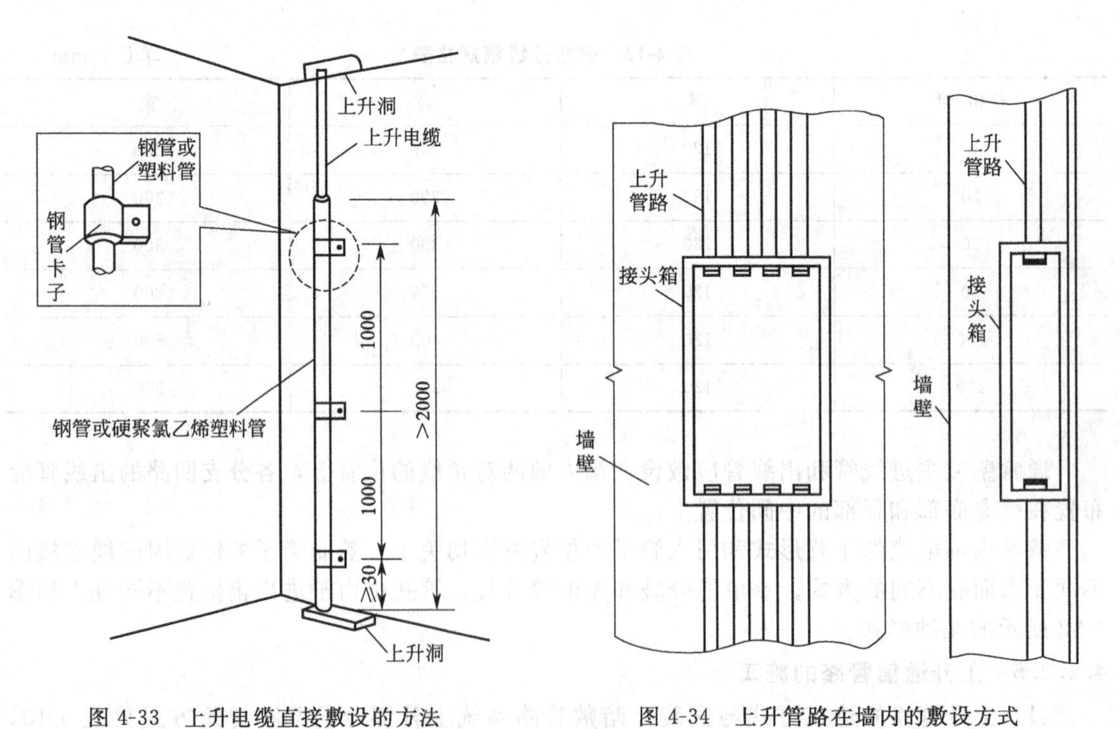

图 4-33 上升电缆直接敷设的方法

图 4-34 上升管路在墙内的敷设方式

表 4-13 暗敷管路系统上升部分的几种建筑方式

上升部分的名称	是否装设配线设备	上升电缆条数	特 点	适 用 场 合
上升房	设有配线设备，并有电缆接头，配线设备可以明装或暗装，上升房与各楼层管路连接	8条电缆以上	能适应今后用户发展变化，灵活性大，便于施工和维护，要占用从顶层到底层的连续统一位置的房间，占用房间面积较多，受到房屋建筑的限制因素较多	大型或特大型的高层房屋建筑；电话用户数较多而集中；用户发展变化较大，通信业务种类较多的房屋建筑
竖井（上升通槽或通道）	竖井内一般不设配线设备，在竖井附近设置配线设备，以便连接楼层管路	5～8条电缆	能适应今后用户发展变化，灵活性较大，便于施工和维护，占用房间面积少，受房屋建筑的限制因素较少	中型的高层房屋建筑，电话用户发展较固定，变化不大的情况
上升管路（上升管）	管路附近设置配线设备，以便连接楼层管路	4条及以下	基本能适应用户发展，不受房屋建筑面积限制，一般不占房间面积，施工和维护稍有不便	小型的高层房屋建筑（如塔楼），用户比较固定的高层住宅建筑

（2）电缆竖井设置与电缆穿管敷设

① 电缆竖井设置。

a. 高层建筑物电缆竖井宜单独设置，且宜设置在建筑物的公共部位。

b. 电缆竖井的宽度不宜小于600mm，深度宜为300～400mm。电缆竖井的外壁在每层楼都应装设阻燃防火操作门，门的高度不低于1.85m，宽度与电缆井相当，每层楼的楼面洞口应按相关规范设防火隔板。电缆竖井的内壁应设固定电缆的铁支架，且应有固定电缆的支架预埋件，铁支架上间隔宜为0.5～1m。

c. 电缆竖井也可与其他弱电缆综合考虑设置。然而检修距离不得小于1m，若小于1m时必须设安全保护措施。

d. 安装在电缆竖井内的分线设备，宜采用室内电缆分线箱，电缆竖井分线箱可以明装在竖井内，也可以暗装于井外墙上。

e. 竖井内电缆要与支架间使用4号钢丝绑扎，也可用管卡固定，要牢固可靠，电缆间距应均匀整齐。

② 电缆穿管敷设。

a. 穿放电缆时，应事先清刷暗管内的污水杂物，穿放电缆时应涂抹中性凡士林。

b. 暗管的出入口必须光滑，并且在管口垫以铅皮或塑料皮保护电缆，防止磨损。

c. 一根电缆管应穿放一根电缆，电缆管内不得穿用户线，管内严禁穿放电力或广播线。

d. 暗敷电缆的接口，其电缆均应绕箱半周或一周，以便于拆焊接口。

e. 凡电缆经过暗装线箱，无论有无接口，都应接在箱内四壁，不得占用中心，并在暗线箱的门面上标明电信徽记。

f. 在暗装线箱分线时，在干燥的楼层房间内可安装端子板，在地下室或潮湿的地方应装分线盒。接线端子板上线序排列应由左至右、由上至下。

g. 在一个工程中必须采用同一型号的市话电缆。

4.2.2.6 楼层管路的分布与安装

（1）楼层管路的分布 楼层管路的分布见表4-14。

表 4-14 楼层管路的分布

分布方式名称	特点	优缺点	适用场合
放射式分布方式	从上升管路或上升房分出楼层管路由楼层管路连通分线设备，以分线设备为中心，用户线管路作放射式的分布	①楼层管路长度短，弯曲次数少。 ②节约管路材料和电缆长度及工程投资。 ③用户线管路为斜穿的不规则路由，易与房屋建筑结构发生矛盾。 ④施工中容易发生敷设管路困难	①大型公共房屋建筑。 ②高层办公楼。 ③技术业务楼
格子形分布方式	楼层管路有规则地互相垂直形成有规律的格子形	①楼层管路长度长，弯曲次数少。 ②能适应房屋建筑结构布局。 ③易于施工和安装管路及配线设备。 ④管路长度增加，设备也多，工程投资增加	①大型高层办公楼。 ②用户密度集中，要求较高，布置较固定的金融、贸易、机构办公用房。 ③楼层面积很大的办公楼
分支式分布方式	楼层管路较规则，有条理分布，一般互相垂直，斜穿敷设较少	①能适应房屋建筑结构布置，配合方便。 ②管路布置有规则性、使用灵活性，较易管理。 ③管路长度较长，弯曲角度大，次数较多，对施工和维护不便。 ④管路长，弯曲多，使工程造价增加	①大型高级宾馆。 ②高层住宅。 ③高层办公大楼

(2) 分线箱　分线箱是指连接配线电缆和用户线的设备。在弱电竖井内装设的电话分线箱应为明装挂墙方式，如图 4-35 所示。其他情况下电话分线箱大多为墙上暗装方式（壁龛分线箱），以适应用户暗管的引入及美观要求。住宅楼房电话分线盒安装高度应为上边距顶棚 0.3m。

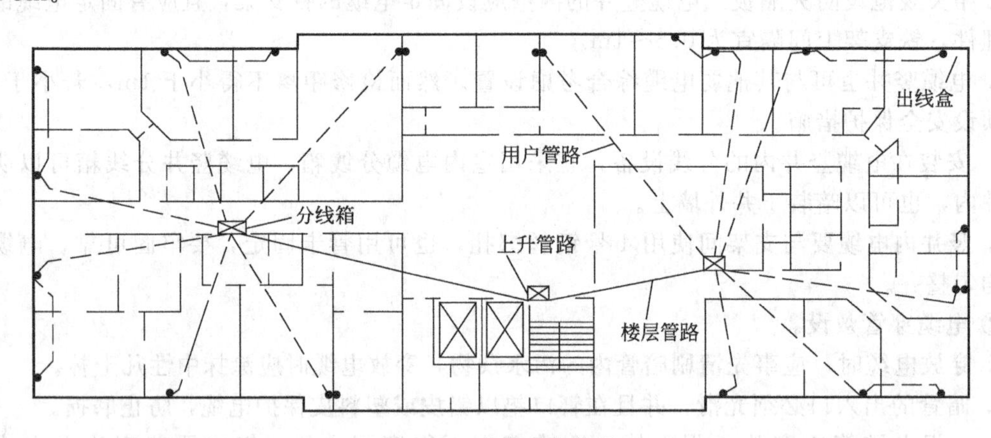

图 4-35　分线盒安装图

分线箱均应编号，箱号编排宜与所在的楼层数一致，若同一层有几个分线箱，则可以第一位为楼层号，然后按照从左到右的原则进行顺序编号。分线箱中的电缆线序配置宜上层小，下层大。

(3) 过路盒与用户出线盒　直线（水平或垂直）敷设电缆管和用户线管，长度超过 30m 应加装过路箱（盒），管路弯曲敷设两次也应加装过路箱（盒），以方便穿线施工。过路盒外形尺寸与分线盒相同。

过路箱（盒）应设置在建筑物内的公共部分，宜为底边距地 0.3～0.4m 或距顶 0.3m。住户内过路盒安装在门后时，如图 4-36 所示。若采用地板式电话出线盒，宜设置在人行通道以外的隐蔽处，其盒口应与地面平齐。

电话出线盒的安装要求主要有以下几点。

① 电话机不能直接同线路接在一起，而是通过电话出线盒（即接线盒）与电话线路连接。

② 室内线路明敷时，应采用明装接线盒，即两根进线、两根出线。电话机两条引线无极性区别，可任意连接。

③ 墙壁式用户出线盒均暗装，底边距地宜为 300mm。根据用户需要也可装于距地面 1.3m 处。用户出线盒规格可采用 86H50（尺寸为：高 75mm×宽 75mm×深 50mm），如图 4-37 所示。

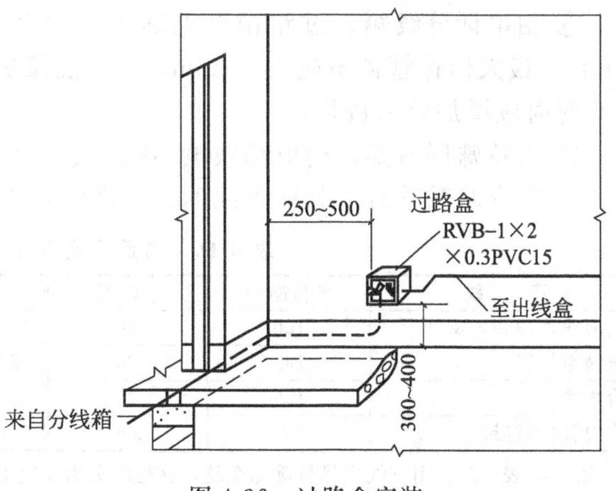

图 4-36　过路盒安装

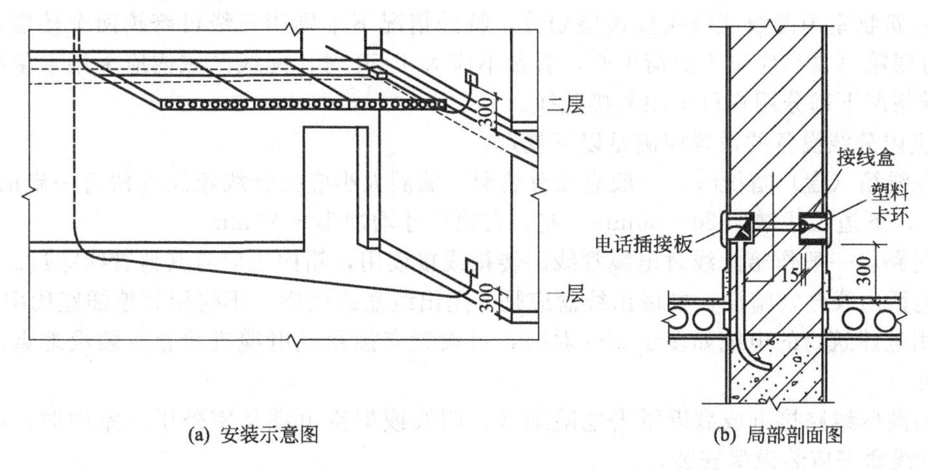

图 4-37　电话出线盒安装

4.2.2.7 室内电话线路的敷设

① 室内电话线路应根据工程的要求，采用明敷、暗敷、线槽敷设方式。

② 室内配线宜采用全塑电话电缆和一般塑料线。

③ 室内配线应避免穿越沉降缝，不应穿越易燃、易爆、高温、高电压、高潮湿及有较强震动的地段或房间，若不可避免时，应采取保护措施。

④ 电缆、电线穿管的选择和管子利用率的确定见表 4-15。

表 4-15　穿管的选择

电缆、电线敷设地段	最大管径限制/mm	管径利用率/%	管子截面利用率/%
		电缆	绞合导线
暗设于底层地坪	不作限制	50～60	30～35
暗设于楼层地坪	一般≤25；特殊≤32	50～60	30～35
暗设于墙内	一般≤50	50～60	30～35
暗设于吊顶内或明设	不作限制	50～60	25～30(30～35)
穿放用户线	≤25	—	25～30(30～35)

注：1. 管子拐弯不宜超过两个弯头，其弯头角度不得小于 900，有弯头的管段长如超过 20m 时，应加管线过路盒。
2. 直线管段长一般以 30m 为宜，超过 30m 时，应加管线过路盒。
3. 配线电缆和用户线不应同穿一条管子。
4. 表中括号内数值为管内穿放平行导线时的数值。

⑤ 由电话分线箱、过路箱至电话出线口间的电话线路保护管，最小标称管径不小于15mm，最大标称管径不应大于25mm。一根保护管最多布放6对电话线，当布放电话线多于6对时应增加管路数量。

⑥ 有特殊屏蔽要求的电缆或电话线，应穿钢管敷设，并将钢管接地。

⑦ 室内暗敷管线与其他管线的最小净距，应符合表4-16的规定。

表4-16 暗敷管线与其他管线的最小净距 单位：mm

管 线	平行净距	交叉净距	管 线	平行净距	交叉净距
电力线路(380V及以下)	150	50	热力管(包封)	300	300
压缩空气管	150	20	煤气管	300	20
给水管	150	20	防雷引下线	1000	300
热力管(不包封)	500	500	保护地线	50	20

注：1. 表中防雷引下线应尽量避免交越，交越距离为墙壁电缆敷设高度小于6m时数据。墙壁电缆与防雷引下线交叉时，应加保护装置。

2. 墙壁电缆在易受电磁干扰影响的场合敷设时，应加钢管保护，钢管做良好接地。

⑧ 建筑物室内配线区域应按楼层划分，特殊情况下个别用户线可跨越两个楼层；配线区域内分线箱（盒）应位于负荷中心，容量不应大于50对；配线区域内应采用直接配线为主，特殊情况下部分用户可采用复接配线。

⑨ 室内分线设备的设置应满足以下规定。

a. 分线箱（盒）暗设时，一般应预留墙洞。墙洞大小应按分线箱尺寸留有一定的余量，即墙洞上、下边尺寸增加20～30mm，左、右边尺寸增加10～20mm。

b. 过路箱一般作暗配线时电缆管线的转接或接续用，箱内不应有其他管线穿过。

c. 电话出线盒宜暗设，电话出线盒应是专用出线盒或插座，不得用其他插座代用。

d. 引进建筑物的电缆如多于200对时，可设置交接箱或电缆进线箱，装设地点应使进出线方便。

e. 与高压线路接近或靠近雷击危险地区，明线或架空电缆从室外引入室内时，电缆交接箱或分线盒等应装设保安装置。

f. 分线箱（盒）安装高度底边距地为0.5～1m，距话机出线盒为0.2～0.3m。

⑩ 引至各楼层上升电缆较多时宜设置电缆竖井。如与其他管线（电力线等）合用竖井时，应各占一侧敷设。如在竖井内采用钢管敷线时，应预留1～2条备用管。

⑪ 通信电缆在竖井内宜采用封闭型电缆桥架或封闭线槽等架设方式。通信电缆应绑扎于电缆桥架梯铁或线槽内横铁上，以减少电缆自身承受的重力。

⑫ 室内配线电缆不宜在楼板内作横向敷设，特殊情况下需要作横向敷设时，电缆容量以不超过50对为宜。配线电缆在竖井内作纵向敷设时，以不大于100对为宜。

⑬ 引出建筑物的用户线在2对以下、距离不超过25m时，可采用铁管埋地引至电话出线盒，如超过上述规定时，则应采用直埋电缆。但该段管路应采取一定的防腐措施。

4.2.2.8 室外电话线路的敷设

① 住宅小区和大型建筑群的布线宜采用电缆管道敷设。

② 管道的管孔数应按终期电缆条数及备用孔数确定。建筑物电话线路引入管道，每处管孔数不宜少于两孔。硬塑料管选用孔径50mm和90mm或孔径50mm和75mm的管进行组合。

③ 室外管道通常采用硬塑料管或混凝土管块。混凝土管宜选用6孔（孔径90mm）管孔为基数进行组合。

④ 主干管道的孔径大于75mm；用作配线管道的孔径大于50mm。

a. 在下列情况下宜采用双波纹塑料管或硬塑料管。

ⅰ. 管道埋深位于地下水位以下，或与渗漏的排水系统相邻近。

ⅱ. 腐蚀情况比较严重的地段。

ⅲ. 地下障碍物复杂的地段。

b. 在下列情况下宜采用钢管。

ⅰ. 管道附挂在桥梁上或跨越沟渠，有悬空跨度时。

ⅱ. 需采用顶管施工方法穿越道路或铁路路基时。

ⅲ. 埋深过浅或路面荷载过重时。

⑤ 管道的埋深一般为0.8～1.2m。在穿越人行道、车行道时，最小埋深不得小于表4-17的规定。

表 4-17 管道的最小埋深

管道种类	管顶至路面或铁道路基的最小净距/m			
	人行道	车行道	电车轨道	铁道
混凝土管块、硬塑料管	0.5	0.7	1.0	1.3
钢管	0.2	0.4	0.7	0.8

⑥ 电缆管道不宜与压力管道、热力管道等同设于道路的一侧。电话线路管道与其他各种管线及建筑物等的最小净距应符合表4-18、表4-19的规定。每段管道一般不宜大于120m，最长不应超过150m，坡度应大于或等于4.0‰。

表 4-18 通信管道和其他地下管线及建筑物间的最小净距

其他地下管线及建筑名称		平行净距/m	交叉净距/m
已有建筑物		2.0	—
规划建筑物红线		1.5	—
给水管	d≤300mm	0.5	0.15
	300mm<d≤500mm	1.0	
	d>500mm	1.5	
污水、排水管		1.0	0.15
热水管		1.0	0.25
燃气管	压力≤300kPa(压力≤3kg/cm^2)	1.0	0.3
	300kPa<压力≤800kPa (3kg/cm^2<压力≤8kg/cm^2)	2.0	
电力电缆	35kV以下	0.5	0.5
	≥35kV	2.0	
高压铁塔基础边	>35kV	2.50	—
通信电缆(或通信管道)		0.5	0.25
通信电杆、照明杆		0.5	—
绿化	乔木	1.5	—
	灌木	1.0	—
道路边石边缘		1.0	—
铁路钢轨(或坡脚)		2.0	—
沟渠(基础底)		—	0.5
涵洞(基础底)		—	0.25
电车轨底		—	1.0
铁路轨底		—	1.5

注：1. 主干排水管后敷设时，其施工沟边与管道间的水平净距不宜小于1.5m。

2. 当管道在排水管下部穿越时，净距不宜小于0.4m，通信管道应做包封处理。包封长度自排水管两侧各长2m。

3. 在交越处2m范围内，煤气管不应作接合装置和附属设备；如上述情况不能避免时，通信管道应做包封处理。

4. 如电力电缆加保护管时，交叉净距可减至0.15m。

表 4-19 长途通信直埋光缆与其他建筑设施间的最小净距

名称		平行时/m	交越时/m
通信管道边线[不包括人(手)孔]		0.75	0.25
非同沟的直埋通信光、电缆		0.5	0.25
埋式电力电缆(35kV 及以下)		0.5	0.5
埋式电力电缆(35kV 及以上)		2.0	0.5
给水管	管径小于 30cm	0.5	0.5
	管径 30～50cm	1.0	0.5
	管径大于 50cm	1.5	0.5
高压油管、天然气管		10.0	0.5
热力、排水管		1.0	0.5
燃气管	压力小于 300kPa	1.0	0.5
	压力 300～800kPa	2.0	0.5
排水沟		0.8	0.5
房屋建筑红线或基础		1.0	—
树木(市区、村镇大树、果树、行道树)		0.75	—
树木(市外大树)		2.0	—
水井、坟墓		3.0	—
粪坑、积肥池、沼气池、氨水池等		3.0	—
架空杆路及拉线		1.5	—

注：1. 直埋光缆采用钢管保护时，与水管、煤气管、石油管交越时的间距可降低为 0.15m。
2. 对于杆路、拉线、孤立大树和高价建筑，还应考虑防雷要求。大树指直径 30cm 及以下的树木。
3. 穿越埋深与光缆相近的各种地下管线时，光缆宜在管线下方通过。

⑦ 人（手）孔位置的选择应符合下列要求。

a. 人（手）孔位置应选择在管道分支点、建筑物引入点等处。在交叉路口、管道坡度较大的转折处或主要建筑物附近宜设置人（手）孔。人孔、手孔尺寸如图 4-38 所示，人孔、手孔内净高及容纳管道数量见表 4-20。

表 4-20 人孔、手孔内净高及容纳管道数量表

类别	净高/m	容纳管道最大孔数量/孔	
		标准管道(孔径 90mm)	多孔管道(孔径 28～32mm)
大号人孔	1.8	24	72
小号人孔	1.8	18	54
手孔	1.1	4	12
小号手孔	0.225～0.525	2	6

b. 人（手）孔间的距离不宜超过 150m。

c. 人孔型式应根据终期管群容量大小确定。综合月前通信管道的建设和使用情况，人（手）孔型号的选择宜按下列孔数选择。

ⅰ. 单一方向标准孔（孔径 90mm）不多于 6 孔、孔径为 28mm 或 32mm 的多孔管不多于 12 孔容量时，宜选用手孔。

ⅱ. 单一方向标准孔（孔径 90mn）不多于 12 孔、孔径为 28mm 或 32mm 的多孔管不多于 24 孔容量时，宜选用小号人孔。

ⅲ. 单一方向标准孔（孔径 90mm）不多于 24 孔、孔径为 28mm 或 32mm 的多孔管不多于 36 孔容量时，宜选用中号人孔。

ⅳ. 单一方向标准孔（孔径 90mm）不多于 48 孔、孔径为 28mm 或 32mm 的多孔管不多于 72 孔容量时，宜选用大号人孔。

d. 人（手）孔型式按表 4-21 的规定选用。

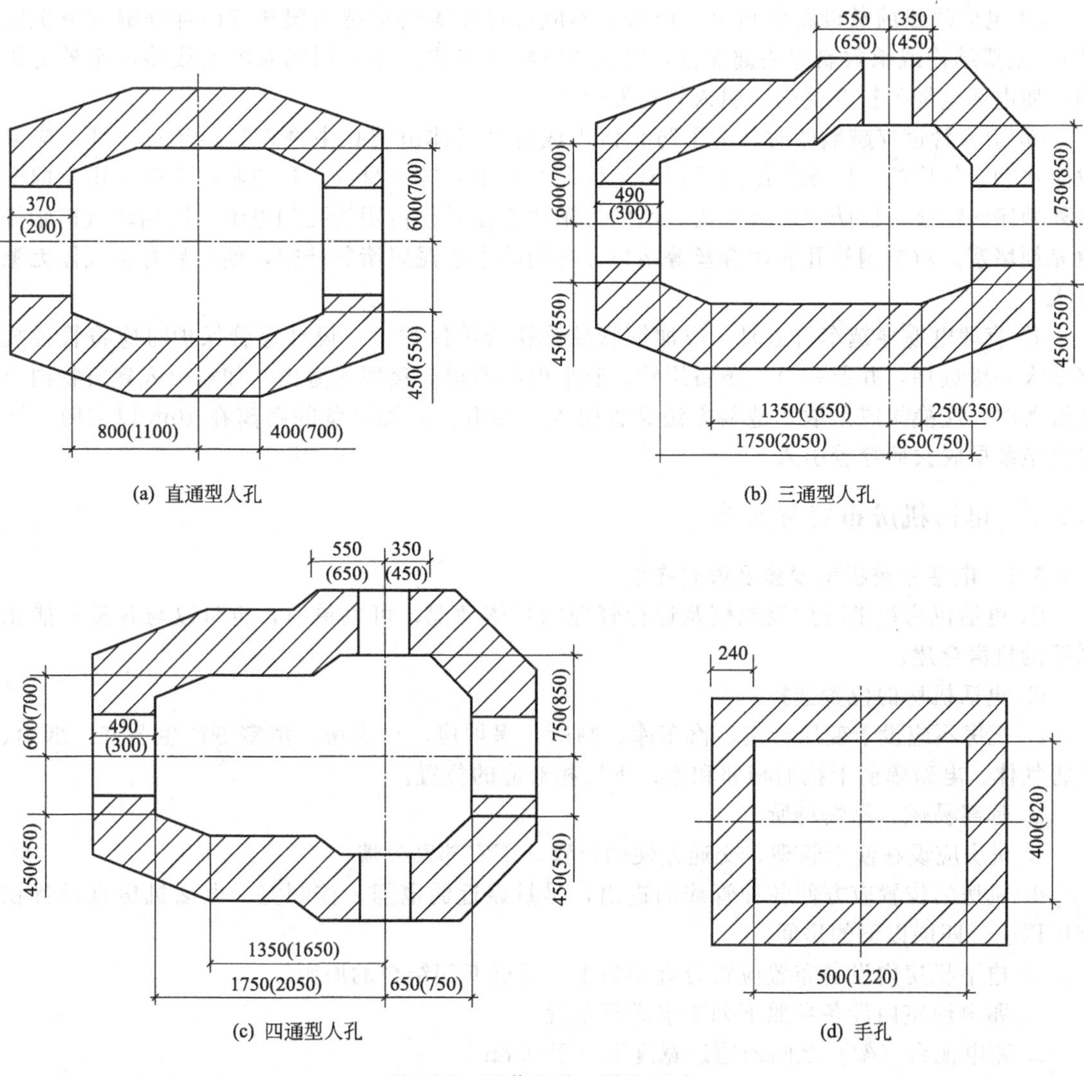

(a) 直通型人孔　　(b) 三通型人孔

(c) 四通型人孔　　(d) 手孔

图 4-38　通信人孔、手孔尺寸

注：1. 图中侧墙数据中括号外的数字为侧墙采用 MU10 烧结普通砖的数据，括号内的数字为侧墙采用混凝土的数据。

2. 图中人、手孔内部括号外的数字为小号人、手孔的数据，括号内的数字为大号人、手孔的数据。

表 4-21　人（手）孔型式表

型　式		管道中心线交角	备　注
直通型		＜7.5°	适用于直线通信管道中间设置的人孔
斜通型（亦称扇形）	15°	7.5°～22.5°	适用于非直线折点上设置的人孔
	30°	22.5°～37.5°	
	45°	37.5°～52.5°	
	60°	52.5°～67.5°	
	75°	67.5°～82.5°	
三通型(亦称拐弯型)		＞82.5°	适用于直线通信管道上有另一方向分歧通信管道，其分歧点设置的人孔或局前人孔
四通型(亦称分歧型)		—	适用于纵横两路通信管道交叉点上设置的人孔，或局前人孔
局前人孔		—	适用于局前人孔
手孔		—	适用于光缆线路简易塑料管道、分支引上管等

⑧ 电话线路的敷设路由和引入位置，不应选择在需要穿越高层建筑的伸缩缝（或沉降缝）、主要结构或承重墙等关键部分，以免建筑物沉降或承重不同而对电话线路产生外力影响，使电话电缆外护套受伤，引入管道发生错口。

⑨ 引入管道穿越墙壁时，为了防止污水或有害气体由管孔中进入高层建筑内部，应采取防水和堵气措施。防水措施除采用密闭性能好的钢管等管材外，还应将引入管道由室内向室外稍倾斜铺设，以防水流入室内。堵气措施通常是对已占用管孔的电缆四周用环氧树脂等填充剂堵塞。对空闲管孔先用麻丝等堵口，再用防水水泥浆堵封严密，使外界有害气体无隙可入。

⑩ 直埋电缆穿越车行道时，应加钢管或铸铁管等保护，在设计穿管保护时应将管径规格增大一级选择，并留一至二条备用管。直埋电缆不得直接埋入室内。如需引入建筑物内分线设备时，应换接或采取非铠装方法穿管引入。如引至分线设备的距离在10m以内时，则可将铠装层脱去后穿管引入。

4.2.3 电话机房布置与安装

4.2.3.1 电话系统机房设置及设备布置

① 电话机房视工程建设规模及运行管理的具体情况，可以单建，也可以与各种智能化系统的机房合建。

② 电话机房的位置选择。

a. 机房不应设于变压器室、汽车库、厕所、锅炉房、洗衣房、浴室等产生蒸汽、烟尘、有害气体、电磁辐射干扰的相邻和上、下层相对应的位置。

b. 远离易燃、易爆场所。

c. 机房应设在便于管理、交通方便的位置，不宜邻贴外墙。

d. 机房的位置应方便各种管线的进出，尽量靠近弱电间、控制室。电话机房宜设置在首层以上、四层以下的房间。

③ 电话机房内设备布置应符合近期为主、远近期相结合的原则。

④ 蓄电池室内设备参照下列要求进行布置。

a. 蓄电池台（架）之间的通道宽度不小于0.8m。

b. 蓄电池台（架）的一端应留有主要通道，其宽度通常为1.2～1.5m，另一端与墙间的净距为0.1～0.3m。

c. 同一组蓄电池分双列平行安装于同一电池台（架）时，列间距为0.15m。

d. 双列蓄电池组与墙间的平行通道宽度不小于0.8m；单列蓄电池组可靠墙安装，蓄电池与墙间的距离为0.1～0.2m。

e. 蓄电池与采暖散热器的净距不小于0.8m，蓄电池不得安装在暖气沟上面。

f. 蓄电池组为免维护电池时，可采用机柜安装方式。

⑤ 电话交换系统机房内机柜、用户总配线架、整流器和蓄电池等通信设备的安装应采取加固措施。加固要求按当地基本设计烈度进行抗震加固。

⑥ 总配线架与各机柜间的电缆可采用地面线槽、活动地板下线槽或走线架等敷设方式。交直流线路可穿管埋地敷设。

4.2.3.2 电话交接间的设置

① 电话交接间与智能化系统的弱电间要求相同，其位置选择应符合下列要求。

a. 弱电间应与配电间、电梯间、水暖管道间分别设置。

b. 弱电间应设在便于管理、交通方便的位置，弱电间不宜邻贴外墙。

c. 弱电间的位置应方便各种管线的进出，尽量靠近控制室、机房，位于布线中心。

d. 兼作综合布线系统楼层交接间时，满足 90m 的要求。

e. 根据建筑面积、系统出线的数量、弱电间应在与上下层对应的位置。

f. 弱电间距最远信息点的距离应满足水平电缆小于路径等条件，每层设置一个及以上弱电间。

② 每 600～1000 户应设置一个电话电缆交接间，其使用面积不应小于 $10m^2$。

③ 当建筑物内设置电话交换机时，电话电缆交接间应与电话用户总配线架结合设置。

4.2.3.3 电话站的平面布置

① 电话站内设备布置应符合以近期为主，远近期相结合的原则，并要满足下列要求：

a. 安全适用和维护方便。

b. 便于扩充发展。

c. 整齐美观。

② 话务台室宜与电话交换机室相邻，话务台的安装宜能使话务员通过观察窗正视或侧视到机列上的信号灯。

③ 总配线架或配线箱应靠近自动电话交换机；电缆转接箱或用户端子板应靠近人工电话交换机，并均应考虑电缆引入、引出的方便和用户所在方位。

④ 电话站交换机的容量在 200 门及以下（程控交换机 500 门及以下），总配线架（箱）采用小型插入式端子箱时，可置于交换机室或话务台室；当容量较大时，交换机话务台与总配线架应分别置于不同房间内。

⑤ 容量在 360 回线以下的总配线架落地安装时，一侧可靠墙；大于 360 回线时，与墙的距离一般不小于 0.8m。横列端子板离墙一般不小于 1m，直列保安器排离墙一般不小于 1.2m，挂墙装设的小型端子配线箱底边距地一般为 0.6m。

⑥ 成套供应的自动电话交换机的安装铁件，列间距离应按生产厂家的规定，否则设备（机架）各种排列方式的间距应符合表 4-22 的规定。

表 4-22 设备（机架）各种排列方式的间距

名　称	建议距离/m	名　称	建议距离/m
相邻机列面对面排列的距离	≥1.5	主通道	1.5～2.0
相邻机列面对背排列的距离	1.0～1.5	设备侧面距墙	不应小于 0.8m
相邻机列背对背排列的距离	0.8		

注：当机列背面不需要维护时可靠墙安装。

⑦ 电话站内机列、总配线架、整流器和蓄电池等通信设备的安装应采取加固措施。当有抗震要求时，其加固要求应按当地规定的抗震烈度再提高一度来考虑。

⑧ 配线架与机列间的电缆敷设方法宜采用地面线槽或走线架。交直流线路可穿管埋地敷设。

⑨ 电话站内机架正面宜与机房窗户垂直布置。

⑩ 电话站的典型布置示例如图 4-39 所示。

4.2.3.4 电话站机房的照明

① 电话站的工作照明（包括免维护蓄电池室）一般采用荧光灯，布置灯位时应使各机（柜）架、机台或需要的架面、台面均应达到规定照度标准（见表 4-23）。

② 交换机室、话务室、电力室应设应急照明。

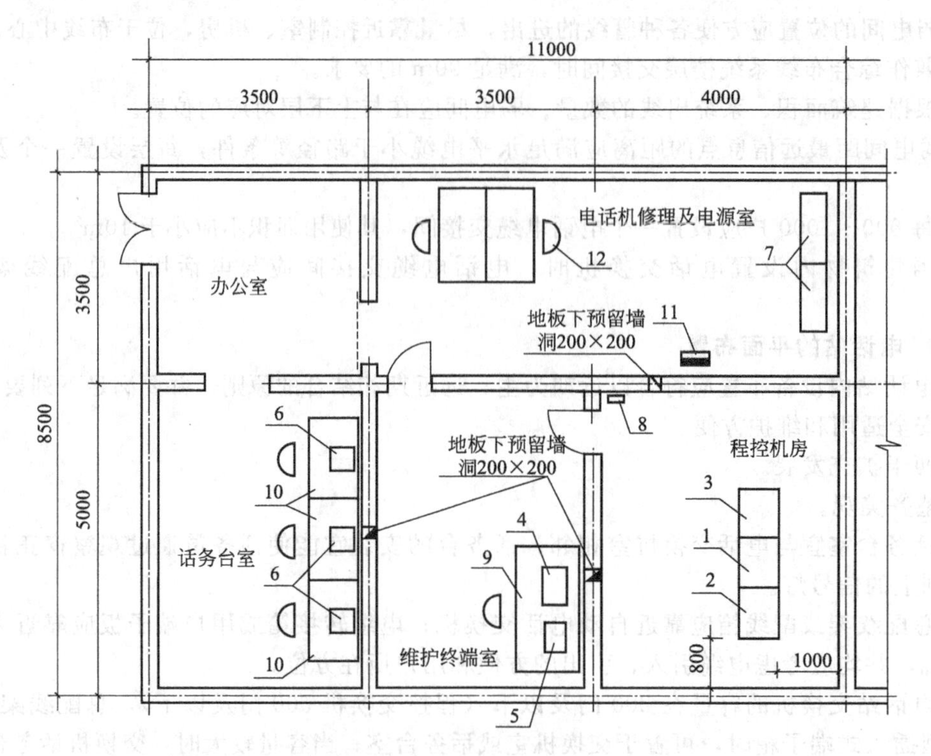

图 4-39　交换机 1000 门程控电话站平面布置示例

1—交换机主机柜；2—交换机扩展柜；3—配线电源柜；4—维护终端（含打印机）；5—计费装置；6—话务台；7—全密封免维护铅酸蓄电池；8—接地板；9—终端桌（大型）；10—终端桌；11—交流配电箱；12—椅子

表 4-23　电话站机房照明的照度标准值

名　称	照度标准值/lx	计算点高度/m	备　注
用户交换机室	100-150-200	1.40	垂直照度
话务台	75-100-150	0.80	水平照度
总配线架室	100-150-200	1.40	垂直照度
控制室	100-150-200	0.80	水平照度
电力室配电盘	75-100-150	1.40	垂直照度
蓄电池槽上表面，电缆进线室电缆架	30-50-75	0.80	水平照度
传输设备室	100-150-200	1.40	垂直照度

4.2.3.5　防雷与接地

① 防雷与接地要求应满足建筑物防雷与电子信息系统防雷和接地及安全保护的有关要求。

② 程控用户交换机应采用单点接地方式，将电池正极、机壳和熔断器告警等三种地线分别用导线汇集至接地汇流排，再用导线连接至接地体。

③ 程控用户交换机容量＜1000 门时，接地电阻设计要求≤10Ω。程控用户交换机容量≥1000 门且≤10000 门时，接地电阻设计要求≤5Ω。在程控用户交换机选定以后，接地电阻可根据该产品要求确定。

④ 程控用户交换机也可采用共用接地装置接地，其接地电阻值不应大于 1Ω。

4.2.4 电话通信系统测试与验收

4.2.4.1 电话通信系统的测试

电话通信系统的测试主要可以分为以下几个方面。

(1) 接通率测试

① 局内模拟呼叫器大话务量测试。局内模拟呼叫器大话务量测试是指60对用户集中在数个用户级接近满负载的情况下运行时，指标应达到99.96%。

② 局内人工拨号测试。局内人工拨号测试是10对用户话机分组同时拨叫，累计达5000次，以做辅助考核指标。

③ 局间人工拨号测试。每个直达局间出、入局呼叫在话务清闲时各进行200次。数字局间达98%；数模局间达95%。

(2) 性能测试　在进行性能测试时主要应注意以下几方面内容。

① 本局呼叫测试。每次抽测3～5次应良好。本局呼叫测试的内容主要包括：正常通话、摘机不拨号和位间超时，拨号中途放弃，久叫不应、被叫忙用户电路锁定、呼叫群的空号、链路忙以及用户连选等。

② 出、入局呼叫测试。对每个直达局向的中继线作100%呼叫测试，应良好。

③ 释放控制测试。互不控制、主呼控制和被叫控制应良好。

④ 特种业务和代答业务测试。对特服中继作100%呼叫测试，对代答录音接口作测试检查，均应良好。

⑤ 用户新业务性能：缩位拨号、热线、限制呼出、叫醒业务、免打扰服务、转移呼叫、呼叫等待、三方通话、遇忙回叫、空号服务以及追查恶意呼叫等的登记、接通和撤销良好。

⑥ 非电话业务测试。在用户电路上接入传真机进行文字、图片传真，接入调制解调器，传送300～2400bit的数据应良好，并不被其他呼叫插入和中断。在2B+D接口传送数据应符合说明书规定。

⑦ 计费功能及差错率测试。计费功能应符合设计规定。差错率不大于1/10000。

(3) 局间中继测试

① 对市话（电信公网）及本地局间中继测试：位间超时、拨号中弃、久叫不应、中继忙、被叫应答、一方失挂释放、呼叫空号及经本局来、去话汇接等每项3～5次应良好。

② 对本专网长途中继作全自动、半自动来话、人工来话呼叫测试：正常通话、被叫挂机再应答、中继忙、久叫不应、长途忙、呼叫空号以及被叫忙等经长途中继作自环测试及经迂回路由呼叫、半自动来话插入通知、人工来话再振铃和插入通知及强拆，每项3～5次应良好。

(4) 处理能力、超负荷测试

① 按技术规范书指标，分系统、分级以及用户模块测试考核处理能力。

② 超负荷测试应达到下列要求。

a. 当处理机的处理能力超过上限值时，应自动逐步限制普通用户的呼出。

b. 所限制的用户要均匀分布在普通用户之间，优先用户不受限制。

c. 不允许同时将全部普通用户停止服务。

(5) 维护管理和故障诊断

① 根据人机命令手册，对人机命令进行测试，应达到功能完善，执行正确。

② 告警系统及其功能测试应符合下列要求。

a. 告警装置的可闻、可视信号应动作可靠。

b. 操作维护中心与交换设备之间的各种告警信息传递应迅速正确。

c. 对交换、传输、电源及环境系统的故障模拟试验，其告警指标和信息应准确，记录完整。

③ 话务统计和观察应符合下列要求。

a. 用命令登记方式结合模拟呼叫器或人工呼叫对处理机用户级、中继群和公共设备的运行状况进行观察统计，输出结果应正确。

b. 用命令指定中继线和用户线进行话务观察，统计呼叫全过程及计费变更情况，输出结果应正确。

c. 按说明书对其他工作性能的内容进行检查核对应正确。

d. 对信令链路的永久性观察和监视的检查，应正确。

④ 用人机命令对局数据和用户数据进行增、删、改的操作，并应通过呼叫予以证实。

a. 局数据项目包括：局向、中继线数量、路由、信令、发号位数、中继迂回路由和费率等。

b. 用户数据项目包括：用户号码、设备号码、类别和性能等。

⑤ 用人机命令执行下列例行测试和指定测试，输出结果应正确。

a. 用户线和用户电路。

b. 中继线和中继电路。

c. 公用设备。

d. 信号链路。

e. 交换网络。

⑥ 验证系统控制台、线路测量台的维护管理功能和话务转接台功能，应良好。

⑦ 验证故障诊断功能应符合说明书要求。主、备用设备倒换应良好。

⑧ 系统备用工作文件重新装入进行初始化，交换系统应正常运行；验证系统自动再装入和自动再启动，人工再启动功能应良好。

(6) 环境测试

① 直流电源电压在标称电压－48V，机房电源输入端电压分别为－54V 和－43V 极限时，用模拟呼叫器进行多频话机呼叫，1h 的本局接通率应为 99.9%；各种操作维护功能应正常。

② 在机房室温达 35℃，相对湿度为 30%～60%时，机架的前后盖板开启，系统应能正常工作 1h，用模拟呼叫器进行局内呼叫，接通率应为 99.9%；必要时要进行临界高温试验，即使室温达 45℃，相对湿度大于 20%，测试呼叫接通率 0.5h，系统工作应正常；返回正常条件，即室温达 20℃，相对湿度大于 90%，测试呼叫接通率 1h，指标应为 99.9%（温度梯度应小于 5℃/h，相对湿度梯度应小于 10%/h）。

(7) 传输指标测试　传输指标测试要注意以下内容。

① 传输衰减应符合下列标准。

a. 用户线与用户线间本地通话 3.5dB。

b. 用户线经四线中继与长途用户间长途通话 7dB。

c. 港区通信、中国交通通信网内通信全程传输衰减应符合设计要求。设计未提出具体要求时，模拟网全程传输衰减不应大于 22dB。

② 增益/频率特性。在模拟接口点输入 f=1004Hz 或 1020Hz 正弦波信号，其功率电平为－10dB 时，模拟接口点之间的衰减频率失真应满足实践范围要求。

③ 串音衰减。在通过交换机形成的两个连接通路间，在最不利的条件下，频率 f=

1100Hz 输入电平为 0dB 时，串音防扰度不小于 67dB。

④ 增益/电平特性。将一个频率为 700～1100Hz 范围内的正弦波信号，以－55～＋3dB 之间的电平加到任一信道的输入端，这个信道的增益相对于输入电平为－10dB 时的增益变化处于规定的实线范围内。

⑤ 衡量杂音。由编、解码过程引起的杂音不超过－65dB。

⑥ 群时延失真。在二线模拟接口点（z）之间的一个传输方向上的群时延失真应满足图 4-40 所示范围。

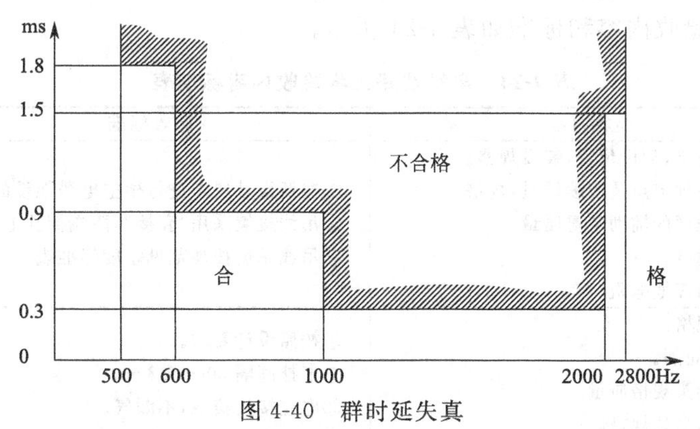

图 4-40 群时延失真

⑦ 绝对群时延。通过交换机由模拟用户 A 至模拟用户 B 加上模拟用户 B 至模拟用户 A 间，绝对群时延平均值应小于 3000μs 的 95％数值应≤3800μs。

⑧ 互调失真应满足下列要求。

a. 在频率 300～3400Hz 范围内，非谐波的正弦波信号频率 f 在－4～－21dB 范围内。

b. 在频率 300～3400Hz 范围内，具有－9dB 电平的任何信号与具有－23dB 电平的 f＝50Hz信号同时加到通路的输入端，任何互调失真的电平应低于－49dB。

⑨ 任一单频杂音电平应不超过－50dB。

⑩ 交换局在忙时的脉冲杂音平均次数，在 5min 内超过－35dB（相对零电平点绝对功率电平）的脉冲杂音次数应不大于 5 次。

4.2.4.2 试运转测试

试运转应从初验测试完毕、割接开通后开始，时间应不少于三个月。试运转测试的主要指标和性能应达到指标规定，方可进行工程总验收。如果主要指标不符合要求，应从次月开始重新进行三个月试运转。在试运转期间，如果障碍率总指标合格，但某月的指标不合格时，应追加一个月，直到合格为止，试运转期间应接入设备容量 20％以上的用户联网运行。

（1）观察指标

① 硬件故障率。因元器件等损坏，需更换印刷板的次数，每月应不大于 0.1 次/100 门。

② 计费差错率应不大于 1/10000。

③ 交换网络非正常倒换的指标应不大于：第一月 2 次；第二月 1 次；第三月 1 次；总计 4 次。

④ 在试运转阶段不得由于设备原因进行人工再装入和最高级的人工再启动。

（2）模拟测试

① 局内接通率测试。

a. 用模拟呼叫器每月测试一次，每次在忙时作 1000 次呼叫，接通率应不小于 99.9％。

b. 用人工拨叫方法每月测试一次，每次在忙时作 2000 次呼叫，接通率应不小于99.5%。

② 局间接通率测试。各局向出入中继接通率每月测试一次，每个局向连接 4 对用户，在话务清闲时作 200 次呼叫，接通率应不小于 95%。

③ 长时间通话测试。每月测试一次，用 10 对话机连成通话状态，在 48h 后通话电路应正常，计费应正确，无重接、断话或单向通话等现象。

4.2.4.3 电缆线路工程验收内容和标准

电缆线路工程验收内容和标准如表 4-24 所示。

表 4-24 电缆线路工程验收内容标准表

验收项目	验收内容	验收标准	抽查比例
架空吊线	①吊线规格，架设位置，装设规格。 ②吊线各种节点及接续质量，规格。 ③吊线附属的辅助装置质量。 ④吊线垂度。 ⑤吊线的接地电阻	①按照设计要求进行架空电缆架设的验收。 ②吊线接续采用"套接"，两端捆扎上卡。 ③吊线垂度按规范见垂度标准表	100%
架空电缆及墙壁电缆	①电缆规格。 ②卡、挂间隔。 ③电缆接头规格质量。 ④接头的吊扎规格。 ⑤电缆引上规格。 ⑥气闭质量。 ⑦电缆的其他设备装置质量。 ⑧分线设备安装规格，质量等	①按照设计要求。 ②卡挂间隔 50cm±3cm。 ③电缆接头美观，不漏气。 ④吊扎采用三点固定方式。 ⑤电缆引上应具有保护管，采取防腐、防损伤措施，规格型号等按设计要求。 ⑥分线箱安装应符合设计	100%
埋式电缆	①电缆规格。 ②敷设位置，深度。 ③保护装置的规格，质量。 ④电缆防护设施的设置质量规格。 ⑤回土夯实质量。 ⑥引上管，引上电缆设置质量。 ⑦电缆接头处理质量。 ⑧电缆标面的设置质量	①验收内容的①～④条应符合设计要求。 ②回夯应分套夯实。 ③电缆引上应有保护管，采取防护措施。 ④电缆标志，采用石桩、水泥桩。设在电缆接、拐弯等处，直线埋设每 2200m 设一标识，郊区可 500m 设一个。 ⑤电缆引上应具有保护管，采取防腐、防损伤措施，规格型号等按设计要求	检查隐蔽工程，现场记录，现场察看 60%
管道电缆	①电缆规格。 ②使用管孔孔位。 ③电缆接续规格质量。 ④电缆走向，托板等衬垫。 ⑤电缆防护设施的设置质量。 ⑥气闭头制作质量及气闭质量等	①电缆规格，管孔孔位应符合设计。 ②电缆接头美观，不漏气。 ③在人(手)孔处应加托板，电缆接头应在人(手)孔内	检查电缆布放记录，人孔等查看 60%
水下电缆	①电缆规格，布放位置。 ②水下电缆标志。 ③梅花桩设置。 ④电缆防护设施	①电缆规格、布放位置应符合设计。 ②按规定设置水下电缆标志	水线房等设施查看 100%
电缆气闭	①按气闭段检验气闭。 ②单一电缆工程的气闭检验。 ③中继电缆 5km 以上者按合拢点检验等。 ④电缆气闭标面设置质量	①气闭段：划分和要求应符合设计。 ②气压标准(新架)：地下电缆 50～70kPa 架空电缆 40～60kPa。 ③空气含气量每立方米不大于 1.5g，气压表必须使用同一表	查验记录 100%
设备安装	①设备安装规格质量。 ②终端机安装质量、应符合设计规格。 ③防蚀设备安装质量、规格及开通测试报告	①设备安装地点、型号等。 ②终端机安装牢固、合理，外皮无损	100%

续表

验收项目	验收内容	验收标准	抽查比例
电气测试	①绝缘电阻测试。 ②环路电阻测试。 ③规定的近端串音衰减测试及设计特殊规定的测试内容。 ④电缆全程充耗测试。 ⑤电缆成端接地电阻。 ⑥PCM 端机测试	①绝缘电阻,环路电阻,串音衰耗等应符合设计要求。 ②电缆全程衰减应符合设计要求。 ③PCM 端机测试应符合产品技术指标	查验记录 100%
其他	①电缆线路与其设施的间距。 ②保护设施的设置质量。 ③分线设备安装规格、位置。 ④地下室安装、施工质量。 ⑤气压、告警装置的质量。 ⑥地面上可见部分的规格质量	①电缆与其他设置间距:电缆与自来水管为 0.5～2m;与煤气管、下水管等交越时 0.5m。 ②其他按设计要求及施工规范要求进行检查	查验记录 100%

4.2.4.4 传输设备安装验收内容与标准

传输设备安装工程验收内容与标准见表 4-25。

表 4-25 传输设备安装工程验收表

验收项目	验收内容	验收标准	抽查比例
机房要求	①传输室环境要求:土建完成情况;地面、门窗油漆等;照明、电源、通风、采暖;室内温、湿度要求。 ②安全要求:消防器材;电源标志;严禁存放危险物品;预留孔洞处理。 ③器材清点检查:外观检查,资料清点	①应符合设计要求。 ②传输室必须配备消防设备。 ③按设计要求和订货合同对器材的型号、规格、数量进行清点,对破损、锈蚀进行检查。 ④技术资料要齐全	100%
设备安装	机架及配线架:。 ①垂直、水平度。 ②机架排列。 ③螺钉及地线。 ④油漆、标志	①垂直、水平度偏差每米不大于 2mm,排列要整齐。 ②安装牢固松紧适度。 ③电缆外导体要接地	随工检验
电缆布放	①布放电缆:电缆的布放路由和位置;走道及槽道电缆的工艺要求;架间电缆的布放。 ②编扎、卡接电缆芯线:分线;绕接	见电缆布放规范要求	随工检验
零、附件安装	①零、附件安装正确。 ②外导体或屏蔽的接地。 ③设备标志	①安装牢固正确。 ②设备标志名称用仿宋体字或英文印刷体字	随工检验
布线检查及通电试验	①布线检查:布放路由;绝缘测试。 ②通电试验:电源电压;熔丝容量;告警检查	应符合设计要求	随工检验
本机测试	①光端机:供给电压和功能;时钟频率;偏流;发送光功率;接收灵敏度;主要波形;公共接口;告警功能。 ②中继器:平均发送光功率;接收机灵敏度;偏流;告警功能;公务接口;远供电源。 ③复用电端机:供给电压和功率;时钟频率;误码测试;抖动测试;接口输入衰减和输出波形;告警功能。 ④PCM 基群设备	按设备技术指标进行测试	检查测试记录

续表

验收项目	验收内容	验收标准	抽查比例
系统测试	①连通测试系统总衰减。 ②市内局间中继光缆通信系统测试:发送光功率;系统动态范围;抖动性能;监测功能;转换功能;告警功能;误码率;音频接口指标。 ③长途光缆通信系统测试:发送光功率;系统动态范围;抖动性能;监测功能;转换功能;告警功能;公务功能;误码率;音频话路指标	①应符合设计要求。 ②按设备技术指标进行测试	抽测1个系统或1～2个中继段,抽测不少于1个光系统,一个基群中抽测不少于2个话路

4.2.4.5 地线验收

地线验收包括室外地线和室内地线验收。

① 室外地线验收

a. 接地体组数、根数、位置及路由应符合设计要求。

b. 焊接牢固、无残渣、无气孔、无裂纹。

c. 活接头两个接触面均应除锈、镀锡，用螺栓固定其搭接长度不应小于扁钢宽度。

d. 经化学处理的土壤接地体，与地下金属物的距离不得小于10m。

e. 接地电阻值。

ⅰ. 大型收发信台机房工作接地电阻≤2Ω。

ⅱ. 中型收发信台机房工作接地电阻≤4Ω。

ⅲ. 小型收发信台机房工作接地电阻≤10Ω。

ⅳ. 中央控制室、终端机室、人工报房的保护接地电阻≤10Ω。

ⅴ. 收发信天线馈线引入窗口，真空避雷器接地电阻≤10Ω。

ⅵ. 联合接地体电阻≤1Ω。

② 室内地线验收

a. 接地母线、规格、路由符合设计，应敷设地槽中央，平直、完整。

b. 铜皮搭接、两面镀锡、搭接长度不小于铜皮宽度焊接牢固、整齐、光滑，铜皮宽度80mm以上，应采用铆钉连接。

c. 母线为扁钢时，应除锈、焊接、刷防锈漆，焊接长度不小于扁钢宽度。

4.3 广播音响系统施工

4.3.1 广播音响系统的设备

4.3.1.1 广播音响系统的组成设备

简单的广播音响系统从声音的发送到声音的传播是由话筒、扩音机、广播线路及扬声器等设备完成的，各部分的作用见表4-26。

表4-26 系统组成设备及作用

系统组成设备	作　用
扩音机	将各种方式产生的微弱音频信号加以放大,然后输出至扬声器等用户设备,它主要由前级放大器和功率放大器两部分组成。而大型扩声设备,是将这两部分分开为独立的前置放大机及功率放大柜。前级放大器的功能是把输入的微弱音频信号进行初步放大,使放大的信号能满足功率放大级对输入电平的要求。功率放大级的作用是把前级放大级放大的信号进一步放大,以达到有线广播系统所需的功率——数瓦至数千瓦

续表

系统组成设备	作　用
话筒	又叫微音器或传声器，它是将声能转换为电能的器件
扬声器	将扩音机输出的电能转换为声能的元件

4.3.1.2　广播音响系统设备的选择

① 有线广播设备应根据用户的性质、系统功能的要求选择。

② 有线广播的功放设备宜选用定电压输出，当功放设备容量小或广播范围较小时，亦可根据情况选用定阻抗输出。

③ 大型有线广播系统宜采用微机控制管理的广播系统设备。

④ 功放设备的容量一般按下述公式计算：

$$P=K_1 \cdot K_2 \cdot \sum P_0 \tag{4-3}$$

式中　P——功放设备输出总电功率，W；

P_0——$K_i \cdot P_i$，每分路同时广播时最大电功率；

P_i——第 i 支路的用户设备额定容量；

K_i——第 i 分路的同时需要系数；服务性广播，客房节目每套 K 取 0.2～0.4，背景音乐系统 K 取 0.5～0.6，业务性广播，K 取 0.7～0.8，火灾应急广播，K 取 1.0（同时广播范围应符合“火灾自动报警及联动控制系统”的有关规定）；

K_1——线路衰耗补偿系数；线路衰耗 1dB 时取 1.26，线路衰耗 2dB 时取 1.58；

K_2——老化系数，一般取 1.2～1.4。

4.3.1.3　广播音响系统设备的设置

① 有线广播功放设备应设置备用功率单元，其备用数量应根据广播的重要程度确定。备用功率单元应设自动或手动投入环节，用于重要广播的环节，备用功率单元应能瞬时自动投入。

② 功放设备的布置应符合下列规定。

a. 柜前净距不应小于 1.5m。

b. 柜侧与墙、柜背与墙的净距不应小于 0.8m。

c. 柜侧需要维护时，柜间距离不应小于 1.0m。

d. 采用电子管的功放设备单列布置时，柜间距离不应小于 0.5m。

e. 在地震区，应对设备采取抗震加固措施。

③ 传声器的类别应根据使用性质确定，其灵敏度、频率特性和阻抗等均应与前级设备的要求相匹配。

④ 民用建筑选用的扬声器除满足灵敏度、频响、指向性等特性及播放效果的要求外，还宜符合下列规定。

a. 办公室、生活间、客房等可采用 1～2W 的扬声器箱。

b. 走廊、门厅及公共场所的背景音乐、业务广播等扬声器箱宜采用 3～5W。

c. 在建筑装饰和室内净高允许的情况下，对大空间的场所宜采用声柱（或组合音箱）。

d. 在噪声高、潮湿的场所设置扬声器箱时，应采用号筒扬声器。扬声器的声压级应比环境噪声大 10～15dB。

e. 室外扬声器应采用防水防尘型，其防护等级应满足所设置位置的环境要求。

f. 扬声器扩声面积及扬声器的功率配置见表 4-27、表 4-28。

表 4-27　单只扬声器扩声面积参考表

型号	规格/W	名称	扩声面积/m^2	备注
ZTY-1	3	天花板扬声器	40～70	吊顶安装
ZTY-2	5	天花板扬声器	60～110	较高吊顶安装
ZQY	3	球形扬声器	30～60	吊顶、无吊顶安装
	5	球形扬声器	50～100	特殊装饰效果的场合
ZYX-1A	3	音箱	40～70	壁装
ZYX-1	5	音箱	60～110	壁装
ZSZ-1	30	草地扬声器	80～120	室外座装
ZMZ-1	20	草地扬声器	60～100	室外座装

注：1. 采用定压传输时，按本表选择扬声器规格和数量。

2. 扬声器安装高度 3m 以内；扬声器型号仅供参考。

表 4-28　扩声面积与扬声器功率配置

扩声面积/m^2	扬声器功率/W	功放标称功率/W	供电容量/(V·A)
500	35～40	≥40	≥120
1000	70～80	≥80	≥240
2000	120～150	≥150	≥450
5000	250～350	≥350	≥1050
10000	500～700	≥700	≥2100

注：功率放大器的选择一般遵循的原则是对一般广播而言，功率放大器的额定功率大于或等于扬声器总功率。电容量在设计上通常取功率放大器额定功率总和的 3 倍，以保证系统可靠工作。

⑤ 用于背景音乐的扬声器（或箱）设置应符合下列规定。

a. 扬声器（或箱）的中心间距应根据空间净高、声场及均匀度要求、扬声器的指向性等因素确定。要求较高的场所，声场不均匀度不宜大于 6dB。

b. 扬声器箱在吊顶安装时，应根据场所的性质来确定其间距。

ⅰ. 门厅、电梯厅、休息厅内扬声器箱间距可采用下式估算：

$$L=(2\sim2.5)H \tag{4-4}$$

式中　L——扬声器箱安装间距，m；

H——扬声器箱安装高度，m。

ⅱ. 走道内扬声器箱间距可采用下式估算：

$$L=(3\sim3.5)H \tag{4-5}$$

ⅲ. 会议厅、多功能厅、餐厅内扬声器箱间距可采用下式估算：

$$L=2(H-1.3)\tan\frac{\theta}{2} \tag{4-6}$$

式中　θ——扬声器的辐射角度，一般要求辐射角度大于或等于 90°。

c. 根据公共活动场所的噪声情况，扬声器（或箱）的输出，宜就地设置音量调节装置；当某场所可能兼作多种用途时，该场所的背景音乐扬声器的分路宜安装控制开关。

d. 与火灾应急广播系统合用的背景音乐扬声器（或箱），在现场不得装设音量调节或控制开关。

⑥ 扬声器箱安装高度。

a. 建筑物内在有吊顶的场所，扬声器箱可采用顶棚安装方式。扬声器箱根据需要明装时，安装高度（扬声器箱底边距地面）不宜低于 2.2m，一般为 2.5m。

b. 在较高的场所（如餐厅）扬声器箱明装时，安装高度（扬声器箱底边距地面）一般为 3～4m。

c. 在室外，扬声器箱可安装在地面上，也可安装在电杆上或墙上。当扬声器箱安装在电杆上或墙上时，安装高度一般为 4～5m。

4.3.2 广播音响系统控制室的设置

4.3.2.1 一般规定

① 办公类建筑，广播控制室宜靠近主管业务部门，当消防值班室与其合用时，应符合“火灾自动报警及联动控制系统”的有关规定。

② 宾馆、酒店、旅馆类建筑，服务性广播宜与电视播放合并设置控制室。

③ 航空港、铁路旅客站、港口码头等公用建筑，广播控制室宜靠近调度室。

④ 设置有塔钟自动报时扩音系统的建筑物，广播控制室宜设在楼房顶层。

⑤ 广播控制室的设置可参照控制室部分。

⑥ 广播控制室的技术用房应根据工程的实际需要确定，一般宜符合下列规定。

a. 一般广播系统只设置控制室，当录、播音质量要求高或有噪声干扰时，应增设录、播室。

b. 大型广播系统宜设置机房、录播室、办公室和仓库等附属用房。

⑦ 录播室与机房间应设置观察窗和联络信号。

⑧ 广播机房的面积要满足系统规模要求，即能放下所有的机柜、控制台或一个工作台。机柜离墙距离要求：柜前≥1.5m，柜后、柜侧≥0.8m。机房面积≥$10m^2$。

4.3.2.2 广播音响系统控制室的平面布置

当扩音机容量为 500W 以下，录播室、机房合并在一起时，约需一间 10～$20m^2$ 的房间，当扩音机容量为 500W 以上时，约需两间 10～$20m^2$ 的房间作机房和录播室。广播控制室设备平面布置如图 4-41、图 4-42 所示。

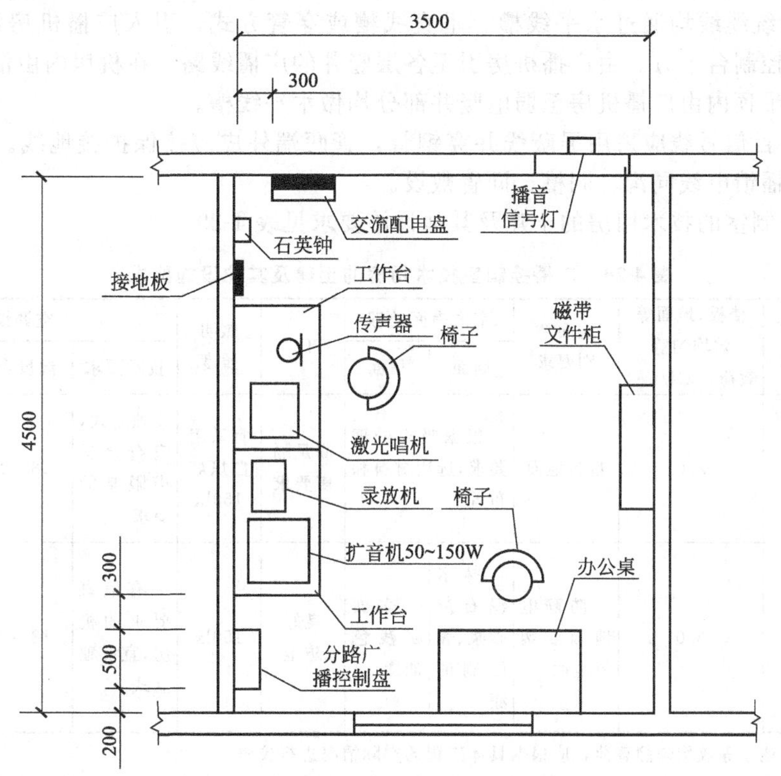

图 4-41 广播控制室设备平面布置图（一）

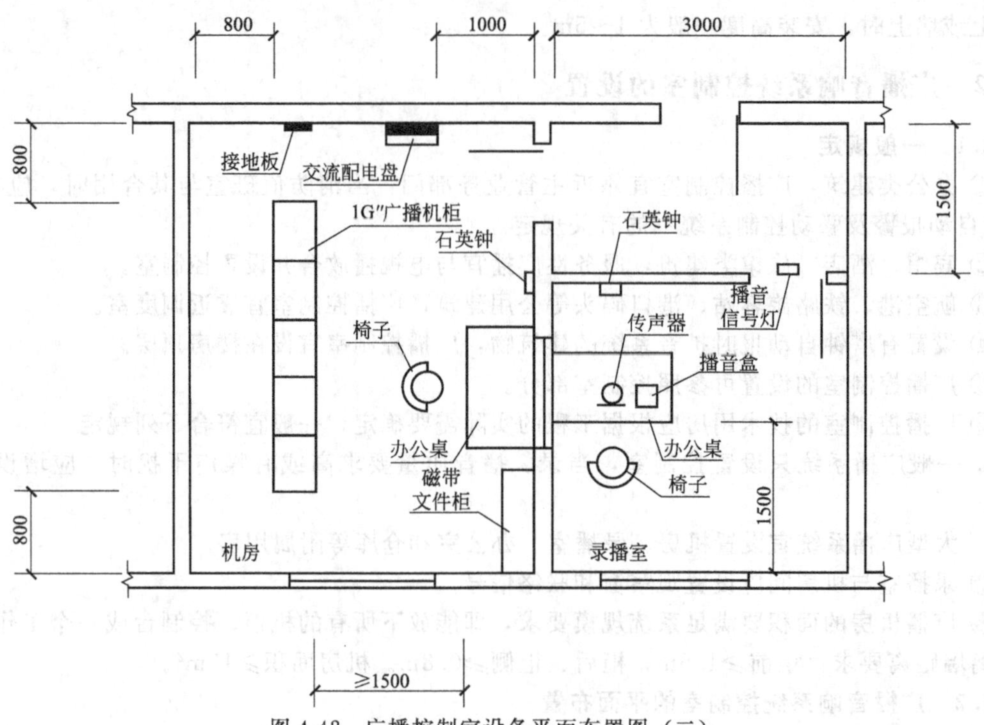

图 4-42 广播控制室设备平面布置图（二）

① 需要接收无线电台信号的广播控制室，当接收点信号场强小于 1mV/m 或受钢筋混凝土结构屏蔽影响时，应设置室外接收天线装置。

② 广播系统缆线均通过水平线槽、垂直线槽或穿管方式，引入广播机房活动地板下，再引至机柜和控制台下方。由广播机房引至各层竖井的广播线路，在机房内由活动地板至吊顶做竖线槽，吊顶内由广播机房至弱电竖井部分均做水平线槽。

③ 各种节目信号线应采用屏蔽线并穿钢管，管两端外皮应接保护接地线。各种节目信号线不得与广播馈电线同沟、同槽、同管敷设。

④ 广播控制室的技术用房的土建及其他设施要求见表 4-29。

表 4-29 广播控制室技术用房的土建及其他设施要求

技术用房名称	室内最低净高/m	楼板、地面等效均匀静载荷/(kN/m²)	地面类别要求	室内表面处理		门	照明照度	空调设备		
				墙面	顶面			技术要求	温度/℃	湿度/%
录播室	≥2.8	2.0	塑料地面	根据吸声处理要求，选用材料和布置		满足隔声要求	宜采用白炽灯 150lx	独立式，应符合噪声限制的要求	18～28	35～37
机房	≥2.8	3.0	防静电地板或塑料地面	抹水泥石灰砂浆、表面刷油漆	表面刷浅色油漆	良好防尘	150lx	有值班要求的机房，宜设独立式	18～28	35～37

注：1. 楼板、地面等效均匀静载荷，应根据具体工程的实际情况进行校核。

2. 当配线较多或要求标准较高时，机房宜采用活动地板。

3. 机房内设备的周围可铺胶垫或塑料垫等绝缘材料。

⑤ 广播机房兼作广播室时，采用吸声材料作内装修，并且机房设施应采用低噪声设备，如照明尽量采用白炽灯，不应采用日光灯等。

4.3.3 广播音响系统线路敷设

有线广播系统的线路敷设要求见表 4-30。

表 4-30 有线广播系统的线路敷设要求

线路敷设及配线情况	要 求
室内有线广播配线	①宾馆、酒店、旅馆客房的服务性广播宜采用线对为绞型的多股铜芯电缆，其他广播线路宜采用铜芯塑料绞合线，广播线路需穿管或线槽敷设。不得将缆线与照明、电力线同槽敷设(有中间隔离板的除外)。 ②不同分路的导线宜采用不同颜色的绝缘线区别。 ③当业务性广播系统、服务性广播系统和火灾应急广播系统合并为一套系统，或共用扬声器和馈电线路时，广播线路的采用及敷设方式应符合“火灾自动报警及联动控制系统”的有关规定
室外广播线路敷设	室外广播线路的敷设路由及方式应根据总体规划及专业要求确定。当采用埋地敷设时应符合下列规定。 ①埋敷路由不应通过预留用地或规划未定的场所。 ②埋敷路由应避开易使电缆损伤的场所，减少与其他管道的交叉。 ③直埋电缆应敷设在绿化地下面，当穿越道路时，穿越段应穿钢管保护
室外架设广播馈电线路	当需要在室外架设广播馈电线路时，应符合下列规定。 ①广播馈电线宜采用控制电缆。 ②与路灯照明线路同杆架设时，广播线应在路灯照明线的下面，两种导线间的最小垂直距离不应小于 1m。 ③广播馈电线最低线位距地的距离：人行道上，一般不宜小于 4.5m；跨越车行道时，不应小于 5.5m；入户线高度不应小于 3m。 ④室外广播馈电线至建筑物间架空距离超过 10m 时，应加装吊线，并在引入建筑物处将吊线接地，其接地电阻不应大于 10Ω
广播线路沿建筑物外墙敷设	当广播线路沿建筑物外墙敷设时，不宜敷设在建筑物的正立面
采用地下管道敷设	当采用地下管道敷设时，可与其他弱电缆线共管块、共管群，但必须采用屏蔽线并单独穿管，且屏蔽层必须在两端接地
塔钟的号筒扬声器组配线	对塔钟的号筒扬声器组应采用多路交叉配线。塔钟的直流馈电线、信号线和控制线，不应与广播馈电线同管敷设

4.3.4 有线广播系统的电源与接地

① 有线广播的交流电源宜符合下列规定。

a. 有线广播的交流电源负荷等级宜按该工程的最高负荷等级要求供电。

b. 有一路交流电源供电的工程，宜由照明配电箱专路供电。小容量的广播站可由电源插座直接供电；当功放设备容量在 250W 及以上时，应在广播控制室设电源配电箱。

c. 有二路交流电源供电的工程，宜由二路电源在广播控制室互投供电。

d. 当业务性广播系统、服务性广播系统和火灾应急广播系统合并为一套系统时，有线广播的交流电源应符合“火灾自动报警及联动控制系统”的有关规定。

② 交流电源电压偏移值一般不宜大于±10%。当电压偏移不能满足设备要求时，应在该设备的附近设自动稳压装置。

③ 广播机房内应备有配电箱，单独为广播系统供电，供电容量应为额定输出功率的 3 倍，若系统具有火灾应急广播，应采用消防电源供电。

④ 广播控制室应设置保护接地和工作接地，一般按下列原则处理。

a. 单独设置专用接地装置，接地电阻不应大于4Ω。

b. 接至共同接地网，接地电阻不应大于1Ω。

c. 工作接地应构成系统一点接地。

d. 广播机房内应留有系统地线、接地端子盒、端子排。

4.3.5 广播音响系统验收

广播音响工程施工完毕后，应由相关检测部门对其进行验收，验收标准依据相关的广播音响系统规范标准进行验收。并出具相应的合格检测报告。

广播音响系统的主要检验验收内容如下。

① 施工单位在系统安装调试完成后，应对系统进行自检。自检时，要求对检测项目逐项进行检测。

② 系统完成检测后，应根据系统的特点和要求，进行合理周期内连续不中断的试运行。

③ 任何一个扬声器所输出的最大音量在距扬声器方圆1m的位置不超过90dB，但也不能低于10dB，至少要高于外界杂音的音量。

④ 当扬声器线路短路时，自动切断与功率放大器连线的功能，同时在控制台产生报警信号，表明电路发生故障。

⑤ 专门设定用于封闭式讲话环境的传声器，具有自动消除杂音的功能，其响应频率是一致的，从100～10000Hz。

⑥ 扬声器、线路放大器、预先放大器和调频器等所有设备，都是采用模块化结构形式。

⑦ 扬声器距最远听众的距离不应大于临界距离的3倍。

⑧ 扬声器距任意一只传话器的距离宜大于临界距离。

⑨ 扬声器的轴线不应对准主席台或其他有传声器的地方，对主席台上空附近的扬声器宜单独控制，以减少声反馈。

⑩ 当声像要求一致时，扬声器布置位置应与声源的视觉位置一致。

⑪ 广播系统的交流电源电压偏移值一般不宜大于10%。当不能满足要求时，应装设自动稳压装置。

⑫ 广播用交流电源容量通常可按终期广播设备交流耗电量的1.5～2倍计算。

⑬ 广播系统工作接地如为单独装设的专用接地装置时，其接地电阻不应大于4Ω；当广播系统接地与建筑物防雷接地、通信接地、工频交流供电系统接地共用一组接地网时，广播系统接地应以专用线与其可靠连接，接地网接地电阻应≤1Ω，广播系统工作接地应为一点接地。

⑭ 实物检查验收。对材料、设备、部件、工具、器具等的检查验收按进场批次及隐蔽工程、安装质量等工序、进度要求进行。验收采用现场观察、核对施工图、抽查测试等方法。抽检应按国家有关规定的产品抽样检验方案执行。

⑮ 有完整的工程技术文件和工程实施及质量控制记录。

⑯ 资料检查验收包括材料、设备、部件、工具、软件等的中文产品合格证（含质量合格证明文件、规格、型号等），根据建设方要求提供的性能检测报告，使用维护说明书，软件产品检测报告，著作权登记证等；进口产品应提供原产地证明和商检证明，以及进场复验报告、施工过程重要工序的自检报告和交接检验记录、抽样检验报告、鉴证检测报告、隐蔽工程验收记录等。

⑰ 公共广播与紧急广播系统检测应符合下列要求。

a. 系统音频线的敷设、接地形式、安装质量及输入输出不平衡度应符合设计要求，设备之间阻抗应匹配合理。

b. 放声系统应分布合理，符合设计要求。

c. 最高输出电平、输出信噪比、声压级和频宽的技术指标应符合设计要求。

d. 通过对响度、音色和音质的主观评价，评定系统的音响效果。

e. 满足设计功能。

f. 紧急广播与公共广播共用设备时，消防广播应具有最高优先权。紧急事件发生时，能强制切换为紧急广播。

g. 具有紧急广播功能的功率放大器应采用冗余配置，并在主机故障时，按设计要求能自动启用备用机。

h. 公共广播分区控制的，分区的划分不得与消防分区产生矛盾。

i. 火灾应急广播在环境噪声大于 60dB 的场所设置火灾警报装置时，其警报器的声压级应高于背景噪声 15dB 以上。

j. 布线系统工程验收应符合《综合布线系统工程验收规范》(GB/T 50312—2007) 中的规定。

k. 广播音乐系统应重点检测系统的连通性和音响效果，并保证在紧急事故情况下，切换为紧急事故广播运行模式。

楼宇自控系统施工技术

5.1 可视对讲系统施工

5.1.1 可视对讲系统的功能

可视对讲系统是智能建筑领域的一个重要组成部分，从早期的直按式对讲系统、小户型对讲系统、普通数码对讲系统已发展为今天的直按式可视对讲系统、联网可视对讲系统等。

可视对讲系统的功能主要有以下几个方面。

① 可适用于不同制式的双音频及脉冲直拨电话或分机电话。

② 可同时设置带断电保护的多种警情电话号码及报警语音。

③ 自动识别对方话机占线、无人值班或接通状态。

④ 按顺序自动拨通先设置的直接电话、手机及寻呼台，并同时传至小区管理中心。

⑤ 可同时连多路红外、瓦斯、烟雾传感器。

⑥ 手动及自动开关、传感器的有线及无线连接报警方式。

5.1.2 对讲系统的类型

对讲系统的类型主要有直按式对讲系统、小户型套装对讲系统、普通数码对讲系统、直按式可视对讲系统、联网型可视对讲系统。

5.1.2.1 直按式对讲系统

直按式（单对讲）对讲系统是一种单对讲结构，它由电控防盗门、对讲系统和电源等组成。

（1）直按式对讲系统的特点

① 单键直按式操作，方便简单。

② 金色铝成型主机面板，美观大方。

③ 带夜光装置，不锈钢按键，房号可自行灵活变动。

④ 双音振铃或“叮咚”门铃声。

⑤ 待命电流少、省电。

⑥ 面板可根据房数灵活变化。

⑦ 用户操作时方法简单方便。

a. 当有来客时，客人按动主机面板对应房号键，主人分机即发出振铃声。当夜间时，访客可按动主机面板的灯光键作照明。主人提机与客人对讲后，主人可通过分机的开锁开关遥控大门电控锁开锁。客人进入大门后，闭门器使大门自动关闭。

b. 当停电时，系统可由防停电电源维持工作。

直按式对讲系统的构成如图 5-1 所示。

如图 5-1 所示的系统在建设时所需的配置主要有：直按主机、电源与电源线（电源线线径≥0.5mm²）、分机、电控锁和闭门器。

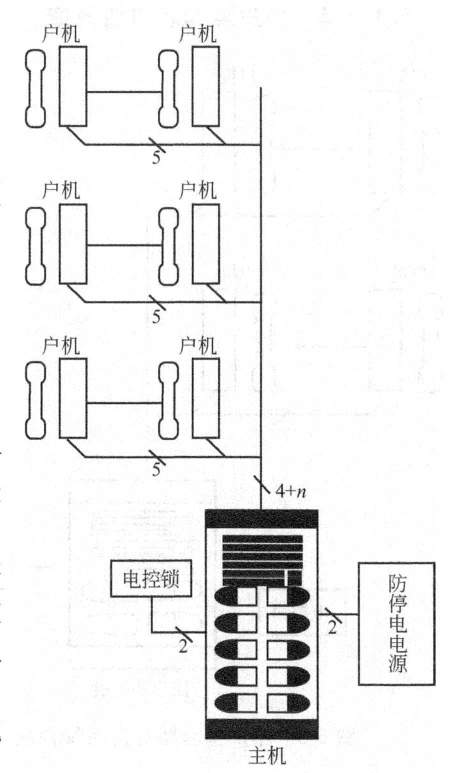

图 5-1 直按式对讲系统的构成

（2）直按式对讲系统设计考虑的因素 从图 5-1 可以看出：单对讲系统是用于一幢楼的一个门洞或筒子楼的一层，那么设计时要考虑以下几点。

① 电控防盗门安装。电控防盗门应安装在一个门洞的出入口处，并有电控锁和防停电电源。

② 防停电电源。防停电电源应是交直流两用，当市电停电时能正常开启门。

③ 对讲系统。对讲系统主要由传声器、振铃电路等组成，要求语言清晰，失真度低，使对讲双方都能够听清对方的讲话。

④ 控制系统。控制系统通常采用总线传输、数字编码方式控制，当有来客时，客人按动主机面板对应的房号，户主户机即发出振铃声，户主便可与客人通话。

（3）直按式对讲系统接线方式 直按式对讲系统接线图如图 5-2 所示。

由于直按式对讲系统安装简单、价格低，能够被低收入家庭接受，早期的小区多数使用这种产品。

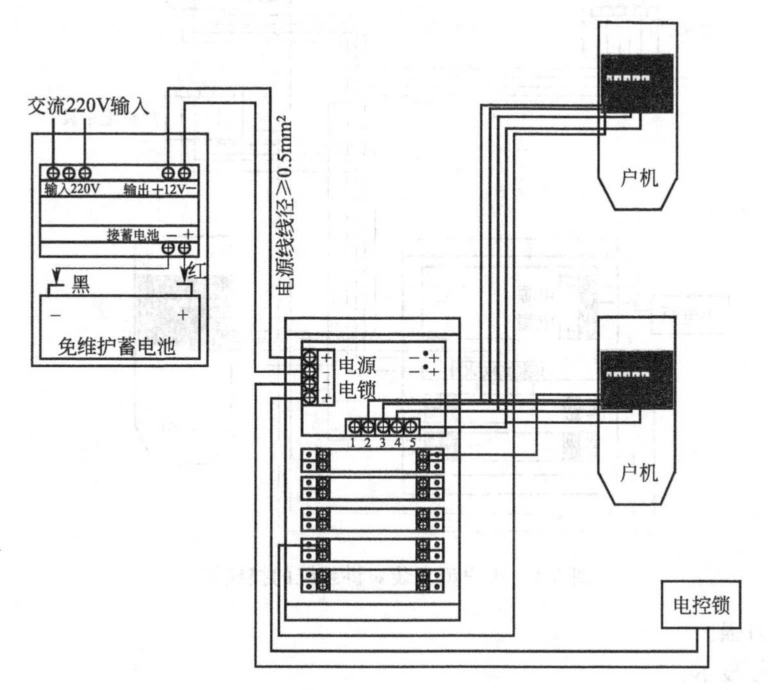

图 5-2 DF-10B-938 直按式对讲系统接线图

1—呼叫线；2—开锁线；3—地线；4—送话线；5—受话线

5.1.2.2　小户型套装对讲系统

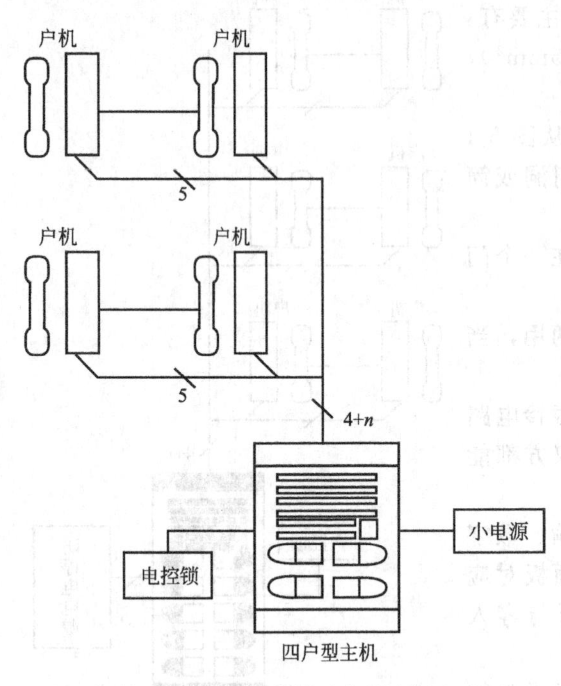

图 5-3　小户型套装对讲系统构成

小户型套装对讲系统是针对小户型及别墅式住宅设计的套装系统，可由用户自行安装，系统的特点、操作方式与 5.1.2.1 节的直按式对讲系统相同。它的系统构成如图 5-3所示。

小户型套装对讲系统的接线图如图 5-4 所示。

小户型套装对讲系统建设时主要配件有：主机 1 台、户机 1～4 台、小电源 1 个、连线若干米以及电控锁（选配件）1 把。

5.1.2.3　普通数码对讲系统

普通数码对讲系统比直按式对讲系统在使用上要方便些，负载能力也强，它的分机采用插线式结构，能够直接应用于 63 层以下的大厦。

数码式对讲系统的主要特点如下。

① 不锈钢面板。

② 采用集成电路控制板。

③ 四总线结构，施工方便快捷。

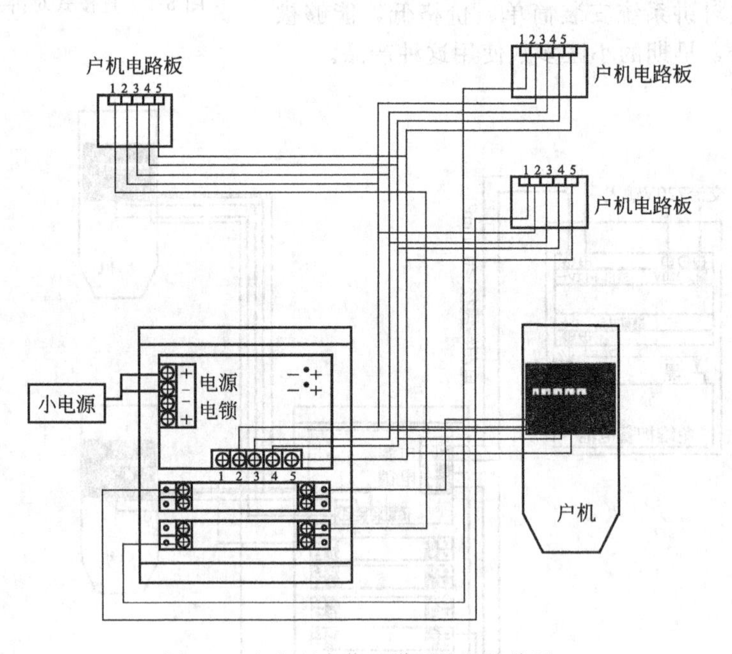

图 5-4　小户型套装对讲系统的接线图

④ 负载能力强。

⑤ 四位房号显示。

⑥ 自动关机功能。

⑦ 自动电源保护装置。

⑧ 自动夜光，使用方便。用户操作时简单方便，主要可以表现为以下几个方面。

a. 当有访客时，客人先按主机“开”键，输入房号，对应分机即时发出振铃声。主人提机与客人对讲后，主人可通过分机的开锁开关遥控大门电控锁开锁。客人进入大门后，闭门器使大门自动关闭。

b. 当停电时，系统可由防停电电源维持工作。

普通数码对讲系统构成如图 5-5 所示。普通数码对讲系统建设时所需的配置主要有：数码式主机 DF2000A/2、电源 DE-98、分机 ST-201、电控锁 1 把、闭门器 1 个以及隔离器任选件。普通数码对讲系统接线如图 5-6 所示。

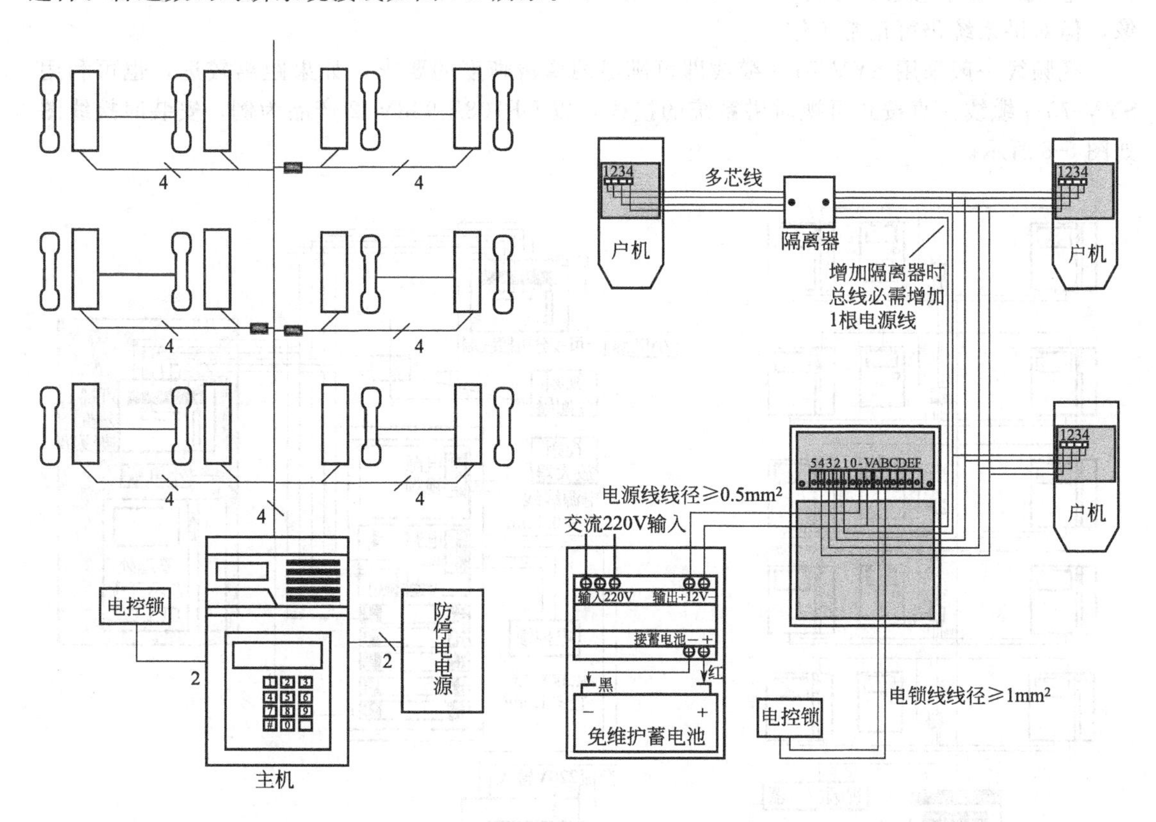

图 5-5 普通数码对讲系统构成

图 5-6 普通数码式对讲系统接线图

1—地线；2—数据线；3—电源线；4—声音线

5.1.2.4 直按式可视对讲系统

直按式可视对讲系统是在直按式对讲系统的基础上发展起来的。其不仅具有对讲功能，还能够看到来访客人的画面，使用户一目了然。直按式可视对讲系统是近年来建设智能小区的主流产品。

直按式可视对讲系统在主机部分增加了红外线摄像头（针孔式)，通过同轴电缆传到户主的话机上，在使用上方便简单。直按式可视对讲系统的简单方便性主要可以表现为以下几个方面。

① 当访客按动主机板上对应房号时，户主的分机即发出振铃声，同时显示屏自动打开，显示访客图像，主人提机与客人对讲及确认身份后，可通过分机的开锁键遥控大门的电子锁开锁，客人进入大门后，闭门器使大门自动关闭。

② 当市电停电时，系统由防停电电源维持工作。

③ 住户还可以通过监视键在显示屏上观察楼外情况。

直按式可视对讲系统的构成如图 5-7 所示。

直按式可视对讲系统主要是由主机、红外线摄像头、防停电电源、信号线（总线）、视频线、视频分配器、视频放大器、户机以及可视主机等部件构成。

直按式可视对讲系统建设时主要应注意以下几点。

① 视频放大器为可选配件，一般在 12 个用户以内可省略。

② 视频分配器有二分配、四分配，根据该层用户多少来决定选用。

③ 每个防停电电源可供 2～4 台可视用户机，如果采用小直流电源供电，停电时没有图像，但对讲系统仍可正常工作。

视频线一般采用 SYV-75-3 缆线即可满足图像清晰度的要求，如果距离较远，也可利用 SYV-75-5 缆线。直按式可视对讲系统的接线，以 DF108B-938V/2 产品为例，安装时接线图如图 5-8 所示。

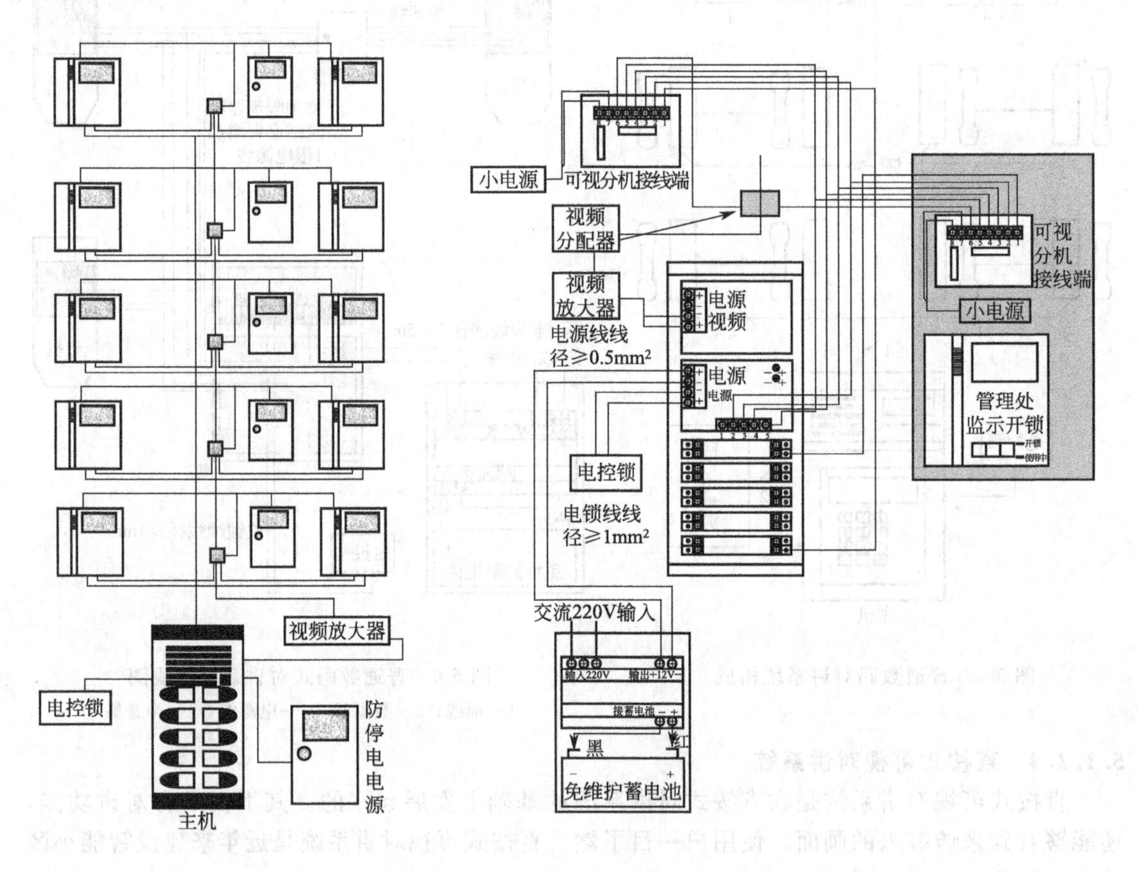

图 5-7　直按式可视对讲系统的构成

图 5-8　直按式可视对讲系统接线图
1—呼叫线；2—开锁线；3—地线；4—送话线；
5—受话线；6—视频线；7—地线；8—电源线

DF10B-938V/2 适用于门洞（单元楼）、楼层式等，若工程是大厦型的，可选用数码式可视对讲系统或数码式可视对讲系统的产品。

5.1.2.5　联网型可视对讲系统

联网型可视对讲系统是采用单片机技术，进行中央计算机控制。该系统具有通话频道和多路可视视频监视线路，系统覆盖面大，可全方位地管理住宅小区的可视对讲。

（1）基本组成　联网型可视对讲系统主要由可视室内分机、单元门口主机、小区门口机以及管理中心机等部分组成，基本组成如图 5-9 所示。

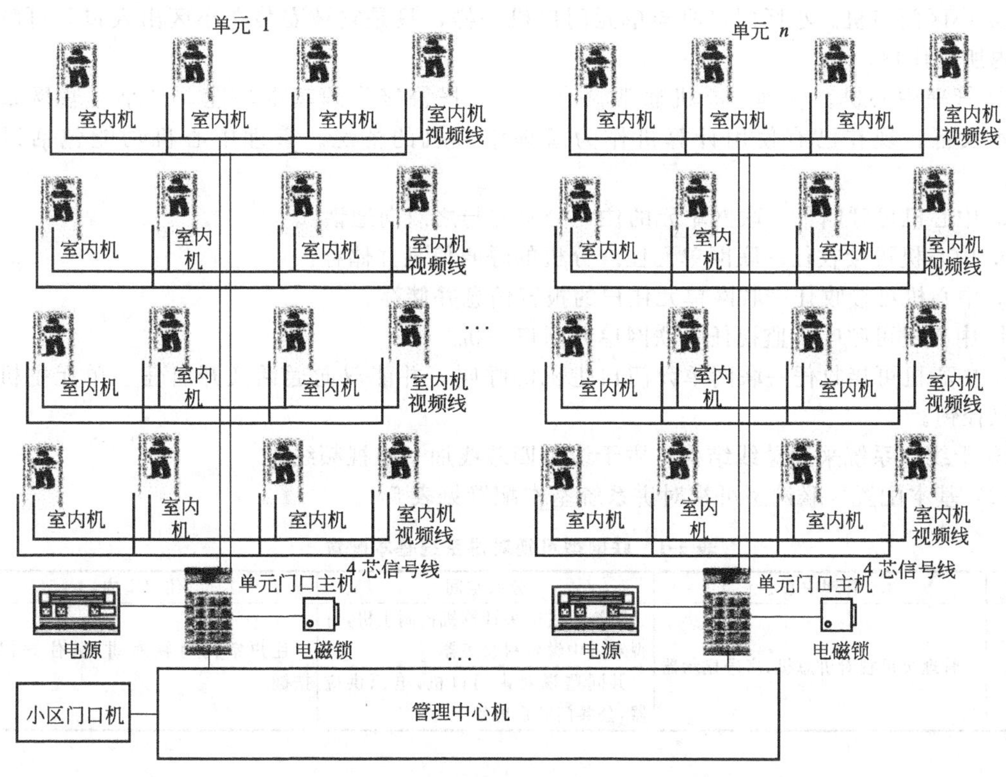

图 5-9　联网型可视对讲系统基本组成图

系统主要部件的主要功能特点有以下几点。

① 室内分机。室内分机功能如下：

a. 用户分机可直接呼叫管理中心；

b. 用户分机可直接监视本单元楼梯口情况；

c. 用户分机和用户分机可双向通话；

d. 用户分机具有家居报警功能，将报警信息传送给中心机；

e. 用户分机能开启本单元电控锁。

室内分机主要有对讲和可视对讲两大类产品。对讲、可视对讲室内分机基本功能为对讲和可视对讲、开锁。现在许多产品还具备了监控、安防报警、户户通话、信息接收、远程电话报警、留影留言提取、家电控制等功能。

室内机在原理设计上有两大类型：一类是自带编码的室内分机；另一类是编码由外置解码器来完成。

② 单元门口主机。目前，门口主机有可视或非可视产品可供选择。门口主机是楼宇对讲系统的关键设备，因此，在外观、功能、稳定性上是各厂家竞争的要点。门口主机材料有拉铝面板型、压铸型和不锈钢外壳冲压型三大类。从效果上讲，拉铝面板型占有优势。门口主机显示界面有液晶及数码管两种，液晶显示成本高。单元门口主机功能有以下几点。

a. 单元门口主机可以呼叫本单元的各户分机，同时将图像送往各户，并与之双向通话；门口主机可接受分机指令，打开本单元的电控锁。

b. 单元门口主机可呼叫管理中心，同时将图像送往管理中心（视频联网），并可与之双向通话，可要求管理机代开电锁等服务。

c. 单元门口主机输入正确密码，可打开电控锁。

③ 小区门口机。小区门口机与单元门口机一样，只是它被安装在小区出入口，可呼叫小区内所有住户。

④ 管理中心机。管理中心机通常具有呼叫、报警接收的基本功能，是小区联网系统的基本设备。现在已有使用计算机作为管理中心机的情况。管理中心机功能包括以下几种。

a. 中心机可呼叫任一联网单元的住户分机并与之双向通话。

b. 中心机可接收任一联网单元住户分机的呼叫信息并储存。

c. 中心机可接收任一联网单元住户的报警信息并储存。

d. 中心机可呼叫、监视任一联网单元门口主机。

e. 中心机可接收任一联网单元门口主机的呼叫，并能双向通话及开启任一单元主机入口的电控锁。

⑤ 干线。系统采用总线结构，主干线为四芯线加一根视频线。

（2）基本配置　联网型可视对讲系统基本配置见表 5-1。

表 5-1　联网型可视对讲系统基本配置

分类	管理中心	公共空间	住户室内
配置	管理员可视对讲总机，房号显示器	可视对讲中央计算机控制主机，可视对讲中继资料收集器	住户室内可视对讲机，住户门铃按键
		共同监视对讲门口机，电源供应器，公共门防盗电锁	

5.1.3　可视对讲系统的施工

5.1.3.1　可视对讲系统工程配线的施工

可视对讲工程配线施工主要应注意以下几点。

① 视频线。单元内主干线布线长度小于 30m 时采用 SYV-75-1 同轴电缆，布线长度在 30m 以上时采用 SYV-75-3 同轴电缆。

② 信号、电源、音频线。单元内主干线采用 RVV-4×0.5mm 或 RVV-4×1.0mm 电缆线。当布线长度小于 30m 时用 RVV-4×0.5mm 电缆线，布线长度在 30m 以上时用 RVV-5×1.0mm 电缆线，布线长度按最高楼层来计。

③ 每一回路导线间和对地的绝缘电阻值必须大于 0.5MΩ，并填写测试记录。

④ 线路在经过建筑物的伸缩缝及沉降处，应有补偿装置，导线有适当余量。

⑤ 明管敷设时，排列整齐。

⑥ 分层做好隐蔽工程记录。

5.1.3.2　可视对讲系统工程箱盒、门的施工

（1）箱盒的施工

① 箱盒安装，应牢固、平整，箱盒内应保持清洁。

② 箱盒内导线应有适当的余量，铜导线的连接应符合规范。

（2）门的施工　门的施工主要应注意以下几点。

① 门扇顶边与门框配合活动间隙应不大于 4mm。

② 门扇关闭状态下，门扇装锁侧与门框配合活动间隙应不大于 3mm，应有相应锁舌防撬保护设施。

③ 门扇关闭状态下，门扇装铰链侧与门框的缝隙，当门扇厚度小于 50mm 时，应不大于 3mm，当门扇厚度大于等于 50mm 时，应不大于 5mm，玻璃门与门框的间隙应不大于 8mm。

④ 门框应有伸入墙体纵向的支撑受力构件，该构件直径应不小于 10mm，以间距不大于 800mm 分布于门框四周边，支撑受力构件与门框的连接应牢固、可靠，在门外不能拆卸，任一点的连接强度均应承受 2000N 的剪力作用而不产生严重变形、断裂。焊接时，焊接点不应影响门体正常开启。

⑤ 门铰链应转动灵活，在 49N 拉力作用下门体可灵活转动 90°。折叠门扇（或根）的铰链在 49N 力的作用下，应可收缩开启，其整体动作应一致。门扇折叠后，其相临两扇面的高低差值不应大于 2mm。

⑥ 门体为栅栏门时水平或垂直方向的栅栏轴向中心栅距间隔不应大于 60mm，单个栅栏最大面积不应超过 250mm×35mm。

⑦ 门铰链在强度上应可承受使用普通机械手工工具对铰链实施冲击、破坏时传给铰链的冲击力和撬扒力矩，在规定的时间内，门铰链应无断裂现象。采用焊接时，焊接面不得高于铰链表面。

⑧ 门铰与门扇的连接处，在 6000N 压力作用下，力的作用方向为门的开启方向，门框与门扇之间不应产生大于 8mm 的位移，门扇面不应产生大于 5mm 的凹变形。

⑨ 严格按照工程通用施工中的相关规定执行。

5.1.3.3　门口主机安装

（1）门口主机安装应注意的内容　门口主机安装主要应注意以下几点。

① 门口主机通常安装在各单元住宅门口的防盗门上或附近的墙上，（可视）对讲主机操作面板的安装高度离地不宜高于 1.5m，操作面板应面向访客，便于操作。

② 调整可视对讲主机内置摄像机的方位和视角于最佳位置，对不具备逆光补偿的摄像机，应做环境亮度处理。

③ 安装应牢固、稳定。

（2）门口主机的安装方式　门口主机的安装方式主要有以下几种。

① 嵌入式安装。

a. 在门上开孔。前门板开口尺寸、后门板开口尺寸大于室外主机外形 1mm，方便操作即可。

b. 把传送线连接在端子和线排上，插接在室外主机上。

c. 把室外主机塞入到门上的长方孔内，从门里面用 4 颗螺钉固定牢固。

d. 面板：主机的操作面，均裸露在安装面上，供使用者进行操作。楼宇对讲系统主机的面板通常要求为金属质地，主要是要求达到一定的防护级别，以确保主机坚固耐用。

② 预埋式安装。

a. 在墙上预留一个方孔 [为预埋盒预埋尺寸（长×宽×厚)]。

b. 用混凝土把预埋盒固定在墙上，并且预埋盒底部箭头方向应朝上。

c. 将传送线连接在端子和线排上，插接在室外主机上。

d. 把室外主机塞入预埋盒中，从侧面用螺钉固定牢固。

③ 壁挂式安装。

a. 固定壁挂盒。壁挂盒与预埋盒通用。安装时盒底部箭头方向应朝上。

b. 将传送线连接在端子和线排上，插接在室外主机上。

c. 把室外主机塞入壁挂盒中，从侧面用螺钉固定牢固。

（3）接线　接线为电源端子、通信端子、出门按钮及门磁端子的接线。

① 电源端子。电源端子说明见表 5-2。

表 5-2　电源端子说明

端子序号	标识	名称	与总线层间分配器连接关系
1	D	电源	电源+18V
2	G	地	电源端子 GND
3	LK	电控锁	接电控锁正极
4	G	地	接锁地线
5	LKM	电磁锁	接电磁锁正极

② 通信端子。通信端子说明见表 5-3。

表 5-3　通信端子说明

端子序号	标识	名称	与总线层间分配器连接关系
1	V	视频	接层间分配器主干端子 V(1)
2	G	地	接层间分配器主干端子 G(2)
3	A	音频	接层间分配器主干端子 A(3)
4	Z	总线	接层间分配器主干端子 Z(4)

③ 出门按钮及门磁端子。出门按钮及门磁端子说明见表 5-4。

表 5-4　出门按钮及门磁端子说明

端子序号	标识	名称	与总线层间分配器连接关系
1	DM	门磁	接门磁的正极
2	DK	出门按钮	接出门按钮的正极
3	G	地	接出门按钮或门磁的地

5.1.3.4　层间分配器安装

层间分配器采用壁挂式安装。层间分配器通常安装在各单元层附近的墙上，（可视）对讲主机操作面板的安装高度离地宜大于 2.2m，应便于操作，并且安装应牢固、稳定。

（1）接线方法及要求

① 层间分配器顶部的扁平电缆是干线引入线。左右两旁的扁平电缆是分支输出线。分支输出接室内分机。

② 主干线采用 RVV-4×1.0mm，视频线采用 SYV-75-3；分支线线长小于 30m 的采用 RVV-4×0.3mm，线长 30～50m 的采用 RVV-4×0.5mm，视频线采用 SYV-75-1。

若层间分配器处于干线末端，需要打开此层间分配器外壳，将主板上的短路块插上。然而此处应注意的是外壳一定要有良好接地。

（2）对外接线端子　对外接线端子说明见表 5-5。

表 5-5　接线端子说明

线颜色	端子标识	线名称	注释
1 黄色	V	视频线	分支输出可与可视室内分机相应的端子连接
2 黑色	G	地线	
3 蓝色	A	音频线	
4 白色	Z	总线	
5 红色	D	电源线	
6 棕色	G	地线	

5.1.3.5　管理中心机安装

（1）管理中心机安装方式　管理中心机安装主要可以分为以下两种方式。

① 中心机采用桌面安装。安装方法将管理中心机放置在水平桌面上，或打开脚撑，将管理中心机放置在水平桌面上。

② 管理中心机采用壁挂安装方式。管理中心机采用壁挂安装方式的安装方法如下。

a. 在需安装管理中心机的墙壁上打四个安装孔。

b. 将塑料胀管、木螺钉组合装入墙壁四个安装孔内。

c. 将装入墙壁的螺钉从管理中心机底面安装孔中穿入，把管理中心机固定在墙壁上。

(2) 管理中心机接线　系统根据社区的大小、布线的复杂程度采用不同的网络拓扑结构，对于小型社区应采用手拉手连接方式，对于大型社区应采取矩阵交换连接方式。接线端子说明见表 5-6。

表 5-6　接线端子说明

端口号	序号	端子标识	端子名称	连接设备名称	说明
端口 A	1	GND	地	室外主机或矩阵切换器	音频信号输入端口
	2	AI	音频入		
	3	GND	地		视频信号输入端口
	4	VI	视频入		
	5	GND	地	监视器	视频信号输出端,可外接监视器或视频采集设备
	6	VO	视频出		
端口 B	1	CANH	CAN 正	室外主机或矩阵切换器	CAN 总线接口
	2	CANL	CAN 负		
端口 C	1-9		RS-232	计算机	RS-232 接口,接上位计算机。调试用
端口 D	1	D1	18V 电源	电源箱	给管理中心机供电,18V 无极性
	2	D2			

视频信号线采用 SYV-7-3 同轴电缆；音频信号和 CAN 总线采用两对 RVS-2×1.5mm 双绞线。

5.1.3.6 门前铃安装

门前铃安装主要可以分为以下两种方式。

(1) 预埋安装　预埋安装主要可以分为以下两种。

① 不带防雨罩的安装。

a. 在墙上预留一个略大于预埋盒尺寸的方孔。

b. 用混凝土把预埋盒固定在墙上（预埋盒折边紧贴墙面）。

c. 将线连接在端子和线排上，插接在门前铃上。

d. 用两颗螺钉从侧面将门前铃固定在预埋盒上。

② 带防雨罩的安装。

a. 将门前铃后面的三条黑色 EVA 密封条拆除。

b. 将附件的黑色 EVA 条粘贴在防雨罩背面的凹槽内（只粘三条，最底下的槽内不要粘）。

c. 用两颗沉头螺钉将防雨罩固定到门前铃上下的两个安装柱上。此时，防雨罩就与门前铃安装成一体了。

d. 将安装好防雨罩的门前铃整体再安装到预埋盒内。

(2) 门前铃在防盗门上直接安装　门前铃在防盗门上直接安装时，若防盗门厚度大于 40mm（门前铃嵌入部分厚度空间）时，防盗门前面板开孔尺寸 125mm×95mm（高×宽），后面板开孔尺寸大于 150mm×150mm，方便安装即可；若防盗门厚度小于或等于 40mm 时，请防盗门提供商配合解决安装，建议在防盗门后面板上安装金属后罩。

安装时首先将进出线从门中拉出，与门前铃接好，然后将门前铃嵌入防盗门前面板上开好的长方孔内，再从防盗门后部将两颗 M3 螺钉从上、下端的两个的圆孔穿入，将门前铃固定在门上。

门前铃对外接线端子如图 5-10 所示，接线见表 5-7。

表 5-7　门前铃接线表

端子标识	端子名称	注释
V	视频线	与联网器、室内分机及门前铃分配器相应的端子连接
G	地	
A	音频线	
M12	+12V	

5.1.3.7 总线接线箱安装

① 总线接线箱为壁挂安装方式，采用 4 颗膨胀螺栓固定到墙上。

一个总线接线箱中放置有两块端子的线路板，两块线路板完全相同，在使用时是独立的。接线时，端子必须按组使用，同一组的两对端子不分输入和输出，若一侧作为输入端，则另一侧即为输出端。

② 总线接线箱的接线方法如图 5-11 所示。

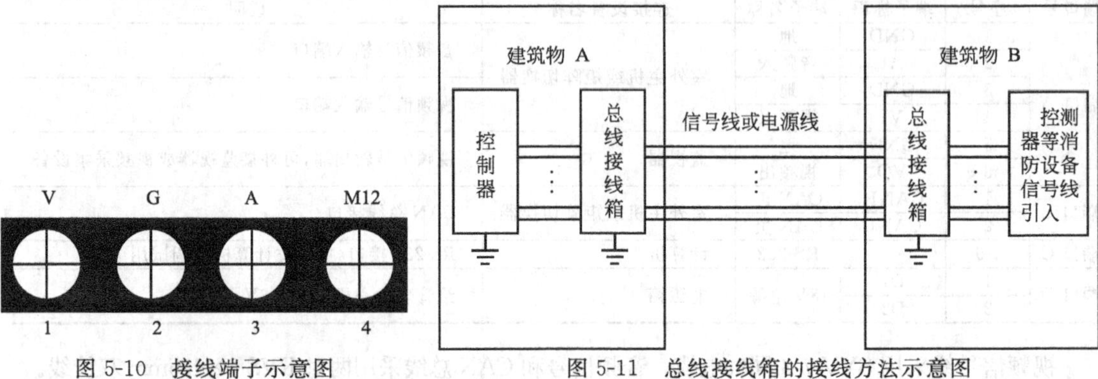

图 5-10 接线端子示意图　　图 5-11 总线接线箱的接线方法示意图

建筑物 A 为消防系统的控制室，当信号线或电源线引出建筑物 A 时，应通过总线接线箱，建筑物 B 为探测器等消防设备的保护区域，当信号线或总线引入建筑物 B 时，也应通过总线接线箱。

5.1.4 可视对讲系统的测试和验收

5.1.4.1 对讲系统的测试

对讲系统功能的测试内容见表 5-8。

表 5-8 对讲系统功能的测试内容

测试内容	备　注
室内机的测试	①门铃提示及与门口机双方通话、与管理员通话的清晰度。 ②访客图像(可视对讲系统)的清晰度。 ③通话保密功能。 ④室内开锁功能是否正常
门口机和电控锁的测试	①呼叫住户和管理员机的功能。 ②CCD 红外夜视(可视对讲系统)功能。 ③门口机的防水、防尘、防振、防拆等功能。 ④密码开锁功能,对电控锁的控制功能。 ⑤在有火警等紧急情况下电控锁应处于释放状态
管理中心机的测试	①与门口机的通信是否正常,联网管理功能。 ②与任一门口机、任一室内机互相呼叫和通话的功能。 ③管理中心机自检功能。 ④音、视频部分的检测。 ⑤设置地址的检测。 ⑥设置管理中心机地址的检测。 ⑦设置联网器地址的检测。 ⑧配置的检测:回读、删除和联调
检测在市电断电后的状况	检测在市电断电后,备用电源应保证系统正常工作 8h 以上

5.1.4.2 对讲系统检验验收

对讲系统检验验收时，各项目检查主要参数见表 5-9。

表 5-9 对讲系统各项目检查主要参数

设备	检测项目		参数	
门口机	对讲部分供电电压(+,−)(V)		12±2 DC	
	通话时对讲部分供电电压(V)		12±2 DC	
	可视部分供电电压(+,−)(V)		12±2 DC	
	通话时可视部分供电电压(V)		12^{+1}_{-2} DC	
	信号线	电压(Sa,−)及电阻(V,Ω)	(3.5±0.8)V	∞
		电压(Sb,−)及电阻(V,Ω)	0	∞
	语音线(2,−)电阻(Ω)		∞	
	语音线(6,−)电阻(Ω)		∞	
	对讲模块供电电压(1,3)(V)		12^{+1}_{-2} DC	
	视频线电阻(V,MΩ)		75±10	
	通话时信号线	电压(Sa,−)(V)	3.5±0.8	
		电压(Sb,−)(V)	0	
	开锁电压(Ab+,Ab−)电压(V)		12	
管理机	对讲部分供电电压(+,−)(V)		12±2 DC	
	通话时对讲部分供电电压(V)		12±2 DC	
	信号线	电压(Sa,−)及电阻(V,Ω)	3.5±0.8	∞
		电压(Sb,−)及电阻(V,Ω)	0	∞
	语音线	电阻(2,−)(Ω)	∞	
		电阻(6,−)(Ω)	∞	
	视频线电阻(V,MΩ)		75±10	
	通话时信号线	电压(Sa,−)(V)	3.5±0.8	
		电压(Sb,−)(V)	0	
中控器	中控器供电电压(+,−)(V)		12±2 DC	
	总线信号线	电压(D1,−)(V)	4±1DC	
		电压(D2,−)(V)	0	
	总线视频线电阻(V,MΩ)		75±10	
	通话时总线信号线	电压(D1,−)(V)	4±1	
		电压(D2,−)(V)	0	
	联网信号线	电压(A,−)(V)	3.5±0.8	
		电压(B,−)(V)	0	
电源	可视部分供电电压(+,−)及电流(V,A)		18^{+1}_{-2}	2
	对讲部分供电电压(+,−)及电流(V,A)		12±2	2
解码器	解码器供电电压(+,−)(V)		12±2	
	总线信号线	电压(D1,−)(V)	3.5±0.8	
		电压(D2,−)(V)	0	
	通话时总线信号线	电压(D1,−)(V)	3.5±0.8	
		电压(D2,−)(V)	0	
视频分配器	视频分配器供电电压(V)		18^{+1}_{-2}	
	总线视频线电阻(V,MΩ)		75±10	
	通话时总线视频线电阻(V,MΩ)		75±10	

5.2 视频监控系统施工

5.2.1 视频监控系统的基本组成

视频监控系统根据其使用环境、使用部门以及系统的功能而具有不同的组成方式，无论系统规模的大小和功能的多少。视频监控系统通常是由摄像、传输、控制、显示与记录四个部分组成，如图 5-12 所示。

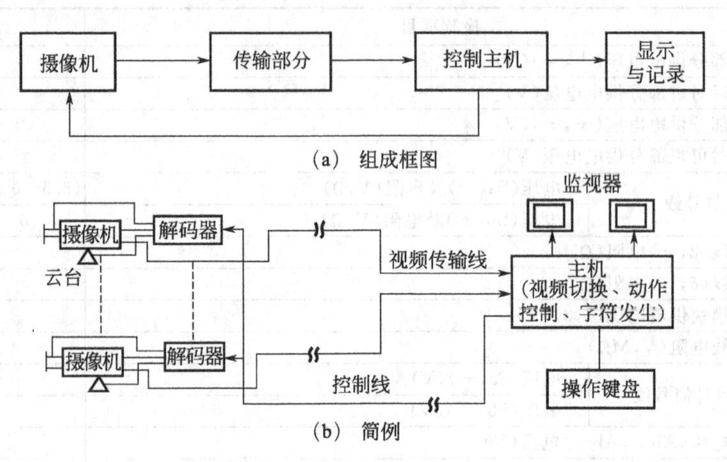

图 5-12 电视监控系统的基本组成

5.2.1.1 摄像机部分

摄像部分是电视监控系统的前端，是整个系统的“眼睛”。摄像部分的作用主要是将所监视目标的光信号变为电信号。摄像部分应布置在电视监视场所的某一位置上，使其视场角能覆盖整个被监视的各个部位。

5.2.1.2 传输部分

传输部分就是系统的图像信号通路。通常，传输部分单指的是传输图像信号。然而，由于某些系统中除图像外，还要传输声音信号，同时，由于需要在控制中心通过控制台对摄像机、镜头、云台以及防护罩等进行控制，因而在传输系统中还包含有控制信号的传输，因此，此处的传输部分主要是指所有要传输的信号形成的传输系统的总和。

5.2.1.3 控制部分

控制部分是整个系统的“心脏”和“大脑”，是实现整个系统功能的指挥中心。控制部分主要由总控制台（有些系统还设有副控制台）组成。总控制台的功能主要有：

① 视频信号放大与分配；

② 图像信号的校正与补偿；

③ 图像信号的切换；

④ 图像信号（或包括声音信号）的记录；

⑤ 摄像机及其辅助部件（如镜头、云台、防护罩等）的控制（遥控）等。

5.2.1.4 显示部分

显示部分通常是由几台或多台监视器组成，其功能主要是将传送过来的图像一一显示出来。在电视监控系统中，除了特别重要的部位，通常都不是一台监视器对应一台摄像机进行显示，而是几台摄像机的图像信号用一台监视器轮流切换显示。该做法的好处主要有：

① 可以节省设备，减少空间的占用；

② 因为被监视场所的情况不可能同时都发生意外情况，所以平时只要隔一定的时间，比如几秒钟显示一下即可。

5.2.2 视频监控系统设备的选择与设置

（1）摄像机的选择与设置要求

① 监视目标亮度变化范围大或需逆光摄像时，应选用具有自动电子快门和背光补偿的摄像机。

② 需夜间隐蔽监视时，应选用带红外光源的摄像机（或加装红外灯作光源）。

③ 所选摄像机的技术性能应满足系统最终指标要求；电源变化范围不应大于±10%（必要时可加稳压装置）；当温度、湿度适应范围不能满足现场气候条件的变化时，可采用加有自动调温控制系统的防护罩。

④ 监视目标的最低环境照度应高于摄像机要求最低照度的50倍，设计时应根据各个摄像机安装场所的环境特点，选择不同灵敏度的摄像机。通常摄像机最低照度要求为0.3lx（彩色）和0.1lx（黑白）。

⑤ 根据安装现场的环境条件，应给摄像机加装防护外罩，防护罩的功能包括防高温、防低温、防雨、防尘，特别场合还要求能有防辐射、防爆以及防强震等功能。在室外使用时，防护罩内宜加有自动调温控制系统和遥控雨刷等。

⑥ 根据摄像机与移动物体的距离确定摄像机的跟踪速度，高速球摄像机在自动跟踪时的旋转速度一般设定为100°/s。

⑦ 摄像机应设置在监视目标区域附近不易受外界损伤的位置，不应影响现场设备运行和人员的正常活动，同时确保摄像机的视野范围满足监视的要求。摄像机应有稳定牢固的支架，其设置的高度，室内距地面不宜低于2.5m；室外距地面不宜低于3.5m。室外如采用立杆安装，立杆的强度和稳定度应满足摄像机的使用要求。电梯轿厢内的摄像机应设置在电梯轿厢门侧左或右上角。

⑧ 摄像机应尽量避免逆光设置，必须逆光设置的场合，除对摄像机的技术性能进行考虑外，还应设法减小监视区域的明暗对比度。

（2）镜头选择与设置要求

①镜头尺寸应与摄像机靶面尺寸一致，视频监控系统所采用的通常应为1英寸以下（如1/2英寸、1/3英寸）的摄像机。

② 监视对象为固定目标时，可选用定焦镜头。如贵重物品展柜。

③ 监视目标视距较大时可选用长焦镜头。

④ 监视目标视距较小而视角较大时，可选用广角镜头。

⑤ 监视目标的观察视角需要改变和视角范围较大时，应选用变焦镜头。

⑥ 监视目标的照度变化范围相差100倍以上，或昼夜使用摄像机的场所，应选用光圈可调（自动或电动）镜头。

⑦ 需要进行遥控监视的（带云台摄像机）应选用可电动聚焦、变焦距或变光圈的遥控镜头。

⑧ 摄像机需要隐藏安装时，镜头可采用小孔镜头、棱镜镜头或微型镜头。

（3）云台选择与设置要求。

① 所选云台的负荷能力应大于实际负荷的1.2倍并满足力矩的要求。

② 监视对象为固定目标时，摄像机宜配置手动云台（又称为支架或半固定支架），其水平方向可调15°～30°，垂直方向可调±45°。

③ 电动云台可分为室内或室外云台，应按实际使用环境来选用。

④ 电动云台要根据回转范围、承载能力和旋转速度三项指标来选择。

⑤ 云台的输入电压有交流220V，交流24V，直流12V等。选择时要结合控制器的类型和视频监控系统中的其他设备统一考虑。

⑥ 云台转动停止时，应具有良好的自锁性能，水平和垂直转向回差应不大于1°。

⑦ 室内云台在承受最大负载时，噪声应不大于50dB。

⑧ 云台电缆接口宜位于云台固定不动的位置，在固定部位与转动部位之间（摄像机为固定部位）的控制输入线和视频输出线应采用软螺旋线连接。

（4）防护罩选择与设置要求

① 防护罩尺寸规格要与摄像机的大小相配套。

② 室内防护罩，除具有保护、防尘、防潮湿等功能。还应起到装饰的作用，如针孔镜头、半球形玻璃防护罩。

③ 室外防护罩通常应具有全天候防护功能，如防晒、防高温（>35℃）、防低温（<0℃）、防雨、防尘、防风沙、防雪、防结霜等，罩内应设有自动调节温度、自动除霜装置，宜采用双重壳体密封结构。选择防护罩的功能可依实际使用环境的气候条件加以取舍。

④ 特殊环境可选用防爆、防冲击、防腐蚀、防辐射等具有特殊功能的防护罩。

（5）视频切换控制器选择与设置要求

① 控制器的容量应根据系统所需视频输入、输出的最低接口路数确定，并留有适当的扩展余量。

② 视频输出接口的最低路数由监视器、录像机等显示与记录设备的配置数量及视频信号外送路数决定。

③ 控制器应能手动或自动编程，并使所有的视频信号在指定的监视器上进行固定的时序显示，对摄像机、电动云台的各种动作进行遥控。

④ 控制器应具有存储功能，当市电中断或关机时，对所有编程设置，使摄像机号、时间、地址等均可记忆。

⑤ 控制器应具有与报警控制器（如火警、盗警）的联动接口，报警发生时能切换出相应部位摄像机图像，予以显示与记录。

⑥ 大型综合安全消防系统需多点或多级控制时，宜采用多媒体技术，使文字信息、图表、图像、系统等操作，在一台PC机上完成。

（6）视频报警器选择与设置要求

① 视频报警器将监视与报警功能合为一体，可以进行实时、大视场、远距离的监视报警。激光夜视视频报警器可实现夜晚的监视报警，适用于博物馆、商场、宾馆、仓库、金库等处。

② 视频报警器对于光线的缓慢变化不会触发报警，能适应时段（早、中、晚等）和气候不同所引起的光线变化。

③ 当监视区域内出现火光或黑烟时，图像的变化同样可触发报警，视频报警器可兼有火灾报警和火情监视功能。

④ 数字式视频报警器可在室内、室外全天候使用。

⑤ 视频报警器对监视区域里快速的光线变化比较敏感，在架设摄像机时，应避免环境光对镜头的直接照射，并尽量避免在摄像现场内经常开、关的照明光源。

（7）监视器选择与设置要求

① 视频监控系统实行分级监视时，摄像机与监视器之间应有恰当的比例。重点观察的部位不宜大于2∶1，一般部位不宜大于10∶1。录像专用监视器宜另行设置。

② 安全防范系统至少应有两台监视器，一台作固定监视用，另一台作时序监视或多画面监视用。

③ 清晰度：应根据所用摄像机的清晰度指标，选用高一档清晰度的监视器。通常黑白监视器的水平清晰度不宜小于600TVL，彩色监视器的水平清晰度不宜小于300TVL。

④ 根据用户需要可采用电视接收机作为监视器。有特殊要求时可采用背投式大屏幕监视器或投影机。

⑤ 彩色摄像机应配用彩色监视器，黑白摄像机应配用黑白监视器。

⑥ 监视者与监视器屏幕之间的距离宜为屏幕对角线的 4～6 倍，监视器屏幕宜为 230～635mm（9～25in）。

（8）录像机选择与设置要求

① 防范要求高的监视点可采用所在区域的摄像机图像全部录像的模式。

② 数字录像机（DVR）是将视频图像以数字方式记录、保存在计算机硬盘里，并能在屏幕上以多画面方式实时显示多个视频输入图像。选用 DVR 的注意事项如下。

a. DVR 的配套功能：如画面分割、报警联动、录音功能、动态侦测等指标。

b. DVR 储存容量及备份状况，如挂接硬盘的数量，硬盘的工作方式，传输备份等。

c. DVR 远程监控通常要求有一定的带宽，若距离较远，无法铺设宽带网，则应采用电信网络进行远程视频监控。

③ 数字录像机的储存容量应按载体的数据量及储存时间确定。

5.2.3 视频监控系统摄像点的布置与安装

摄像点的合理布置是影响设计方案是否合理的一个重要方面。对要求监视区域范围内的景物，要尽可能都进入摄像画面，减小摄像区的死角。为了在不增加较多的摄像机的情况下能达到上述要求，就需要对拟定数量的摄像机进行合理的布局设计。

当一个摄像机需要监视多个不同方向时，如前所述应配置遥控电动云台和变焦镜头。但如果多设一两个固定式摄像机能监视整个场所时，建议不设带云台的摄像机，而设几个固定式摄像机，因为云台造价很高，而且还需为此增设一些附属设备。如图 5-13（a）所示，当带云台的摄像机监视门厅 A 方向时，B 方向就成了一个死角，而云台的水平回转速度通常在 50Hz 时约为 3～6°/s，从 A 方向转到 B 方向约为 20～40s，这样当摄像机来回转动时就有部分时间不能监视目标。如果按如图 5-13（b）所示的方式设置三个固定式摄像机，就能 24h 不间断地监视整个场所，而且系统造价也较低。

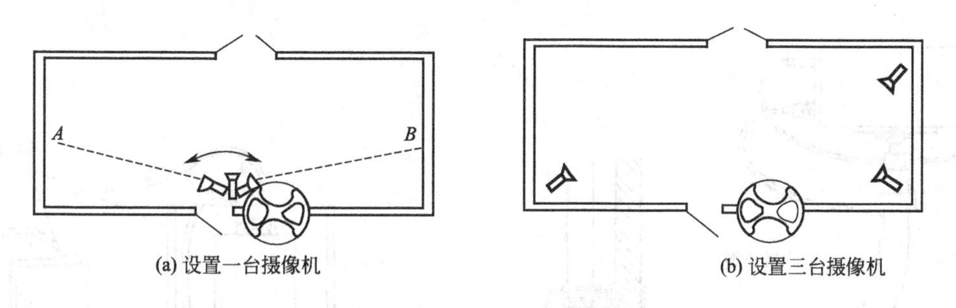

图 5-13　门厅摄像机的设置

摄像机镜头应顺光源方向对准监视目标，避免逆光安装。如图 5-14 所示，被摄物旁是窗（或照明灯），摄像机若安装在图中 a 位置，由于摄像机内的亮度自动控制（自动靶压调整，自动光圈调整）的作用，使得被摄体部分很暗，清晰度也降低，影响观看效果。这时应改变取景位置（如图 5-14 中 b），或用遮挡物将强光线遮住。如果必须在逆光地方安装，则可采用可调焦距、光圈、光聚焦的三可变自动光圈镜头，并尽量调整画面对比度使之呈现出清晰的图像。尤其可采用带有三可变自动光圈镜头的 CCD 型摄像机。

对于摄像机的安装高度，室内以 2.5～5m 为宜，室外以 3.5～10m 为宜，不得低于 3.5m。电梯轿厢内的摄像机安装在其顶部，与电梯操作器成对角处，且摄像机的光轴与电梯两壁及天花板均成 45°。

摄像机宜设置在监视目标附近不易受外界损伤的地方，应尽量注意远离大功率电源和工作频率在视频范围内的高频设备，以防干扰。从摄像机引出的电缆应留有余量（约 1m），以不影响摄像机的转动为宜。不要利用电缆插头和电源插头去承受电缆的自重。

由于监视再现图像其对比度所能显示的范围仅为（30～40）∶1，当摄像机的视野内明暗反差较大时，就会出现应看到的暗部看不见。此时，对摄像机的设置位置、摄像方向和照明条件应进行充分的考虑和调整。

摄像机的安装工艺示例如图 5-15～图 5-18 所示。

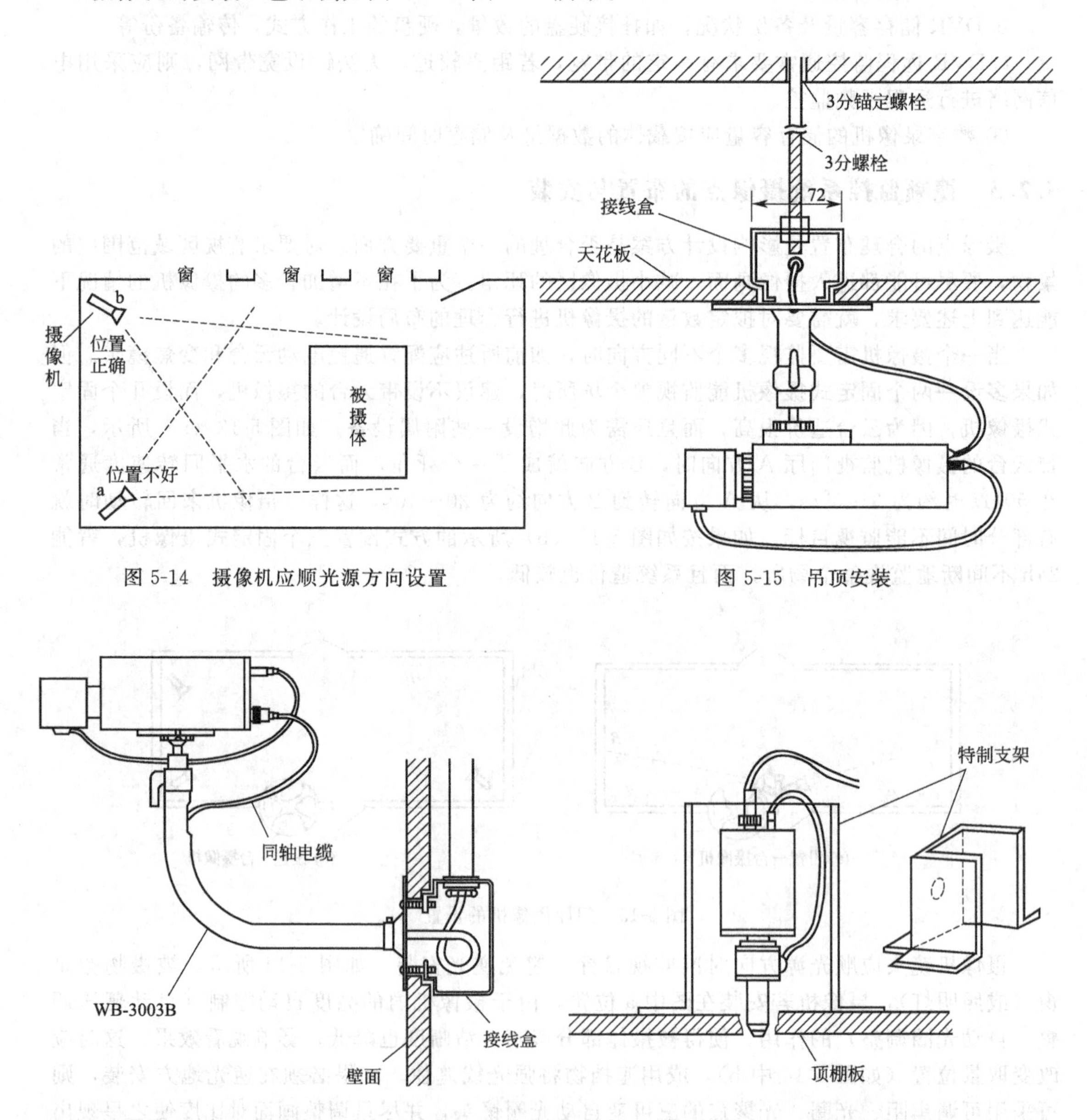

图 5-14　摄像机应顺光源方向设置

图 5-15　吊顶安装

图 5-16　墙壁安装

图 5-17　针孔镜头吊顶安装

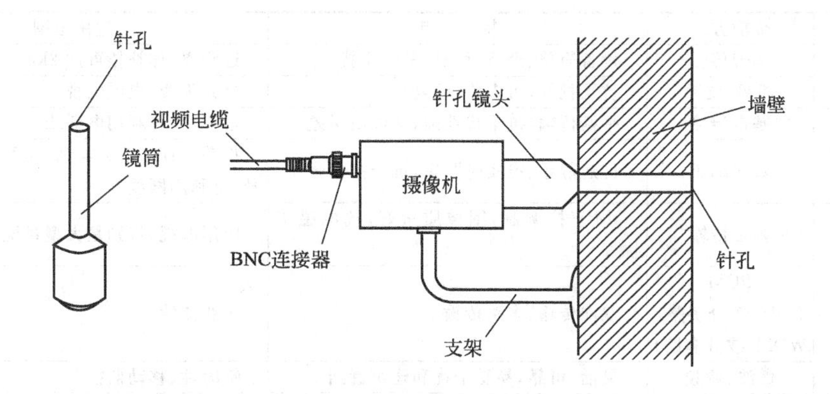

图 5-18　针孔镜头的外形及其安装示意图

关于解码器的安装：解码器通常安装在现场摄像机附近，安装在吊顶内，要预留检修口，室外安装时要选用具有良好密封防水性能的室外解码器。解码器通过总线实现云台旋转，镜头变焦、聚焦、光圈调整，灯光、摄像机开关，防护罩清洗器，雨刷工作，辅助功能输入，位置预置等功能。解码器电源通常多为 AC 220V、50Hz，通过 RS485 串口和系统主机通信，DC 6～12V 输出供聚焦、变焦和改变光圈速度，另有电源输出供给云台，都为 AC 24V、50Hz 标准云台。

解码器安装时主要应完成以下几点工作。

① 解码器地址设定。解码器地址通常由 8 位二进制开关确定，开关置 OFF 时为 0（零），ON 时为 1。

② 镜头电压选择（6V、10V）。

③ 摄像机 DC 电压选择。

④ 雨刷工作电压选择。

⑤ 云台工作电压选择。

⑥ 辅助功能输入。

5.2.4　视频监控系统布线施工

5.2.4.1　传输方式的选择

视频监控系统中图像传输介质、传输方式的特点及使用范围见表 5-10。

① 传输距离较近，可采用同轴电缆传输视频基带信号的视频传输方式。采用视频同轴电缆传输方式时，同轴电缆应采用 SYV-75 系列产品。SYV-75-5 的同轴电缆适用于 300m 以内模拟视频信号的传输。当传输的彩色电视基带信号，在 5.5MHz 点的不平坦度大于 3dB 时，宜加电缆均衡器；当大于 6dB 时，应加电缆均衡放大器。

② 传输距离较远，监视点分布范围广或需进电缆电视网时，宜采用射频同轴电缆传输。采用射频同轴电缆传输方式时，应配置射频调制解调器、混合器、放大器等。射频同轴电缆（SYWV）适用于距离较远、多路模拟视频信号的传输。

③ 长距离传输或需避免强电磁场干扰的传输，宜采用传输光调制信号的光缆传输方式。当有防雷要求时，应使用无金属光缆。

④ 系统的控制信号可采用多芯线直接传输或将遥控信号进行数字编码，用电（光）缆进行传输。

表 5-10　图像传输介质、传输方式的特点及使用范围

传输介质	传输方式	特　点	适用范围
同轴电缆	基带传输	设备简单、经济、可靠，易受干扰	近距离，加补偿可达 2km
	调幅、调频	抗干扰好，可多路，较复杂	公共天线、电缆电视
双绞线(电话线)	基带传输	平衡传输，抗干扰性强，图像质量差	近距离，可利用电话线
	数字编码	传送静止、准实时图像，抗干扰性强	报警系统，可视电话，也可传输基带信号，可利用网线
光纤传输	基带传输	IM 直接调制，图像质量好，抗电磁干扰好	应用电视，特别是大型系统
	PCM FDM(频分多路) WDM(波分多路)	双向传输，多路传输	干线传输
无线	微波、调频	灵活、可靠，易受干扰和建筑遮挡	临时性、移动监控
网络	数字编码、TCP/IP	实时性、连续性要求不高时可保证基本质量，灵活性、保密性强	远程传输，系统自主生成，临时性监控

5.4.2.2　电缆的敷设

① 电缆的弯曲半径应大于电缆直径的 15 倍。

② 电源线宜与信号线、控制线分开敷设。

③ 室外设备连接电缆时，宜从设备的下部进线。

④ 电缆长度应逐盘核对，并根据设计图上各段线路的长度来选配电缆。宜避免电缆的接续，当电缆接续时，应采用专用接插件。

⑤ 架设架空电缆时，宜将电缆吊线固定在电杆上，再用电缆挂钩把电缆卡挂在吊线上；挂钩的间距宜为 0.5～0.6m。根据气候条件，每一杆挡应留出余兜。

⑥ 墙壁电缆的敷设，沿室外墙面宜采用吊挂方式；室内墙面宜采用卡子方式。

墙壁电缆当沿墙角转弯时，应在墙角处设转角墙担。电缆卡子的间距在水平路径上宜为 0.6m；在垂直路径上宜为 1m。

⑦ 直埋电缆的埋深不得小于 0.8m，并应埋在冻土层以下；紧靠电缆处应用沙或细土覆盖，其厚度应大于 0.1m，且上压一层砖石保护。通过交通要道时，应穿钢管保护，电缆应采用具有铠装的直埋电缆，不得用非直埋式电缆作直接埋地敷设。转弯地段的电缆，地面上应有电缆标志。

⑧ 敷设管道电缆，应符合下列要求：

a. 敷设管道线之前应先清刷管孔；

b. 管孔内预设一根镀锌铁线；

c. 穿放电缆时宜涂抹黄油或滑石粉；

d. 管口与电缆间应衬垫铅皮，铅皮应包在管口上；

e. 进入管孔的电缆应保持平直，并应采取防潮、防腐蚀、防鼠等处理措施。

⑨ 管道电缆或直埋电缆在引出地面时，均应采用钢管保护。钢管伸出地面不宜小于 2.5m；埋入地下宜为 0.3～0.5m。

5.2.4.3　光缆的敷设要求

① 敷设光缆前，应对光纤进行检查，光纤应无断点，其衰耗值应符合设计要求。

② 核对光缆的长度，并应根据施工图的敷设长度来选配光缆。配盘时应使接头避开河沟、交通要道和其他障碍物；架空光缆的接头应设在杆旁 1m 以内。

③ 敷设光缆时，其弯曲半径不应小于光缆外径的 20 倍。光缆的牵引端头应做好技术处理；可采用牵引力有自动控制性能的牵引机进行牵引。牵引力应加于加强芯上，其牵引力不

应超过 1500N；牵引速度宜为 10m/min；一次牵引的直线长度不宜超过 1km。

④ 光缆接头的预留长度不应小于 8m。

⑤ 光缆敷设完毕，应检查光纤有无损伤，并对光缆敷设损耗进行抽测。确认没有损伤时，再进行接续。

⑥ 架空光缆应在杆下设置伸缩余兜，其数量应根据所在负荷区级别确定，对重负荷区宜每杆设一个；中负荷区 2～3 根杆设一个；轻负荷区可不设，但中间不得绷紧。光缆余兜的宽度宜为 1.52～2m，深度宜为 0.2～0.25m（图 5-19）。

光缆架设完毕，应将余缆端头用塑料胶带包扎，盘成圈置于光缆预留盒中；预留盒应固定在杆上。地下光缆引上电杆，必须采用钢管保护，如图 5-19 所示。

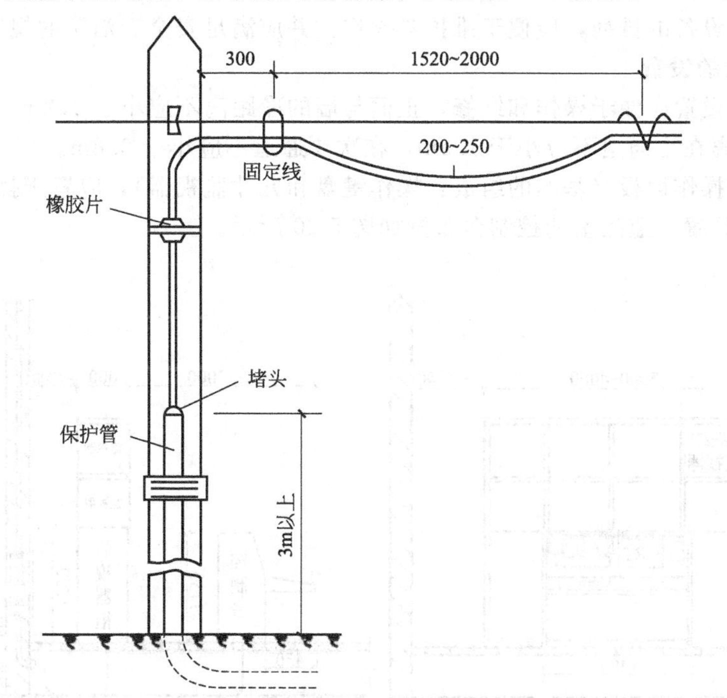

图 5-19 光缆的余兜及引上线钢管保护

⑦ 在桥上敷设光缆时，宜采用牵引机终点牵引和中间人工辅助牵引。光缆在电缆槽内敷设不应过紧；当遇桥身伸缩接口处时应做 3～5 个“S”弯，并每处宜预留 0.5m。当穿越铁路桥面时，应外加金属管保护。光缆经垂直走道时，应固定在支持物上。

⑧ 管道光缆敷设时，无接头的光缆在直道上敷设应由人工逐个入孔同步牵引。预先做好接头的光缆，其接头部分不得在管道内穿行；光缆端头应用塑料胶带包好，并盘成圈放置在托架高处。

⑨ 光缆的接续应由受过专门训练的人员操作，接续时应采用光功率计或其他仪器进行监视，使接续损耗达到最小，接续后应做好接续保护，并安装好光缆接头护套。

⑩ 光缆敷设后，宜测量通道的总损耗，并用光时域反射计观察光纤通道全程波导衰减特性曲线。

⑪ 光缆的接续点和终端应做永久性标志。

5.2.5 视频监控室的安装

5.2.5.1 监控室的布局

根据系统大小，宜设置监控点或监控室。监控室的设计应符合以下几点规定。

① 监控室应设置在环境噪声较小的场所。

② 监控室的使用面积应根据设备容量确定，宜为12～50m²。

③ 监控室的地面应光滑、平整、不起尘。门的宽度不应小于 0.9m，高度不应小于 2.1m。

④ 监控室内的温度应为16～30℃，相对湿度宜为 30％～75％。

⑤ 监控室内的电缆、控制线的敷设宜设置地槽；当属改建工程或监控室不宜设置地槽时，也可敷设在电缆架槽、电缆走道、墙上槽板内或采用活动地板。

⑥ 根据机柜、控制台等设备的相应位置，应设置电缆槽和进线孔，槽的高度和宽度应满足敷设电缆的容量和电缆弯曲半径的要求。

⑦ 监控室内设备的排列，应便于维护与操作，并应满足安全、消防的规定要求。

5.2.5.2　控制台的设置

① 控制台的设置应便于操作和维修，正面与墙的净距离不应小于 1.2m，两侧面与墙或其他设备的净距离在主通道不应小于 1.5m，在次要通道不应小于 0.8m。

② 控制台的操作面板（基本的组成：操作键盘和九寸监视器），应置于操作员既方便操作又便于观察的位置。监控室的控制台布置如图 5-20 所示。

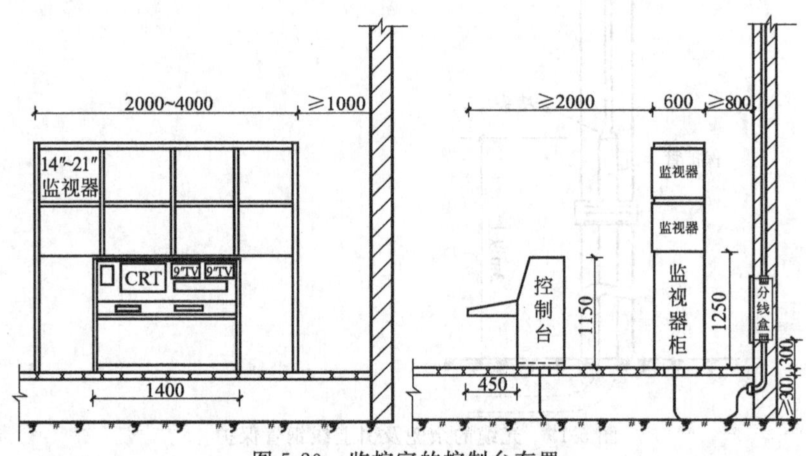

图 5-20　监控室的控制台布置

注：1. 控制室供电容量约 3～5kV·A。

2. 控制室内应设接地端子。

3. 图中尺寸仅供参考。

5.2.5.3　监控室的安装施工

控制室的安装施工要求见表 5-11。

表 5-11　控制室的安装施工要求

施工项目	施工内容
机架安装	①机架安装位置应符合设计要求，当有困难时可根据电缆地槽和接线盒位置作适当调整。 ②机架的底座应与地面固定。 ③机架安装应竖直平稳；垂直偏差不得超过 1‰。 ④几个机架并排在一起，面板应在同一平面上并与基准线平行，前后偏差不得大于 3mm；两个机架中间缝隙不得大于 3mm。对于相互有一定间隔而排成一列的设备，其面板前后偏差不得大于 5mm。 ⑤机架内的设备、部件的安装，应在机架定位完毕并加固后进行，安装在机架内的设备应牢固、端正。 ⑥机架上的固定螺钉、垫片和弹簧垫圈均应按要求紧固，不得遗漏

续表

施工项目	施工内容
控制台安装	①控制台位置应符合设计要求。 ②控制台应安放竖直,台面水平。 ③附件完整、无损伤、螺钉紧固,台面整洁无划痕。 ④台内接插件和设备接触应可靠,安装应牢固,内部接线应符合设计要求,无扭曲脱落现象
电(光)缆的敷设	①采用地槽或墙槽时,电缆应从机架、控制台底部引入,将电缆顺着所盘方向理直,按电缆的排列次序放入槽内;拐弯处应符合电缆曲率半径要求。 电缆离开机架和控制台时,应在距起弯点 10mm 处成捆捆绑,根据电缆的数量应隔 100～200mm 捆绑一次。 ②采用架槽时,架槽宜每隔一定距离留出线口。电缆由出线口从机架上方引入,在引入机架时应成捆绑扎。 ③采用电缆走道时,电缆应从机架上方引入,并应在每个梯铁上进行绑扎。 ④采用活动地板时,电缆在地板下可灵活布放,并应顺直无扭绞;在引入机架和控制台处还应成捆绑扎。 ⑤在敷设的电缆两端应留适度余量,并标示明显的永久性标记。 ⑥各种电缆和控制线插头的装设应符合产品生产厂的要求。 ⑦引入、引出房屋的电(光)缆,在出入口处应加装防水罩。向上引入、引出的电(光)缆,在出入口处还应做滴水弯,其弯度不得小于电(光)缆的最小弯曲半径。电(光)缆沿墙上下引入、引出时应设支持物。电(光)缆应固定(绑扎)在支持物上,支持物的间隔距离不宜大于 1m。 ⑧监控室内光缆的敷设,在电缆走道上时,光端机上的光缆宜预留 10m;余缆盘成圈后应妥善放置,光缆至光端机的光纤连接器的耦合工艺,应严格按有关要求进行
监视器安装	①监视器可装设在固定的机架和柜上,也可装设在控制台操作柜上,当装在柜内时,应采取通风散热措施。 ②监视器的安装位置应使屏幕不受外来光直射,当有不可避免的光时,应加遮光罩遮挡。 ③监视器的外部可调节部分,应暴露在便于操作的位置,并可加保护盖。 ④监视器屏幕尺寸与可供观看的最佳距离见表 5-12

表 5-12　监视器屏幕尺寸与可供观看的最佳距离

监视器规格(对角线)/cm	屏幕标称尺寸		可供观看的最佳距离	
	宽/cm	高/cm	最小观看距离/m	最大观看距离/m
23	18.4	13.8	0.92	1.6
31	24.8	18.6	1.22	2.2
35	28.0	21.0	1.42	2.5
43	34.4	25.8	1.72	3.0

5.2.6　视频监控系统供电与接地

① 系统的供电电源应采用 220V、50Hz 的单相交流电源，并应配置专门的配电箱。当电压波动超出 5%～10%范围时，应设置稳压电源装置。稳压装置的标称功率不得小于系统使用功率的 1.5 倍。

② 摄像机应由监控室引专线经隔离变压器统一供电，当供电线与控制线合用多芯线时，多芯线与电缆可一起敷设。远端摄像机可就近供电，但设备应设置电源开关、熔断器和稳压器等保护装置。

③ 系统的接地，应采用一点接地方式。接地母线应采用铜质线。

④ 系统采用专用接地装置时，其接地电阻不得大于 4Ω；采用综合接地网时，其接地电阻不得大于 1Ω。

⑤ 应采用专用接地干线，由控制室引入接地体，专用接地干线所用铜芯绝缘导线或电缆，其芯线截面不应小于 $16mm^2$。

⑥ 接地线不能与强电交流的地线以及电网零线短接或混接，接地线不能形成封闭回路。

⑦ 由控制室引到系统其他各设备的接地线，应选用铜芯绝缘软线，其截面积不应小于 $4mm^2$。

⑧ 光缆传输系统中，各监控点的光端机外壳应接地，且宜与分监控点统一连接接地。光缆加强芯、架空光缆接续护套应接地。

⑨ 架空电缆吊线的两端和架空电缆线路中的金属管道应接地。

⑩ 进入监控室的架空电缆入室端和摄像机装于旷野、塔顶或高于附近建筑物的电缆端，应设置避雷保护装置。

⑪ 防雷接地装置宜与电气设备接地装置和埋地金属管道相连，当不相连时，两者间的距离不宜小于 20m。

⑫ 不得直接在两建筑屋顶之间敷设电缆，应将电缆沿墙敷设置于防雷保护区以内，并不得妨碍车辆的运行。

5.3 出入口控制系统施工

5.3.1 出入口控制系统的构成

出入口控制系统是利用自定义符识别或/和模式识别技术对出入口目标进行识别并控制出入口执行机构启闭的电子系统或网络。出入口控制系统一般由出入口目标识别子系统、出入口信息管理子系统和出入口控制执行机构三部分组成，其构成如图 5-21 所示。

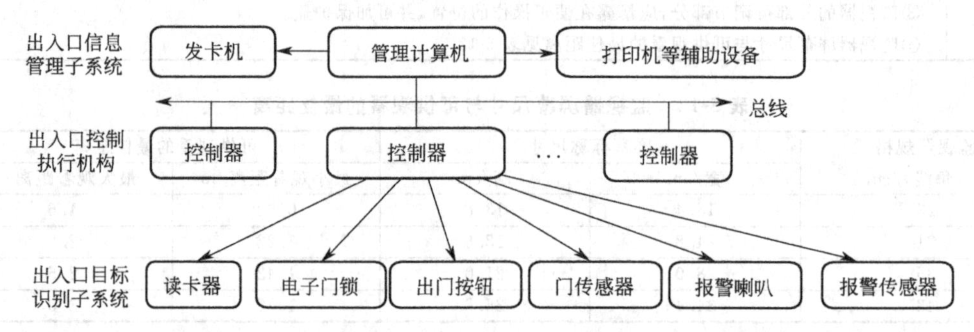

图 5-21 出入口管理系统的构成

5.3.1.1 出入口目标识别子系统

出入口目标识别子系统是直接与人打交道的设备，通常采用各种卡式识别装置和生物辨识装置。卡式识别装置包括 IC 卡、磁卡、射频卡和智能卡等。生物辨识装置是利用人的生物特征进行辨识，如利用人的指纹、掌纹及视网膜等进行识别。卡式识别装置因价格便宜，已得到广泛使用。由于每个人的生物特征不同，生物辨识装置安全性极高，一般用于安全性很高的军政要害部门或大银行的金库等地方的出入口管制系统。

在出入口控制装置中使用的出入凭证或个人识别方法，主要有如下三大类：密码、卡片和人体特征识别技术。它们的原理、优缺点如下。

(1) 密码键盘识别　密码键盘识别是通过检验输入密码是否正确来识别进出权限的，这类产品分普通型和乱序键盘型（键盘上的数字不固定，不定期自动变化）两类。

① 普通型。普通型密码键盘识别操作方便、无须携带卡片、成本低，但它只能同时容纳三组密码，容易泄露，安全性很差，无进出记录，只能单向控制。

② 乱序键盘型（键盘上的数字不固定，不定期自动变化）。乱序键盘型密码键盘识别操作方便、无须携带卡片，但密码容易泄露，安全性还是不高，无进出记录，只能单向控制，且成本高。

(2) 射频卡识别　射频卡识别的卡片和设备无接触，开门方便安全；寿命长（理论数据至少十年），安全性高，可连微机，有开门记录；可以实现双向控制；卡片很难被复制。

① 磁卡。对磁卡上的磁条存储的个人数据进行读取与识别。优点是价廉、有效；缺点是伪造更改容易、会忘带卡或丢失。为防止丢失和伪造，可与密码法并用。

② IC 卡。对存储在 IC 卡中的个人数据进行读取与识别。优点是伪造难、存储量大、用途广泛；缺点是会忘带卡或丢失。

③ 非接触式 IC 卡。对存储在 IC 卡中的个人数据进行非接触式的读取。优点是伪造难、操作方便、耐用；缺点是会忘带卡或丢失。

(3) 人体生物特征识别　从统计意义上来说，人类的指纹、掌纹和眼纹等生理特征都存在着唯一性，因而这些特征都可以成为鉴别用户身份的依据。

① 指纹识别。因每个人的指纹各不相同，利用指纹进行身份鉴别是一种识别身份的方法。基于指纹识别技术的出入口管制系统早已经投放市场。其缺点是对无指纹者不能识别，且存在着合法用户的指纹被他人复制的可能，降低了整个系统的安全性。

② 掌纹识别。利用人的掌形和掌纹特征也可进行身份鉴别。由于它的易用性，使得掌纹识别受到好评。但掌纹识别的准确度比指纹略低。

③ 眼纹识别。眼纹识别方法有两种，即利用视网膜上的血管花纹和利用虹膜上的花纹。其中，视网膜识别是利用视网膜扫描仪来检测视网膜上血管的特性，这个技术需要将眼睛放得离相机很近，用以获得一张聚焦后的图片，其失误率几乎为零。但不能识别视网膜病变或脱落者。

虹膜识别是利用虹膜扫描仪测量眼睛虹膜中的斑驳，用户在距离相机 30cm 或 30cm 以上的距离注视相机几秒钟即可完成识别操作。

④ 声音识别。声音识别就是利用每个人的声音差异来进行识别，是人体生物特征识别技术中最容易被用户接受的方式。但声音容易被模仿或使用者由于疾病而使声音发生变化时将无法识别。

5.3.1.2　出入口信息管理子系统

出入口信息管理子系统由管理计算机和相关设备以及管理软件组成。它管理着系统中所有的控制器，向它们发送命令，对它们进行设置，接收其送来的信息，完成系统中所有信息的分析与处理。

出入口管制系统可以与电视监控系统、电子巡更系统和火灾报警系统等连接起来，形成综合安全管理系统。

5.3.1.3　出入口控制执行机构

出入口控制执行机构由控制器、出口按钮、电动锁、报警传感器、指示灯和喇叭等组成。控制器接收出入口目标识别子系统发来的相关信息，与自己存储的信息进行比较后作出判断，然后发出处理信息，控制电动锁。若出入口目标识别子系统与控制器存储的信息一致，则打开电动锁开门。若门在设定的时间内没有关上，则系统就会发出报警信号。单个控制器就可以组成一个简单的出入口管制系统，用来管理一个或几个门。多个控制器由通信网络与计算机连接起来组成可集中监控的出入口管制系统。

5.3.2　出入口控制系统的类型

5.3.2.1　按出入口控制系统硬件构成模式分类

(1) 一体型　出入口控制系统的各个组成部分通过内部连接，组合或集成在一起，实现出入口控制的所有功能（图 5-22）。

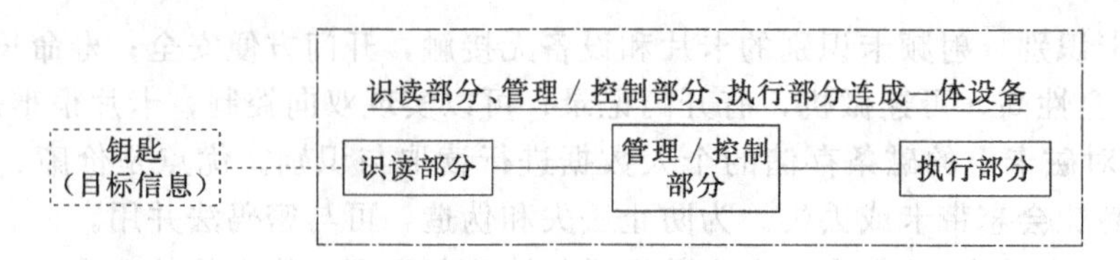

图 5-22　一体型产品组成

(2) 分体型　出入口控制系统的各个组成部分，在结构上有分开的部分，也有通过不同方式组合的部分。分开部分与组合部分之间通过电子、机电等手段连成为一个系统，实现出入口控制的所有功能（图 5-23）。

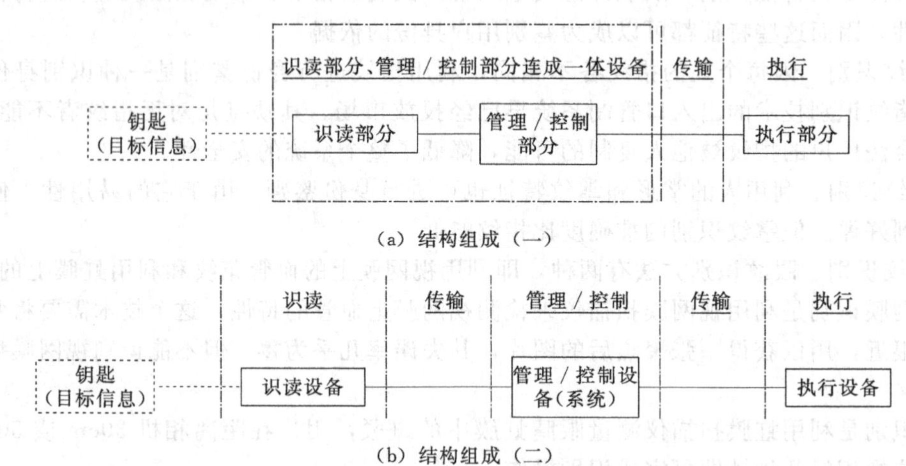

图 5-23　分体型结构组成

5.3.2.2　按出入口控制系统管理/控制方式分类

(1) 独立控制型　出入口控制系统，其管理与控制部分的全部显示/编程/管理/控制等功能均在一个设备（出入口控制器）内完成（图 5-24）。

(2) 联网控制型　出入口控制系统，其管理与控制部分的全部显示/编程/管理/控制功能不在一个设备（出入口控制器）内完成。其中，显示/编程功能由另外的设备完成。设备之间的数据传输通过有线和/或无线数据通道及网络设备实现（图 5-25）。

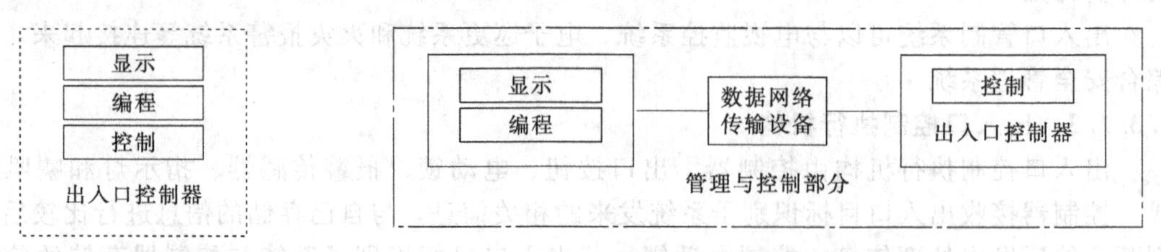

图 5-24　独立控制型组成　　　　图 5-25　联网控制型组成

(3) 数据载体传输控制型　出入口控制系统与联网型出入口控制系统的区别仅在于数据传输的方式不同，其管理与控制部分的全部显示/编程/管理/控制等功能不是在一个设备（出入口控制器）内完成。其中，显示/编程工作由另外的设备完成。设备之间的数据传输通过对可移动的、可读写的数据载体的输入/导出操作完成（图 5-26）。

5.3.2.3　按出入口控制系统现场设备连接方式分类

(1) 单出入口控制设备　仅能对单个出入口实施控制的单个出入口控制器所构成的控制设备（图 5-27）。

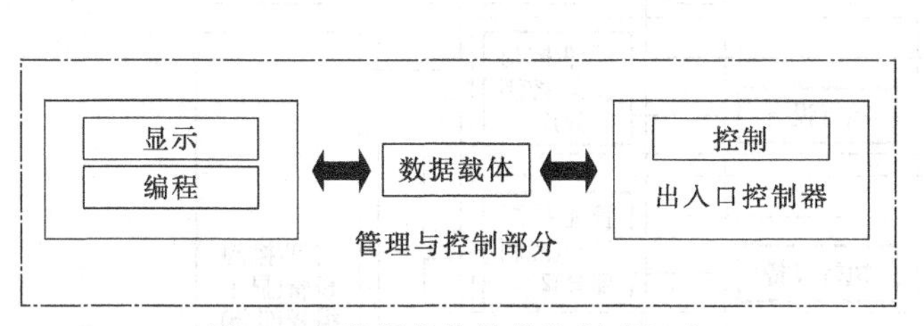

图 5-26　数据载体传输控制型组成

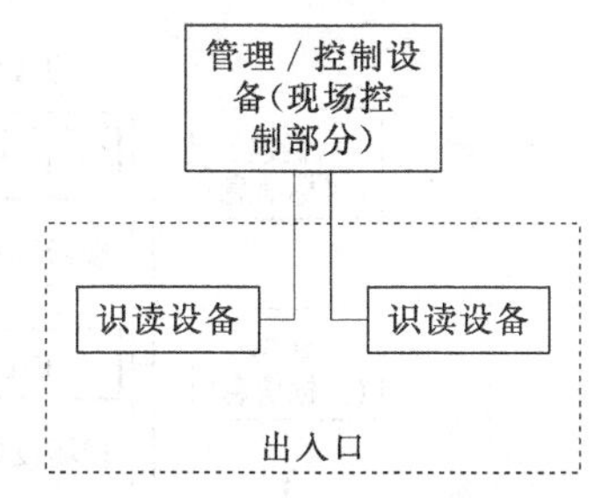

图 5-27　单出入口控制设备型组成

（2）多出入口控制设备　能同时对两个以上出入口实施控制的单个出入口控制器所构成的控制设备（图 5-28）。

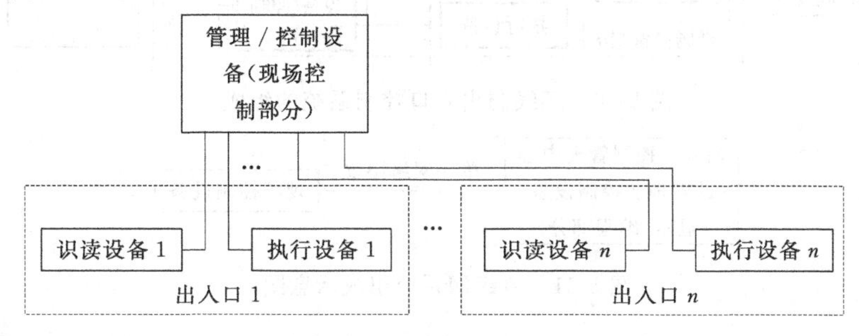

图 5-28　多出入口控制设备型组成

5.3.2.4　按出入口控制系统联网模式分类

（1）总线制　出入口控制系统的现场控制设备通过联网数据总线与出入口管理中心的显示、编程设备相连，每条总线在出入口管理中心只有一个网络接口（图 5-29）。

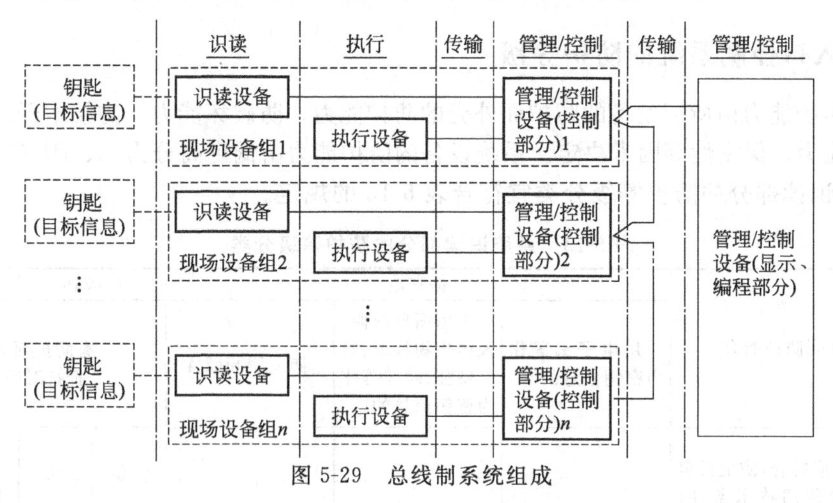

图 5-29　总线制系统组成

（2）环线制　出入口控制系统的现场控制设备通过联网数据总线与出入口管理中心的显示、编程设备相连，每条总线在出入口管理中心有两个网络接口，当总线有一处发生断线故障时，系统仍能正常工作，并可探测到故障的地点（图 5-30）。

（3）单级网　出入口控制系统的现场控制设备与出入口管理中心的显示、编程设备的连接采用单一联网结构（图 5-31）。

（4）多级网　出入口控制系统的现场控制设备与出入口管理中心的显示、编程设备的连接采用两级以上串联的联网结构，且相邻两级网络采用不同的网络协议（图 5-32）。

识读
执行
传输
管理/控制
传输
管理/控制
钥匙(目标信息)
识读设备
执行设备
现场设备组1
管理/控制设备(控制部分)1
钥匙(目标信息)
识读设备
执行设备
现场设备组2
管理/控制设备(控制部分)2
钥匙(目标信息)
识读设备
执行设备
现场设备组n
管理/控制设备(控制部分)n
管理/控制设备(显示、编程部分)

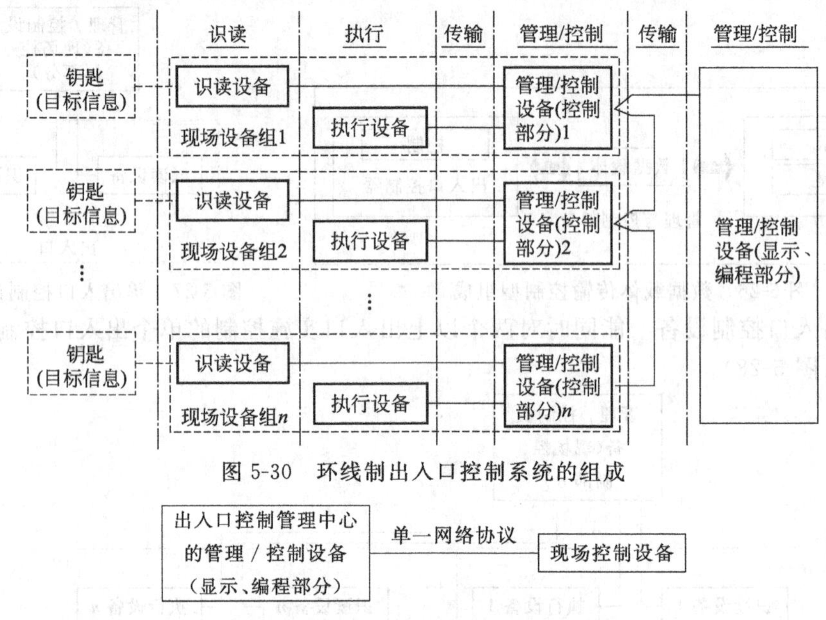

图 5-30　环线制出入口控制系统的组成

出入口控制管理中心的管理／控制设备（显示、编程部分）
单一网络协议
现场控制设备

图 5-31　单级网系统组成示意图

出入口控制管理中心的管理／控制设备（显示、编程部分）
网络协议 1
网络协议转换设备 1
网络协议 2
网络协议 n
网络协议转换设备 n
网络协议 n+1
现场控制设备

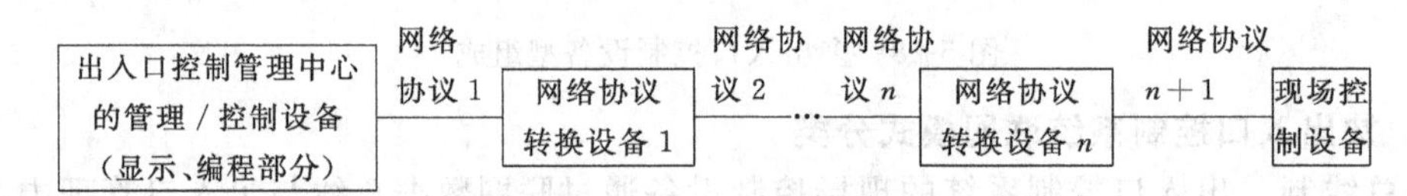

图 5-32　多级网系统组成

5.3.3　出入口控制系统的防护等级

系统的防护能力由所用设备的防护面外壳的防护能力、防破坏能力、防技术开启能力以及系统的控制能力、保密性等因素决定。系统设备的防护能力由低到高分为 A、B、C 三个等级。

① 系统识读部分的防护等级分类宜符合表 5-13 的规定。

表 5-13　系统识读部分的防护等级分类

<table>
<tr><th rowspan="2">要求
等级</th><th rowspan="2">外壳防护能力</th><th colspan="3">保密性</th><th colspan="2">防破坏</th><th colspan="2">防技术开启</th></tr>
<tr><th>用电子编码作为密钥信息的</th><th>采用图形图像、人体生物特征、物品特征、时间等作为密钥信息的</th><th>防复制和破译</th><th colspan="4">有防护面的设备抵抗时间/min</th></tr>
<tr><td rowspan="4">普通防护级别（A 级）</td><td rowspan="4">外壳应符合《防盗报警控制器通用技术条件》（GB 12663—2001）的有关要求。
识读现场装置外壳应符合《外壳防护等级（IP 代码）》（GB 4208—2008）中 IP42 的要求。
室外型的外壳还应符合《外壳防护等级（IP 代码）》（GB 4208—2008）中 IP53 的要求</td><td rowspan="4">密钥量 $>10^4\times n_{max}$</td><td rowspan="4">密钥差异 $>10\times n_{max}$
误识率不大于 $1/n_{max}$</td><td rowspan="4">使用的个人信息识别载体应能防复制</td><td>防钻</td><td>10</td><td rowspan="2">防误识开启</td><td rowspan="2">1500</td></tr>
<tr><td>防锯</td><td>3</td></tr>
<tr><td>防撬</td><td>10</td><td rowspan="2">防电磁场开启</td><td rowspan="2">1500</td></tr>
<tr><td>防拉</td><td>10</td></tr>
</table>

续表

等级＼要求	外壳防护能力	保密性			防破坏		防技术开启	
		用电子编码作为密钥信息的	采用图形图像、人体生物特征、物品特征、时间等作为密钥信息的	防复制和破译	有防护面的设备抵抗时间/min			
中等防护级别（B级）	外壳应符合《外壳防护等级（IP代码）》（GB 4208—2008）中IP42的要求。 室外型的外壳还应符合《外壳防护等级（IP代码）》（GB 4208—2008）中IP53的要求	密钥量$>10^4\times n_{max}$，并且至少采用以下一项。 ①连续输入错误的钥匙信息时有限制操作的措施。 ②采用自行变化编码。 ③采用可更改编码（限制无授权人员更改）	密钥差异$>10^2\times n_{max}$； 误识率不大于$1/n_{max}$	使用的个人信息识别载体应能防复制；无线电传输密钥信息的，则至少经24h扫描时间（改变不少于5000种编码组合）获得正确码的概率小于4%，或每次操作钥匙后自行变化编码	防钻	20	防误识开启	3000
					防锯	6		
					防撬	20	防电磁场开启	3000
					防拉	20		
高防护级别（C级）	外壳应符合《外壳防护等级（IP代码）》（GB 4208—2008）中IP43的要求。 室外型的外壳还应符合《外壳防护等级（IP代码）》（GB 4208—2008）中IP55的要求	密钥量$>10^6\times n_{max}$，并且至少采用以下一项。 ①连续输入错误的钥匙信息时有限制操作的措施。 ②采用自行变化编码。 ③采用可更改编码（限制无授权人员更改）。不能采用在空间可被截获的方式传输密钥信息	密钥差异$>10^6\times n_{max}$；误识率不大于$1/n_{max}$	制造的所有钥匙应能防未授权的读取信息、防复制	防钻	30	防误识开启	5000
					防锯	10		
					防撬	30	防电磁场开启	5000
					防拉	30		
					防冲击	30	—	60

②系统管理与控制部分的防护等级分类宜符合表5-14的规定。

表5-14　系统管理与控制部分的防护等级分类

等级＼要求	外壳防护能力	控制能力				保密性		防破坏	防技术开启
		防目标重入控制	多重识别控制	复合识别控制	异地核准控制	防调阅管理与控制程序	防当场复制管理与控制程序	抵抗时间/min	
普通防护级别（A级）	有防护面的管理与控制部分，其外壳应符合《外壳防护等级（IP代码）》（GB 4208—2008）中IP42的要求，否则外壳应符合《外壳防护等级（IP代码）》（GB 4208—2008）中IP32的要求	无	无	无	无	有	无	对于有防护面的管理与控制部分，与表5-15的此项要求相同 对于无防护面的管理与控制部分不作要求	

续表

要求 等级	外壳防护能力	控制能力				保密性		防破坏	防技术开启
		防目标重入控制	多重识别控制	复合识别控制	异地核准控制	防调阅管理与控制程序	防当场复制管理与控制程序	抵抗时间/min	
中等防护级别(B级)	有防护面的管理与控制部分，其外壳应符合《外壳防护等级(IP代码)》(GB 4208—2008)中IP42的要求 否则外壳应符合《外壳防护等级(IP代码)》(GB 4208—2008)中IP32的要求	有	无	无	无	有	有	对于有防护面的管理与控制部分，与表5-15的此项要求相同 对于无防护面的管理与控制部分不作要求	
高防护级别(C级)	有防护面的管理与控制部分，其外壳应符合《外壳防护等级(IP代码)》(GB 4208—2008)中IP42的要求 否则外壳应符合《外壳防护等级(IP代码)》(GB 4208—2008)中IP32的要求	有	有	有	有	有	有		

③ 系统执行部分的防护等级分类宜符合表5-15的规定。

表5-15 系统执行部分的防护等级分类

要求 等级	外壳防护能力	控制出入的能力		防破坏/防技术开启 抵抗时间(min或次数)
		执行部件	强度要求	
普通防护级别(A级)	有防护面的，外壳应符合《外壳防护等级(IP代码)》(GB 4208—2008)中IP42的要求。 否则外壳应符合《外壳防护等级(IP代码)》(GB 4208—2008)中IP32的要求	机械锁定部件的(锁舌、锁栓等)	符合《机械防盗锁》(GA/T 73—1994)A级别要求	符合《机械防盗锁》(GA/T 73—1994)A级别要求
		电磁铁作为间接闭锁部件的	符合《机械防盗锁》(GA/T 73—1994)A级别要求	符合《机械防盗锁》(GA/T 73—1994)A级别要求；防电磁场开启＞1500min
		电磁铁作为直接闭锁部件的	符合《机械防盗锁》(GA/T 73—1994)A级别要求	符合《机械防盗锁》(GA/T 73—1994)A级别要求；防电磁场开启＞1500min；抵抗出入目标以3倍正常运动速度撞击3次
		阻挡指示部件的(电动挡杆等)	指示部件不作要求	指示部件不作要求
中等防护级别(B级)	有防护面的，外壳应符合《外壳防护等级(IP代码)》(GB 4208—2008)中IP42的要求。 否则外壳应符合《外壳防护等级(IP代码)》(GB 4208—2008)中IP32的要求	机械锁定部件的(锁舌、锁栓等)	符合《机械防盗锁》(GA/T 73—1994)B级别要求	符合《机械防盗锁》(GA/T 73—1994)B级别要求
		电磁铁作为间接闭锁部件的	符合《机械防盗锁》(GA/T 73—1994)B级别要求	符合《机械防盗锁》(GA/T 73—1994)B级别要求；防电磁场开启＞3000min
		电磁铁作为直接闭锁部件的	符合《机械防盗锁》(GA/T 73—1994)B级别要求	符合《机械防盗锁》(GA/T 73—1994)B级别要求；防电磁场开启＞3000min；抵抗出入目标以5倍正常运动速度撞击3次
		阻挡指示部件的(电动挡杆等)	指示部件不作要求	指示部件不作要求

续表

要求 等级	外壳防护能力	控制出入的能力		防破坏/防技术开启抵抗时间(min或次数)
		执行部件	强度要求	
高防护级别(C级)	有防护面的，外壳应符合《外壳防护等级(IP代码)》(GB 4208—2008)中IP42的要求。 否则外壳应符合《外壳防护等级(IP代码)》(GB 4208—2008)中IP32的要求	机械锁定部件的(锁舌、锁栓等)	符合《机械防盗锁》(GA/T 73—1994)B级别要求	符合《机械防盗锁》(GA/T 73—1994)B级别要求
		电磁铁作为间接闭锁部件的	符合《机械防盗锁》(GA/T 73—1994)B级别要求	符合《机械防盗锁》(GA/T 73—1994)B级别要求；防电磁场开启>5000min
		电磁铁作为直接闭锁部件的	符合《机械防盗锁》(GA/T 73—1994)B级别要求	符合《机械防盗锁》(GA/T 73—1994)B级别要求；防电磁场开启>5000min；抵抗出入目标以10倍正常运动速度撞击3次
		阻挡指示部件的(电动挡杆等)	指示部件不作要求	指示部件不作要求

5.3.4 出入口控制系统设备的选择与安装

5.3.4.1 设备的选择与布置要求

(1) 设备选型应符合的要求

① 防护对象的风险等级、防护级别、现场的实际情况、通行流量等要求。

② 安全管理要求和设备的防护能力要求。

③ 对管理/控制部分的控制能力、保密性的要求。

④ 信号传输条件的限制对传输方式的要求。

⑤ 出入目标的数量及出入口数量对系统容量的要求。

⑥ 与其他子系统集成的要求。

(2) 设备的设置应符合的要求

① 识读装置的设置应便于目标的识读操作。

② 采用非编码信号控制和/或驱动执行部分的管理与控制设备，必须设置于该出入口的对应受控区、同级别受控区或高级别受控区内。

5.3.4.2 常用识读设备的选择与安装

常用识读设备选型主要可以分为编码识读设备和人体生物特征识读设备。常用识读设备的选型主要应注意以下几个方面。

① 当识读设备采用1∶N对比模式时，不需由编码识读方式辅助操作，当目标数多时识别速度及误识率的综合指标会下降。

② 当识读设备采用1∶1对比模式时，需编码识读方式辅助操作，识别速度及误识率的综合指标不随目标数多少而变化。

③ 当采用的识读设备，其人体生物特征信息的存储单元位于防护面时，应考虑该设备被非法拆除时数据的安全性。

④ 当采用的识读设备，其人体生物特征信息存储在目标携带的介质内时，应考虑该介质如被伪造而带来的安全性影响。

⑤ 所选用的识读设备，其误识率、拒认率、识别速度等指标应满足实际应用的安全与管理要求。

常用编码识读设备的选型宜符合表5-16的要求。

表 5-16 常用编码识读设备选型要求

名称	适应场所	主要特点	安装设计要点	适宜工作环境和条件	不适宜工作环境和条件
普通密码键盘	人员出入口；授权目标较少的场所	密码易泄漏、易被窥视，保密性差，密码需经常更换	用于人员通道门，宜安装于距门开启边200～300mm，距地面1.2～1.4m处； 用于车辆出入口，宜安装于车道左侧距地面高1.2m，距挡车器3.5m处	室内安装； 如需室外安装，需选用密封性良好的产品	不易经常更换密码且授权目标较多的场所
乱序密码键盘	人员出入口；授权目标较少的场所	密码不易泄漏，密码不易被窥视，保密性较普通密码键盘高，需经常更换			
磁卡识读设备	人员出入口；较少用于车辆出入口	磁卡携带方便，便宜，易被复制、磁化，卡片及读卡设备易被磨损，需经常维护			室外可被雨淋处； 尘土较多的地方； 环境磁场较强的场所
接触式IC卡读卡器	人员出入口	安全性高，卡片携带方便，卡片及读卡设备易被磨损，需经常维护	用于人员通道门，宜安装于距门开启边200～300mm，距地面1.2～1.4m处； 用于车辆出入口，宜安装于车道左侧距地面高1.2m，距挡车器3.5m处	室内安装； 适合人员通道	室外可被雨淋处； 静电较多的场所
接触式TM卡（纽扣式）读卡器	人员出入口	安全性高，卡片携带方便，不易被磨损		可安装在室内、外； 适合人员通道	尘土较多的地方
条码识读设备	用于临时车辆出入口	介质一次性使用，易被复制、易损坏	宜安装在出口收费岗亭内，由操作员使用	停车场收费岗亭内	非临时目标出入口
非接触只读式读卡器	人员出入口； 停车场出入口	安全性较高，卡片携带方便，不易被磨损，全密封的产品具有较高的防水、防尘能力	用于人员通道门，宜安装于距门开启边200～300mm，距地面1.2～1.4m处； 用于车辆出入口，宜安装于车道左侧距地面高1.2m，距挡车器3.5m处； 用于车辆出入口的超远距离有源读卡器（读卡距离＞5m），应根据现场实际情况选择安装位置，应避免尾随车辆先读卡	可安装在室内、外； 近距离读卡器（读卡距离＜500mm）适合人员通道； 远距离读卡器（读卡距离＞500mm）适合车辆出入口	电磁干扰较强的场所； 较厚的金属材料表面； 工作在900MHz频段下的人员出入口； 无防冲撞机制（防冲撞：可依次读取同时进入感应区域的多张卡），读卡距离＞1m的人员出入口
非接触可写、不加密式读卡器	人员出入口；消费系统一卡通应用的场所；停车场出入口	安全性不高，卡片携带方便，易被复制，不易被磨损，全密封的产品具有较高的防水、防尘能力			
非接触可写、加密式读卡器	人员出入口；与消费系统一卡通应用的场所； 停车场出入口	安全性高，无源卡片，携带方便不易被磨损，不易被复制，全密封的产品具有较高的防水、防尘能力			

常用人体生物特征识读设备的选型宜符合表5-17的要求。

表 5-17 常用人体生物特征识读设备选型要求

序号	名称	主要特点		安装设计要点	适宜的工作环境和条件	不适宜的工作环境和条件
1	指纹识读设备	指纹头设备易于小型化；识别速度很快，使用方便；需人体配合的程度较高	操作时需人体接触识读设备	用于人员通道门，宜安装于适合人手配合操作，距地面1.2～1.4m处；当采用的识读设备，其人体生物特征信息存储在目标携带的介质内时，应考虑该介质如被伪造而带来的安全性影响	室内安装；使用环境应满足产品选用的不同传感器所要求的使用环境要求	操作时需人体接触识读设备，不适宜安装在医院等容易引起交叉感染的场所
2	掌形识读设备	识别速度较快；需人体配合的程度较高				

续表

序号	名称	主要特点		安装设计要点	适宜的工作环境和条件	不适宜的工作环境和条件
3	虹膜识读设备	虹膜被损伤、修饰的可能性很小，也不易留下可能被复制的痕迹；需人体配合的程度很高；需要培训才能使用	操作时不需人体接触识读设备	用于人员通道门，宜安装于适合人眼部配合操作，距地面1.5～1.7m处	环境亮度适宜、变化不大的场所	环境亮度变化大的场所，背光较强的地方
4	面部识读设备	需人体配合的程度较低，易用性好，适于隐蔽地进行面像采集、对比		安装位置应便于摄取面部图像的设备能最大面积、最小失真地获得人脸正面图像		

5.3.4.3 执行设备的选择与安装

常用执行设备的选型宜符合表5-18。

表5-18 常用执行设备选型要求

序号	应用场所	常采用的执行设备	安装设计要点
1	单向开启、平开木门（含带木框的复合材料门）	阴极电控锁	适用于单扇门；安装位置距地面0.9～1.1m边门框处；可与普通单舌机械锁配合使用
		电控撞锁	适用于单扇门；安装于门体靠近开启边，距地面0.9～1.1m处；配合件安装在边门框上
		一体化电子锁	
		磁力锁	安装于上门框，靠近门开启边；配合件安装于门体上；磁力锁的锁体不应暴露在防护面（门外）
		阳极电控锁	
		自动平开门	安装于上门框；应选用带闭锁装置的设备或另加电控锁；外挂式门机不应暴露在防护面（门外）；应有防夹措施
2	单向开启、平开镶玻璃门（不含带木框门）	阳极电控锁	同本表第1条相关内容
		磁力锁	
		自动平开门机	
3	单向开启、平开玻璃门	带专用玻璃门夹的阳极电控锁	安装位置同本表第1条相关内容；玻璃门夹的作用面不应安装在防护面（门外）；无框（单玻璃框）门的锁引线应有防护措施
		带专用玻璃门夹的磁力锁	
		玻璃门夹电控锁	
4	双向开启、平开玻璃门	带专用玻璃门夹的阳极电控锁	同本表第3条相关内容
		玻璃门夹电控锁	
5	单扇、推拉门	阳极电控锁	同本表第1、3条相关内容
		磁力锁	安装于边门框；配合件安装于门体上；不应暴露在防护面（门外）
		推拉门专用电控挂钩锁	根据锁体结构不同，可安装于上门框或边门框；配合件安装于门体上；不应暴露在防护面（门外）
		自动推拉门机	安装于上门框；应选用带闭锁装置的设备或另加电控锁；应有防夹措施
6	双扇、推拉门	阳极电控锁	同本表第1、3条相关内容
		推拉门专用电控挂钩锁	应选用安装于上门框的设备；配合件安装于门体上；不应暴露在防护面（门外）
		自动推拉门机	同本表第5条相关内容
7	金属防盗门	电控撞锁	同本表第1、5条相关内容
		磁力锁自动门机	
		电机驱动锁舌电控锁	根据锁体结构不同，可安装于门框或门体上
8	防尾随人员快速通道	电控三棍闸	应与地面有牢固的连接；常与非接触式读卡器配合使用；自动启闭速通门应有防夹措施
		自动启闭速通门	

续表

序号	应用场所	常采用的执行设备	安装设计要点
9	小区大门、院门等（人员、车辆混行通道）	电动伸缩栅栏门	固定端应与地面有牢固的连接；滑轨应水平铺设；门开口方向应在值班室（岗亭）一侧；启闭时应有声光指示，应有防夹措施
		电动栅栏式栏杆机	应与地面有牢固的连接，适用于不限高的场所，不宜选用闭合时间小于3s的产品，应有防砸措施
10	一般车辆出入口	电动栏杆机	应与地面有牢固的连接；用于有限高的场所时，栏杆应有曲臂装置；应有防砸措施
11	防闯车辆出入口	电动升降式地挡	应与地面有牢固的连接；地挡落下后，应与地面在同一水平面上；应有防止车辆通过时，地挡顶车的措施

5.3.5 出入口控制系统安装

5.3.5.1 传输方式、缆线选择

传输方式、缆线的选型主要应注意以下几个方面。

① 传输方式应考虑出入口控制点位分布、传输距离、环境条件、系统性能要求及信息容量等因素，应认真计算系统供电及信号的电压、电流，所选用的缆线实际截面积应大于理论值。

② 识读设备与控制器之间的通信用信号线宜采用多芯屏蔽双绞线。

③ 门磁开关及出门按钮与控制器之间的通信用信号线，线芯最小截面积不宜小于0.50mm²。

④ 控制器与执行设备之间的绝缘导线，线芯最小截面积不宜小于0.75mm²。

⑤ 控制器与管理主机之间的通信用信号线宜采用双绞铜芯绝缘导线，其线径根据传输距离而定，线芯最小截面积不宜小于0.50mm²。

⑥ 布线设计应符合《安全防范工程技术规范》（GB 50348—2004）的有关规定。

⑦ 执行部分的输入电缆在该出入口的对应受控区、同级别受控区或高级别受控区外的部分，应封闭保护，其保护结构的拉伸、弯曲强度应不低于镀锌钢管。

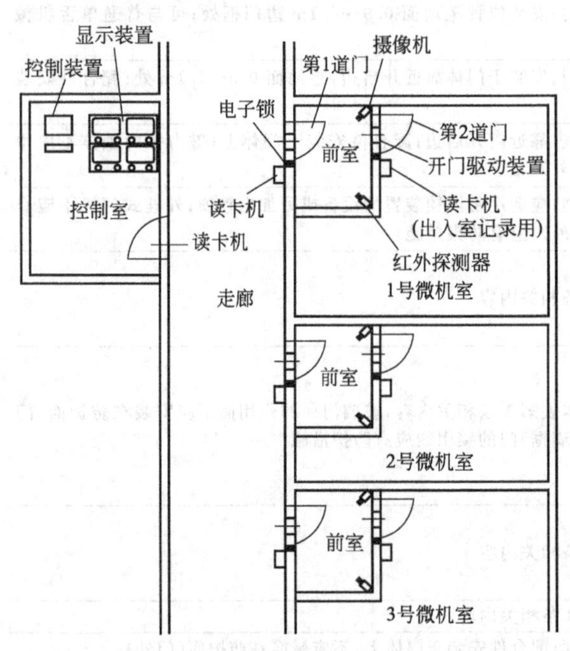

图 5-33 某大楼出入口控制系统设备布置图

5.3.5.2 出入口管理系统安装

（1）平面布置 某大楼各室的出入口控制系统的设备平面布置图，如图5-33所示。

（2）门禁系统的安装 门禁控制系统的设备布置如图5-34所示。电控门锁应根据门的材质、开启方向等来选择。门禁控制系统的读卡器距地1.4m安装。门禁系统的安装应根据锁的类型、安装位置、安装高度、门的开启方向等进行。

如图5-35所示，有的磁卡门锁内设置电池，不需外接导线，只要现场安装即可。阴极式及直插式电控门锁通常安装在门框上，在主体施工时在门框外侧门锁安装高度处预埋穿线管及接线盒，锁体安装应与土建工程配合。

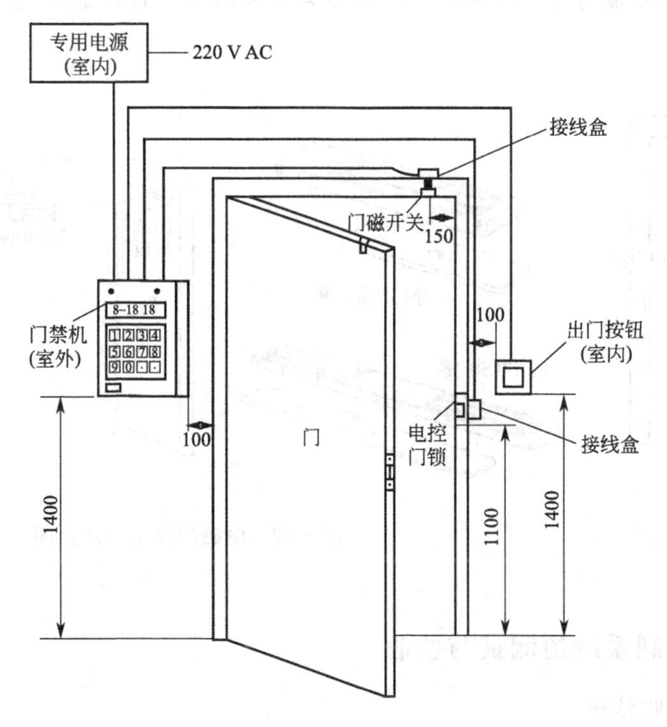

图 5-34　门禁系统现场设备安装示意图

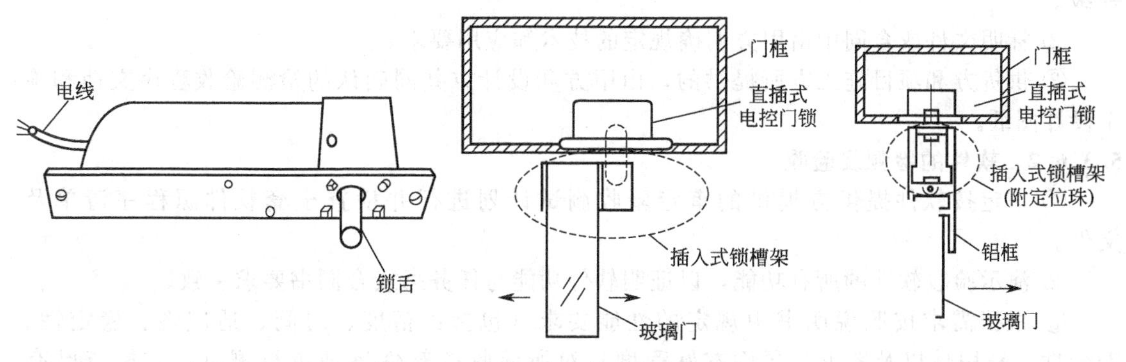

图 5-35　直插式电控门锁安装示意图

在门扇上安装电控门锁时，需要通过电合页进行导线的连接，门扇上电控门锁与电合页之间可预留软塑料管，主体施工时在门框外侧电合页处预埋导线管及接线盒，导线选用 RVS2×1.0mm²，连接应采用焊接或接线端子连接，如图 5-36 所示。

电磁门锁是一种经常用的门锁，选用安装电磁门锁应注意门的材质、门的开启方向及电磁门锁的拉力。如图 5-37 所示为电磁门锁的安装示意图。

门禁控制部分的缆线选型如下。

① 门磁开关可采用 2 芯普通通信缆线 RVV（或 RVS），每芯截面积为 0.5mm²。

② 读卡机与现场控制器连线可采用 4 芯通信缆线（RVVP）或 3 类双绞线，每芯截面积为 0.3～0.5mm²。

③ 读卡机与输入/输出控制板之间可采用 5～8 芯普通通信缆线（RVV 或 RVS）或 3 类双绞线，每芯截面积为 0.3～0.5mm²。

④ 输入/输出控制板与电控门锁、开门按钮等均采用2芯普通通信缆线（RVV），每芯截面积为0.75mm^2。

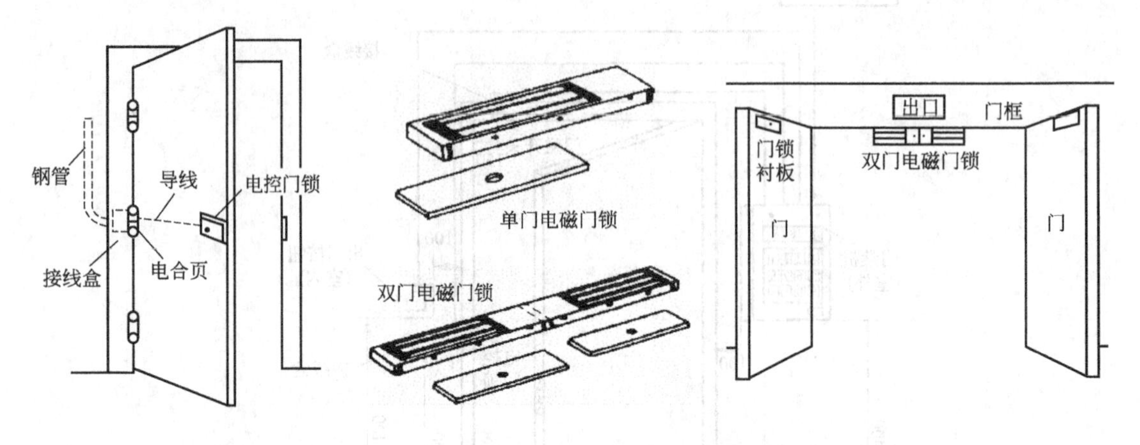

图5-36　电控门锁与电合页安装示意图

图5-37　电磁门锁安装示意图

5.3.6　出入口控制系统的测试与验收

5.3.6.1　检测及验收依据

① 要进行检测的通行门、通道、电梯、楼梯以及停车场出入口等控制点的风险等级。

② 标明文件或合同中由甲方明确规定的技术和应用要求。

③ 供货方和项目施工方所提供的，由甲方和设计方共同确认的检测验收程序文档和施工设计图纸。

5.3.6.2　软件的检测及验收

① 审定按软件提供方提供的审定验收测试计划进行并检查全套软件源程序清单及文件。

② 演示验收软件的所有功能，以证明软件功能与任务书或合同书要求一致。

③ 根据需求按照说明书中规定的性能要求（包括：精度、时间、适应性、稳定性、安全性、易用性以及图形化界面友好程度）对所验收的软件逐项进行测试，或检查已有的测试结果。

④ 对所检测验收软件按相关要求进行强度测试与降级测试。

⑤ 在软件测试的基础上，对被验收的软件进行综合评审，给出综合评价，其中主要包括：

a. 软件设计与需求的一致性；

b. 程序与软件设计的一致性；

c. 文档描述与程序的一致性、完整性、准确性和标准化程度等。

5.3.6.3　硬件的检测及验收

① 检查系统主机与区域控制器之间的信息传输及数据加密功能。

② 检测系统主机在离线的情况下，区域控制器独立工作的准确实时性和储存信息的功能。

③ 检测断电后，系统启用备用电源应急工作的准确实时性及信息的存储和恢复

能力。

④ 通过系统主机、区域控制器及其他控制终端，使用电子地图实时监控出入控制点的人员并防止重复迂回出入的功能及控制开闭的功能。

⑤ 系统及时接收任何类型报警信息的能力，其中主要包括：非法强行入侵，非法进入系统，非法操作、硬件失败以及与本系统联动的其他系统报警输入。

⑥ 系统操作的安全性。

a. 系统操作人员的分级授权。

b. 系统操作人员操作信息的详细只读存储记录。

⑦ 检测系统与综合管理系统、防盗及消防系统的联网联动性能。

5.4 电子巡更系统施工

电子巡更系统是一个人防和技防相结合的系统。它通过预先编制的巡逻软件，对保安人员巡逻的运动状态（是否准时、遵守顺序等）进行记录、监督，并对意外情况及时报警。

5.4.1 电子巡更系统的分类

5.4.1.1 离线式电子巡更系统

离线式电子巡更系统见表 5-19。

表 5-19 离线式电子巡更系统

系统形式	内容
接触式	在现场安装巡更信息钮，采用巡更棒作巡更器，如图 5-38、图 5-39 所示。巡更员携巡更棒按预先编制的巡重班次、时间间隔、路线巡视各巡更点，读取各巡更点信息，返回管理中心后将巡更棒采集到的数据下载至电脑中，进行整理分析，可显示巡更人员正常、早到、迟到、是否有漏检的情况
非接触式	在现场安装非接触式磁卡，采用便携式 IC 卡读卡器作为巡更器。巡更员持便携式 IC 卡读卡器，按预先编制的巡更班次、时间间隔、路线，读取各巡更点信息，返回管理中心后将读卡器采集到的数据下载至电脑中，进行整理分析，可显示巡更人员正常、早到、迟到、是否有漏检的情况

现场巡更点安装的巡更钮、IC 卡等应埋入非金属物内，周围无电磁干扰，安装应隐蔽安全，不易遭到破坏。

在离线式电子巡更系统的管理中心还配有管理计算机和巡更软件。

5.4.1.2 在线式电子巡更系统

在线式电子巡更系统（图 5-40）通常多以共用防侵入报警系统设备方式实现，可由防侵入报警系统中的警报接收与控制主机编程确定巡更路线。每条路线上有数量不等的巡更点。巡更点可以是门锁或读卡机，视为一个防区。巡更人员在走到巡更点处，通过按钮、刷卡、开锁等手段，将以无声报警表示该防区巡更信号，从而将巡更人员到达每个巡更点时间、巡更点动作等信息记录到系统中，从而在中央控制室，通过查阅巡更记录就可以对巡更质量进行考核。

5.4.2 电子巡更系统的施工

5.4.2.1 电子巡更系统布线

电子巡更系统工程布线施工主要应注意以下几个方面的内容。

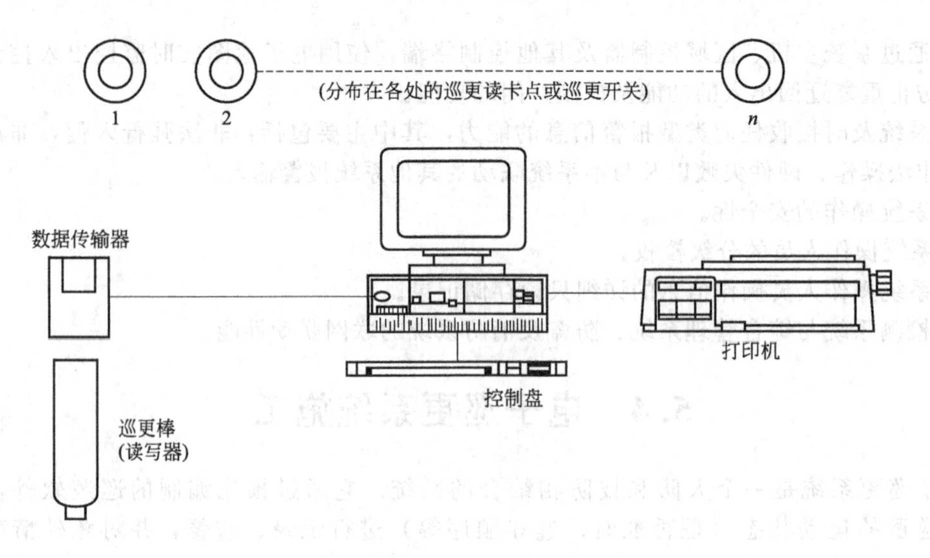

图 5-38　离线式电子巡更系统示意图

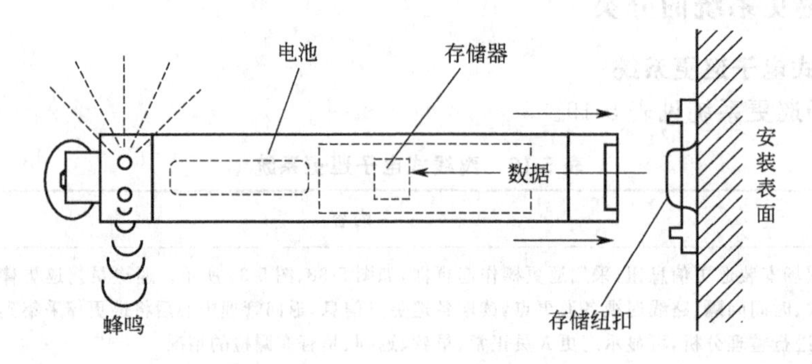

图 5-39　巡更棒和信息纽扣

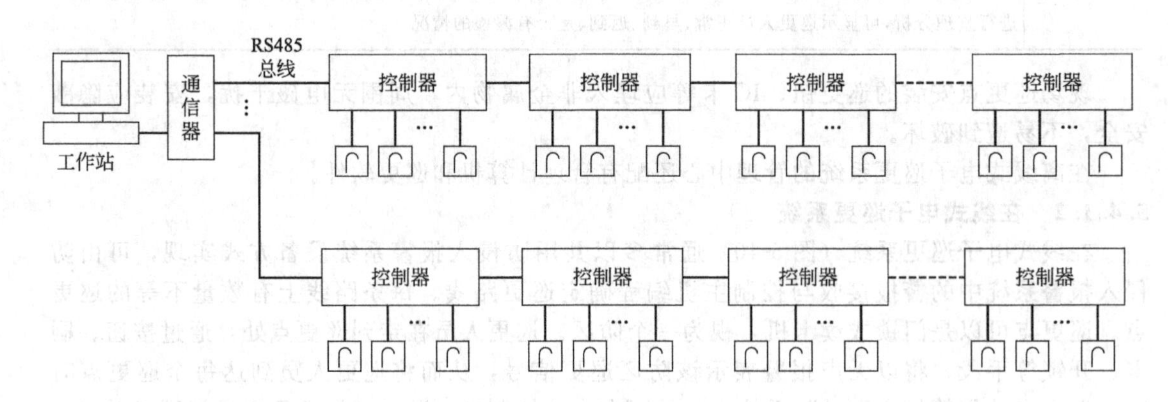

图 5-40　在线式电子巡更系统

① 明管敷设时排列整齐、不拧绞，尽量减少交叉，交叉处粗线在下、细线在上。

② 管内穿入多根缆线时，缆线之间不得相互拧绞，管内不得有接头，接头必须在线盒（箱）处连接。

③ 线管出线终端口与设备接线端子之间，必须采用金属软管连接，并不得将缆线直接

裸露。

④ 所敷设的缆线两端必须作标记，屏蔽电缆的屏蔽层均需单端可靠接地。

5.4.2.2　电子巡更系统设备安装

电子巡更系统工程设备安装主要应注意以下几个方面的内容。

① 电子巡更系统安装前应按图纸核对巡更点的位置及数量，并读取巡更点的ID码。

② 巡更点的安装高度应符合设计或产品说明书的要求，当无特殊说明时，安装高度通常为1.4m。

③ 安装离线式系统，巡更点应安装于巡更棒便于读取的位置。

④ 离线式巡更点安放时可以用钢钉、固定胶，或直接埋于水泥墙内（感应型巡更点），埋入深度应小于5cm，巡更点的安装应与安装位置的表面平行。

⑤ 感应型巡更点的读取距离一般在10～25cm之间，只要巡更棒能接近即可。

⑥ 安装巡更点的同时，应记录每个巡更点所对应的安装地点，所有的安装点应与系统管理主机的巡更点设置相对应。

⑦ 设备在安装前应进行检验，设备外形尺寸、设备内主板及接线端口的型号、规格符合设计规定。

⑧ 设备安装应牢固、紧密，紧固件应做防锈处理。

⑨ 对系统的巡更点应采取必要的保护措施，防止其损坏。

⑩ 能够承受6m高度的自由落体摔击。

⑪ 能够承受长时间的水中浸泡而不进水。

⑫ 严格检查系统接地阻值是否符合要求，接线是否压接牢固，消除或屏蔽设备及连线附近的干扰源。

⑬ 安装的设备应按图纸或产品说明书要求接地，其接地电阻应符合设计要求。

⑭ 安装系统软件的计算机硬件配置不应低于软件对计算机硬件的要求。

5.4.3　电子巡更系统调试与验收

5.4.3.1　电子巡更系统工程系统调试

① 运行巡更系统管理软件必须进行初始化设置。

② 按照图纸对巡更点进行读取操作，确认巡更棒读取数据正常有效。

③ 在巡更系统主机上测试对巡更棒读取的数据进行读入、数据查询、修改、打印以及删除等操作，对系统软件进行调试。

④ 系统设备安装完毕后应妥善保管钥匙，以防设备丢失、损坏。

5.4.3.2　电子巡更系统的测试检验验收

小区周边防范与电子巡更系统安装工程质量验收记录表的形式主要有两种，见表5-20、表5-21。

巡更管理系统分项工程质量检测记录表—填表说明如下。

① 本表为子分部工程安全防范系统的分项工程巡更管理系统的检测表，本检测内容为主控项目。

② 巡更管理系统的功能：前端设备功能检测、系统功能检测、系统管理软件功能检测、系统联动功能检测、数据存储记录和管理制度和措施等项，根据工程的具体要求，需增加检测项目时，可在表中检测项目一栏中增加项目。系统功能栏分别按离线式、在线式巡更系统的相关功能填写。

表 5-20　巡更管理系统分项工程质量检测记录表一　　　　编号：

单位(子单位)工程名称				子分部工程	
分项工程名称		巡更管理系统		检测部位	
施工单位				项目经理	
施工执行标准名称及编号					
分包单位				分包项目经理	
检测项目(主控项目)				检测记录	备注
1	前端设备功能	巡更终端功能			
		读卡距离和灵敏度			
		防破坏功能			
2	系统功能	巡更路线	路线编程、修改		
			时间间隔设定		
		离线式巡更系统巡更记录			
		在线式巡更系统	布防、撤防功能		
			对巡更的实时检查		
			现场信息传输		
			故障报警及准确性		
		设备运行	完好率/接入率		
			运行情况		
3	系统管理软件功能	系统软件的管理功能			
		对巡更路线的管理			
		电子地图功能			
		数据记录的查询功能			
		系统安全性			
4	联动功能				
5	数据存储记录				
6	管理制度和措施				

检测意见：

监理工程师签字：　　　　　　　　　　　　检测机构负责人签字：

（建设单位项目专业技术负责人）

日期：　　　　　　　　　　　　日期：

③ 前端设备功能。

a. 巡更终端功能：指离线式巡更系统的巡更纽、在线式巡更系统的读卡器或巡更开关的功能。

b. 读卡距离和灵敏度：指在线式巡更系统采用非接触式读卡器时的灵敏度、读卡距离是否符合设计要求。

c. 防破坏功能：包括拆卸，信号线的断开、短路，电源线的切断等人为的破坏。

④ 系统功能。

a. 巡更路线：指包括离线式巡更系统和在线式巡更系统的巡更路线编程、修改；巡更点之间的时间间隔设定等。

b. 离线式巡更系统巡更记录：指巡更棒、数据读入器的功能，巡更记录的完整性（包括巡更员、巡更路线、巡更时间等）。

c. 在线式巡更系统。

ⅰ. 布防、撤防功能：指系统对读卡器或巡更开关的布防、撤防功能。

ⅱ. 对巡更的实时检查：指在电子地图上对现场巡更情况的实时检查。

ⅲ. 现场信息传输：指系统和读卡器间进行的信息传输功能，包括巡更路线和巡更时间设置数据的传输；现场巡更记录向监控中心的传输等。

ⅳ. 故障报警及准确性：指巡更异常（包括未按预定巡更员、巡更路线、预定巡更时间）的故障。

ⅴ. 设备运行：指系统设备的完好率/接入率，以及系统运行是否满足合同要求。

d. 系统联动功能的检测：联动功能应根据工程的具体要求进行检测。包括与消防系统、建筑设备监控系统的联动；与安全防范系统其他子系统的联动。

⑤ 系统管理软件功能。

a. 系统软件的管理功能：可通过软件对读卡器进行设置，如增加卡、删除卡、设定时间表、级别、日期、时间、布/撤防等功能的设置。

b. 对巡更路线的管理：指对巡更路线、巡更时间的设置和修改。

c. 电子地图功能：指在电子地图上对巡更点进行定义、查看详细信息，包括巡更路线、巡更时间、报警信息显示、巡更人员的卡号及姓名、巡更是否成功等信息。

d. 数据记录的查询功能：可按日期或人员名称、巡更点名称等查询事件记录。

e. 系统安全性：对系统操作人员的分级授权功能；对系统操作信息的存储记录。

⑥ 巡更数据记录：指正常巡更的数据记录、巡更报警记录及应急处理记录等；数据存储的时间应符合管理要求。

⑦ 管理制度和措施：指对巡更人员的监督和记录、安全保障措施、报警处理的预案和手段等。

表 5-21　巡更管理系统分项工程质量验收记录表二　　　　编号：

<table>
<tr><td colspan="2">单位(子单位)工程名称</td><td colspan="2"></td><td>子分部工程</td><td></td></tr>
<tr><td colspan="2">分项工程名称</td><td colspan="2">巡更管理系统</td><td>验收部位</td><td></td></tr>
<tr><td>施工单位</td><td colspan="3"></td><td>项目经理</td><td></td></tr>
<tr><td colspan="2">施工执行标准名称及编号</td><td colspan="4"></td></tr>
<tr><td>分包单位</td><td colspan="3"></td><td>分包项目经理</td><td></td></tr>
<tr><td colspan="3">检测项目(主控项目)</td><td colspan="2">检查评定记录</td><td>备注</td></tr>
<tr><td rowspan="2">1</td><td rowspan="2">系统设备功能</td><td>巡更终端</td><td colspan="2"></td><td rowspan="15">巡更终端、读卡器抽检数量不低于20%且不少于3台，抽检设备合格率100%时为合格；各项系统功能和软件功能全部检测，功能符合设计要求为合格，合格率为100%时系统检测合格</td></tr>
<tr><td>读卡器</td><td colspan="2"></td></tr>
<tr><td rowspan="2">2</td><td rowspan="2">现场设备</td><td>接入率</td><td colspan="2"></td></tr>
<tr><td>完好率</td><td colspan="2"></td></tr>
<tr><td rowspan="8">3</td><td rowspan="8">巡更管理系统</td><td>编程、修改功能</td><td colspan="2"></td></tr>
<tr><td>撤防、布防功能</td><td colspan="2"></td></tr>
<tr><td>系统运行状态</td><td colspan="2"></td></tr>
<tr><td>信息传输</td><td colspan="2"></td></tr>
<tr><td>故障报警及准确性</td><td colspan="2"></td></tr>
<tr><td>对巡更人员的监督和记录</td><td colspan="2"></td></tr>
<tr><td>安全保障措施</td><td colspan="2"></td></tr>
<tr><td>报警处理手段</td><td colspan="2"></td></tr>
<tr><td rowspan="2">4</td><td rowspan="2">联网巡更管理系统</td><td>电子地图显示</td><td colspan="2"></td></tr>
<tr><td>报警信号指示</td><td colspan="2"></td></tr>
<tr><td>5</td><td colspan="2">联动功能</td><td colspan="2"></td></tr>
</table>

检测意见：

监理工程师签字：　　　　　　　　　　　　　　检测机构负责人签字：

（建设单位项目专业技术负责人）

日期：　　　　　　　　　　　　　　　　　　　日期：

5.5 停车场管理系统施工

5.5.1 停车场管理系统的组成

停车场管理系统是将机械、电子计算机和自动控制以及IC卡技术有机地结合在一起。具有脱机运行、自动储存、进出记录、自动核费扣费、自动维护、语音报价、分层显示以及图像摄像等功能。具有科学合理、安全可靠、便捷公正的优点，被视为现代交通、物业和安防管理的理想设施。

停车场系统主要是由以下几个方面组成。

5.5.1.1 停车场系统构成

停车场系统构成示意图如图5-41所示。

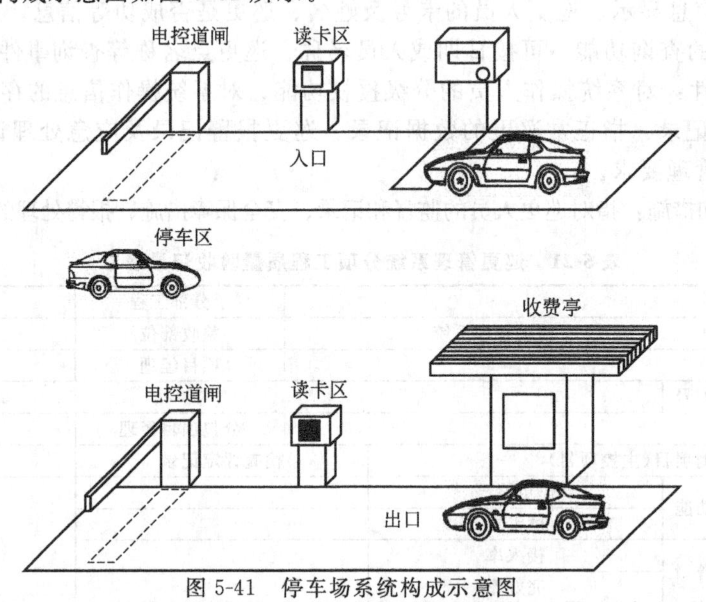

图5-41 停车场系统构成示意图

5.5.1.2 设备

(1) 出入口设备 出口设备主要有：满车位灯、感应线圈、车辆探测器、出/验票机、栅栏机、计数器以及车辆号牌识别系统。

(2) 车位探测设备 车位探测设备主要有空车位探测器和空车位双色灯。

(3) 管理控制设备 管理控制设备主要包括：管理计算机、手持设置器以及应用软件。

停车库管理系统的工作过程通常是按以下程序进行的：车辆驶近入口时，可看到停车场指示信息标志，标志显示入口方向与车库内空余车位的情况。若车库停车满额，则车满灯亮，拒绝车辆入库；若车库未满，允许车辆进库，但驾车人必须购买停车票卡或专用停车卡，通过验读机认可，入口电动栏杆升起放行，车辆驶过栏杆门后，栏杆自动放下，阻挡后续车辆进入。进入的车辆可由车牌摄像机将车牌影像摄入并送至车牌图像识别器形成当时驶入车辆的车牌数据。车牌数据与停车凭证数据（凭证类型、编号、进库日期、时间）一齐存入管理系统计算机内。进库的车辆在停车引导灯指引下，停在规定的位置上。此时管理系统中的CRT上即显示该车位已被占用的信息。车辆离库时，汽车驶近出口电动栏杆处，出示停车票证并经验读机识别出行的车辆停车编号与出库时间，出口车辆摄像识别器提供的车牌数据与阅读机读出的数据一起送入管理系统，进行核对与计费。若需当场核收费用，由出口收费器（员）收取。手续完毕后，出口电动栏杆升起放行。放行后电动栏杆落下，车库停车数减一，入口指示信息标志中的停车状态刷新一次。

5.5.2 停车场系统的结构

停车场系统本质上是一个分布式的集散控制系统，整个系统的结构如图 5-42 所示。

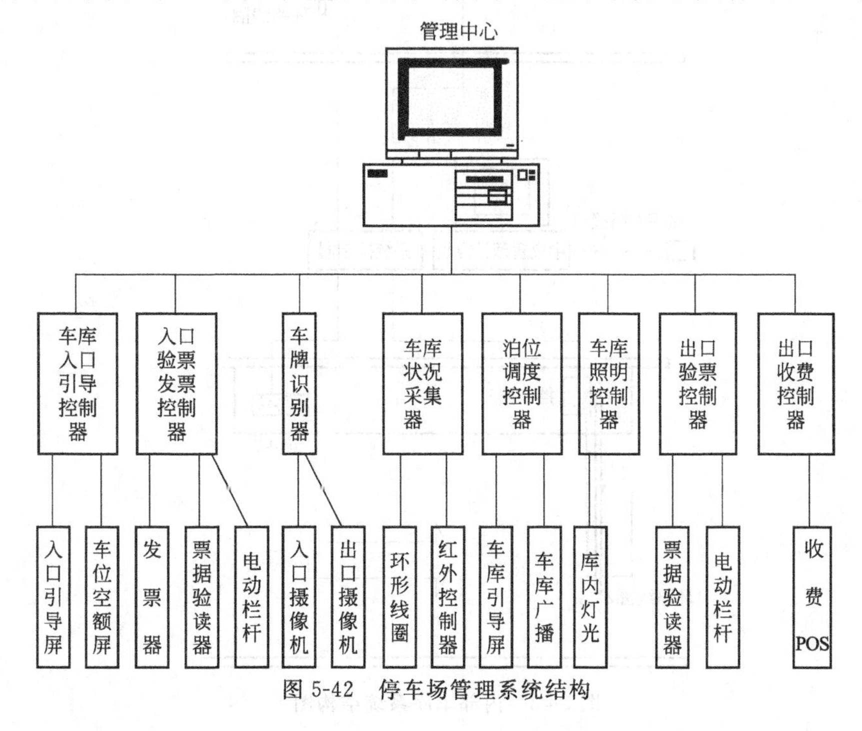

图 5-42 停车场管理系统结构

如图 5-42 所示的系统结构是按全自动车库管理系统的功能绘制的，实际系统由于功能的差异和设备组成方式的不同而略有变化。

停车场系统内部车库系统、停车场综合管理系统、全自动车库管理系统。

5.5.2.1 内部车库系统

智能大厦都有常驻车辆，作为高级商用楼的车库随着商务的发展，基本上是以内部车辆管理为主，以少量的散客为辅，如配合地面公共车位。从保安管理和安全可靠性角度考虑，许多大厦完全为内部管理。作为内部停车场，它的管理系统见表 5-22。内部车库系统结构图如图 5-43 所示。

表 5-22 内部车库的管理系统

管理项目	内容
识别卡	像信用卡大小的塑封卡片，可接收发自读卡器的激光（RF）信号，并返回预先编制的唯一识别码，极难伪造。使用寿命可达 10 年以上
读卡器	读卡器不断发出低功率 RF 信号，在短距离内（10～20cm）接受识别卡返回的编码信号，并将编码反馈给控制器
控制器	控制器含有信号处理单元，每个控制器可控制一个门，控制器之间通过 RS-485 接口互连（1～32 个），其中一个为主控制器，可与计算机相连并交互数据
计算机	先进的软件可将控制器传来的信息转换成商业数据，其数据库可供及时查询。它还对控制器的参数和数据进行控制
挡车器	内部有控制逻辑电路，采用杠杆门，速度快，可靠性高，噪声低，有紧急手动开关

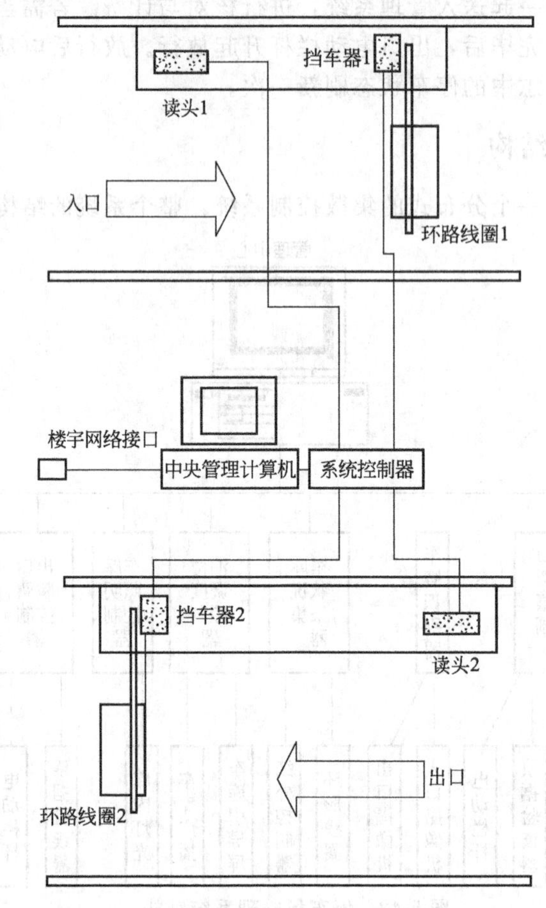

图 5-43 内部车库系统结构图

5.5.2.2 停车场综合管理系统

停车场综合管理系统的管理见表 5-23。

表 5-23 停车场综合管理系统的管理

管理项目	内容
临时车辆管理	对于临时车辆的管理，主要是提供停车服务和收取停车费的管理。考虑到系统安全性和易用性以及中国国情的具体要求，要在车库出入口安装自动发票出票及收费处理。就是说，入口车道旁设置“条码自动出票机”。条码出票与磁卡出票相比，不仅使用寿命长，而且价格更低廉，临时车票含有进入时间、日期、车位及序号的信息。出库时，在出口车道旁设一管理岗(管理岗内设置收款机、价格显示屏和条码阅读机等)，负责对临时车验票收费放行。对于临时车辆的管理还要求在入口处设立醒目的标志牌，告知临时车户，该车库车辆是否已满；当车满时亮出“车满标志”，告知临时车辆禁止进入车库
共用设备	在停车场的出入口处均置自动放行与自动关门挡车器，供内部管理和临时管理共用，要求挡车器带报警接口，紧急时可手动开启
停车场综合管理系统的构件	停车场综合管理系统的构件主要由以下几种组成。 (1)车辆识别卡　识别卡是用美国军方最先进的表面声波技术(SAW)制作的小卡片，可接受发自读卡器的微弱的 RF 信号，并返回预先编制的唯一识别码，极难伪造。它有不同封装形式与尺寸，可应用于各种环境与气候下，可贴于车窗玻璃内或固定于其他地方，其寿命可达十年。 (2)读卡器　读卡器不断发出 RF 信号，接受从识别卡上返回的识别编码信号，并将这编码信息反馈给系统控制器，它自有的电子系统可在(5m 内有感触信号，对车速达 200km/h 的高速车辆提供遥控接近控制，并发出超低功率的探查要求，可方便地安装于门岗上方等位置，可应用于不同气候与环境下。 (3)系统控制器　控制器含有信号处理单元，可控制管理 1～8 个读卡器，它接收来自读卡器的卡号

续表

管理项目	内容
停车场综合管理系统的构件	信息，利用内部的合法卡号、权限组等数据库对其判断处理，产生开门、报警等信号，并可将结果信息传给计算机做进一步处理。它可独立存储20000个卡号，50000个出入记录，它与读卡器用双绞线连接。 (4)中央计算机　先进的软件将系统控制器传来的车辆信息转化为商业数据，其数据库可供及时监察，可进行收发卡管理、计费与审计报表等自动化管理。 (5)挡车器　受门岗控制器控制，采用杠杆门，速度快(起落时间<1.5s)，可靠性高，无噪声，紧急时，可用手动控制，起落寿命100万次以上。 (6)门岗控制器与环路探测器　由两个环路探测器接口，灯光报警装置与单片机逻辑电路构成。用于判断车辆位置与状态，并给挡车器发出正确开关信号。环路探测器用于探测车辆。 (7)收款机　在有临时车辆的综合系统中，用于收款，可自动接收并显示中央计算机传来的应收款、卡号等信息，并打印出商业票据。 (8)电子显示屏(可选)　用于有临时车辆的综合系统中，中英文显示车库信息，如空位、满员及收费标准等

5.5.2.3　全自动车库管理系统

全自动车库管理系统以感应卡为信息载体，通过感应卡记录车辆进出信息，利用计算机管理、控制机电一体化外围设备，从而控制进出停车场的各种车辆。全自动车库管理系统入口、出口管理如图5-44所示。

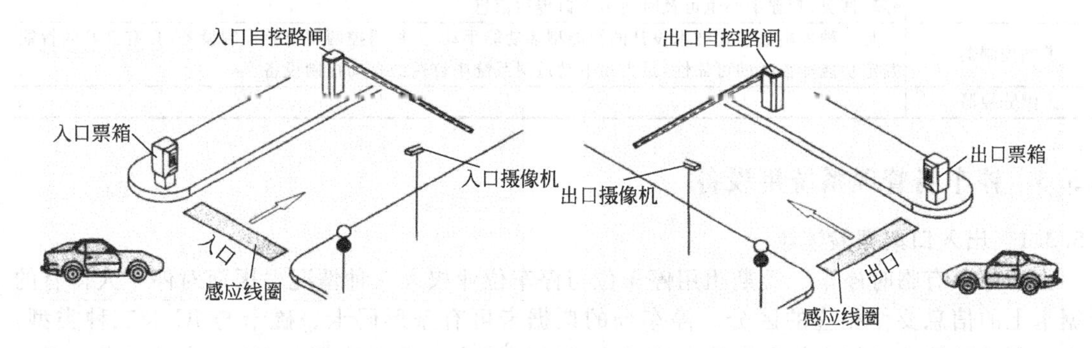

图5-44　全自动车库管理系统入口、出口管理图

入口设备主要由入口票箱（内含感应卡读卡器、感应卡出卡机、车辆感应器、对讲分机）、红绿灯控制系统、自动路闸、车辆检测线圈和摄像机组成。

车辆进入停车场时，设在车道下的车辆检测线圈检测车辆驶入，入口红绿灯指示系统发生变化，此时入口的绿灯灭红灯亮提示用户现有车辆进入并禁止车辆驶入，同时入口处的票箱显示屏则显示和提示司机按键取卡，司机按键，票箱内发卡器即发送一张感应卡，经输卡机芯传送至入口票箱出卡口，并同时读卡。入口摄像机抓拍进场车辆图像并存入计算机。司机取卡后，自动路闸起栏放行车辆，车辆通过车辆检测线圈后自动放下栏杆同时入口红灯灭绿灯亮提示用户该车道可入口。

出口设备主要出口票箱（内含感应卡读卡器、感应卡出卡机、车辆感应器、对讲分机）、红绿灯控制系统、自动路闸、车辆检测线圈、摄像机组成。

车辆驶出停车场时，设在车道下的车辆检测线圈检测车辆到达，出口红绿灯指示系统发生变化，此时出口的绿灯灭红灯亮提示用户现有车辆在出口处并禁止车辆驶出，司机将感应卡在出口票箱感应或直接交给收费员，收费计算机根据感应卡记录信息自动计算出应缴费，并通过收费显示牌显示收费金额并语音同步提示司机缴费。收费员收费确认无误后，按确认键，电动栏杆升起，车辆通过埋在车道下的车辆检测线圈后，电动栏杆自动落下，出口红灯灭绿灯亮提示用户该车道可出口。

收费管理处内设备由收费管理计算机、感应卡控制器、报表打印机、对讲主机系统、收费显示屏和操作台组成。

收费管理电脑除负责与出入口票箱车场控制器、发卡器通信外，还负责对报表打印机和收费显示屏发出相应控制信号，同时完成车场数据采集下载、读用户感应卡、查询打印报表、统计分析、系统维护和月租卡发售功能。

全自动车库管理系统的主要构件见表5-24。

表5-24　全自动车库管理系统的主要构件

主要构件	备注
全自动路闸	可任意配备电动手动、操作方便的闸杆；起落平稳无颤动；防砸车、防伤人；可与各种控制设置联网实现智能控制
短距离读写机	硬件RF射频感应式（读写器），使用可靠
数字式车辆检测器	以数字量逻辑判断代替传统的模拟量开关判断，确保判断的准确性；感应量调节灵活，适应大车流量的运行系统
电子显示屏	采用LED发光管，确保亮度；深色底设计，增加显示量度
自动吐卡票箱	自动吐卡票箱置于停车场入口车道上，与收费电脑连接，每次出卡或有效读卡，计算机都有记录。当外来车辆驶至入口发卡票箱前方的感应线圈处，由车辆检测器检测并与按钮联动，自动吐出一张卡，驾驶人自行取卡后就可进入；具有显示屏提示功能；具内藏式对讲机，驾驶人可以通过它询问停车情况，管理中心也可及时向出入口传达信息
道闸控制器	是一种采用数字化技术设计的智能型多功能手动、无线遥控两用遥控控制设备，具有良好的智能判定功能和很高的可靠性，是当前电动道闸系统中首选的自动控制设备
道闸分控器	—

5.5.3　停车场管理系统用设备

5.5.3.1　出入口票据验读器

由于停车有临时停车、短期租用停车位与停车位业权人三种情况，因而对停车人持有的票据卡上的信息要作相应的区分。停车场的票据卡可有条形码卡、磁卡与IC卡三种类型，出入口票据验读器的停车信息阅读方式可有条形码读出、磁卡读写和IC卡读写三类。无论采用哪种票据卡，票据验读器的功能都是相似的。

（1）入口票据验读器　驾驶人员将票据送入验读器，验读器根据票据卡上的信息，判断票据卡是否有效。如果票据卡有效，则将入库的时间（年、月、日、时、分）打入票据卡，同时将票据卡的类别，编号及允许停车位置等信息储存在票据验读器中并输入管理中心。此时电动栏杆升起车辆放行，车辆驶过入口感应线圈后，栏杆放下，阻止下一辆车进库。如果票据卡无效，则禁止车辆驶入，并发出告警信号。某些入口票据验读器还兼有发售临时停车票据的功能。

（2）出口票据验读器　驾驶人员将票据卡送入验读器，验读器根据票据卡上的信息，核对持卡车辆与凭该卡驶入的车辆是否一致，并将出库的时间（年、月、日、时、分）打入票据卡，同时计算停车费用。当合法持卡人支付清停车费用后，电动栏杆升起，车辆被放行。车辆驶过出口感应线圈后，栏杆放下，阻止下一辆车出库。如果出库持卡人为非法者（持卡车辆与驶入车辆的牌照不符合或票据卡无效），验读器立即发出告警信号。如果未结清停车费用，电动栏杆不升起。有些出口票据验读器兼有收银POS的功能。

5.5.3.2　电动栏杆

电动栏杆由票据验读器控制。如果栏杆遇到冲撞，验读器立即发出告警信号。栏杆受汽车碰撞后会自动落下，不会损坏电动栏杆机与栏杆。栏杆通常为2.5m长，有铅合金栏杆，也有橡胶栏杆。另外考虑到有些地下车库入口高度有限，也有将栏杆制造成折线状或伸缩型的现象，以减小升起的高度。

5.5.3.3 自动路闸

自动路闸由入口票箱的停车场控制器输出的操作信号控制。自动路闸应接受手动输入信号，遇到特殊情况下可以通过钥匙人工手动提升闸杆；应具有安全防护措施，闸杆落闸时，如地感感知栏杆下有车误入时，自动停闸回位，防止栏杆砸车的情况发生；可缓冲接受两条抬闸指令，使可连续过车，而不必每过一辆车都要动作一次；路闸栏杆采用铝合金方条，并在底部设置橡胶条，应耐用可靠、不变形。

5.5.3.4 自动计价收银机

自动计价收银机根据停车票据卡上的信息自动计价或向管理中心取得计价信息，并向停车人显示。停车人则按显示价格投入钱币或信用卡，支付停车费。停车费结清后，则自动在票据卡上打入停车费收讫的信息。

5.5.3.5 泊位调度控制器

当停车场规模较大，尤其是多层停车场的情况下，如何对泊位进行优化调度，以使车位占用动态均衡，方便停车人的使用，是一件很有意义的工作。要能实现优化调度与管理，需要在每一个停车位设置感应线圈或红外探测器，在主要车道设感应线圈，以检测泊位与车道的占用情况，然后根据排队论作动态优化，以确定每一新入场车辆的泊位。之后，在入口处与车道沿线对刚入库的车辆进行引导，使之进入指定泊位。

5.5.3.6 车牌识别器

车牌识别器是防止偷车事故的保安系统。当车辆驶入车库入口，摄像机将车辆外形，色彩与车牌信号送入计算机保存起来，有些系统还可将车牌图像识别为数据。车辆出库前，摄像机再将车辆外形，色彩与车牌信号送入电脑与驾车人所持票据编号的车辆在入口时的信号相对比，若两者相符合即可放行。这一差别可由人工按图像来识别，也可完全由计算机操作。

5.5.3.7 车辆检测线圈（车辆感应器、地感）

车辆检测线圈用于启动取卡设备、读卡设备和启动图像捕捉。是全自动车库管理系统入口、出口的主要硬件设备。车辆检测线圈的线圈感应系数应为 50～200μH，线圈激磁频率应为 250～300Hz。

5.5.3.8 显示屏

① 票箱 LED 显示屏平时显示相关信息，内容可自定。

② 在读卡时，显示卡号及卡类型及状态（有效、过期、挂失、进出场状态）。

③ 停车场控制器出现异常时，LED 中文显示屏显示控制器工作所处状态。

5.5.3.9 摄像机

摄像机安装在进出口，车辆进场读卡时，摄下车辆图像，包括车牌号码，经计算机处理，将车主所持卡的信息一并存入电脑数据库。当车辆出场时，摄像系统再次工作，摄下出场车辆，调出进场时的图像，同时显示在计算机屏幕上进行确认，有效防止车辆被盗。管理人员可以随时监视出口的状况。

5.5.3.10 管理中心

管理中心主要由功能较强的 PC 机和打印机等外围设备组成。管理中心可作为一台服务器以 RS-485 等通信接口与下属设备连接，交换营运数据。管理中心对停车库营运的数据作自动统计，档案保存；对停车收费账目进行管理；若人工收费则监视每个收费员的密码输入，打印出收费的班报表；在管理中心可以确定计时单位与计费单位并且设有密码阻止非授权者侵入管理程序。

管理中心的CRT具有很强的图形显示功能，能把停车库平面图、泊车位的实时占用、出入口开闭状态以及通道封锁等情况在屏幕上显示出来，便于停车库的管理与调度。车库管理系统的车牌识别泊位调度的功能，有不少是在管理中心的计算机上实现的。

5.5.4 停车场管理系统设备安装

5.5.4.1 读卡机（IC卡机、磁卡机、出票读卡机、验卡票机）的安装规定

① 读卡机应安装在平整、坚固的水泥墩上，保持水平、不能倾斜。

② 读卡机应安装在室内；安装在室外时，应考虑防水及防撞措施。

③ 读卡机与闸门机安装的中心间距宜为2.4～2.8m。

5.5.4.2 感应线圈的安装规定（图5-45）

① 埋设深度距地表面不小于0.2m，长度不小于1.6m，宽度不小于0.9m。感应线圈至机箱处的缆线应采用金属管保护，并固定牢固。

② 应埋设在车道居中位置，并与读卡机、闸门机的中心间距保持在0.9m左右。

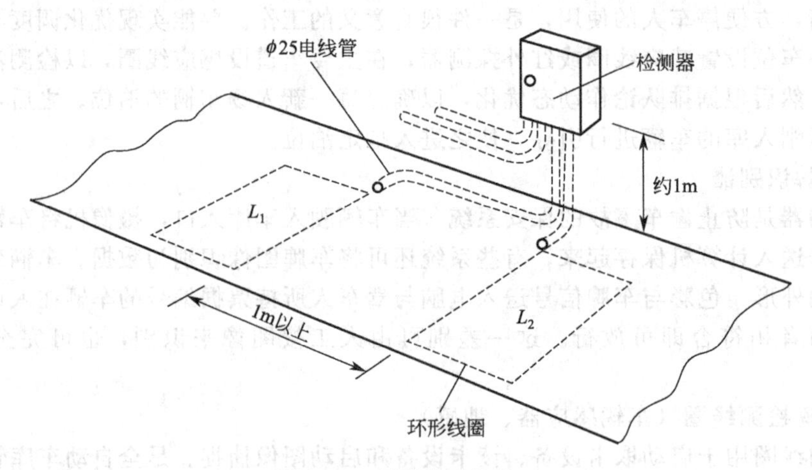

图5-45 环形线圈的施工

5.5.4.3 闸门机的安装规定

① 应安装在平整、坚固的水泥基墩上，保持水平、不能倾斜。

② 宜安装在室内；安装在室外时，应考虑防水及防撞措施。

③ 闸门机与读卡机安装的中心间距宜为2.4～2.8m。

5.5.4.4 信号指示器的安装规定

① 车位状况信号指示器应安装在车道出入口的明显位置，其底部离地面高度保持在2.0～2.4m。

② 车位状况信号指示器宜安装在室内；安装在室外时，应考虑防水措施。

③ 车位引导显示器应安装在车道中央上方，便于识别引导信号；其离地面高度保持在2.0～2.4m；显示器的规格通常不小于长1.0m，宽0.3m。

5.5.5 停车场管理系统布线

5.5.5.1 停车场系统布线要求

停车场管理系统布线时主要应注意以下几个方面。

① 将控制器放于较隐蔽或安全的地方，防止人为的恶意破坏。

② 室内布线时不仅要求安全可靠而且要使线路布置合理、整齐、安装牢固。

③ 使用的导线，其额定电压应大于线路的工作电压15%～20%。

④ 布线时应尽量避免导线有接头。

⑤ 布线在建筑物内安装要保持水平或垂直。布线应加套管保护（塑料或镀锌钢管，按室内布线的技术要求选配），天花板的走线可用金属软管或PVC管，但需固定稳妥美观。

⑥ 导线的绝缘应符合线路的安装方式和敷设的环境条件，导线的截面积应满足供电和机械强度的要求。

⑦ 信号线电力线不能穿在通一管内要远离30～50cm以上。

⑧ 控制箱的交流电源应单独走线，不能与信号线和低压直流电源线穿在同一管内，交流电源线的安装应符合电器安装标准。

⑨ 选用合格的、经过检测的、参数符合国家相关标准的电线电缆。在穿线之前，电线电缆均要先检测导通电阻和绝缘电阻。

⑩ 需要接头的线，接头要用焊锡焊接并套热缩管，在热缩管外还要裹电工胶带。

⑪ 穿好的线要再次检测导通电阻和绝缘电阻，如果有问题，要及时换线。测试好的线要按图纸要求用号码管标记线号。

⑫ 多芯电缆要先在每芯电线上用号码管标记芯号，并记录芯号与颜色的对应，这是电缆另一头接线的依据。

⑬ 接线时切勿将导线的铜芯直接拧在接线端子上，应在每根导线的端头用专用压线钳压制金属接管，然后将金属接管拧在接线端子上。

⑭ 接线完成后要彻底清理剪下的线头等杂物，尤其是裸露的铜芯线头，以避免通电时造成短路损坏设备。

⑮穿好所有的线后，所有出线点的线要用扎带扎好，连线带管用塑料带包好，以免雨水进入线管。

5.5.5.2 管线敷设布线

管线敷设相对比较简单，在管线敷设之前，对照停车场系统原理图及管线图理清各信号属性、信号流程及各设备供电情况；信号线和电源线要分别穿管。对电源线而言，不同电压等级、不同电流等级的线也不可穿同一条管。

停车场设备安装位置图如图5-46所示。

5.5.6 停车场地感线圈安装

5.5.6.1 地感线圈

停车场使用地感线圈时，要考虑导线的机械强度和高低温抗老化问题，在某些环境恶劣的地方还必须考虑耐酸碱腐蚀问题。由于导线一旦老化或拉伸强度不够会导致导线破损，检测器将不能正常工作。

5.5.6.2 地感线圈形状

地感线圈通常有矩形、“8”字形。

5.5.6.3 地感线圈安装的内容

地感线圈安装时主要应注意以下几个方面内容。

(1) 地感线圈制作　车辆检测器的地感线圈是停车场管理系统中的重要零件，它的工作稳定性直接影响整个系统的运行效果，因此地感线圈的制作是工程安装过程中很重要的一个工作环节。制作地感线圈前主要应考虑以下几点。

① 周围80cm范围内不能有大量的金属。

② 周围1m范围内不能有超过220V的供电线路。

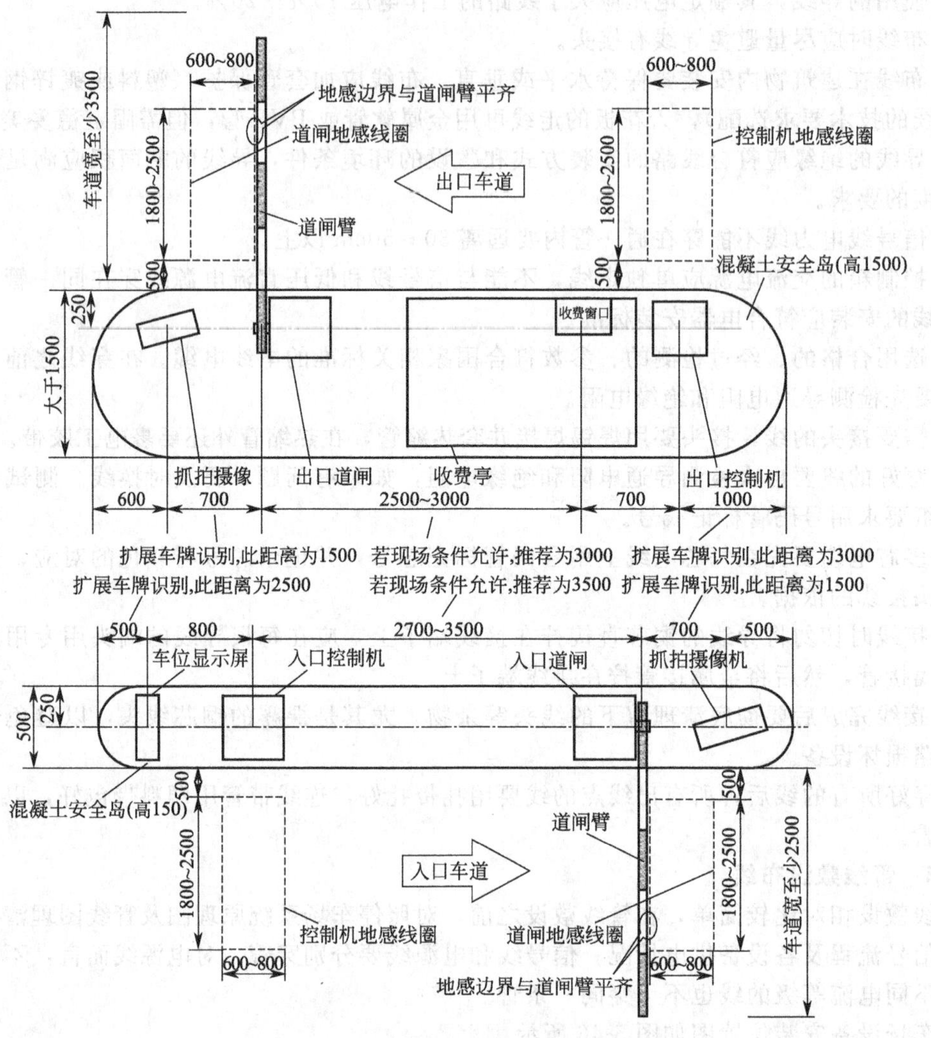

图 5-46 设备安装位置图（单位：mm）

③ 制作多个线圈时，线圈与线圈之间的距离要大于 2m，否则会互相干扰。

（2）输出引线　在绕制线圈时，要留出足够长度的导线以便连接到环路感应器，又能保证中间没有接头。绕好线圈电缆以后，必须将引出电缆做成紧密双绞的形式（每米最少绞合 20 次），否则未双绞的输出引线将会引入干扰。输出引线长度通常不应超过 5m。由于探测线圈的灵敏度随引线长度的增加而降低，所以引线电缆的长度要尽可能短。

（3）切割地感线圈槽　切割地感线圈槽要按照图纸在路面上规划好地感线圈尺寸的线条，用路面切割机按线条切割线圈槽，切割时主要应注意以下几点。

① 停车场中地感线圈尺寸一般为 200cm（长）×80cm（宽）×5cm（深），转角处切割 10cm×10cm 的倒角，防止坚硬的混凝土棱角割伤线圈。

② 切割完毕的槽内不能有杂物，地面要平，不能有硬物，要先用水冲洗干净，然后晾干或烘干。

③ 切割地切槽内必须无水或其他液体渗入，在清洁的线圈及引线槽底部铺一层 0.2cm 厚的细沙，防止槽底坚硬的棱角割伤电线。

④ 地感线圈的引线槽要切割至安全岛的范围内，避免引线裸露在路面。

（4）地感线圈安装

① 地感线圈安装方法。

a. 矩形地感线圈安装。通常探测线圈应该是长方形。两条长边与金属物运动方向垂直，彼此间距推荐为1m。长边的长度取决于道路的宽度，通常两端比道路间距窄0.3～1m。

b. “8”字形安装。在某些情况下，路面较宽（超过6m）而车辆的底盘又太高时，可以采用此种安装形式以分散检测点，提高灵敏度。这种安装形式也可用于滑动门的检测，但线圈必须靠近滑动门。

② 埋设地感线圈。埋设地感线圈主要应注意以下几点。

a. 地感线圈埋设是在出入口车道路面铺设完成后或铺设路面的同时进行的。

b. 选择线径大于0.5mm^2的单根软铜线，外皮耐磨、耐高温，防水。

c. 在线圈槽中按顺时针方向放入4～6匝（圈）电线，且线圈面积越大，匝（圈）数越少。放入槽中的电线应松弛，不能有应力，而且要一匝一匝地压紧至槽底。

d. 线圈的引出线按顺时针方向双绞放入引线槽中，并将线圈的两个端子引入出入口机，道闸的机箱内留1.5m长的线头。

e. 线圈及引线在槽中压实后，最好上铺一层0.2cm厚的细沙，可防止线圈外皮高温熔化。

f. 用熔化的硬质沥青或环氧树脂浇注已放入电线的线圈及引线槽，冷却凝固后槽中的浇注面会下陷，继续浇注，直至冷却凝固后槽的浇注表面与路面平齐。

g. 测试线圈的导通电阻及绝缘电阻，验证线圈是否可用。

5.5.7 停车场管理系统的调试与验收

5.5.7.1 停车场系统测试

停车场系统调试应按以下步骤进行。

（1）接线检查

① AC 220V供电及接地接线检查。

a. 火线、零线、接地线的顺序。

b. 接触电阻小于0.1Ω。

② 通信接线检查：CAN总线正负极；120Ω终端电阻；不能分支。

③ 其他接线检查：电脑、打印机等连接线。

（2）通电

① 收银管理设备通电：参照设备使用说明书，设备应工作正常、通信正常。

② 出口设备通电：参照设备使用说明书，设备应工作正常、通信正常。

③ 入口设备通电：参照设备使用说明书，设备应工作正常、通信正常。

5.5.7.2 停车场验收的主要内容

（1）车库验收的主要内容　露天验收的主要内容有露天停车场要路面平整，无起砂，无空鼓以及无裂纹。

（2）室内停车场验收主要内容　停车场验收主要包括以下内容。

① 车道标识：入口、出口标识清楚，油漆均匀。

② 露天（夹层）车棚：参照相关室内验收标准。

③ 单车架：焊接牢固平直，油漆面均匀，无锈迹。

④ 照明设施：配套齐全，灯具完好无损，开关灵活，照明正常。

⑤ 排水系统：设有专门的排水沟，参照明暗沟验收标准，排水泵参照相关机电设备验收标准。

6 防盗报警系统施工技术

6.1 防盗报警系统概述

6.1.1 防盗报警系统概念

防盗报警系统（又称入侵报警系统）是采用探测装置对建筑内外重要地点和区域进行布防的系统。它可以探测非法入侵，并且在探测到有非法入侵时，及时向有关人员示警。另外，人为的报警装置，如电梯内的报警按钮，人员受到威胁时使用的紧急按钮、脚踏开关等也属于此系统。在上述防护层次中，都有防盗报警系统的任务。譬如安装在墙上的振动探测器、玻璃破碎报警器以及门磁开关等可有效探测罪犯从外部的入侵，安装在楼内的运动探测器和红外探测器可感知人员在楼内的活动，接近探测器可以用来保护财物、文物等珍贵物品。另外，该系统还有一个任务，就是一旦有报警，要记录入侵的时间、地点，同时要向监视系统发出信号，让其录下现场情况。

6.1.2 防盗报警系统的构成

防盗报警系统是在探测到防范现场有入侵者时能发出报警信号的专用电子系统，通常由探测器（报警器）、传输系统以及报警控制器组成，如图 6-1 所示。探测器检测到意外情况就产生报警信号，通过传输系统（有线或无线）传送给报警控制器。报警控制器经识别、判断后发出声响报警和灯光报警，还可控制多种外围设备（如打开照明灯、开启摄像机、录像机，并记录现场图像），同时还可将报警信息输出至上一级指挥中心或有关部门。

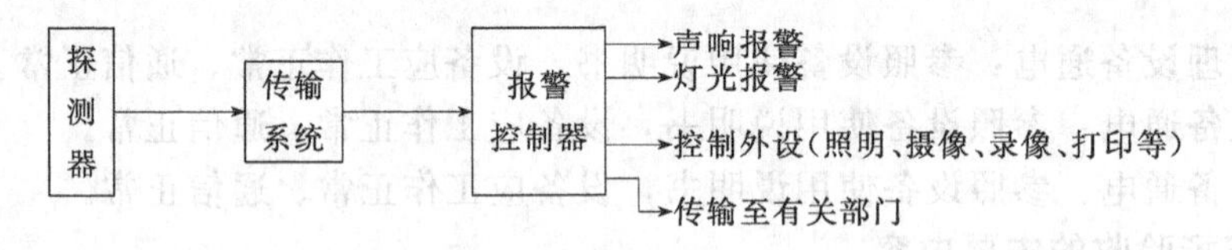

图 6-1 防盗报警系统的基本组成

6.1.3 防盗报警系统的分类

防盗报警系统根据信号传输方式的不同分为四种基本模式：分线制系统模式、总线制系统模式、无线制系统模式、公共网络模式（见表 6-1）。

表 6-1 防盗报警系统的分类

类型	内容
分线制系统模式	探测器、紧急报警装置通过多芯电缆与报警控制主机之间采用一对一专线相连，如图 6-2 所示。 分线制防盗报警系统模式二如图 6-3 所示。探测器的数量小于报警主机的容量，系统可根据区域联动开启相关区域的照明和声光报警器，备用电源切换时间应满足报警控制主机的供电要求。有源探测

续表

类型	内容
分线制系统模式	器宜采用不少于四芯的 RVV 线,无源探测器宜采用两芯线。 分线制防盗报警系统模式三如图 6-4 所示,备用电源切换时间应满足周界报警控制器的供电要求,前端设备的选择、选型应由工程设计确定
总线制系统模式	总线制防盗报警系统模式如图 6-5 所示。总线制控制系统是将探测器、紧急报警装置通过其相应的编址模块,与报警控制器主机之间采用报警总线(专线)相连。与分线制防盗报警系统相同,它也是由前端设备、传输设备、处理/控制/管理设备和显示/记录设备四部分组成,二者不同之处是其传输设备通过编址模块使传输线路变成了总线制,极大地减少了传输导线的数量。 总线制防盗报警系统示例如图 6-6 所示
无线制系统模式	探测器、紧急报警装置通过其相应的无线设备与报警控制主机连通,其中一个防区内的紧急报警装置不得大于 4 个(图 6-7)
公共网络模式	探测器、紧急报警装置通过现场报警控制设备和/或网络传输接入设备与报警控制主机之间采用公共网络相连。公共网络可以是有线网络,也可以是有线—无线—有线网络(图 6-8)

注:以上四种模式可以单独使用,也可以组合使用;可单级使用,也可多级使用。

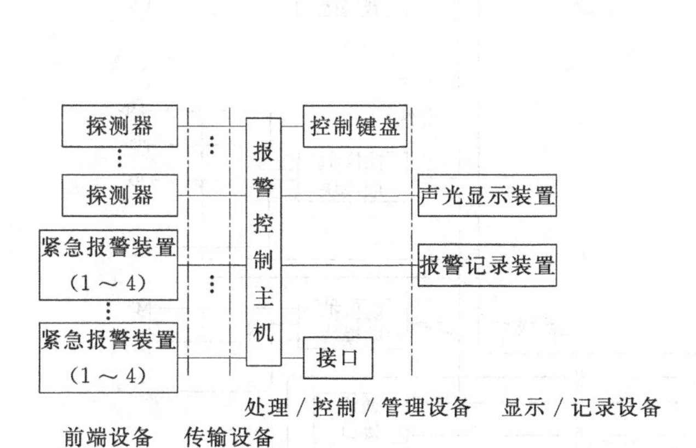

图 6-2 分线制模式一

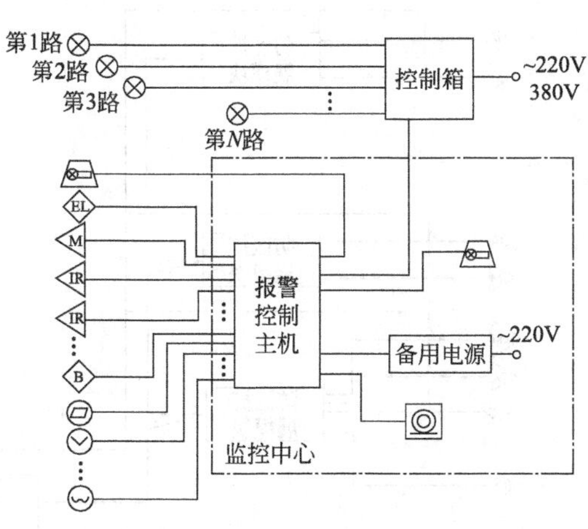

图 6-3 分线制模式二

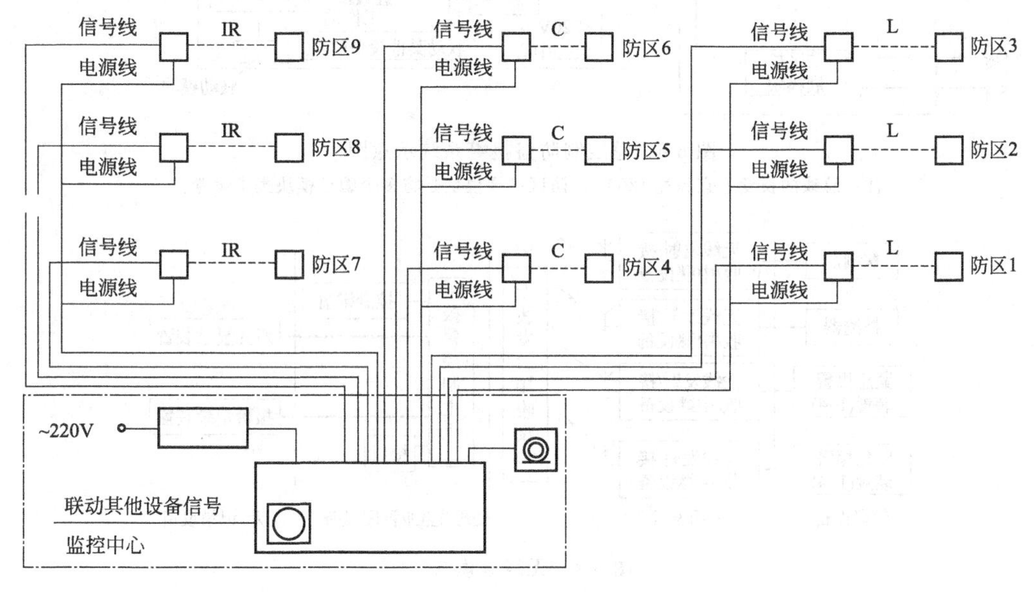

图 6-4 分线制模式三

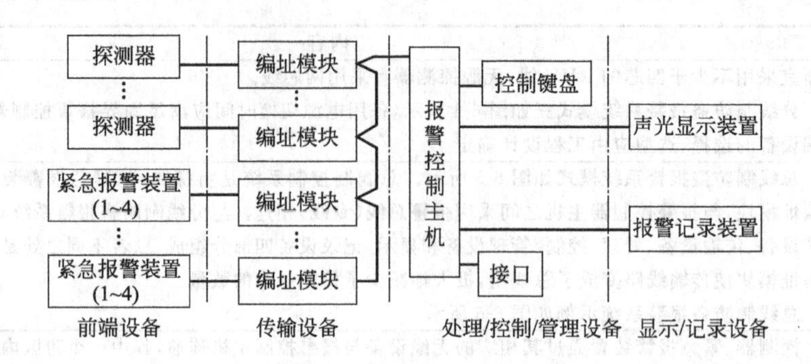

图 6-5　总线制模式

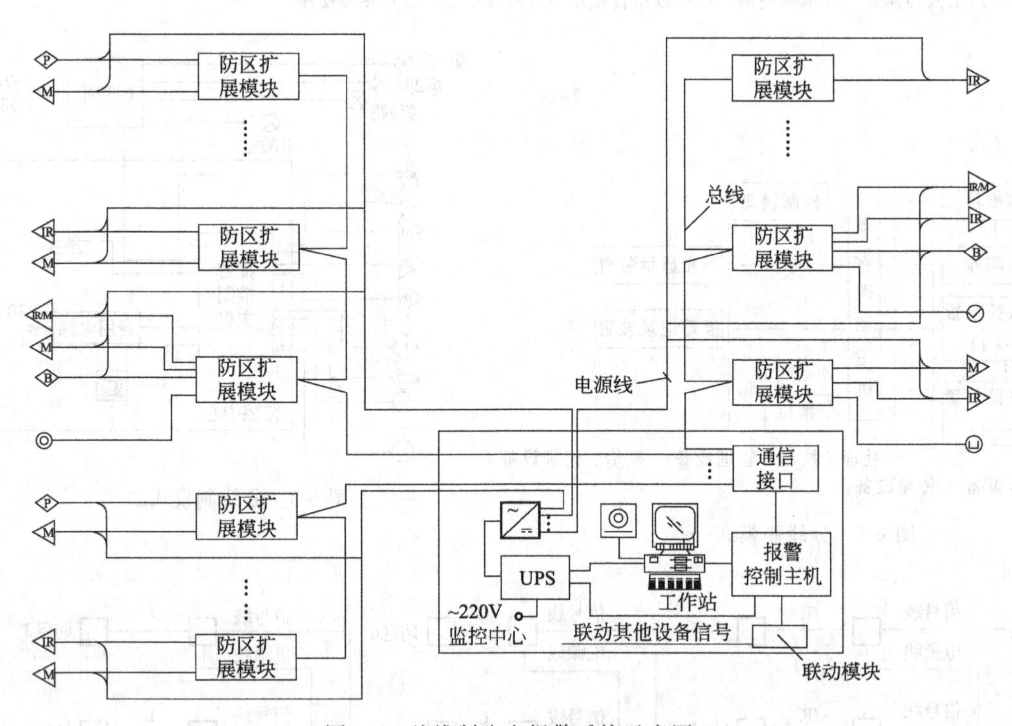

图 6-6　总线制防盗报警系统示意图

注：总线的长度不宜超过 1200m。防区扩展模块是将多个编址模块集中设置。

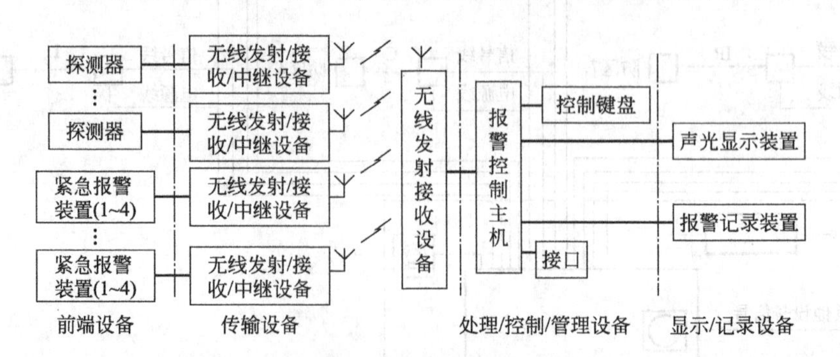

图 6-7　无线制模式

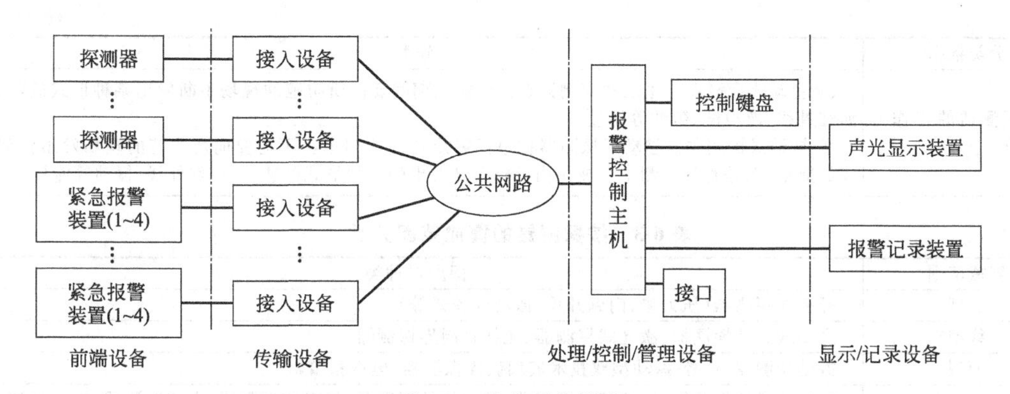

图 6-8 公共网络模式

6.2 防盗报警探测器

防盗报警探测器（又称入侵探测器）是专门用来探测入侵者的移动或其他动作的由电子及机械部件所组成的装置。防盗报警探测器主要是由各种类型的传感器和信号处理电路组成的，又称为防盗报警探头。

入侵探测器是入侵探测报警系统最前端的输入部分，也是整个报警系统中的关键部分，它在很大程度上决定着报警系统的性能、用途和报警系统的可靠性，是降低误报和漏报的决定因素。

6.2.1 入侵探测器的种类

入侵探测器的种类繁多，分类方式也有多种。其分类可参见表 6-2。

表 6-2 入侵探测器的种类

分类依据	分类
按用途或使用的场所不同来分	①户内型入侵探测器。 ②户外型入侵探测器。 ③周界入侵探测器。 ④重点物体防盗探测器
按探测器的探测原理不同或应用的传感器不同来分	①雷达式微波探测器。 ②微波墙式探测器。 ③主动式红外探测器。 ④被动式红外探测器。 ⑤开关式探测器。 ⑥超声波探测器。 ⑦声控探测器。 ⑧振动探测器。 ⑨玻璃破碎探测器。 ⑩电场感应式探测器。 ⑪电容变化探测器。 ⑫视频探测器。 ⑬微波-被动红外双技术探测器。 ⑭超声波-被动红外双技术探测器
按探测器的警戒范围来分	点型探测器的警戒范围是一个点，线型探测器的警戒范围是一条线，面型探测器的警戒范围是一个面，空间型探测器的警戒范围是一个空间。请参见表 6-3。 ①点型探测器。 ②线型探测器。 ③面型探测器。 ④空间型探测器

续表

分类依据	分类
按探测器的工作方式来分	① 主动式探测器。主动式探测器在担任警戒期间要向所防范的现场不断发出某种形式的能量，如红外线、超声波、微波等能量。 ② 被动式探测器。被动式探测器在担任警戒任务期间本身不需要向所防范的现场发出任何形式的能量，而是直接探测来自被探测目标自身发出的某种形式的能量，如红外线、振动等能量

表 6-3　按探测器的警戒范围分类

警戒范围	探测器种类
点型	开关式探测器(压力垫、门磁开关、微动开关式等)
线型	主动式红外探测器、激光式探测器、光纤式周界探测器
面型	振动探测器、声控-振动型双技术玻璃破碎探测器、电视报警器
空间型	雷达式微波探测器、微波墙式探测器、被动红外探测器、超声波探测器、声控探测器、视频探测器、微波-被动红外双技术探测器、超声波-被动红外双技术探测器、声控型单技术玻璃破碎探测器、次声波-玻璃破碎高频声响双技术玻璃破碎探测器、泄漏电缆探测器、振动电缆探测器、电场感应式探测器、电容变化式探测器

6.2.2　入侵探测器原理及特点

6.2.2.1　微波移动探测器（雷达式微波探测器）

微波移动探测器（雷达式微波探测器）又称为多普勒式微波探测器或雷达式微波探测器，是利用频率为300～300000MHz（通常为10000MHz）的电磁波对运动目标产生的多普勒效应构成的微波探测器。

在探测器设置为最大探测距离时所达到的探测范围边界应大于等于生产厂家在技术条件中给出的数值，然而大于的部分不应超出给定值的25%。

当参考目标从探测范围边界向探测器移动3m或达到最初距离的30%时（两者取其小值），探测器应产生报警状态。移动距离小于0.2m，不应产生报警状态。

产生报警状态后，引起报警的参考目标停止移动后，探测器应在10s之内恢复到正常的非报警状态（警戒状态）。

探测器应能探测到参考目标向探测器的间歇移动（以探测器可探测到的速度移动，移动的时间不小于1s，停顿的时间不大于5s）。间歇移动5m或最大探测距离的50%时（两者取其小值），探测器应产生报警状态。

探测器应能探测到参考目标以0.3～3m/s之间的任何速度向探测器的移动。

在恒定的环境条件下，探测器在7天的正常工作期间，其探测距离的变化不应大于10%。

探测器应有防拆保护，当探测器外壳被打开到能接近任何调节器或机械定位装置时，应产生报警状态。

若传感器和它的处理器不在同一壳体内，连接它们的电缆应被看做探测器的一部分，应对其进行电气监测。若任何导线发生开路、短路或并接任何负载而使报警信息或防拆报警信号不能被处理器接收到时，处理器应在10s内产生报警状态。

6.2.2.2　超声波多普勒探测器

超声波探测器的工作方式与微波探测器类似，只是使用的不是微波而是超声波。因此，多普勒式超声波探测器也是利用多普勒效应，超声波发射器发射25～40kHz的超声波充满室内空间，超声波接收机接收从墙壁、顶棚、地板以及室内其他物体反射回来的超声波能量，并不断与发射波的频率加以比较。

① 当室内没有移动物体时，反射波与发射波的频率相同，不报警。

② 当入侵者在探测区内移动时，超声波反射波会产生大约±100Hz的多普勒频移，接

收机检测出发射波与反射波之间的频率差异后，即发出报警信号。

6.2.2.3 红外入侵探测器

红外探测器是利用红外线的辐射和接收技术制成的报警装置。根据其工作原理又可分为主动式和被动式两种类型。

（1）主动式红外探测器　主动式红外探测器主要是由收、发两部分装置组成。发射装置向装在几米甚至几百米远的接收装置辐射一束红外线，当被遮断时，接收装置即发出报警信号，因此，它也是阻挡式探测器，或称对射式探测器。

（2）被动式红外探测器

① 工作原理：被动式红外报警器不向空间辐射能量，而是依靠接收人体发出的红外辐射来进行报警的。被动式红外报警器在结构上可分为红外探测器（红外探头）和报警控制部分。红外探测器目前用得最多的是热释电探测器，作为人体红外辐射转变为电量的传感器。

目前视场探测模式常设计成多种方式，如有多线明暗间距探测模式，又可划分上、中、下三个层次，即所谓广角型，也有呈狭长形（长廊型）的，如图 6-9 所示。

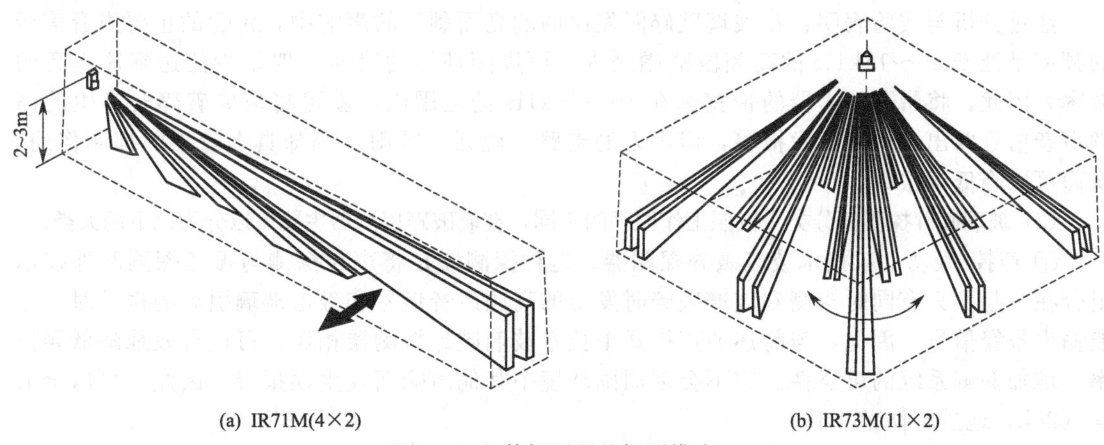

(a) IR71M(4×2)　　(b) IR73M(11×2)

图 6-9　红外探测器的探测模式

在探测区域内，人体透过衣饰的红外辐射能量被探测器的透镜接受，并聚焦于热释电传感器上。图中所形成的视场既不连续，也不交叠，且都相隔一个盲区。当人体（入侵者）在这一监视范围中运动时，顺次地进入某一视场又走出这一视场，热释电传感器对运动的人体一会儿看到，一会儿又看不到，再过一会儿又看到，然后又看不到，于是人体的红外辐射不断地改变热释电体的温度，使它输出一个又一个相应的信号，这就形成报警信号。传感器输出信号的频率大约为 0.1～10Hz，这一频率范围由探测器中的菲涅尔透镜、人体运动速度和热释电传感器本身的特性决定。

② 主要特点。

a. 被动式红外探测器属于空间控制型探测器。由于其本身不向外界辐射任何能量，因此就隐蔽性而言更优于主动式红外探测器。另外，其功耗可以做得极低，普通的电池就可以维持长时间的工作。

b. 由于红外线的穿透性能较差，在监控区域内不应有障碍物，否则会造成探测“盲区”。

c. 为了防止误报警，不应将被动式红外探测器探头对准任何温度会快速改变的物体，特别是发热体，以防止由于热气流的流动而引起误报警。

6.2.2.4 微波和被动红外复合入侵探测器

微波-被动红外报警器是把微波和被动红外两种探测技术结合在一起，同时对人体的移动和体温进行探测并相互鉴证之后才发出报警。由于两种探测器的误报基本上互相抑制了，而两者同时发生误报的概率又极小，所以误报率大大下降。例如，微波-被动红外双技术报警器的误报率可以达到单技术报警器误报率的1/421；并且通过采用温度补偿措施，弥补了单技术被动红外探测器灵敏度随温度变化的缺点，使双技术探测器的灵敏度不受环境温度的影响，故使其能够被广泛地应用。双技术探测器的缺点是价格比单技术探测器昂贵，安装时将两种探测器的灵敏度都调至最佳状态较为困难。

6.2.2.5 玻璃破碎入侵探测器

玻璃破碎探测器是专门用来探测玻璃破碎功能的一种探测器。当入侵者打碎玻璃试图作案时，即可发出报警信号。

（1）玻璃破碎入侵探测器的工作原理 声控型单技术玻璃破碎探测器的工作原理与前述的声控探测器相似，利用驻极体话筒来作为接收声音信号的声电传感器，由于它可将防范区内所有频率的音频信号（20～20000Hz）都经过声→电转换而变成为电信号，因此，为了使探测器对玻璃破碎的声响具有鉴别的能力，就必须要加一个带通放大器，以便用它来取出玻璃破碎时发出的高频声音信号频率。

经过分析与实验表明：在玻璃破碎时发出的响亮而刺耳的声响中，包含的主要声音信号的频率是处于10～15kHz的高频段范围之内。而周围环境的噪声一般很少能达到这么高的频率，因此，将带通放大器的带宽选在10～15kHz的范围内，就可将玻璃破碎时产生的高频声音信号取出，从而触发报警，但对人的走路、说话、雷雨声等却具有较强的抑制作用，从而可以降低误报率。

（2）玻璃破碎探测器分类 按照工作原理的不同，玻璃破碎探测器主要可以分为以下两大类。

① 声控-振动型双技术玻璃破碎探测器。这种探测器是将声控探测与振动探测两种技术组合在一起，只有同时探测到玻璃破碎时发出的高频声音信号和敲击玻璃引起的振动时，才能输出报警信号。因此，与前述的声控式单技术玻璃破碎探测器相比，可以有效地降低误报率，增加探测系统的可靠性。它不会因周围环境中其他声响而发生误报警，因此，可以全天候（24h）地进行防范工作。

② 次声波-玻璃破碎高频声响双技术玻璃破碎探测器。这种双技术玻璃破碎探测器比前一种声控-振动型双技术玻璃破碎探测器的性能又有了进一步的提高，是目前较好的一种玻璃破碎探测器。次声波是频率低于20Hz的声波，属于不可闻声波。

经过实验分析表明：当敲击门、窗等处的玻璃（此时玻璃还未破碎）时，会产生一个超低频的弹性振动波，这时的机械振动波就属于次声波的范围，而当玻璃破碎时，才会发出高频的声音。

次声波-玻璃破碎高频声响双技术玻璃破碎探测器就是将次声波探测技术与玻璃破碎高频声响探测技术这样两种不同频率范围的探测技术组合在一起。只有同时探测到敲击玻璃和玻璃破碎时发生的高频声音信号和引起的次声波信号时，才可触发报警。实际上，是将弹性波检测技术（用于检测敲击玻璃窗时所产生的超低频次声波振动）与音频识别技术（用于探测玻璃破碎时发出的高频声响）两种技术融为一体来探测玻璃的破碎。通常设计成当探测器探测到超低频的次声波后才开始进行音频识别，如果在一个特定的时间内探测到玻璃的破碎音，则探测器才会发出报警信号。由于采用两种技术对玻璃破碎进行探测，可以大大地减少误报。与前一种双技术玻璃破碎探测器相比，尤其可以避免由于外界干扰因素产生的窗、墙壁振动所引起的误报。

6.2.2.6 磁开关入侵探测器

磁开关入侵探测器（又称门磁开关）是由带金属触点的两块簧片封装在充有惰性气体的玻璃管（称干簧管）和一块磁铁组成，如图6-10所示。当磁铁靠近干簧管时，管中带金属触点的两块簧片在磁场作用下被吸合，a、b接通；磁铁远离干簧管达一定距离时干簧管附近磁场消失或减弱，簧片靠自身弹性作用恢复到原位置，a、b断开。

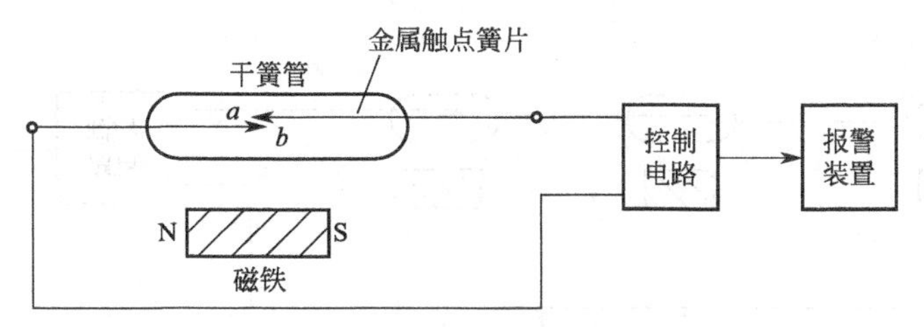

图 6-10 磁控开关报警器示意图

使用时，通常是把磁铁安装在被防范物体的活动部位，如图 6-11 所示。干簧管装在固定部位。磁铁与干簧管的位置需保持适当距离，以保证门、窗关闭磁铁与簧管接近时，在磁场作用下，干簧管触点闭合，形成通路。当门、窗打开时，磁铁与干簧管远离，干簧管附近磁场消失，其触点断开，控制器产生断路报警信号。磁控开关在门、窗的安装情况，如图 6-12 所示。

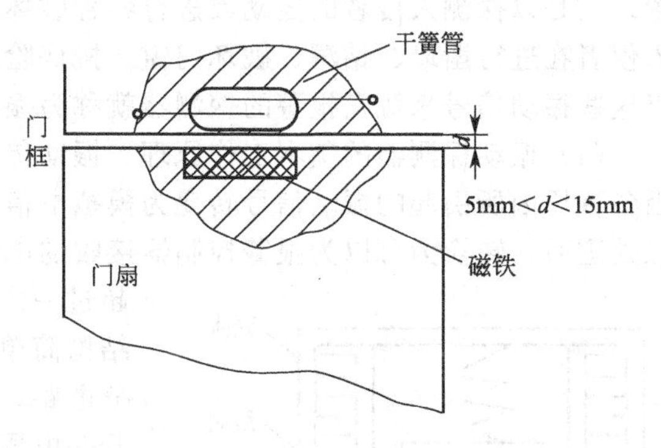

图 6-11 磁控开关安装示意图

干簧管与磁铁之间的距离应按所选购产品的要求予以正确安装，像有些磁控开关通常控制距离只有 1～1.5cm 左右，而国外生产的某些磁控开关控制距离可达几厘米，显然，控制距离越大对安装准确度的要求就越低。因此，应注意选用其触点的释放、吸合自如，且控制距离又较大的磁控开关。同时，也要注意选择正确的安装场所和部位，像古代建筑物的大门，不仅缝隙大，而且会随风晃动，就不适宜安装这种磁控开关。在卷帘门上使用的磁控开关的控制距离至少应大于 4cm 以上。

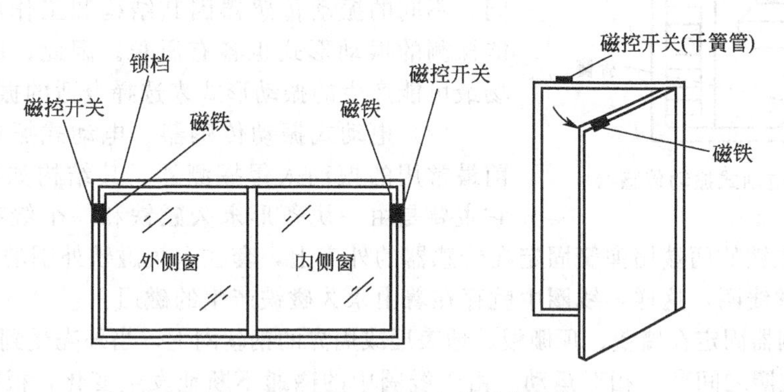

图 6-12 安装在门窗上的磁控开关

磁控开关的产品大致分为明装式和暗装式两种，应根据防范部位的特点和防范要求加以选择。安装方式可选择螺钉固定、双面胶粘贴固定或紧配合安装式及其他隐藏式安装方式。通常人员流动性较大的场合最好采用暗装。即把开关嵌装入门、窗框的木头里，引出线也要加以伪装，以免遭犯罪分子破坏。

磁控开关也可以多个串联使用，将其安装在多处门、窗上，无论任何一处门、窗被入侵者打开，控制电路均可发出报警信号。该方法可以扩大防范范围，如图 6-13 所示。

磁控开关由于结构简单，价格低廉，抗腐蚀性好，触点寿命长，体积小，动作快，吸合功率小，因而被经常采用。

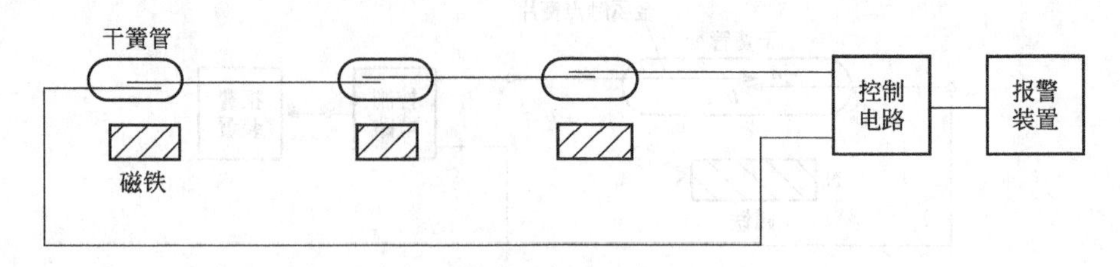

图 6-13 磁控开关的串联使用

6.2.2.7 振动入侵探测器

振动探测器是在警戒区内能对入侵者引起的机械振动（冲击）发出报警的一种探测装置。它是以探测入侵者的走动或进行各种破坏活动时所产生的振动信号作为报警的依据。如入侵者在进行凿墙、钻洞、破坏门窗、撬保险柜等破坏活动时，都会引起这些物体的振动。以这些振动信号来触发报警的探测器就称为振动探测器。

(1) 振动探测器的基本工作原理　振动传感器是振动探测器的核心组成部件，它可以将因各种原因所引起的振动信号转变为模拟电信号，此电信号再经适当的信号处理电路进行加工处理后，转换为可以为报警控制器接收的电信号（如开关电压信号）。当引起的振动信号超过一定的强度时，即可触发报警。当然，对于某些结构简单的机械式振动探测器可以不设信号处理这部分电路，振动传感器本身就可直接向报警控制器输出开关电压信号。

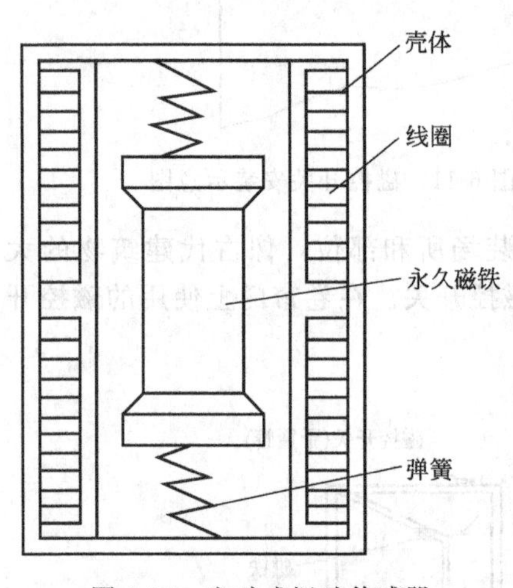

图 6-14 电动式振动传感器

然而，引起振动产生的原因是多种多样的，其中主要有爆炸、凿洞、电钻钻孔、敲击、切割以及锯东西等多种方式，各种方式产生的振动波形是不一样的，即产生的振动频率、振动周期、振动幅度三者均不相同。不同的振动传感器因其结构和工作原理不同，所能探测的振动形式也各有所长。因此，应根据防范现场最可能产生的振动形式来选择合适的振动探测器。

(2) 电动式振动传感器　电动式振动传感器是目前最常用的振动入侵探测器，其结构如图 6-14 所示。它主要是由一块条形永久磁铁和一个绕有线圈的圆形筒组成。永久磁铁的两端用弹簧固定在传感器的外壳上，套在永久磁铁外围的圆筒上绕有一层较密的细铜丝线圈，这样，线圈中就存在着由永久磁铁产生的磁通。

将这种探测器固定在墙壁、顶棚板、地表层或周界的钢丝网上，当外壳受到振动时，就会使永久磁铁和线圈之间产生相对运动。由于线圈中的磁通不断地发生变化，根据电磁感应定律，在线圈两端就会产生感应电动势，此电动势的大小与线圈中磁通的变化率成正比。将线圈与报警电路相连，当感应电动势的幅度大小与持续时间满足报警要求时，即可发出报警信号。

电动式振动探测器对磁铁在线圈中的垂直加速位移尤为敏感，因此，当安装在周界的钢丝网面上时，对强行爬越钢丝网的入侵者有极高的探测率。电动式振动探测器也可用于室外进行掩埋式安装，构成地面周界报警系统，用来探测入侵者在地面上走动时所引起的低频振动，因此，通常又称为地面振动探测器（或地音探测器）。每根传输线可连接几十个（如25～50个）探测器，保护约 60～90m 长的周界。它适用于地音振动入侵和建筑物振动入侵的探测。

6.3 防盗报警系统的施工

6.3.1 防盗报警系统施工准备

6.3.1.1 防盗报警工程施工应具备的条件

防盗报警工程施工应具备的条件主要有：设计文件、仪器设备、施工场地、管道、施工器材以及隐蔽工程的要求等。施工单位应对这些要求认真准备，以提高施工安装效率，避免在审核、安装以及随工验收等工作中出现不必要的返工。

6.3.1.2 施工现场要求

对施工现场进行检查，符合下列要求后，方可进场、施工。

① 施工对象已基本具备进场条件。施工区域内建筑物的现场情况和预留管道、预留孔洞、地槽以及预埋件等应符合设计要求。

② 使用道路及占用道路（包括横跨道路）情况符合施工要求。

③ 允许同电线杆架设的杆路及自立电线杆杆路的情况必须要了解清楚，符合施工要求。

④ 敷设管道电缆和直埋电缆的路由状况必须要了解清楚，并已对各管道标出路由标志。

⑤ 当施工现场有影响施工的各种障碍物时，应提前清除。

6.3.2 防盗报警设备的选型与布置

6.3.2.1 报警探测器的选用

报警探测器的选用主要应考虑以下几个方面。

① 根据防范现场的最低温度、最高温度，选择工作温度与之相匹配的主动红外报警探测器。

② 主动红外报警探测器由于受雾影响严重，室外使用时均应选择具有自动增益功能的设备。

③ 在空旷地带或围墙、屋顶上使用主动红外报警探测器时，应选用具有避雷功能的设备。

④ 遇有折墙，且距离又较近时，可选用反射器件，从而减少探测器的使用数量。

⑤ 室外使用主动红外入侵探测器时，其最大射束距离应是制造厂商规定的探测距离的6倍以上。

⑥ 多雾地区、环境脏乱及风沙较大地区的室外不宜使用主动红外报警探测器。

⑦ 探测器的探测距离较实际警戒距离应留出20%以上的余量。

⑧ 室外使用时应选用双光束或四光束主动红外报警探测器。

6.3.2.2 小型系统设备

（1）控制设备的选型

① 报警控制器的常见结构主要有台式、柜式和壁挂式三种。小型系统的控制器多采用壁挂式。

② 控制器应符合《防盗报警控制器通用技术条件》（GB 12663—2001）中有关要求。

③ 应具有可编程和联网功能。

④ 设有操作员密码，可对操作员密码进行编程，密码组合不应小于10000。

⑤ 具有本地报警功能，本地报警喇叭声强级应大于80dB。

⑥ 接入公共电话网的报警控制器应满足有关部门入网技术要求。

⑦ 具有防破坏功能。

（2）值班室的布置

① 控制器应设置在值班室，室内应无高温、高湿及腐蚀气体，且环境清洁，空气清新。

② 壁挂式控制器在墙上的安装位置：其底边距地面的高度不应小于1.5m。当靠门安装时，靠近其门轴的侧面距离不应小于0.5m，正面操作距离不应小于1.2m。

③ 控制器的操作、显示面板应避开阳光直射。

④ 引入控制器的电缆或电线的位置应保证配线整齐，避免交叉。

⑤ 控制器的主电源引入线宜直接与电源连接，应尽量避免用电源插头。

⑥ 值班室应安装防盗门、防盗窗、防盗锁、设置紧急报警装置以及同处警力量联络和向上级部门报警的通信设施。

6.3.2.3 大、中型系统设备造型与布置

（1）控制设备的选型

① 通常采用报警控制台（结构有台式和柜式）。

② 控制台应符合相关技术性能要求。

③ 控制台应能自动接收用户终端设备发来的所有信息。采用微处理技术时，应在计算机屏幕上实时显示，并发出声、光报警信号。

④ 应能对现场进行声音（或图像）复核。

⑤ 应具有系统工作状态实时记录、查询、打印功能。

⑥ 宜设置“黑匣子”，用以记录系统开机、关机、报警、故障等多种信息，且值班人员无权更改。

⑦ 应显示直观、操作简便。

⑧ 有足够的数据输入、输出接口，其中主要包括报警信息接口、视频接口以及音频接口，并留有扩充的余地。

⑨ 具备防破坏、自检以及联网功能。

⑩ 接入公共电话网的报警控制台应满足有关部门入网技术要求。

（2）控制室的布置

① 控制室应为设置控制台的专用房间，室内应无高温、高湿及腐蚀气体，且环境清洁，空气清新。

② 控制台后面板距墙不应小于0.8m，两侧距墙不应小于0.8m，正面操作距离不应小于1.5m。

③ 显示器的屏幕应避开阳光直射。

④ 控制室内的电缆敷设宜采用地槽。槽高、槽宽应满足敷设电缆的需要和电缆弯曲半径的要求。

⑤ 宜采用防静电活动地板，其架空高度应大于0.25m，并根据机柜、控制台等设备的相应位置，留进线槽和进线孔。

⑥ 引入控制台的电缆或电线的位置应保证配线整齐，避免交叉。

⑦ 控制台的主电源引入线宜直接与电源连接，应尽量避免用电源插头。

⑧ 应设置同处警力量联络和向上级部门报警的专线电话，通信手段不应少于两种。

⑨ 控制室应安装防盗门、防盗窗和防盗锁，设置紧急报警装置。

⑩ 室内应设卫生间和专用空调设备。

6.3.3 入侵探测器的安装使用要点

6.3.3.1 微波移动探测器

微波移动探测器的安装使用要求主要有以下几个方面。

① 微波移动探测器对警戒区域内活动目标的探测是有一定范围的。其警戒范围为一个

立体防范空间，其控制范围比较大，可以覆盖 60°～95°的水平辐射角，控制面积可达几十至几百平方米。

② 微波对非金属物质的穿透性既有好的一面，也有坏的一面。好的一面是可以用一个微波探测器监控几个房间，同时还可外加修饰物进行伪装，便于隐蔽安装。坏的一面是，如果安装调整不当，墙外行走的人或马路上行驶的车辆以及窗外树木晃动等都可能造成误报警。解决方法主要是：微波探测器应严禁对着被保护房间的外墙、外窗安装，同时，在安装时应调整好微波探测器的控制范围和其指向性。通常是将报警探测器悬挂在高处（距地面 1.5～2m），探头稍向下俯视，使其指向地面，并把探测器的探测覆盖区限定在所要保护的区域之内。这样可使其因穿透性能造成的不良影响减至最小。

③ 微波探测器的探头不应对准可能会活动的物体和部位。否则，这些物体都可能会成为移动目标而引起误报。

④ 在监控区域内不应有过大、过厚的物体，特别是金属物体，否则在这些物体的后面会产生探测的盲区。

⑤ 微波探测器不应对着大型金属物体或具有金属镀层的物体，否则这些物体可能会将微波辐射能反射到外墙或外窗的人行道或马路上。当有行人和车辆经过时，经它们反射回的微波信号又可能通过这些金属物体再次反射给探头，从而引起误报。

⑥ 微波探测器不应对准日光灯、水银灯等气体放电灯光源。日光灯直接产生的 100Hz 的调制信号会引起误报，尤其是发生故障的闪烁日光灯更易引起干扰。这是因为，在闪烁灯内的电离气体更易成为微波的运动反射体而造成误报警。

⑦ 雷达式微波探测器属于室内应用型探测器。在室外环境中应用时，无法保证其探测的可靠性。

⑧ 当在同一室内需要安装两台以上的微波探测器时，它们之间的微波发射频率应当有所差异（通常相差 25MHz 左右），而且不要相对放置，以防止交叉干扰，产生误报警。

6.3.3.2 超声波多普勒探测器

超声波探测器在密封性较好的房间效果好，成本较低，而且没有探测死角，即不受物体遮蔽等影响而产生死角，但容易受风和空气流动的影响，因此安装超声收发器时不要靠近排风扇和暖气设备，也不要对着玻璃和门窗。

6.3.3.3 红外入侵探测器

（1）主动式红外探测器

① 主动式红外探测器的安装设计要点主要有以下几个方面。

a. 红外光路中不能有阻挡物。

b. 探测器安装方位应严禁阳光直射接收机透镜。

c. 周界需由两组以上收发射机构成时，宜选用不同的脉冲调制红外发射频率，以防止交叉干扰。

d. 正确选用探测器的环境适应性能，室内用探测器严禁用于室外。

e. 室外用探测器的最远警戒距离，应按其最大射束距离的 1/6 计算。

f. 室外应用要注意隐蔽安装。

g. 主动红外探测器不宜应用于气候恶劣，特别是经常有浓雾、毛毛细雨的地域，以及环境脏乱或动物经常出没的场所。

② 主动式红外探测器的布置方式主要有以下几种。

a. 单光路由一只发射器和一只接收器组成，如图 6-15(a) 所示，但要注意入侵者跳跃或下爬进入而导致漏报。

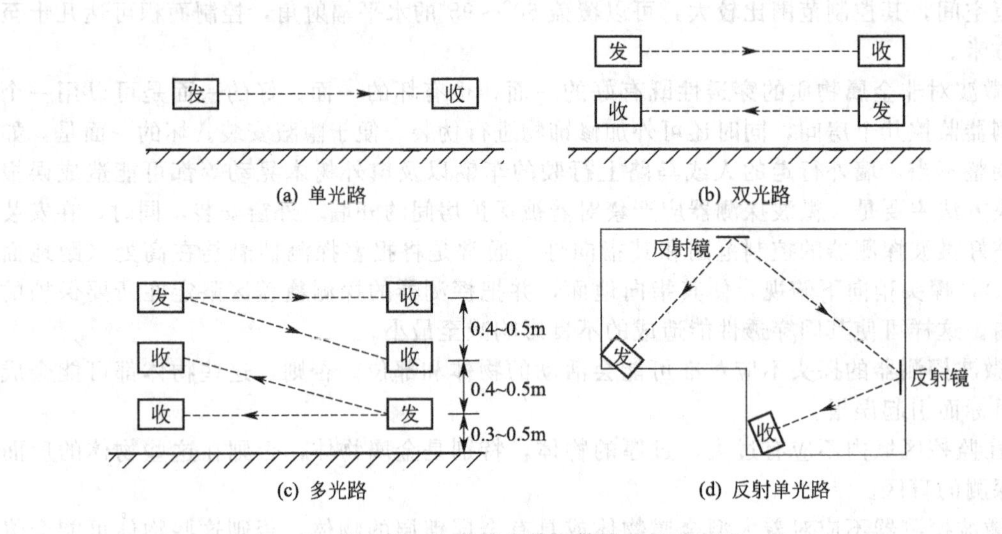

图 6-15 主动式红外报警器的几种布置

b. 双光路由两对发射器和接收器组成，如图 6-15(b) 所示。图中两对收、发装置分别相对，是为了消除交叉误射。不过，有的厂家产品通过选择振荡频率的方法来消除交叉误射，这时，两只发射器可放在同一侧，两只接收器放在另一侧。

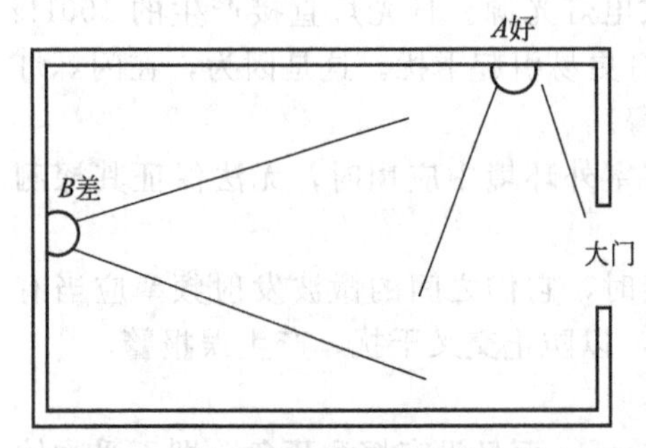

图 6-16 被动式红外探测器的布置之一

c. 多光路构成警戒面，如图 6-15(c) 所示。

d. 反射单光路构成警戒区，如图 6-15(d) 所示。

(2) 被动式红外探测器 被动式红外探测器安装要点主要有以下几个方面。

① 探测器对横向切割（即垂直于）探测区方向的人体运动最敏感，故布置时应尽量利用这个特性达到最佳效果。如图 6-16 所示中 A 点布置的效果好；B 点正对大门，其效果差。

② 布置时应注意探测器的探测范围和水平视角。如图 6-17 所示，可以安装在顶棚上（也是横向切割方式），也可以安装在墙面或墙角，但要注意探测器的窗口（菲涅耳透镜）与警戒面的相对角度，防止“死角”。

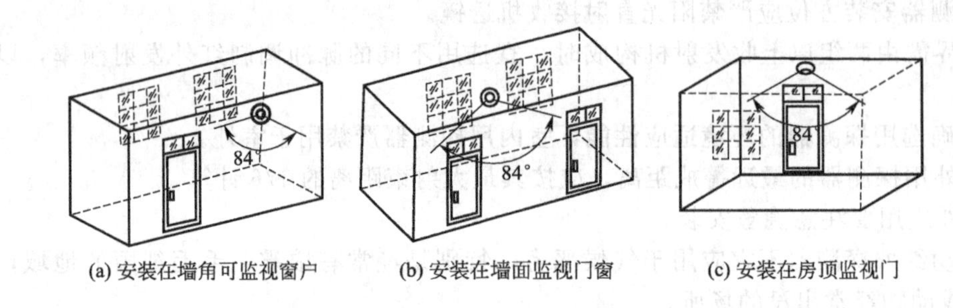

图 6-17 被动式红外探测器的布置之二

全方位（360°视场）被动红外探测器安装在室内顶棚上的部位及其配管装法如图 6-18 所示。

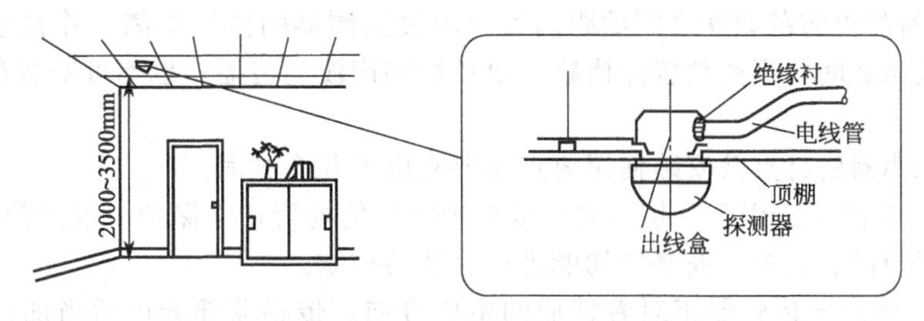

图 6-18 被动式红外探测器的安装

③ 探测器不要对准加热器、空调出风口管道。警戒区内最好不要有空调或热源，若无法避免热源，则应与热源保持至少 1.5m 以上的间隔距离。

④ 探测器不要对准强光源和受阳光直射的门窗。

⑤ 警戒区内注意不要有高大的遮挡物遮挡和电风扇叶片的干扰，也不要安装在强电处。

⑥ 选择安装墙面或墙角时，安装高度在 2～4m，通常为 2～2.5m。

6.3.3.4 微波和被动红外复合入侵探测器

① 微波-被动红外双技术入侵探测器适用于室内防护目标的空间区域警戒。与被动红外单技术探测器相比，微波-被动红外双技术探测器主要有以下几个方面的特点。

a. 误报警少，可靠性高。

b. 安装使用方便。

c. 价格较高，功耗也较大。

② 选用微波-被动红外双技术探测器时，应包含以下防误报、漏报技术措施。

a. 抗小动物干扰技术。

b. 当两种探测技术中有一种失效或发生故障时，在发出故障报警的同时，应能自动转换为单技术探测工作状态。

③ 微波-被动红外双技术探测器安装设计要点主要有以下两个方面。

a. 壁挂式微波-被动红外探测器，安装高度距地面 2.2m 左右，视场与可能入侵方向应成 45°角为宜（若受条件所限，应首先考虑被动红外单元的灵敏度）。探测器与墙壁的倾角视防护区域覆盖要求确定。

布置和安装双技术探测器时，要求在警戒范围内两种探测器的灵敏度尽可能保持均衡。微波探测器通常对沿轴向移动的物体最敏感，而被动红外探测器则对横向切割探测区的人体最敏感，因此为使这两种探测传感器都处于较敏感状态，在安装微波-被动红外双技术探测器时，应使探测器轴线与保护对象的方向成 45°夹角为好。当然，最佳夹角还与视场图形结构有关，故实际安装时应参阅产品说明书而定。

b. 吸顶式微波-被动红外探测器，通常安装在重点防范部位上方附近的顶棚上，应水平安装。

c. 楼道式微波-被动红外探测器，视场面对楼道（通道）走向，安装位置以能有效封锁楼道（或通道）为准，距地面高度 2.2m 左右。

d. 应避开能引起两种探测技术同时产生误报的环境因素。

e. 防范区内不应有障碍物。

f. 安装时探测器通常要指向室内，避免直射朝向室外的窗户。若无法躲避，则应仔细调整好探测器的指向和视场。

6.3.3.5 玻璃破碎入侵探测器

玻璃破碎探测器的安装位置是装在镶嵌着玻璃的硬墙上或顶棚上，如图 6-19 所示的 A、

B、C 等。探测器与被防范玻璃之间的距离不应超过探测器的探测距离，并且应注意：探测器与被防范的玻璃之间，不要放置障碍物，以免影响声波的传播；也不可安装在振动过强的环境中。

玻璃破碎探测器的特点及安装使用要点主要有以下几个方面。

① 玻璃破碎探测器适用于一切需要警戒玻璃防碎的场所；除保护一般的门、窗玻璃外，对大面积的玻璃橱窗、展柜、商亭等均能进行有效的控制。

② 安装时应将声电传感器正对着警戒的主要方向。传感器部分可适当加以隐蔽，但在其正面不应有遮挡物。也就是说，探测器对防护玻璃面必须有清晰的视线，以免影响声波的传播，降低探测的灵敏度。

③ 安装时应尽量靠近所要保护的玻璃，尽可能地远离噪声干扰源，以减少误报警。

实际应用中，探测器的灵敏度应调整到一个合适的值，通常是以能探测到距探测器最远的被保护玻璃即可，灵敏度过高或过低，就可能会产生误报或漏报。

④ 不同种类的玻璃破碎探测器，根据其工作原理的不同，有的需要安装在窗框旁边(通常应距离窗框 5cm 左右)，有的可以安装在靠近玻璃附近的墙壁或顶棚上，但要求玻璃与墙壁或顶棚之间的夹角不得大于 90°，以免降低其探测力。

次声波-玻璃破碎高频声响双鉴式玻璃破碎探测器安装方式比较简易，可以安装在室内任何地方，只需满足探测器的探测范围半径要求即可。其安装位置如图 6-19 所示的 A 点，最远距离为 9m。

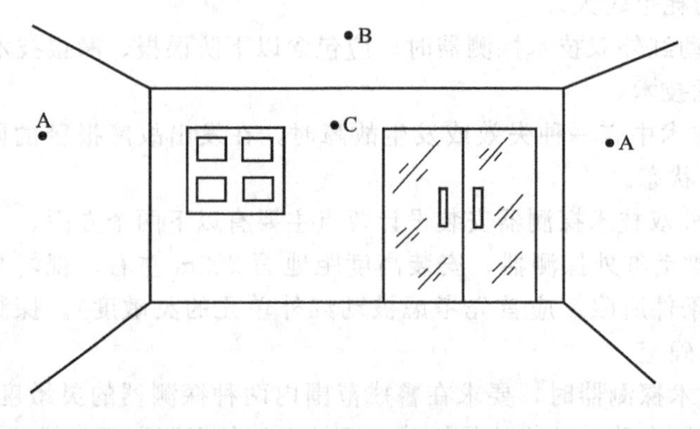

图 6-19　玻璃破碎探测器安装示意图

⑤ 也可以采用一个玻璃破碎探测器来保护多面玻璃窗。这时可将玻璃破碎探测器安装在房间的顶棚板上，并应与几个被保护玻璃窗之间保持大致相同的探测距离，以使探测灵敏度均衡。

⑥ 窗帘、百叶窗或其他遮盖物会部分吸收玻璃破碎时发出的能量，特别是厚重的窗帘将严重阻挡声音的传播。在这种情况下，探测器应安装在窗帘背面的门窗框架上或门窗的上方；同时为确保探测效果，应在安装后进行现场调试。

⑦ 探测器不要装在通风口或换气扇的前面，也不要靠近门铃，以确保工作的可靠性。

⑧ 目前生产的探测器，有的还把玻璃破碎探测器与磁控开关或被动红外探测器组合在一起，做成复合型的双鉴器。这样可以对玻璃破碎探测和入侵者闯入室内作案进行更进一步的鉴证。

6.3.3.6　磁开关入侵探测器

磁开关入侵探测器安装、使用时，主要应注意以下几点。

① 干簧管应安装在被防范物体的固定部分。安装应稳固，避免受猛烈振动，使干簧管碎裂。

② 磁控开关不适用于金属门窗，因为金属易使磁场削弱，缩短磁铁寿命。此时，可选用钢门专门型磁控开关，或选用微动开关或其他类型开关器件代替磁控开关。

③ 报警控制部门的布线图应尽量保密，连线接点接触可靠。

④ 要经常注意检查永久磁铁的磁性是否减弱，否则会导致开关失灵。

⑤ 安装时要注意安装间隙。

磁开关入侵探测器有一个重要的技术指标是分隔隙，即磁铁盒与开关盒相对移开至开关状态发生变化时的距离。国家标准《磁开关入侵探测器》(GB 15209—2006) 中规定，磁开关入侵探测器按分隔间隙分为以下三挡。

① A 挡：大于 20mm。

② B 挡：大于 40mm。

③ C 挡：大于 60mm。

然而，上述分类并非产品质量分级，使用中还应根据警戒门窗的具体情况选择不同类别的产品。通常家庭推拉式门窗厚度在 40mm 左右，若安装 C 类产品，门窗已被打开缝，报警系统还不一定报警，此时若采用其他磁铁吸附开关盒，则探测系统失灵，作案可能成功。若选用 A 类产品，则上述情况不易发生。总之，一定要根据门窗的厚度、间隙、质地选用适宜的产品，以确保在门窗被开缝前报警。

铁质门窗、塑钢门窗应选择铁制门窗专用磁开关入侵探测器，以防止磁能损失导致系统的误报警。

磁开关入侵探测器的安装也有些讲究，除安装牢固外，通常在木质门窗上使用时，开关盒与磁铁盒相距 5mm 左右；金属门窗上使用时，两者相距 2mm 左右；安装在推拉式门窗上时，应距拉手边 150mm 处，若距拉手边过近，则系统易误报警，过远，易出现门窗已被开缝还未报警的漏报警现象。

6.3.3.7 振动入侵探测器

振动入侵探测器的安装使用要点主要有以下几个方面。

① 振动探测器基本上属于面控制型探测器。它可以用于室内，也可以用于室外的周界报警。优点是在人为设置的防护屏障没有遭到破坏之前，就可以做到早期报警。

振动探测器在室内应用明敷、暗敷均可；通常安装于可能入侵的墙壁、顶棚板、地面或保险柜上。安装于墙体时，距地面高度 2～2.4m 为宜。传感器垂直于墙面。其在室外应用时，通常埋入地下，深度在 10cm 左右，不宜埋入土质松软地带。

② 振动式探测器安装在墙壁或顶棚板等处时，与这些物体必须固定牢固，否则将不易感受到振动。用于探测地面振动时，应将传感器周围的泥土压实，否则振动波也不易传到传感器，探测灵敏度会下降。在室外使用电动式振动探测器，特别是泥土地，在雨季、冬季时，探测器灵敏度均明显下降，使用者应采取其他报警措施。

③ 振动探测器的安装位置应远离振动源。在室外应用时，埋入地下的振动探测器应与其他埋入地中物体保持适当的距离；否则，这些物体因遇风吹引起的晃动而导致地表层的振动也会引起误报。因此，振动传感器与这些物体之间一般应保持 1～3m 以上的距离。

④ 电动式振动探测器主要用于室外掩埋式周界报警系统中。其探测灵敏度比压电晶体振动探测器的探测灵敏度要高。电动式振动探测器磁铁和线圈之间易磨损，通常相隔半年要检查一次，在潮湿处使用时检查的时间间隔还要缩短。

6.3.4 防盗报警系统报警控制器的安装

6.3.4.1 控制器开箱检查

控制器到达现场后，应及时做下列验收检查。

① 按装箱清单检查清点，规格、型号应符合设计要求，附件、备件应齐全。

② 产品的技术文件齐全。

③ 报警控制器的铭牌中，必须标有国家检验单位签发的“防爆合格证”号。

④ 包装和密封应良好。

⑤ 按规范要求做外观检查。

6.3.4.2 控制器安装用的基础、预埋件、预留孔（洞）

控制器安装所使用的基础、预埋件、预留孔（洞）等应符合设计。

6.3.4.3 防爆电气设备接线盒

防爆电气设备接线盒内部接线紧固后，裸露带电部分之间及与金属外壳之间的漏电距离和电气间隙，不应小于表 6-4 的规定。

表 6-4 带电部分之间与金属外壳之间的漏电距离和电气间隙

电压等级/V		漏电距离/m				电气间隙/ms
直流	交流	绝缘材料抗漏电强度级别				
		Ⅰ	Ⅱ	Ⅲ	Ⅳ	
48 以下	60 以下	6/3	6/3	6/3	10/3	6/3
115 以下	127～133	6/5	6/5	10/5	14/5	6/5
830 以下	220～230	6/6	8/8	12/8	不许使用	8/6
460 以下	300～400	8/6	10/10	14/10		10/6
	660～690	14	20	28		14
—	3000～3800	50	70	90		36
	6000～6900	90	125	160		60
	10000～11000	125	160	200		100

注：1. 分母为电流不大于 5A，额定容量不大于 250W 的电气设备的漏电距离和电气间隙值。

2. Ⅰ级为上釉的陶瓷、云母、玻璃。Ⅱ级为三聚氰胺石棉耐弧塑料，硅有机石棉耐弧塑料。Ⅲ级为聚四氯乙烯塑料、三聚氰胺玻璃纤维塑料；表面用耐弧漆处理的玻璃布板。Ⅳ级为酞醛塑料、层压制品。

6.3.4.4 防爆电气设备多余的进线口

防爆电气设备多余的进线口的弹性密封垫和金属垫片应齐全，并应将压紧螺母拧紧使进线口密封。

6.3.4.5 防爆电气设备在额定工作状态下，外壳表面的允许最高温度

防爆电气设备在额定工作状态下，外壳表面的允许最高温度（防爆安全型包括设备内部），不应超过表 6-5 的规定。

表 6-5 防爆电气设备在额定工作状态下外壳表面的允许最高温度

组别	a	b	c	d	e
温度/℃	360	240	160	110	80

6.3.4.6 隔爆型插销的检查和安装

① 插头插入时，接地或接零触头先接通；拔脱时主触头先分断。

② 插头插入后开关才能闭合，开关在分断位置时插头才能插入或拔脱。

③ 安装场所应无腐蚀性介质。

④ 应垂直安装，偏斜不大于 5°。

6.3.4.7 施工中的安全技术措施

施工中的安全技术措施应符合国家现行有关安全技术标准及产品技术文件的规定。

6.3.4.8 认真阅读报警控制器的使用说明书，检查控制器

控制器在墙上安装时，其底边距地（楼）面高度不应小于1.5m；落地安装时，其底边宜高出地（楼）面0.2～0.3m。正面应有足够的活动空间。

6.3.4.9 报警控制器的安装

报警控制器必须安装牢固、端正。安装在松质墙上时，应采取加固措施。

6.3.4.10 引入报警控制器的电缆或导线的要求

引入报警控制器的电缆或导线应符合以下几点要求。

① 配线应排列整齐，不准交叉，并应固定牢固。

② 引线端部均应编号，所编序号应与图纸一致，且字迹清晰不易褪色。

③ 端子板的每个接线端，接线不得超过两根。

④ 电缆芯和导线留有不小于20cm的余量。

⑤ 导线应绑扎成束。

⑥ 导线引入线管时，在进线管处应用机械润滑油封堵管口。

6.3.4.11 报警控制器应牢固接地

报警控制器应牢固接地，接地电阻值应小于4Ω（采用联合接地装置时，接地电阻值应小于1Ω）。接地应有明显标志。

6.3.5 防盗报警系统的缆线敷设

6.3.5.1 电缆的敷设

① 根据设计图纸要求选配电缆，尽量避免电缆的接续。必须接续时应采用焊接方式或采用专用接插件。

② 电源电缆与信号电缆应分开敷设。

③ 敷设电缆时应尽量避开恶劣环境，如高温热源、化学腐蚀区和煤气管线等。

④ 远离高压线或大电流电缆，不易避开时应各自穿配金属管，以防干扰。

⑤ 电缆穿管前应将管内积水、杂物清除干净，穿线时涂抹黄油或滑石粉。进入管口的电缆应保持平直，管内电缆不能有接头和扭结。穿好后应做防潮、防腐处理。

⑥ 管线两固定点之间的距离不得超过1.5m。下列部位应设置固定点。

a. 管线接头处。

b. 距接线盒0.2m处。

c. 管线拐角处。

⑦ 电缆应从所接设备下部穿出，并且应留出一定余量。

⑧ 在地沟或顶棚板内敷设的电缆，必须穿管（视具体情况选用金属管或塑料管）。

⑨ 电缆端做好标志和编号。

⑩ 明装管线的颜色、走向和安装位置应与室内布局协调。

⑪ 在垂直布线与水平布线的交叉处要加装分线盒，以保证接线的牢固和外观整洁。

6.3.5.2 光缆的敷设

① 敷设光缆前，应检查光纤有无断点、压痕等损伤。

② 根据施工图纸选配光缆长度，配盘时应使接头避开河沟、交通要道和其他障碍物。

③ 光缆的弯曲半径不应小于光缆外径的20倍。光缆可用牵引机牵引，端头应做好技术处理。牵引力应加于加强芯上，大小不应超过150N。牵引速度宜为10m/min；一次牵引长

度不宜超过 1km。

④ 光缆接头的预留长度不应小于 8m。

⑤ 光缆敷设一段后，应检查光缆有无损伤，并对光缆敷设损耗进行抽测，确认无损伤时，再进行接续。

⑥ 光缆接续应由受过专门训练的人员操作，接续时应用光功率计或其他仪器进行监视，使接续损耗最小。接续后应做接续保护，并安装好光缆接头护套。

⑦ 光缆端头应用塑料胶带包扎，盘成圈置于光缆预留盒中，预留盒应固定在电杆上。地下光缆引上电杆，必须穿入金属管。

⑧ 光缆敷设完毕时，需测量通道的总损耗，并用光时域反射计观察光纤通道全程波导衰减特性曲线。

⑨ 光缆的接续点和终端应做永久性标志。

6.4 防盗报警系统检验与验收

6.4.1 防盗报警工程验收的条件

6.4.1.1 防盗报警工程验收的条件

① 根据防盗报警工程设计文件和合同技术文件，防盗报警相关设备已全部安装调试完毕。

② 现场敷线和设备安装已经通过施工质量检查和设备功能检查，并已提交建设、监理、施工及相关单位签字的检查验收报告。

③ 系统安装调试、试运行后的正常连续投运时间大于 3 个月。

④ 工程经试运行达到设计、使用要求并为建设单位认可，出具系统试运行报告。建设单位根据试运行记录写出系统试运行报告。其内容包括：试运行起止日期；试运行过程是否正常；故障（含误报警、漏报警）产生的日期、次数、原因和排除状况；系统功能是否符合设计要求以及综合评述等。

⑤ 已进行了系统管理人员和操作人员的培训，并有培训记录，系统管理人员和操作人员已可以独立工作（设计、施工单位必须对有关人员进行操作技术培训，使系统主要使用人员能独立操作。培训内容应征得建设单位同意，并提供系统及其相关设备操作和日常维护的说明、方法等技术资料）。

⑥ 防盗报警工程进行了系统检测，检测结论为合格。工程正式验收前，由建设单位（监理单位）组织设计、施工单位根据设计任务书或工程合同提出的设计、使用要求对工程进行初验，要求初验合格并写出工程初验报告。初验报告的内容主要有：系统试运行概述；对照设计任务书要求，对系统功能、效果进行检查的主观评价；对照正式设计文件对安装设备的数量、型号进行核对的结果；对隐蔽工程随工验收单的复核结果等。工程检验合格并出具工程检验报告。工程正式验收前，应按规范的规定进行系统功能检验和性能检验。实施工程检验的检验机构应符合规范的规定，工程检验后由检验机构出具检验报告。检验报告应准确、公正、完整、规范，并注重量化。

⑦ 文件及记录完整。系统验收的文件及记录主要应包括以下几点内容。

a. 设计任务书。

b. 工程合同。

c. 工程初步设计论证意见（并附方案评审小组或评审委员会名单）及设计、施工单位与建设单位共同签署的设计整改落实意见。

d. 正式设计文件与相关图纸资料（系统原理图、平面布防图、器材配置表、线槽管道布线图、监控中心布局图、器材设备清单以及系统选用的主要设备、器材的检验报告或认证证书等）。

e. 工程设计说明书，包括系统选型论证，系统监控方案和规模容量说明，系统功能说明和性能指标等。

f. 技术防范系统建设方案的审批报告。

g. 工程竣工图纸，包括系统结构图、各子系统监控原理图、施工平面图、设备电气端子接线图、中央控制室设备布置图、接线图和设备清单等。

h. 工程初验、检验和竣工报告。

i. 系统使用说明书（含操作和日常维护说明）。

j. 工程竣工核算（按工程合同和被批准的正式设计文件，由设计、施工单位对工程费用概预算执行情况作出说明）报告。

k. 系统试运行报告。

l. 系统的产品说明书、操作手册和维护手册。

m. 工程检测记录，包括隐蔽工程检测记录、施工质量检查记录、设备功能检查记录和系统检测报告等。

n. 其他文件，包括工程合同、系统设备出厂检测报告、设备开箱验收记录、系统试运行记录、相关工程质量事故报告、工程设计变更单和工程决算书等。

6.4.1.2　系统的竣工验收小组

系统的竣工验收应由工程的建设、监理、设计、施工单位和本地区的技术防范系统管理部门的代表组成验收小组，按竣工图进行验收。验收时应做好记录，签署验收证书，并应立卷、归档。在工程验收合格后，验收小组应签署验收证书。

工程验收时，应协商组成工程验收的小组，重点工程或大型工程验收时应组成工程验收委员会。工程验收委员会（验收小组）下设技术验收组、施工验收组和资料审查组。

工程验收委员会（验收小组）的人员组成应由验收的组织单位根据项目的性质、特点和管理要求与相关部门协商确定，并推荐主任、副主任（组长、副组长）；验收人员中技术专家应不低于验收人员总数的50%；不利于验收公正的人员不能参加工程验收（是指工程设计、施工单位人员，工程主要设备生产、供货单位人员以及其他需要回避的人员）。

验收机构对工程验收应作出正确、公正、客观的验收结论。尤其是对国家、省级重点工程和银行、文博系统等要害单位的工程验收，验收机构对照设计任务书、合同、相关标准以及正式设计文件进行验收，如发现工程有重大缺陷或质量明显不符合要求的应予以指出，严格把关验收通过或基本通过的工程，对设计、施工单位根据验收结论写出的并经建设单位认可的整改措施，验收机构有责任配合公安技防管理机构和工程建设单位督促、协调落实；验收不通过的工程，验收机构应在验收结论中明确指出问题与整改要求。

(1) 验收内容

① 工程设备安装验收（包括现场前端设备和监控中心的终端设备）。

② 管线敷设验收。

③ 隐蔽工程验收。

监控中心的检查与验收要对照正式设计文件和工程检验报告，复查监控中心的设计是否符合规范的相关要求；检查其通信联络手段（宜不少于两种）的有效性、实时性；检查其是否具有自身防范（如防盗门、门禁、探测器和紧急报警按钮等）和防火等安全措施。

(2) 资料审查

① 资料审查由工程验收委员会（验收小组）的资料审查组负责实施。

② 设计、施工单位应提供全套验收图纸资料，并做到图纸资料的准确性、完整性和规范性。

a. 图纸资料的准确性主要是指标记确切、文字清楚、数据准确、图文表一致，特别是要同工程实际施工结果一致。

b. 图纸资料的完整性主要是指所提供的资料内容要完整，成套资料要符合要求。对三级安全防范工程图纸资料审查时，可适当简化或省略。

c. 图纸资料的规范性主要是指图样的绘制应符合《安全防范系统通用图形符号》(GA/T 74—2000) 等相关标准要求；图纸资料应按照工程建设的程序编制成套。做到内容完整、标记确切、文字清楚、数据准确、图文表一致。图样的绘制应符合《安全防范系统通用图形符号》(GA/T 74—2000) 及其他相关标准的规定。

防盗报警系统在通过验收后方可正式交付使用，未经竣工验收的安全防范系统不应投入使用。当验收不合格时，应由工程承接单位负责整改，在自检合格后再组织验收，直至验收合格。

工程移交是工程建设单位、设计单位、施工单位交付使用单位的基本职责。工程验收通过或基本通过后，设计、施工单位应按规定整理编制竣工图纸资料，并交建设单位签收盖章，方可作为正式归档的工程技术文件。这标志着工程的正式结束。工程竣工图纸资料是反映工程质量的重要内容，也是提供良好售后服务的基本要求之一。

6.4.2 防盗报警系统验收要求

6.4.2.1 验收要求

防盗报警系统验收的验收应符合下列要求。

① 对照正式设计文件和工程检验报告、系统试运行报告，复核系统的报警功能和误、漏报警情况，应符合《入侵报警系统技术要求》(GA/T 368—2001) 的规定。对入侵探测器的安装位置、角度、探测范围作步行测试和防拆保护的抽查，抽查室外周界报警探测装置形成的警戒范围，应无盲区。

② 抽查系统布防、撤防、旁路和报警显示功能，应符合设计要求。

③ 抽测紧急报警响应时间。

④ 当有联动要求时，抽查其对应的灯光、摄像机、录像机等联动功能。

⑤ 对于已建成区域性安全防范报警网络的地区，检查系统直接或间接联网的条件。

6.4.2.2 工程质量

① 根据系统的设计方案、合同规定和施工图纸来检查系统工程的实际情况。

② 防盗报警系统检查内容见表 6-6。

表 6-6 防盗报警系统检查内容

项 目	内 容	抽查百分数/%
探测器	安装设置位置； 安装质量及外观； 环境影响，易引起误报的干扰情况； 安装质量与紧固情况； 通电测验； 探测器灵敏度调整	100

续表

项　目	内　　容	抽查百分数/%
报警控制器	安装位置； 接线引入电缆； 接地线情况； 通电检测； 控制机热备份情况	100
电源	电源品质； 电源自动切换情况	100

③ 建设单位对隐蔽工程进行随工验收，凡经过检验合格的办理验收签证，在进行竣工验收时，可不再进行检验。

6.4.2.3　系统检测

① 系统探测器的盲区检测及防破坏功能检测包括防止拆卸报警器/断开、短路信号线和剪断电源等情况报警。

② 防盗报警系统控制功能及通信功能检查内容见表 6-7。

表 6-7　防盗报警系统控制功能及通信功能检查内容

<table>
<tr><th>项　目</th><th colspan="2">功　能</th><th>测 试 结 果</th></tr>
<tr><td rowspan="8">报警管理</td><td colspan="2">设防</td><td></td></tr>
<tr><td colspan="2">撤防</td><td></td></tr>
<tr><td colspan="2">优先报警功能</td><td></td></tr>
<tr><td colspan="2">系统自检、巡检功能</td><td></td></tr>
<tr><td colspan="2">延时报警功能</td><td></td></tr>
<tr><td colspan="2">报警信息查询</td><td></td></tr>
<tr><td colspan="2">预案处理</td><td></td></tr>
<tr><td colspan="2">手/自动出发报警功能</td><td></td></tr>
<tr><td rowspan="6">报警信息处理</td><td colspan="2">报警打印</td><td></td></tr>
<tr><td colspan="2">报警储存</td><td></td></tr>
<tr><td rowspan="4">报警显示</td><td>声音报警显示</td><td></td></tr>
<tr><td>光报警显示</td><td></td></tr>
<tr><td>电子地图显示</td><td></td></tr>
<tr><td>报警区域号显示</td><td></td></tr>
<tr><td rowspan="5">报警信息处理</td><td colspan="2">报警时间</td><td>≤4s</td></tr>
<tr><td colspan="2">报警接通率</td><td>>98%</td></tr>
<tr><td colspan="2">监听、对讲功能</td><td></td></tr>
<tr><td colspan="2">报警确认时间系统</td><td></td></tr>
<tr><td colspan="2">统计功能、报表打印</td><td></td></tr>
<tr><td rowspan="2">防盗报警系统联动功能</td><td colspan="2">相关电视监控画面自动调入</td><td></td></tr>
<tr><td colspan="2">出入口门禁系统关闭相关入口</td><td></td></tr>
</table>

③ 防盗报警系统与电视监控系统、出入口门禁管理系统相关安全防范系统的联动功能的检测。

7 综合布线系统施工技术

7.1 综合布线系统的构成

综合布线系统（GCS）是随着智能建筑的迅猛发展而形成的一个新型布线系统，是独立于具体应用系统之外的介质传输系统，是建筑物或建筑群内的传输网络。综合布线系统能使建筑物或建筑群内部的语音、数据通信设备、信息交换设备、建筑物物业管理以及建筑物自动化管理设备等彼此相连，将建筑物内所有的电话、数据、图文、图像以及多媒体设备的布线综合在一套标准的布线系统上，实现多种信息系统的兼容、公用以及互换、互调的性能。

综合布线技术是智能建筑弱电技术中的重要技术之一，它包含建筑物内部和外部线路（网络线路、电话局线路）间的民用电缆及相关的设备连接措施。

7.1.1 布线系统部件

综合布线系统的结构是开放式的，它是由各个相对独立的部件组成，如图 7-1 所示。改变、增加或重组其中一个布线部件并不会影响其他子系统。

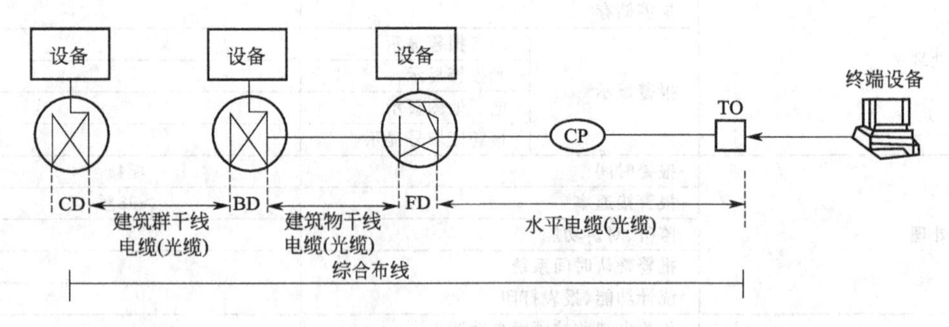

图 7-1 综合布线系统结构

① 综合布线采用的布线部件主要有以下几种。

a. 建筑群配线架（CD）。

b. 建筑群干线电缆、建筑群干线光缆。

c. 建筑物配线架（BD）。

d. 建筑物干线电缆、建筑物干线光缆。

e. 楼层配线架（FD）。

f. 水平电缆、水平光缆。

g. 集合点（CP）（选用）。

h. 信息插座（TO）。

② 综合布线系统主要是由以下几个方面组成。

a. 主配线架。主配线架放在设备间。

b. 分配线架。分配线架放在楼层电信间。

c. 信息插座。信息插座安装在工作区。

规模比较大的建筑物，在分配线架与信息插座之间也可设置中间交叉配线架。中间交叉配线架安装在二级交换间。连接主配线架和分配线架的缆线称为干线，连接中间交叉配线架和信息插座的缆线称为水平线。

集合点是楼层配线架与信息插座之间水平缆线路由器的连接点。配线子系统中可以设置集合点，也可以不设置集合点。

7.1.2 综合布线的拓扑结构

综合布线是一种分层星型拓扑结构。对一个具体的综合布线，其子系统的种类和数量由建筑群或建筑物的相对位置、区域大小及信息插座的密度而定。例如，一个综合布线区域只含一座建筑物，其主配线点就在建筑物配线架上，这时就不需要建筑群干线子系统。反之，一座大型建筑物可能被看做是一个建筑群，可以具有一个建筑群干线子系统和多个建筑物干线子系统。电缆、光缆安装在两个相邻层次的配线架间，组成如图 7-2 所示的分层星型拓扑结构。这种拓扑结构具有很高的灵活性，能适应多种应用系统的要求。

综合布线的物理结构通常采用模块化设计和分层星型拓扑结构，其主要包括以下几个子系统（具体结构如图 7-3 所示）。

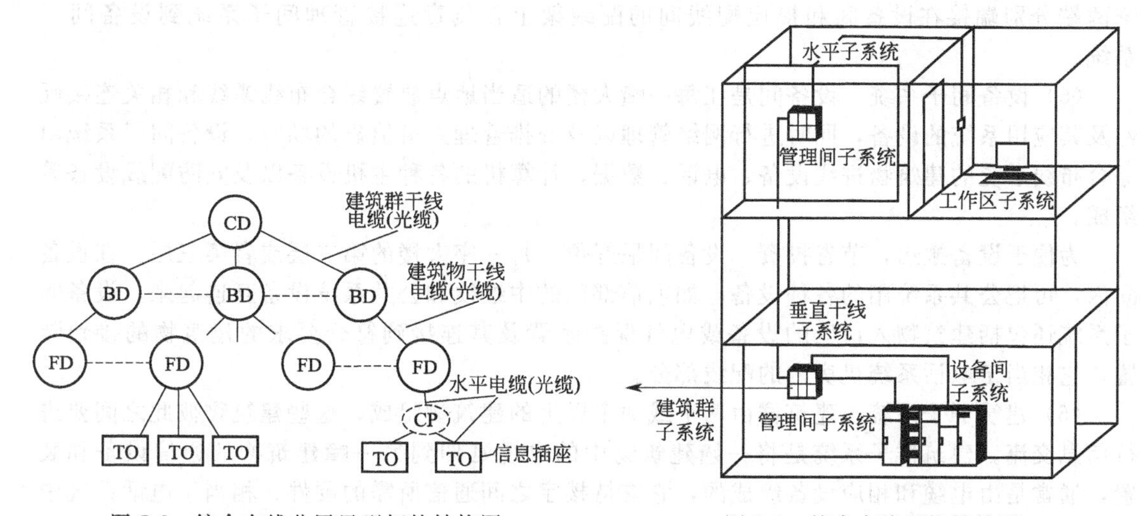

图 7-2 综合布线分层星型拓扑结构图

图 7-3 综合布线系统结构图

（1）工作区子系统　工作区子系统是放置应用系统终端设备的地方。其主要是由终端设备连接到信息插座的连线（或接插线）组成。工作区子系统采用接插线在终端设备和信息插座之间搭接，相当于电话系统中的连接电话机的用户线及电话机终端部分。其主要包括信息插座、信息模块、网卡以及连接所需的跳线，通常信息插座采用标准的 RJ45 头，按照 T568B 标准连接。

在进行终端设备和信息插座连接时，可能需要某种电气转换装置。然而该装置按国际布线标准规定并不是工作区子系统的一部分。

（2）水平子系统　水平子系统是整个布线系统最重要的一部分，是从工作区的信息插座开始到管理间子系统的配线架，将干线子系统经楼层配线间的管理区连接并延伸到用户工作区的信息插座，通常为星型结构。

水平子系统与干线子系统的区别在于：水平子系统通常处在同一楼层上，缆线一端接在配线间的配线架上，另一端接在信息插座上。在建筑物内，干线子系统通常位于垂直的弱电间，并采用大对数双绞电缆或者光缆，而水平子系统多为4对双绞电缆。这些双绞电缆能支持大多数终端设备。在需要较高带宽应用时，水平子系统也可以采用"光纤到桌面"的方案。

当水平工作面积较大时，在这个区域可以设置二级交换间。这时干线缆线、水平缆线的连接方式有所变化。

① 干线缆线端接在楼层配线间的配线架上，水平缆线一端接在楼层配线间的配线架上，另一端还要通过二级交换间的配线架连接后，再端接到信息插座上。

② 干线缆线直接接到二级交换间的配线架上，这时的水平缆线一端接在二级交换间的配线架上，另一端接在信息插座上。

(3) 管理间子系统　管理间子系统由设备间中的电缆、连接器和相关支撑硬件组成，管理间为连接其他子系统提供手段，它是连接垂直干线子系统和水平子系统的设备，其主要设备是配线架、HUB、机柜和电源。管理间为连通各个子系统提供连接手段，它相当于电话系统中每层的配线箱或电话分线盒部分。

(4) 垂直干线子系统　垂直干线子系统（也称为骨干子系统）是由导线电缆和光缆以及将此光缆连到其他地方的相关支撑硬件组成。它提供建筑物的干线电缆，缆线通常为大对数双绞电缆或多芯光缆，以满足现在以及将来一定时期通信网络的要求。干线子系统两端分别端接在设备间和楼层配线间的配线架上，负责连接管理间子系统到设备间子系统。

(5) 设备间子系统　设备间是在每一幢大楼的适当地点放置综合布线缆线和相关连接硬件及其应用系统的设备，同时进行网络管理以及安排管理人员值班的场所。设备间子系统由综合布线系统的建筑物进线设备、电话、数据、计算机的各种主机设备以及安防配线设备等组成。

为便于设备搬运，节省投资，设备间最好位于每一座大楼的第二层或者第三层。在设备间内，可把公共系统用的各种设备，如电信部门的中继线和公共系统设备互连起来。设备间子系统还包括建筑物入口区的设备或电气保护装置及其连接到符合要求的建筑物的接地装置。它相当于电话系统机房内的配线部分。

(6) 建筑群子系统　建筑群由两个或两个以上的建筑物组成，这些建筑物彼此之间要进行信息交流。建筑群子系统是将一幢建筑物中的电缆延伸到另一幢建筑物的通信设备和装置，通常是由电缆和相应设备组成的，它支持楼宇之间通信所需的硬件，相当于电话系统中的电缆保护箱及各建筑物之间的干线电缆。

7.2　综合布线系统常用材料

综合布线系统中所包含布线材料的种类，主要有传输介质、连接硬件、配线接续设备以及其他部件。

7.2.1　电缆

综合布线使用的电缆主要有两类：同轴电缆和双绞电缆。双绞电缆又分为非屏蔽双绞(UTP)电缆和屏蔽双绞(STP)电缆。

7.2.1.1 同轴电缆

同轴电缆中心有一根单芯铜导线。铜导线外面是绝缘层，绝缘层的外面有一层导电金属层，金属层可以是密集型的，也可以是网状型的，用来屏蔽电磁干扰和防止辐射。同轴电缆的最外层又包了一层绝缘塑料外皮。同轴电缆结构示意如图 7-4 所示。

① 同轴电缆电气参数主要有以下几个。

a. 特性阻抗。特性阻抗是用来描述电缆信号传输特性的指标，其数值只取决于同轴线内外导体的半径、绝缘介质和信号频率。在一定频率下，不管线路有多长，特性阻抗是不变的。同轴电缆的特性阻抗主要有 50Ω、75Ω 及 150Ω 等。

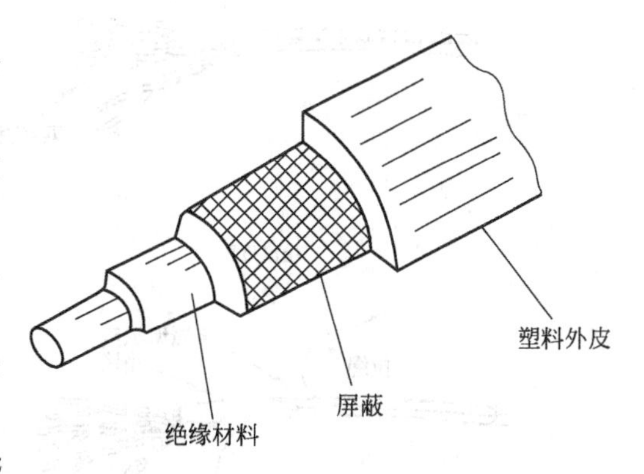

图 7-4 同轴电缆结构示意

b. 衰减。通常是指 500m 长的电缆段的衰减值。当用 10MHz 的正弦波进行测量时，它的值不超过 8.5dB（17dB/km）；而用 5MHz 的正弦波进行测量时，它的值不超过 6.0dB（12dB/km）。

c. 传播速度。传播速度是指同轴电缆中信号传播的速度。最低传播速度应为 0.77c（c 为光速）。

d. 直流回路电阻。中心导体的电阻与屏蔽层的电阻之和不超过 10MΩ/m（在 20℃下测量）。

② 同轴电缆主要有以下两种基本类型。

a. 基带同轴电缆。基带常用的电缆，其屏蔽层是用铜做成网状的，特性阻抗为 50Ω，如 RG-8（粗缆）、RG-58（细缆）等。这种电缆用于基带或数字传输。

b. 宽带同轴电缆。宽带常用的电缆，其屏蔽层通常是用铝冲压成的，特性阻抗为 75Ω，如 RG-59 等。它既可以传输数字信号，也可以传输模拟信号，传输频率可以更高。

由于双绞线电缆传输速率的提高和价格下降，同轴电缆在目前的综合布线工程中已很少使用。

7.2.1.2 双绞电缆

双绞电缆按其包缠是否有金属层主要可以分为以下两大类。

(1) 非屏蔽双绞（UTP）电缆　非屏蔽双绞电缆（UTP）由多对双绞线外包缠一层绝缘塑料护套构成。4 对非屏蔽双绞缆线如图 7-5(a) 所示。

(2) 屏蔽双绞电缆　屏蔽双绞电缆与非屏蔽双绞电缆一样，电缆芯是铜双绞线，护套层是绝缘塑料橡皮，只不过在护套层内增加了金属层。按增加的金属屏蔽层数量和金属屏蔽层绕包方式，又可分为以下三类。

① 铝箔屏蔽双绞电缆（FTP）。FTP 是由多对双绞线外纵包铝箔构成，在屏蔽层外是电缆护套层。4 对双绞电缆结构如图 7-5(b) 所示。

② 铝箔/金属网双层屏蔽双绞电缆（SFTP）。SFTP 是由多对双绞线外纵包铝箔后，再加铜编织网构成。4 对双绞电缆结构如图 7-5(c) 所示。SFTP 提供了比 FTP 更好的电磁屏蔽特性。

③ 独立双层屏蔽双绞电缆（STP）。STP 是由每对双绞线外纵包铝箔后，再将纵包铝箔的多对双绞线加铜编织网构成。4 对双绞电缆结构如图 7-5(d) 所示。根据电磁理论可知，

这种结构不仅可以减少电磁干扰，也使线对之间的综合串扰得到有效控制。

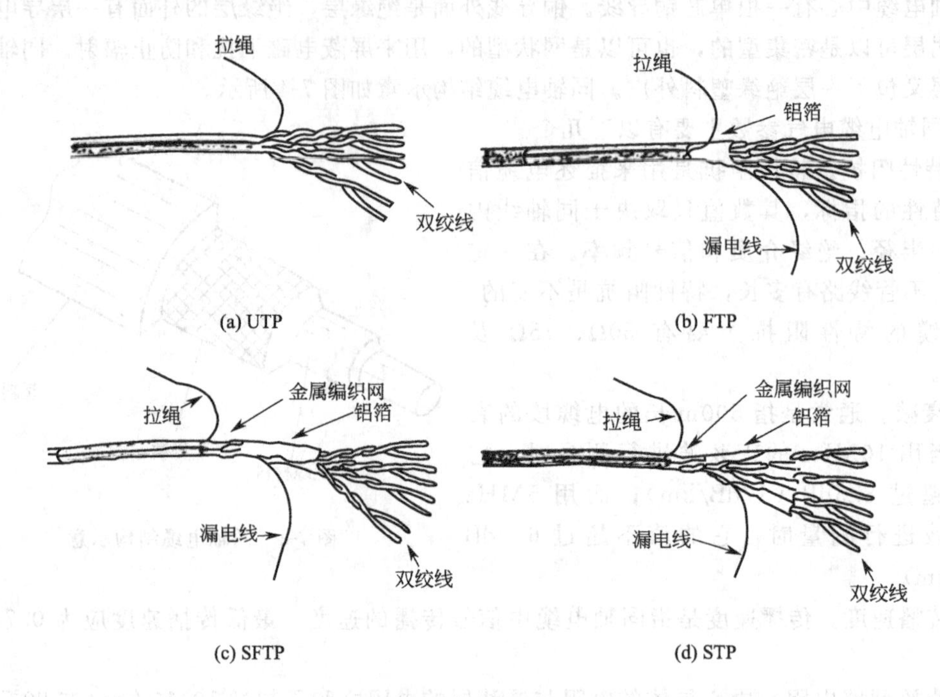

图 7-5 双绞电缆

非屏蔽双绞电缆和屏蔽双绞电缆都有一根用来撕开电缆保护套的拉绳。屏蔽双绞电缆在铝箔屏蔽层和内层聚酯包皮之间还有一根漏电线，把它连接到接地装置上，可泄放金属屏蔽层的电荷，解除线对间的干扰。

7.2.2 光缆

光缆传输系统适用于工程范围和建设规模均较大，且房屋建筑分布较广阔的智能化小区。尤其是建筑群体内需要高速率的传输网络系统，采用铜芯双绞线对称电缆不能满足要求或在小区周围环境中有严重的外界电磁干扰源等情况，应选用光缆以满足综合高速传输信息的需要。

7.2.2.1 光纤的结构

光纤是光导纤维的简称。它是采用石英玻璃或特制塑料拉成的柔软细丝，直径在几微米至 120μm。像水流过管子一样，光能沿着这种细丝在内部传输。因而，这种细丝也叫光导纤维。若只有这根纤芯的话，也无法传播光。这是由于不同角度的入射光会毫无阻挡地直穿过它，而不是沿着光纤传播，就好像一块透明玻璃不会使光线方向发生改变。人们为了使光线的方向发生变化从而可以沿光纤传播，就在光纤纤芯外涂上折射率比光纤纤芯材料低的材料，通常把涂的这层材料称为包层。这样，当一定角度之内的入射光射入光纤纤芯后会在纤芯与包层的交界处发生全发射，经过若干次全发射之后，光线就损耗极小地达到了光纤的另一端。

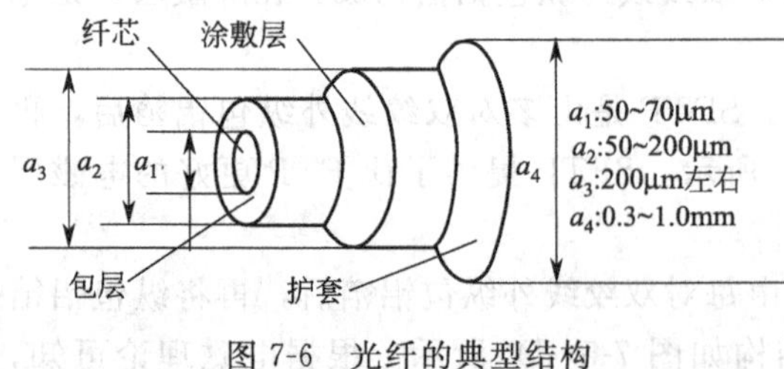

图 7-6 光纤的典型结构

如图 7-6 所示是光纤的典型结构，自内向外分别为纤芯、包层、涂敷覆层以及最外层的护套。

7.2.2.2 光纤的分类

光纤的分类方法很多，它既可以按照折射率的大小来分，也可以按照传输模式来分，还可以按照光的波长来分，其具体分类见表 7-1。

表 7-1 光纤的分类

分类依据	类 型	内 容
根据光纤纤芯与包层折射率的大小分类	阶跃型光纤	这种光纤的纤芯和包层的折射率都是一个常数，纤芯的折射率大于包层的折射率，折射率在纤芯与包层的界面处有一个突变。进入这种光纤的光线只要满足全反射原理，就会在纤芯中以折线的形状向前推进，阶跃型光纤如图 7-7 所示
	渐变型光纤	这种光纤包层的折射率为一常数，纤芯的折射率从中心开始随其半径的增加而逐渐变小，到包层与纤芯的界面处折射率减小到包层的折射率。进入这种光纤的光线因入射角不同将沿着各自的曲线路径向前推进，渐变型光纤如图 7-8 所示
根据光纤传输模式分类	单模光纤	单模光纤的纤芯直径很小，在给定的工作波长上只能以单一模式传输，传输频带宽，传输容量大。光信号可以沿着光纤的轴向传播，因此光信号的损耗很小，离散也很小，传播的距离较远。单模光纤(PMI)规范建议芯径为 8～10μm，包括包层直径为 125μm
	多模光纤	多模光纤是在给定的工作波长上，能以多个模式同时传输的光纤。多模光纤的纤芯直径一般为 50～200μm，而包层直径的变化范围为 125～230μm，计算机网络用纤芯直径为 62.5μm，包层为 125μm，也就是通常所说的 62.5μm。与单模光纤相比，多模光纤的传输性能要差。在导入波长上分单模 1310hm、1550nm；多模 850nm、1300nm 多模光纤可以是阶跃型，也可以是渐变型的，而单模光纤大都为阶跃型

注：光纤的传输模式是指光进入光纤的入射角度。当光在直径为几十倍光波波长的纤芯中传播时，以各种不同的角度进入光纤的光线，从一端传至另一端时，其折射或弯曲的次数不尽相同，这种以不同角度进入纤芯的光线的传输方式称为多模式传输。可传输多模式光波的光纤称为多模光纤。如果光纤的纤芯的直径为 5～10μm，只有所传光波波长的几倍，则只能有一种传输模式，即沿着纤芯直线传播，这类光纤称为单模光纤。

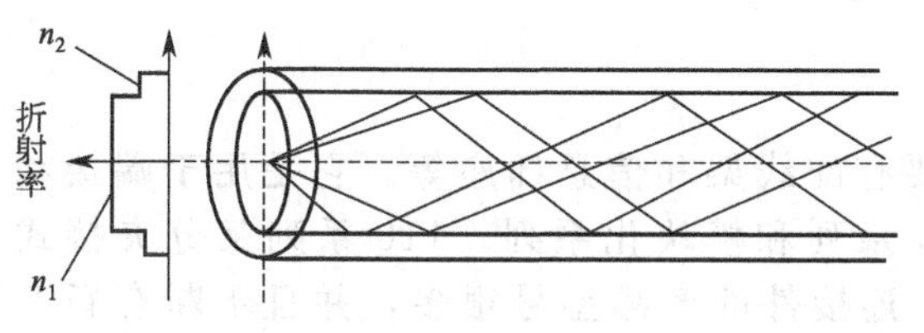

图 7-7 阶跃型光纤

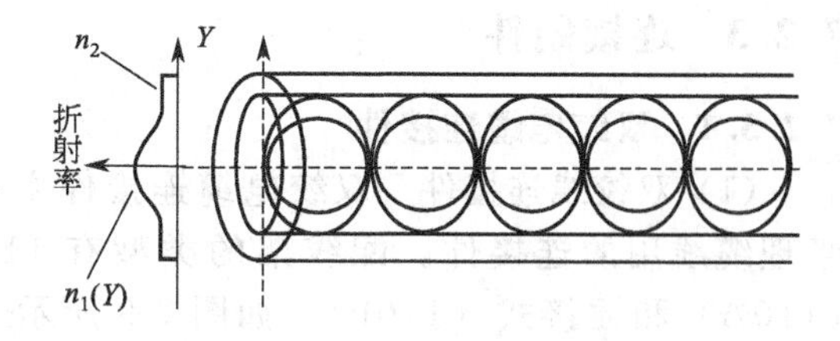

图 7-8 渐变型光纤

7.2.2.3 光纤的传输特性

在采用光纤进行通信的系统中，两个直接通过光纤相连的光端机的最大距离称为光纤的中继距离。当两个光端机的距离超过光纤的中继距离时，必须在其间加入光的再生中继器。光纤的中继距离由所采用光纤的实际传输特性决定。

光纤的传输特性主要包括以下两点。

(1) 光纤的色散特性　光纤的色散是光纤通信中的一个重要特性。它是使光信号在光纤中传输后出现畸变的重要原因。在传输数字信号时就表现为光脉冲在时间上的展宽，也即使光脉冲的上升下降时间加长。严重时，将使前后码元相互重叠，形成码间干扰。上述情况会随着传输距离的增加而越来越严重，从而限制了光纤传输的中继距离和传输的码速。

(2) 光纤的损耗特性　光纤的损耗特性是光纤通信中的另一重要特性。光波在光纤的传输中随着距离的增加光功率逐渐下降，当光波的功率下降到一定程度时，接收设备就难以识别。造成光纤损耗的原因很多，有光纤本身的损耗，也有光纤与光源耦合的损耗，以及光纤之间连接时的接头与连接器的损耗等。光纤本身的损耗来自光纤的吸收和散射两个方面。

① 吸收损耗。吸收损耗是光波通过光纤时，有一部分能量变成热能，从而造成光功率的损耗。吸收损耗与光纤的制造材料和加工过程有关。不纯净或有杂质的光纤，其中的金属和某些离子会吸收光的能量。对于超高纯度的石英光纤，在 1.3μm 和 1.5μm 的波长附近，光的吸收损耗是最低的。

② 散射损耗。散射损耗来自光纤的质量缺陷。研究表明，光源波长增长时，散射损耗减少。

7.2.2.4　光缆的形式

光缆由一捆光纤构成。光缆是数据传输中最有效的一种传输介质。光缆传输的优点主要有重量轻、体积小、传输距离远、容量大、信号衰减小以及抗电磁干扰。

光缆按结构分类主要有以下三种形式。

① 中心束管式。一般 12 芯以下的采用中心束管式，中心束管式工艺简单，成本低（比层绞式光缆的价格便宜 15%左右）。

② 层绞式。层绞式的最大优点是易于分叉，即光缆部分光纤需分别使用时，不必将整个光缆开断，只需将要分叉的光纤开断即可。层绞式光缆采用中心放置钢绞线或单根钢丝加强，将光纤续合成缆，成缆纤数可达 144 芯。

③ 带状式。带状式光缆的芯数可以做到上千芯，它将 4～12 芯光纤排列成行，构成带状光纤单元，再将多个带状单元按一定方式排列成缆。

光缆按敷设方式分类有多种形式，即室内光缆、架空光缆、直埋光缆、管道光缆、自承式光缆、水底（海底）光缆和吹光纤等。

7.2.3　连接硬件

7.2.3.1　双绞电缆连接件

(1) 双绞线连接件　双绞电缆连接件主要有配线架和信息插座等。它是用于端接和管理缆线用的连接件。配线架的类型有 110 系列和模块化系列。110 系列又分夹接式（110A）和插接式（110P），如图 7-9 所示。连接件的产品型号很多，并且不断有新产品推出。

(2) 信息插座　模块化信息插座分为单孔、双孔和多孔，每孔都有一个 8 位插脚。这种插座的高性能、小尺寸及模块化特性，为设计综合布线提供了灵活性，保证了快速、准确地安装。

7.2.3.2　光缆连接件

(1) 光缆连接器　光缆活动连接器，俗称活接头，通常称为光缆连接器，是用于连接两根光缆或形成连续光通路的可以重复使用的无源器件，已经广泛用在光缆传输线路、光缆配线架以及光缆测试仪器、仪表中，是目前使用数量最多的光缆器件。

按照不同的分类方法，光缆连接器可以分为不同的种类，其具体分类见表 7-2。

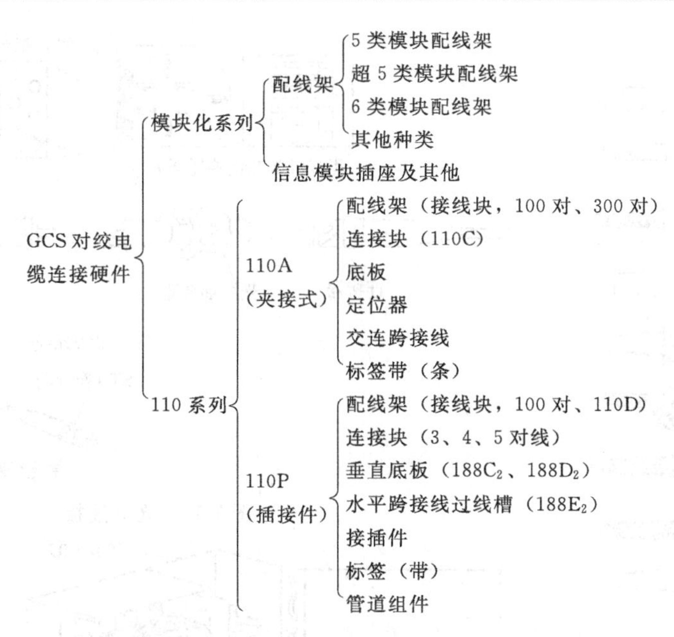

图 7-9 对绞电缆连接硬件的种类和组成

表 7-2 光缆连接器的分类

分类依据	分类
按传输媒介的不同	可分为单模光缆连接器、多模光缆连接器
按结构的不同	可分为 FC、SC、ST、D4、DIN、Biconic、MU、IC、MT 等
按连接器的插针端面不同	可分为 FC、PC(UPC)和 APC
按光缆芯数	可分为单芯、多芯

在实际应用过程中，通常按照光缆连接器结构的不同来加以区分。多模光缆连接器接头类型有 FC、SC、ST、FDDI、SMA、LC、MT-RJ、MU 及 VF-45 等。单模光缆连接器接头类型有 FC、SC、ST、FDDI、SMA、LC、MT-RJ 等。光缆连接器根据端面接触方式分为 PC、UPC 和 APC 型。

在综合布线系统中，用于光导纤维的连接器有 STⅡ连接器、SC 连接器，还有 FDDI 介质界面连接器（MIC）和 ES-CON 连接器。各种光缆连接器如图 7-10 所示。

STⅡ连接插头用于光导纤维的端点，此时光缆中只有单根光导纤维（而非多股的带状结构），并且光缆以交叉连接或互连的方式至光电设备上，如图 7-11 所示。

（2）光缆连接件　光纤互连装置（LIU）是综合布线系统中常用的标准光纤交连硬件，用来实现交叉连接和光纤互连，还支持带状光缆和束管式光缆的跨接线。如图 7-12 所示是光纤连接盒。

① 光纤交叉连接。交叉连接方式是利用光纤跳线（两头有端接好的连接器）实现两根光纤的连接来重新安排链路，而不需改动在交叉连接模块上已端接好的永久性光缆（如干线光缆），如图 7-13 所示。

② 光纤互连。光纤互连是直接将来自不同地点的光纤互连起来而不必通过光纤跳线，如图 7-14 所示，有时也用于链路的管理。

两种连接方式相比较，交连方式灵活，便于重新安排线路。互连的光能量损耗比交叉连接要小。这是由于在互连中光信号只通过一次连接，而在交叉连接中光信号要通过两次连接。

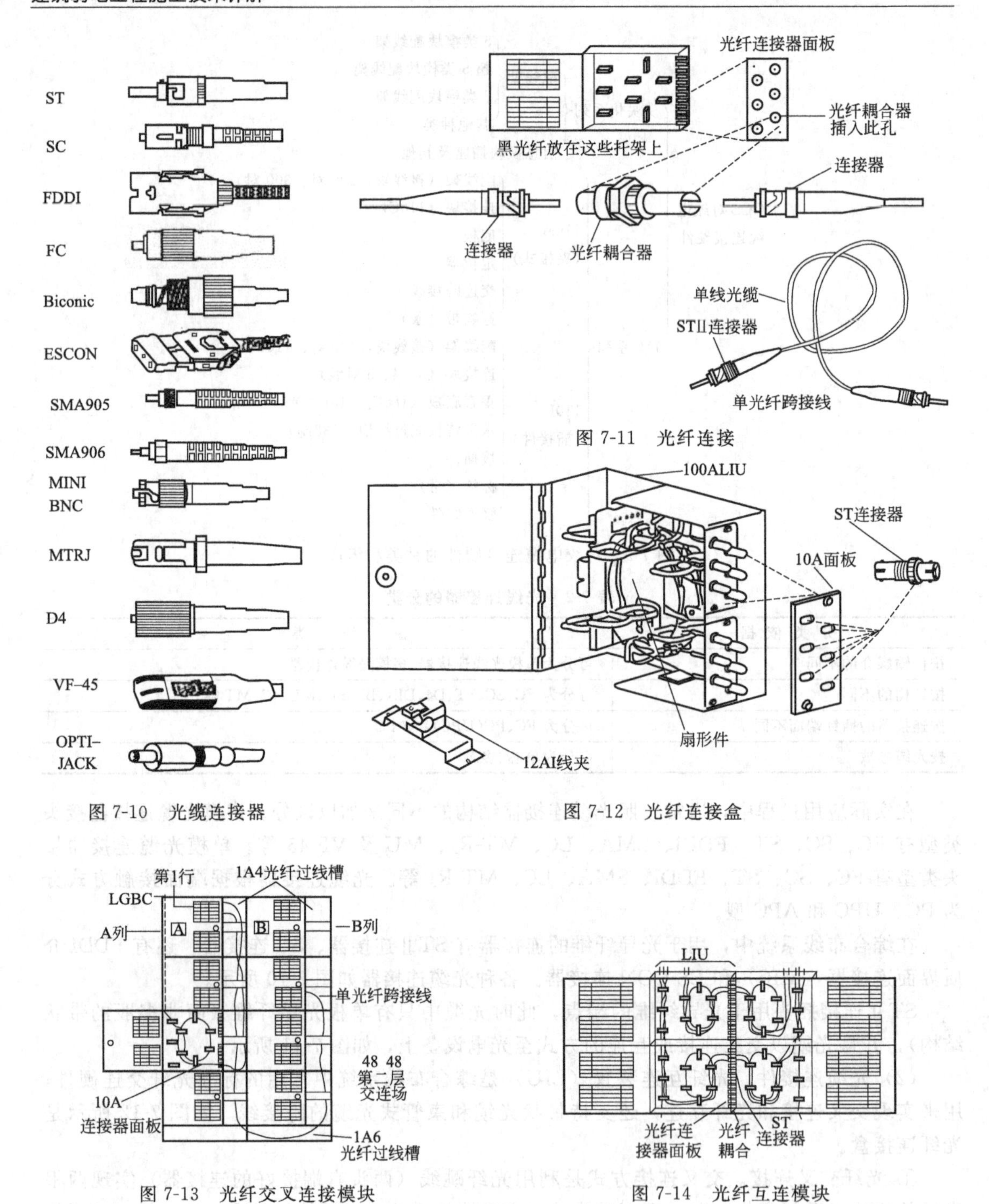

图 7-10　光缆连接器

图 7-11　光纤连接

图 7-12　光纤连接盒

图 7-13　光纤交叉连接模块

图 7-14　光纤互连模块

7.3　施工前准备工作

7.3.1　工程施工技术准备

（1）熟悉、会审图纸　图纸是工程的语言、施工的依据。开工前，施工人员首先应熟悉施工图纸，了解设计内容及设计意图，明确工程所采用的设备和材料，明确图纸所提出的施工要求，明确综合布线工程和主体工程以及其他安装工程的交叉配合，以便于及早采取措施，确保在施工过程中不破坏建筑物的强度，不破坏建筑物的外观，不与其他工程发生位置冲突。

(2) 熟悉和工程有关的其他技术资料　如施工及验收规范、技术规程、质量检验评定标准以及制造厂提供的资料，即安装使用说明书、产品合格证、试验记录数据等。

(3) 编制施工方案　在全面熟悉施工图纸的基础上，依据图纸并根据施工现场情况、技术力量及技术装备情况，综合做出合理的施工方案。

(4) 编制工程预算　工程预算包括工程材料清单和施工预算。

7.3.2 工程施工前检查

7.3.2.1 环境检查

(1) 工作区、电信间、设备间的检查应包括的内容

① 工作区、电信间、设备间土建工程已全部竣工。房屋地面平整、光洁，门的高度和宽度应符合设计要求。

② 房屋预埋线槽、暗管、孔洞和竖井的位置、数量、尺寸均应符合设计要求。

③ 铺设活动地板的场所，活动地板防静电措施及接地应符合设计要求。

④ 电信间、设备间应提供220V带保护接地的单相电源插座。

⑤ 电信间、设备间应提供可靠的接地装置，接地电阻值及接地装置的设置应符合设计要求。

⑥ 电信间、设备间的位置、面积、高度、通风、防火及环境温、湿度等应符合设计要求。

(2) 建筑物进线间及入口设施的检查应包括的内容

① 引入管道与其他设施如电气、水、煤气、下水道等的位置间距应符合设计要求。

② 引入缆线采用的敷设方法应符合设计要求。

③ 管线入口部位的处理应符合设计要求，并应检查采取排水及防止气、水、虫等进入的措施。

④ 进线间的位置、面积、高度、照明、电源、接地、防火、防水等应符合设计要求。

(3) 有关设施的安装方式应符合设计文件规定的抗震要求

7.3.2.2 器材及测试仪表工具检查

(1) 器材检验应符合的要求

① 工程所用缆线和器材的品牌、型号、规格、数量、质量应在施工前进行检查，应符合设计要求并具备相应的质量文件或证书，无出厂检验证明材料、质量文件或与设计不符者不得在工程中使用。

② 进口设备和材料应具有产地证明和商检证明。

③ 经检验的器材应做好记录，对不合格的器件应单独存放，以备核查与处理。

④ 工程中使用的缆线、器材应与订货合同或封存的产品在规格、型号、等级上相符。

⑤ 备品、备件及各类文件资料应齐全。

(2) 配套型材、管材与铁件的检查应符合的要求

① 各种型材的材质、规格、型号应符合设计文件的规定，表面应光滑、平整，不得变形、断裂。预埋金属线槽、过线盒、接线盒及桥架等表面涂覆或镀层应均匀、完整，不得变形、损坏。

② 室内管材采用金属管或塑料管时，其管身应光滑、无伤痕，管孔无变形，孔径、壁厚应符合设计要求。金属管槽应根据工程环境要求做镀锌或其他防腐处理。塑料管槽必须采用阻燃管槽，外壁应具有阻燃标记。

③ 室外管道应按通信管道工程验收的相关规定进行检验。

④ 各种铁件的材质、规格均应符合相应质量标准，不得有歪斜、扭曲、飞刺、断裂或破损。

⑤ 铁件的表面处理和镀层应均匀、完整，表面光洁，无脱落、气泡等缺陷。

(3) 缆线的检验应符合的要求

① 工程使用的电缆和光缆型式、规格及缆线的防火等级应符合设计要求。

② 缆线所附标志、标签内容应齐全、清晰，外包装应注明型号和规格。

③ 缆线外包装和外护套需完整无损，当外包装损坏严重时，应测试合格后再在工程中使用。

④ 电缆应附有本批量的电气性能检验报告，施工前应进行链路或信道的电气性能及缆线长度的抽验，并做测试记录。

⑤ 光缆开盘后应先检查光缆端头封装是否良好。光缆外包装或光缆护套如有损伤，应对该盘光缆进行光纤性能指标测试，如有断纤，应进行处理，待检查合格才允许使用。光纤检测完毕，光缆端头应密封固定，恢复外包装。

⑥ 光纤接插软线或光跳线检验应符合下列规定：

a. 两端的光纤连接器件端面应装配合适的保护盖帽；

b. 光纤类型应符合设计要求，并应有明显的标记。

(4) 连接器件的检验应符合的要求

① 配线模块、信息插座模块及其他连接器件的部件应完整，电气和机械性能等指标符合相应产品生产的质量标准。塑料材质应具有阻燃性能，并应满足设计要求。

② 信号线路浪涌保护器各项指标应符合有关规定。

③ 光纤连接器件及适配器使用形式和数量、位置应与设计相符。

(5) 配线设备的使用应符合的规定

① 光、电缆配线设备的形式、规格应符合设计要求。

② 光、电缆配线设备的编排及标志名称应与设计相符。各类标志名称应统一，标志位置正确、清晰。

(6) 测试仪表和工具的检验应符合的要求

① 应事先对工程中需要使用的仪表和工具进行测试或检查，缆线测试仪表应附有相应检测机构的证明文件。

② 综合布线系统的测试仪表应能测试相应类别工程的各种电气性能及传输特性，其精度应符合相应要求。测试仪表的精度应按相应的鉴定规程和校准方法进行定期检查和校准，经相应计量部门校验取得合格证后，方可在有效期内使用。

③ 施工工具，如电缆或光缆的接续工具（剥线器、光缆切断器、光纤熔接机、光纤磨光机、卡接工具等）必须进行检查，合格后方可在工程中使用。

(7) 现场尚无检测手段取得屏蔽布线系统所需的相关技术参数时 可将认证检测机构或生产厂家附有的技术报告作为检查依据。

(8) 对绞电缆电气性能、力学特性、光缆传输性能及连接器件的具体技术指标和要求 应符合设计要求。经过测试与检查，性能指标不符合设计要求的设备和材料不得在工程中使用。

7.4 缆线传输通道施工

7.4.1 路由的选择

两点间最短的距离是直线，然而对于布缆线来说，却不一定就是最好、最佳的路由。在选择最容易布线的路由时，要考虑便于施工，便于操作，即使花费更多的缆线也要这样做。

例如，我们要把“25 对”缆线从一个配线间牵引到另一个配线间，采用直线路径，要经天花板布线，路由中要多次分割、钻孔才能使缆线穿过并吊起来；而另一条路由是将缆线通过一个配线间的地板，然后再通过一层悬挂的天花板，再通过另一个配线间的地板向上。如图 7-15 所示。

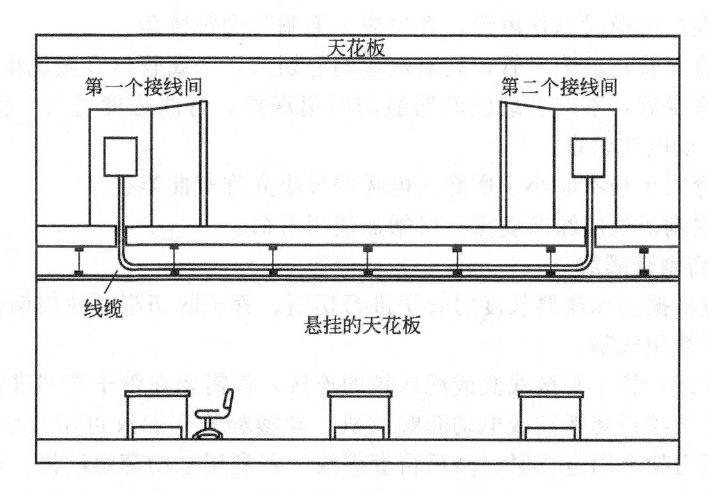

图 7-15 水平缆线布线的一种方法

总之，如何布线要根据建筑结构及用户的要求来决定，选择好的路径时布线人员要考虑以下几点。

7.4.1.1 了解建筑物的结构

对布线施工人员来说，需要彻底了解建筑物的结构。由于绝大多数的缆线是走地板下或天花板，故对地板和吊顶内的情况了解得要很清楚，就是说要准确地知道，什么地方能布线，什么地方不易布线，并向用户方说明。

现在绝大多数的建筑物设计是规范的，并为强电布线和弱电布线分别设计了通道和电缆上升房。利用这种环境时，也必须了解走线的路由，并对确定的路由做出标记。

7.4.1.2 检查拉（牵引）线

对于现存的已经预埋在建筑物中的管道，安装任何类型的缆线之前，都必须检查有无拉线。拉线是某种细绳，它沿着要布放缆线的路由在管道中安放好。拉线必须是路由的全长，绝大多数的管道安装者都为后继的安装者留下一条拉线，使缆线布放容易进行。如果没有拉线，则首先考虑穿接线问题、管道是否通畅和是否需要疏通管道等问题。

7.4.1.3 确定现有缆线的状况

如果布线的环境是一座旧楼，则需要了解旧缆线布放的现状，已用的是什么管道，这些管道是如何走向。了解这些，有助于为新的缆线建立路由，在某些情况下还能够利用原来的路由。

7.4.1.4 提供缆线支撑

根据安装情况和缆线的长度，要考虑使用托架或吊杆槽，并根据实际情况决定托架吊杆，使新安装的电缆加在原有结构上的重量不至于超重。

7.4.2 金属管敷设

7.4.2.1 金属管的要求

金属管应符合设计文件的规定，表面不应有穿孔、裂缝和明显的凹凸不平，内壁应光滑，不允许有锈蚀。在易受机械损伤的地方和在受力较大处直埋时，应采用足够强度的管材。

金属管的加工应符合以下几点要求。

① 为了防止在穿电缆时划伤电缆，管口应无毛刺和尖锐棱角。

② 为了减小直埋管在沉陷时管口处对电缆的剪切力，金属管口宜做成喇叭形。

③ 金属管在弯制后，不应有裂缝和明显的凹瘪现象。弯曲程度过大，将减小金属管的有效管径，造成穿设电缆困难。

④ 金属管的弯曲半径不应小于所穿入电缆的最小允许弯曲半径。

⑤ 镀锌管锌层剥落处应涂防腐漆，可增加使用寿命。

7.4.2.2 金属管切割套螺纹

在配管时，应根据实际需要长度对管子进行切割。管子的切割可使用钢锯、管子切割刀或电动切管机，严禁用气割。

管子和管子连接，管子和接线盒或配线箱的连接，都需要在管子端部进行套螺纹。焊接钢管套螺纹可用管子绞板套螺纹或电动套螺纹机。硬塑料管套螺纹可用圆丝板。套螺纹时，先将管子在管子压力架上固定压紧，然后再套螺纹。若利用电动套螺纹机，可提高工效。套完螺纹后，应随时清扫管口，将管口端面和内壁的毛刺用锉刀锉光，使管口保持光滑，以免割破缆线绝缘护套。

7.4.2.3 金属管弯曲

在铺设金属管时应尽量减少弯头。每根金属管的弯头不应超过3个，直角弯头不应超过2个，并不应有S弯出现。弯头过多，将造成穿电缆困难。对于较大截面的电缆，不允许有弯头。当实际施工不能满足要求时，可采用内径较大的管子或在适当部位设置拉线盒，以利于缆线的穿设。

金属管的弯曲通常都用弯管器进行。先将管子需要弯曲部位的前段放在弯管器内，焊缝放在弯曲方向背面或侧面，以防管子弯扁。然后用脚踩住管子，手扳弯管器进行弯曲，并逐步移动弯管器，可得到所需要的弯度。

金属管的弯曲半径应符合以下要求。

① 明配时，弯曲半径一般不小于管外径的6倍；只有一个弯时，可不小于管外径的4倍；整排钢管在转弯处，宜弯成同心圆的弯。

② 暗配时，弯曲半径不应小于管外径的6倍，铺设于地下或混凝土楼板内时，不应小于管外径的60倍。

为了穿线方便，水平铺设的金属管路超过下列长度并弯曲过多时，中间应增设拉线盒或接线盒，否则应选择大一级的管径。管子无弯曲时，长度可达45m；管子有1个弯时，直线长度可达30m；管子有2个弯时，直线长度可达20m；管子有3个弯时，直线长度可达 12m。

当管子直径超过 50mm 时，可用弯管机或热煨法弯管。暗管管口应光滑，并加有绝缘套管，管口伸出部位应为 25～50mm。

7.4.2.4 金属管连接要求

金属管连接应牢固，密封应良好，两管口应对准。套接的短套管或带螺纹的管接头的长度不应小于金属管外径的 2.2 倍。金属管的连接采用短套接时，施工简单方便。采用管接头螺纹连接则较为美观，保证金属管连接后的强度。无论采用哪一种方式，均应保证牢固、密封。

金属管进入信息插座的接线盒后，暗埋管可用焊接固定，管口进入盒的露出长度应小于 5mm。明设管应用锁紧螺母或管帽固定，露出锁紧螺母的丝扣为 2～4 扣。

引至配线间的金属管管口位置，应便于与缆线连接。并列铺设的金属管管口应排列有序，便于识别。

7.4.2.5 金属管铺设

① 金属管的暗设应符合以下要求。

a. 预埋在墙体中间的金属管内径不宜超过 50mm，楼板中的管径宜为 15～25mm，直线布管 30m 处设置暗线盒。

b. 铺设在混凝土、水泥里的金属管，其地基应坚实、平整和不应有沉陷，以保证铺设后的缆线安全运行。

c. 金属管连接时，管孔应对准，接缝应严密，不得有水和泥浆渗入；管孔对准无错位，以免影响管路的有效管理，保证铺设缆线时穿设顺利。

d. 在室外金属管道应有不小于 0.1%的排水坡度。

e. 建筑群之间金属管的埋设深度不应小于 0.8m，在人行道下面铺设时，不应小于 0.5m。

f. 金属管内应安置牵引线或拉线。

g. 金属管的两端应有标记，表示建筑物、楼层、房间和长度。

② 暗管的转弯角度应大于 90°，在路径上每根暗管的转弯角不得多于 2 个，并不应有 S 弯出现，有转弯的管段长度超过 20m 时，应设置管线过线盒装置；有 2 个弯时，不超过 15m 应设置过线盒。

③ 暗管管口应光滑，并加有护口保护，管口伸出部位宜为 25～50mm。

④ 至楼层电信间暗管的管口应排列有序，便于识别与布放缆线。

⑤ 暗管内应安置牵引线或拉线。

⑥ 金属管明铺时应符合以下要求。

a. 金属管应用卡子固定，这种固定方式较为美观，且在需要拆卸时方便拆卸。

b. 金属的支持点间距，有要求时应按照规定设计，无设计要求时不应超过 3m。

c. 在距接线盒 0.3m 处，要加管卡将管子固定。

d. 在弯头的地方，弯头两边也应用管卡固定。

⑦ 光缆与电缆同管铺设时，应在暗管内预置塑料子管。将光缆铺设在塑料子管内，使光缆和电缆分开布放。子管的内径应为光缆外径的 2.5 倍。

PVC 管通常是在工作区暗埋线管，操作时主要应注意以下两点。

a. 管转弯时，弯曲半径要大，便于穿线。

b. 管内穿线不宜太多，要留有 50%以上的空间。一根管子宜穿设一条综合布线电缆。管内穿放大对数的电缆时，直线管路的管径利用率宜为 50%～60%，弯管路的管径利用率宜为40%～50%。

7.4.3 金属槽和塑料槽敷设

7.4.3.1 金属槽的敷设

(1) 线槽安装要求 安装线槽应在土建工程基本结束以后，与其他管道同步进行，也可比其他管道稍迟一段时间安装。但尽量避免在装饰工程结束以后进行安装，那样将造成敷设缆线的困难。安装线槽应符合以下几点要求。

① 线槽安装位置应符合施工图样规定，左右偏差视环境而定，最大不超过50mm。

② 线槽水平度每米偏差不应超过2mm。

③ 垂直线槽应与地面保持垂直，并无倾斜现象，垂直度偏差不应超过3mm。

④ 线槽节与节间用接头连接板拼接，螺钉应拧紧。两线槽拼接处水平偏差不应超过2mm。

⑤ 当直线段桥架超过30m或跨越建筑物时，应有伸缩缝。其连接宜采用伸缩连接板。

⑥ 线槽转弯半径不应小于其槽内的缆线最小允许弯曲半径的最大者。

⑦ 盖板应紧固，并且要错位盖槽板。

⑧ 支吊架应保持垂直、整齐牢固，无歪斜现象。

为了防止电磁干扰，宜用辫式铜带把线槽连接到其经过的设备间，或楼层配线间的接地装置上，并保持良好的电气连接。

(2) 水平子系统缆线敷设支撑保护要求

① 预埋金属线槽支撑保护要求。

a. 在建筑物中预埋的线槽可采用不同的尺寸。每层楼应至少预埋两根以上，线槽截面高度不宜超过25mm。

b. 线槽直埋长度超过15m或在线槽路由交叉、转弯时宜设置拉线盒，以便布放缆线和维护。

c. 接线盒盖应能开启，并与地面齐平，盒盖处应采取防水措施。

d. 宜采用金属引入分线盒。

② 设置线槽支撑保护的要求：水平敷设时，支撑间距一般为1.5～2m，垂直敷设时固定在建筑物构体上的间距宜小于2m。

③ 在活动地板下敷设缆线时，活动地板内净空不应小于150mm。如果活动地板内作为通风系统的风道使用时，地板内净高不应小于300mm。

地面内暗装金属线槽的组合安装如图7-16所示。

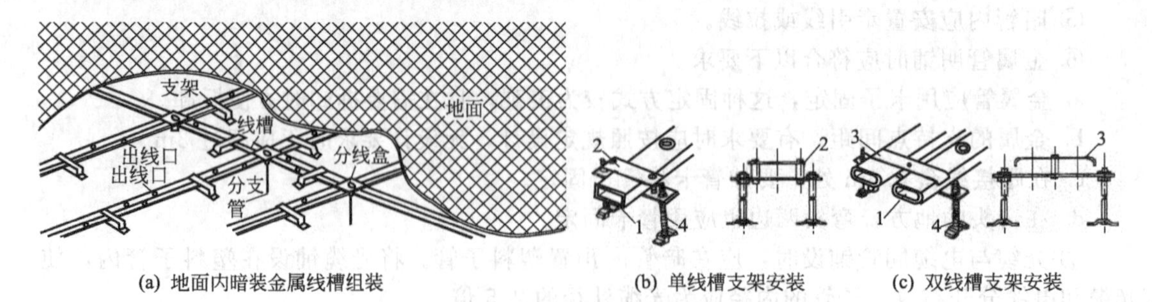

(a) 地面内暗装金属线槽组装 (b) 单线槽支架安装 (c) 双线槽支架安装

图7-16 地面内暗装金属线槽的组合安装

1—线槽；2—支架单压板；3—支架双压板；4—卧脚螺栓

④ 采用公用立柱作为吊顶支撑柱时，可在立柱中布放缆线。立柱支撑点应避开沟槽和线槽位置，支撑应牢固。

⑤ 在工作区的信息点位置和缆线敷设方式未定的情况下，或在工作区采用地毯下布放缆线时，在工作区宜设置交接箱，每个交接箱的服务面积约为 $80cm^2$。

⑥ 不同种类的缆线布放在金属线槽内，应同槽分室（用金属板隔开）布放。

⑦ 采用格形楼板和沟槽相结合时，敷设缆线支槽保护要求如下。

a. 沟槽和格形线槽必须沟通。

b. 沟槽盖板可开启，并与地面齐平，盖板和信息插座出口处应采取防水措施。

7.4.3.2 塑料槽铺设

塑料槽的安装规格有多种。塑料槽的铺设从原理上讲类似金属槽，但操作上还有所不同，其具体表现主要有以下几种。

① 在天花板吊顶打吊杆或托盘式桥架铺设。

② 在天花板吊顶外采用托架桥架铺设。

③ 在天花板吊顶外采用托架加配定槽铺设。

采用托架时，通常在 1m 左右安装一个托架。固定槽时一般在 1m 左右安装固定点。固定点是指把槽固定的地方，根据槽的大小进行安装。

a. 25mm×20mm～25mm×30mm 规格的槽，一个固定点应有 2～3 个固定螺钉，并水平排列。

b. 25mm×30mm 以上的规格槽，一个固定点应有 3～4 个固定螺钉，呈梯形状，使槽受力点分散分布。

c. 除了固定点外，应每隔 1m 左右钻 2 个孔，用双绞线穿入，待布线结束后，把所布的双绞线捆扎起来。

水平干线布槽和垂直干线布槽的方法是一样的，差别在一个是横布槽一个是竖布槽。在水平干线与工作区交接处不易施工时，可采用金属软管（蛇皮管）或塑料软管连接。

塑料线槽安装形式如图 7-17 所示。

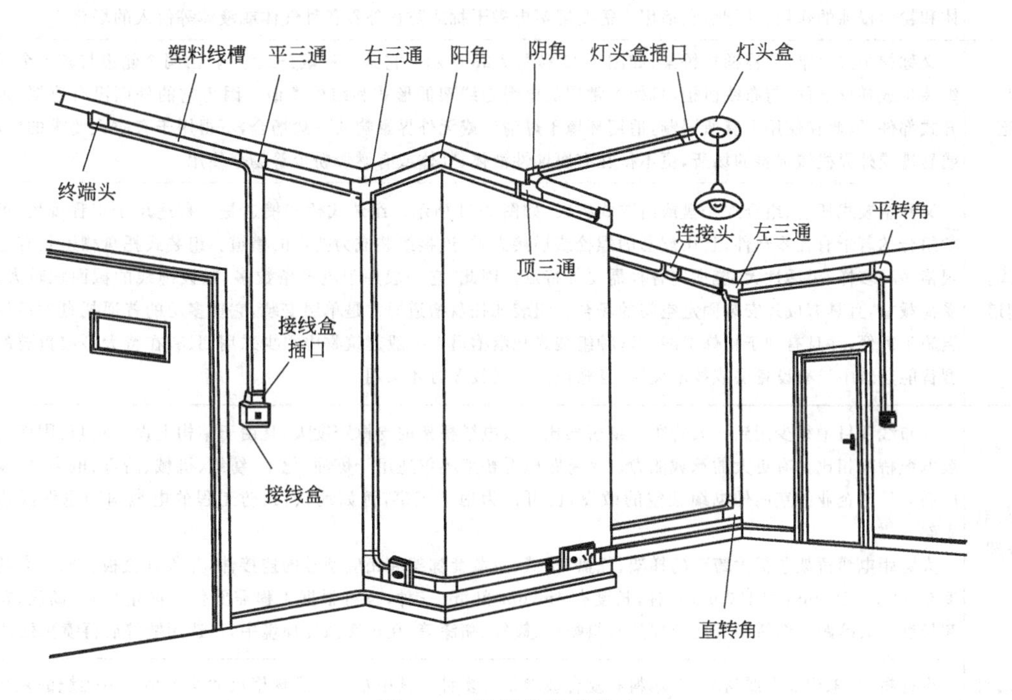

图 7-17 塑料线槽敷设法

7.4.4 桥架的安装

7.4.4.1 桥架的形式

金属桥架主要是由厚度为 0.4～1.5mm 的钢板制成，与传统桥架相比，具有结构轻、强度高、外形美观、无须焊接、不易变形、连接款式新颖以及安装方便等特点。金属桥架是铺设缆线的理想配套装置。

金属桥架主要可以分为以下两大类。

(1) 槽式　槽式桥架是指由整块钢板弯制成的槽形部件。

(2) 梯式　梯式桥架是指由侧边与若干个横挡组成的梯形部件。

桥架附件是用于直线段之间、直线段与弯通之间连接所必需的连接固定或补充直线段和弯通功能的部件。支、吊架是指直接支承桥架的部件，它包括托臂、立柱、立柱底座、吊架以及其他固定用支架。

桥架分为普通型桥架、重型桥架、槽式桥架。在普通桥架中还可分为普通型桥架和直边普通型桥架。

重型桥架和槽式桥架在网络布线中很少使用。常用的桥架样式见表 7-3。

表 7-3　常见的桥架样式

样式	内　容
有孔托盘式槽道	简称托盘式桥架或托盘式槽道，如图 7-18 和图 7-19 所示。它是由带孔洞眼的底板和无孔洞眼的侧边所构成的槽形部件，或采用由整块钢板冲出底板的孔眼后按规格弯成槽形的部件。它适用于敷设环境无电磁波干扰，不需要屏蔽接地的地段，或环境干燥清洁、无灰、无烟等不会污染或要求不高的一般场合
无孔托盘式槽道	简称槽式桥架或槽式槽道，如图 7-20 和图 7-21 所示。无孔托盘式槽道和有孔托盘式槽道的主要区别是底板无孔洞眼，它是由底板和侧边构成或由整块钢板弯制成的槽形部件，因此有时称它为实底型电缆槽道。这种无孔托盘式槽道如配有盖时，就成为一种全封闭型的金属壳体，它具有抑制外部电磁干扰，防止外界有害液体、气体和粉尘侵蚀的作用。因此，它适用于需要屏蔽电磁干扰或防止外界各种气体或液体等侵入的场合
梯架式槽道	又称梯级式桥梁，简称梯式桥架，如图 7-22 和图 7-23 所示。它是一种敞开式结构，由两个侧边与若干个横挡组装构成梯形部件，与布线机柜/机架中常用的电缆走线架的形式和结构类似。因为它的外面没有遮挡，是敞开式部件，因此在使用上有所限制，适用环境干燥清洁或无外界影响的一般场合，不得用于有防火要求的区段，或易遭受外界机械损害的场所，更不得在有腐蚀性液体、气体或有燃烧粉尘等场合使用
组装式托盘槽道	又称组装式托盘、组合式托盘或组装式桥梁，如图 7-24 所示。组装式桥架槽道是一种适用于工程现场，可任意组合的若干有孔零部件，且用配套的螺栓或插接方式，连接组装成为托盘的槽道。组装式托盘槽道具有组装规格多种多样、灵活性大、能适应各种需要等特点。因此，它一般用于电缆条数多、敷设缆线的截面积较大、承受荷载重，且具有成片安装固定空间的场合。组装式托盘槽道通常是单层安装，它比多层的普通托盘槽道的安装施工简便，并且有利于检修缆线。这种组装式托盘槽道在一般建筑物中很少采用，只有在特大型或重要的大型智能建筑中设有设备层或技术夹层，且敷设的缆线较多时才采用
大跨距电缆桥架	在布线项目中很少用到。大跨距电缆桥架比一般电缆桥架的支撑跨度大，且由于结构上设计精巧，因而与一般电缆桥梁相比具有更大的承载能力。大跨距电缆桥架不仅适用于炼油、化工、纺织、机械、冶金、电力、电视和广播等厂矿企业的室内外电缆架空的敷设，也可作为地下工事，例如地铁、人防工程的电缆沟和电缆隧道内支架。 大跨距电缆桥架包括大跨距的梯架、托盘、槽式、重载荷梯架和相应型号的连接件，并备有盖板。而且它的高度有 60mm、100mm 和 150mm 三种，长度有 4m、6m 和 8m 三种，也可根据工程需要任意确定型式、高度、宽度和长度。大跨距电缆桥架表面处理分塑料喷涂、镀锌、喷漆等，在重腐蚀性环境中，可选用镀锌后再喷涂处理
非金属材料槽道	也称桥架，采用非金属材料，有塑料和复合玻璃钢等多种。其中塑料槽道规格尺寸均较小。不燃烧的复合玻璃钢槽道应用较广，它分别有有孔托盘、无孔托盘、桥架式和通风式四种

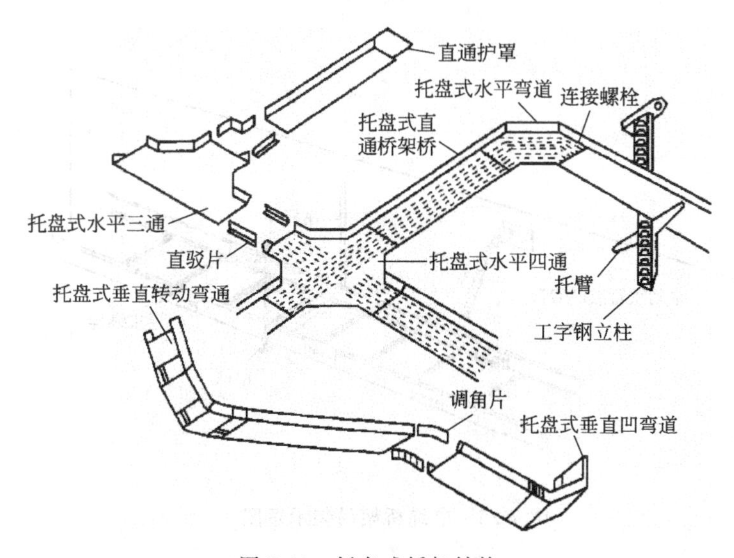

图 7-18 托盘式桥架结构

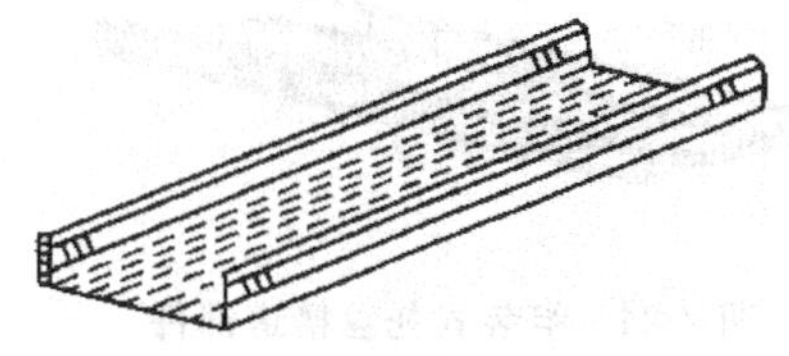

图 7-19 有孔托盘式槽道部件

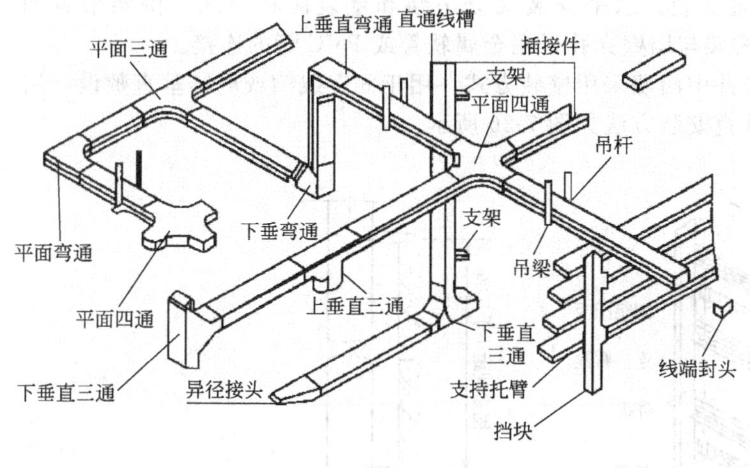

图 7-20 槽式桥架

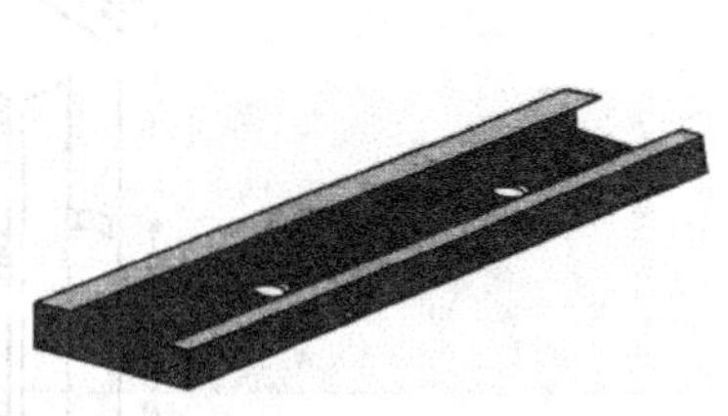

图 7-21 无孔托盘式槽道部件

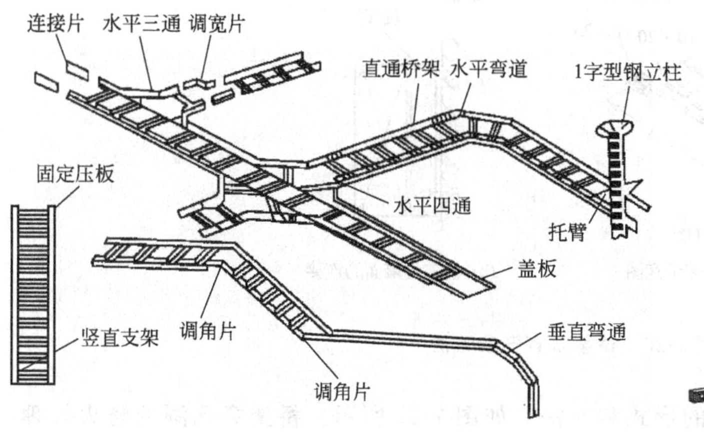

图 7-22 梯架式桥架结构图

图 7-23 梯架式槽道部件

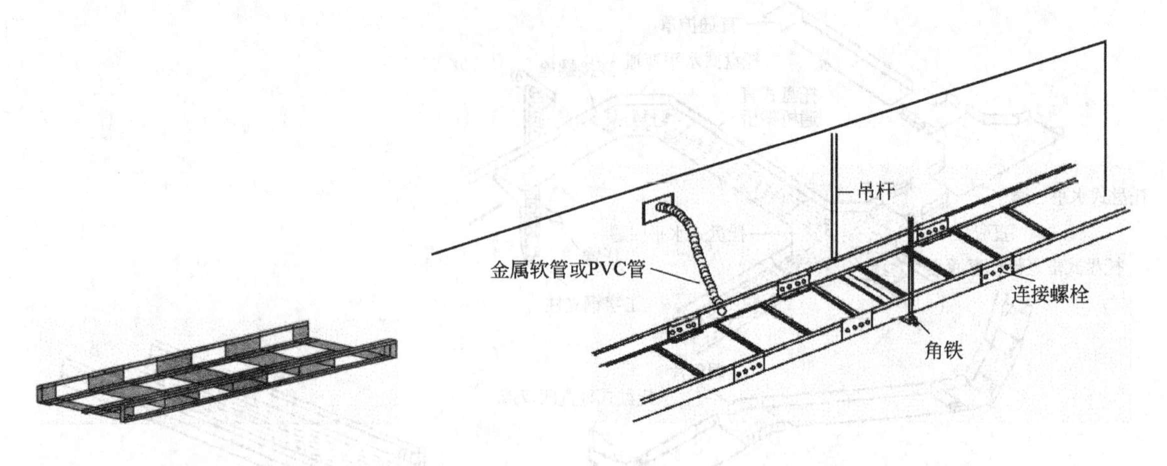

图 7-24　组装式托盘槽道部件　　图 7-25　电缆桥架吊装示意图

7.4.4.2　桥架的安装

桥架安装分水平安装和垂直安装。水平安装又分吊装和壁装两种形式。桥架吊装如图 7-25 所示。该图还表示出了桥架与墙壁穿孔采用金属软管或 PVC 管的连接。

桥架垂直安装主要在电缆竖井中沿墙采用壁装方式。用于固定线槽或电缆垂直敷设。用作垂直干线电缆的支撑。桥架垂直安装方法如图 7-26 所示。

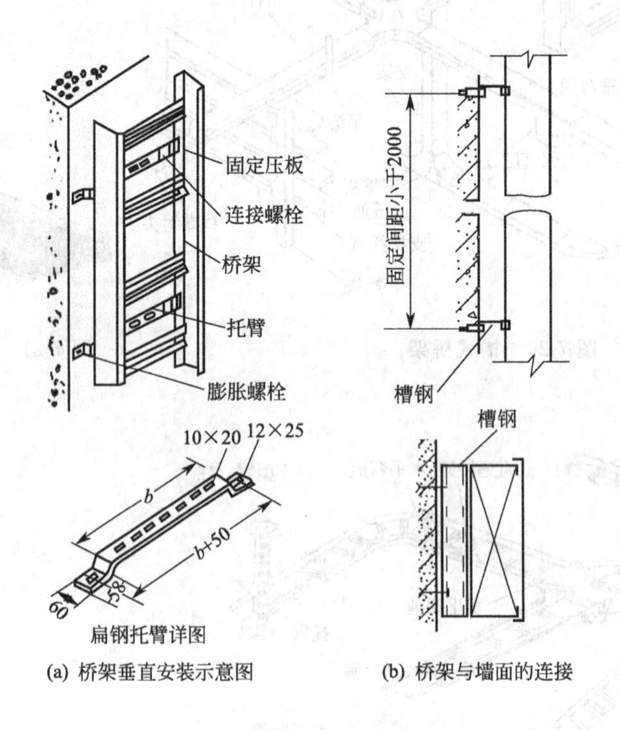

(a) 桥架垂直安装示意图　　(b) 桥架与墙面的连接

图 7-26　桥架垂直安装方法

桥架（梯架）竖井内垂直安装的形式和方法，如图 7-27 所示。桥架穿孔洞的防火处理做法如图 7-28 所示。

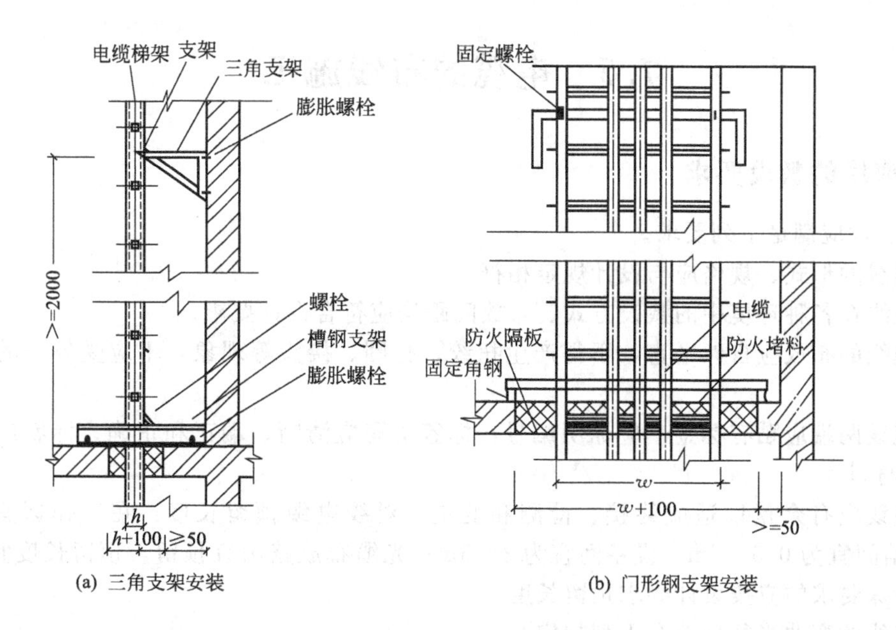

(a) 三角支架安装　　(b) 门形钢支架安装

图 7-27　桥架（梯架）竖井内垂直安装

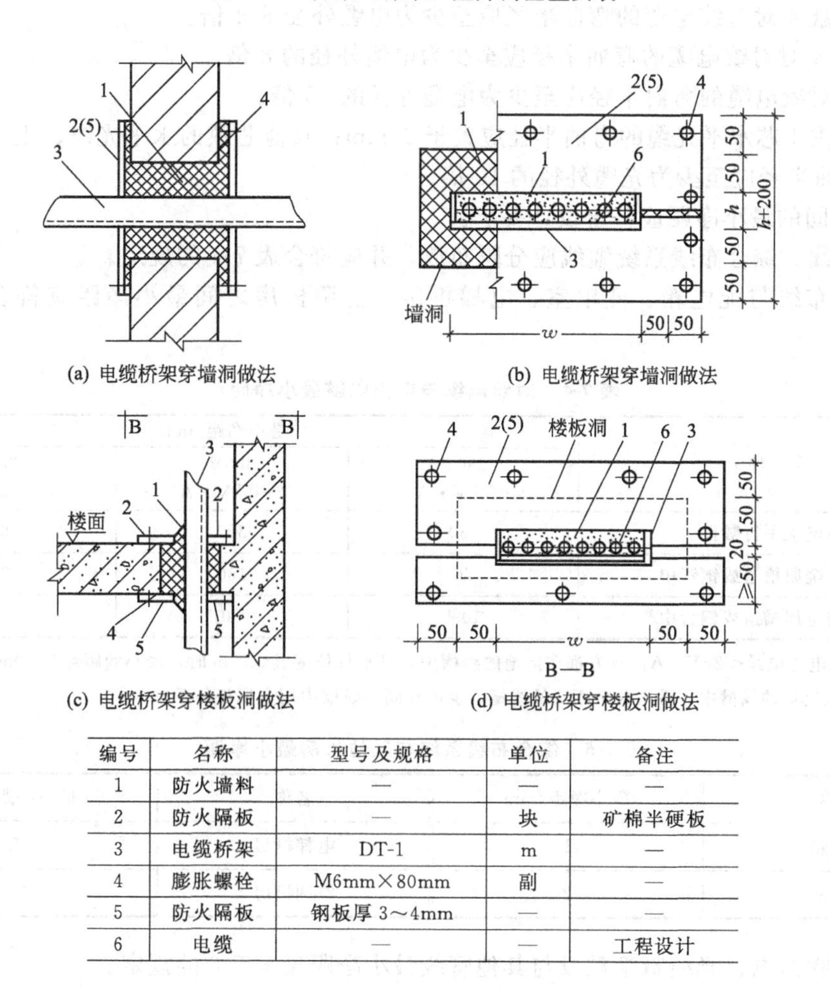

(a) 电缆桥架穿墙洞做法　　(b) 电缆桥架穿墙洞做法

(c) 电缆桥架穿楼板洞做法　　(d) 电缆桥架穿楼板洞做法

编号	名称	型号及规格	单位	备注
1	防火墙料	—	—	—
2	防火隔板	—	块	矿棉半硬板
3	电缆桥架	DT-1	m	—
4	膨胀螺栓	M6mm×80mm	副	—
5	防火隔板	钢板厚 3～4mm	—	—
6	电缆	—	—	工程设计

图 7-28　桥架穿墙和穿楼板安装

7.5 电缆的布线施工

7.5.1 缆线的敷设要求

缆线敷设应满足下列要求。

① 缆线的形式、规格应与设计规定相符。

② 缆线在各种环境中的敷设方式、布放间距均应符合设计要求。

③ 缆线的布放应自然平直，不得产生扭绞、打圈、接头等现象，不应受外力的挤压和损伤。

④ 缆线两端应贴有标签，应标明编号，标签书写应清晰、端正和正确。标签应选用不易损坏的材料。

⑤ 缆线应有余量以适应终接、检测和变更。对绞电缆预留长度：在工作区宜为3～6cm，电信间宜为0.5～2m，设备间宜为3～5m；光缆布放路由宜预留，预留长度宜为3～5m，有特殊要求的应按设计要求预留长度。

⑥ 缆线的弯曲半径应符合下列规定。

a. 非屏蔽4对对绞电缆的弯曲半径应至少为电缆外径的4倍。

b. 屏蔽4对对绞电缆的弯曲半径应至少为电缆外径的8倍。

c. 主干对绞电缆的弯曲半径应至少为电缆外径的10倍。

d. 2芯或4芯水平光缆的弯曲半径应大于25mm；其他芯数的水平光缆、主干光缆和室外光缆的弯曲半径应至少为光缆外径的10倍。

⑦ 缆线间的最小净距应符合设计要求。

a. 电源线、综合布线系统缆线应分隔布放，并应符合表7-4的规定。

b. 综合布线与配电箱、变电室、电梯机房、空调机房之间最小净距宜符合表7-5的规定。

表7-4 对绞电缆与电力电缆最小净距

条件	最小净距/mm		
	380V <2kV·A	380V 2～5kV·A	380V >5kV·A
对绞电缆与电力电缆平行敷设	130	300	600
有一方在接地的金属槽道或钢管中	70	150	300
双方均在接地的金属槽道或钢管中②	10①	80	150

① 当380V电力电缆<2kV·A，双方都在接地的线槽中，且平行长度成≤10m时，最小间距可为10mm。

② 双方都在接地的线槽中，系指两个不同的线槽，也可在同一线槽中用金属板隔开。

表7-5 综合布线系统与其他机房最小净距

名称	最小净距/mm	名称	最小净距/mm
配电箱	1	电梯机房	2
变电室	2	空调机房	2

c. 建筑物内电、光缆暗管敷设与其他管线最小净距见表7-6的规定。

d. 综合布线缆线宜单独敷设，与其他弱电系统各子系统缆线间距应符合设计要求。

表 7-6 综合布线缆线及管线与其他管线的间距

管线种类	平行净距/mm	垂直交叉净距/mm	管线种类	平行净距/mm	垂直交叉净距/mm
避雷引下线	1000	300	给水管	150	20
保护地线	50	20	煤气管	300	20
热力管(不包封)	500	500	压缩空气管	150	20
热力管(包封)	300	300			

e. 对于有安全保密要求的工程，综合布线缆线与信号线、电力线、接地线的间距应符合相应的保密规定。对于具有安全保密要求的缆线应采取独立的金属管或金属线槽敷设。

⑧ 屏蔽电缆的屏蔽层端到端应保持完好的导通性。

7.5.2 缆线的牵引

缆线牵引是指采用一条拉线将缆线牵引穿入墙壁管道、吊顶和地板管道。在施工中，应使拉线和缆线的连接点尽量平滑，因此，要采用电工胶带在连接点外面紧紧缠绕，以确保其平滑和牢靠，所用的方法取决于要完成作业的类型、缆线的质量、布线路由的难度，还与管道中要穿过的缆线数目有关，在已有缆线的拥挤的管道中穿线要比空管道难。

理论上，线的直径越小，则拉线的速度越快。然而，有经验的安装者采取慢速而又平稳地拉线，而不是快速拉线的方法，这是由于快速拉线会造成线的缠绕或被绊住。

若拉力过大，将导致缆线变形，从而引起缆线传输性能下降。缆线最大允许的拉力如下。

① 一根 4 对线电缆，拉力为 100N。

② 二根 4 对线电缆，拉力为 150N。

③ 三根 4 对线电缆，拉力为 200N。

④ n 根线电缆，拉力为（$n\times50+50$）N。

不管多少根线对电缆，最大拉力不能超过 400N。

7.5.2.1 牵引少量 5 类缆线

① 少量的缆线很轻，只要将其对齐。在 80mm 的裸线拨开塑料绝缘层，将铜导线平均分成两股，如图 7-29 所示。

② 把两股铜导线相互打圈子结牢，如图 7-30 所示。

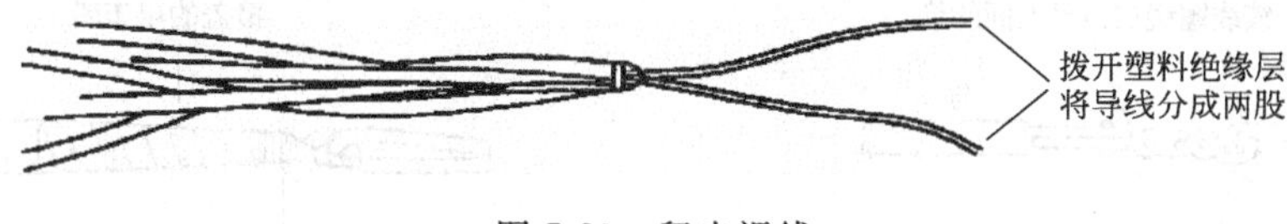

图 7-29 留出裸线

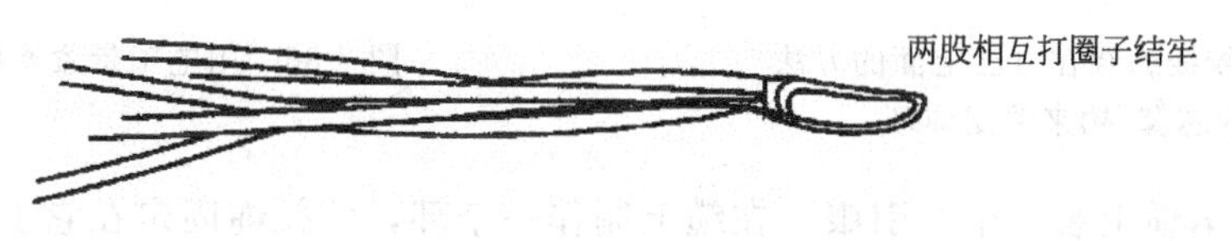

图 7-30 编织导线相互打圈

③ 将拉线穿过已经打结的圈子后打活结（使越拉越紧），如图 7-31 所示。

④ 用电工胶布紧紧地缠在绞好的接头上，扎紧使得导线不露出，并将胶布末端夹入缆

线中，如图 7-32 所示。

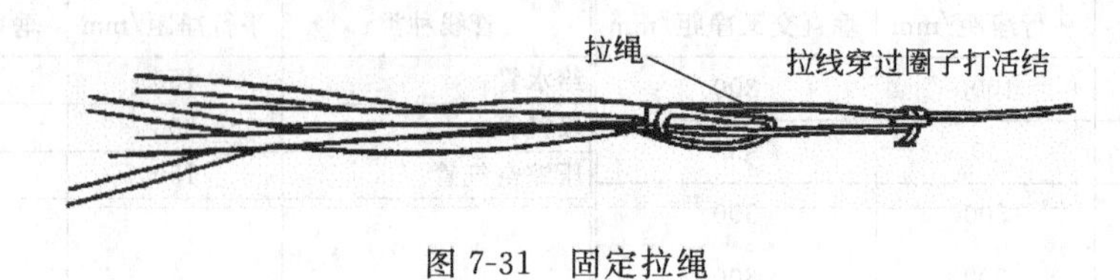

图 7-31　固定拉绳

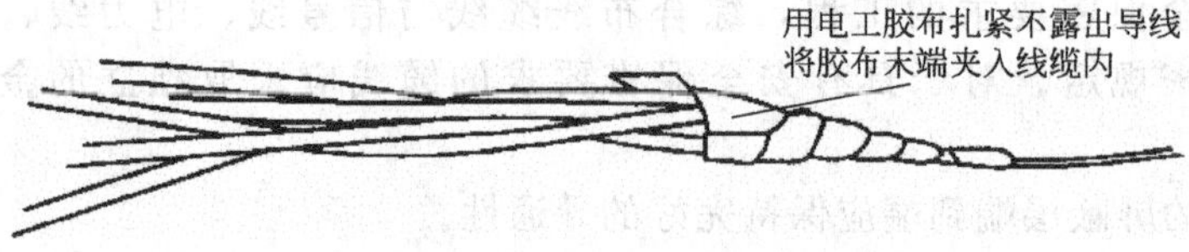

用电工胶布扎紧不露出导线
将胶布末端夹入线缆内

图 7-32　用电工带包裹接头

7.5.2.2　牵引多对线数电缆

芯套/钩的连接是非常牢固的，它能够用于“几百对”的电缆上，应按下列程序进行。

① 剥除约 30cm 的电缆护套，包括导线上的绝缘层。

② 使用斜口钳将线切去，留下约 12 根（一打）。

③ 将导线分成两个绞线组，如图 7-33 所示。

④ 将两组绞线交叉地穿过拉绳的环，在缆的那边建立一个闭环，如图 7-34 所示。

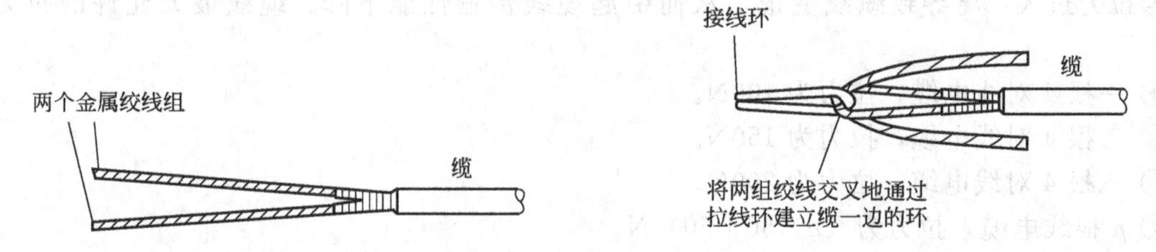

图 7-33　将缆导线分成两个均匀的绞线组　　图 7-34　通过拉线环馈送绞线组

⑤ 将缆一端的线缠绕在一起以使环封闭，如图 7-35 所示。

⑥ 用电工带紧紧地缠绕在缆周围，覆盖长度约是环直径的 3～4 倍，然后继续再绕上一段，如图 7-36 所示。

图 7-35　用绞线缠绕在自己上面的方法建立的芯套/钩来关闭缆环

图 7-36　用电工带紧密缠绕

某些较重的电缆上装一个牵引眼，在缆上制作一个环，使拉绳固定在它上面。对于没有牵引眼的电缆，可以使用一个分离的缆夹，如图 7-37 所示。将夹子分开缠到缆上，在分离部分的每一半上有一个牵引眼。当吊缆已经缠在缆上时，可同时牵引两个眼，使夹子紧紧地保持在缆上，用这种办法可以较好地保护好电缆的封头。

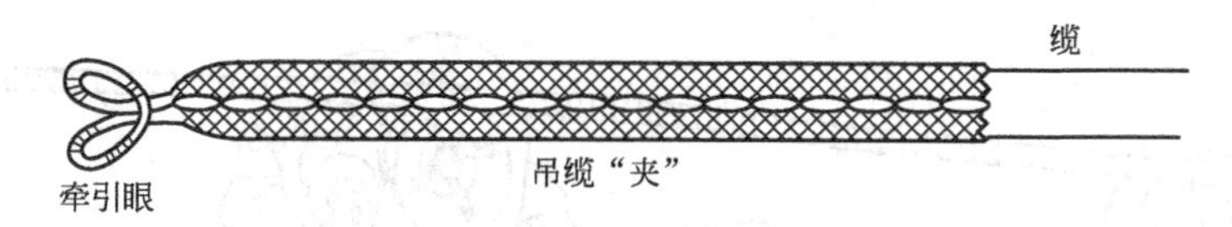

图 7-37 用来牵引缆的分离吊缆夹

7.5.3 建筑物主干线电缆布线

主干缆是建筑物的主要缆线，为从设备间到每层楼上的管理间之间传输信号提供通路。在新的建筑物中，通常设有竖井通道。

在竖井中敷设主干缆主要有以下两种形式。

7.5.3.1 向下垂放缆线

向下垂放缆线的步骤主要有以下几步。

① 首先把缆线卷轴放到最顶层，在离房子的开口处（孔洞处）3～4m 安装缆线卷轴，并从卷轴顶部馈线。

② 在缆线卷轴处安排所需的布线施工人员，每层上要有一个工人以便引寻下垂的缆线。

③ 开始旋转卷轴，将缆线从卷轴上拉出，将拉出的缆线引导进竖井中的孔洞。在此之前先在孔洞中安放一个塑料的套状保护物，以防止孔洞不光滑的边缘擦破缆线的外皮，如图 7-38 所示。

④ 慢慢地从卷轴上放缆并进入孔洞向下垂放，直到下一层布线施工人员能将缆线引到下一个孔洞。

⑤ 按前面的步骤，继续慢慢地放线，并将缆线引入各层的孔洞。

若要经由一个大孔敷设垂直主干缆线，就无法使用一个塑料保护套了，这时最好使用一个滑车轮，通过它来下垂布线，为此需要做如下操作：在孔的中心处装上一个滑车轮，将缆拉出绕在滑车轮上，按前面所介绍的方法牵引缆穿过每层的孔，当缆线到达目的地时，把每层上的缆线绕成卷放在架子上固定起来，等待以后的端接。如图 7-39 所示。

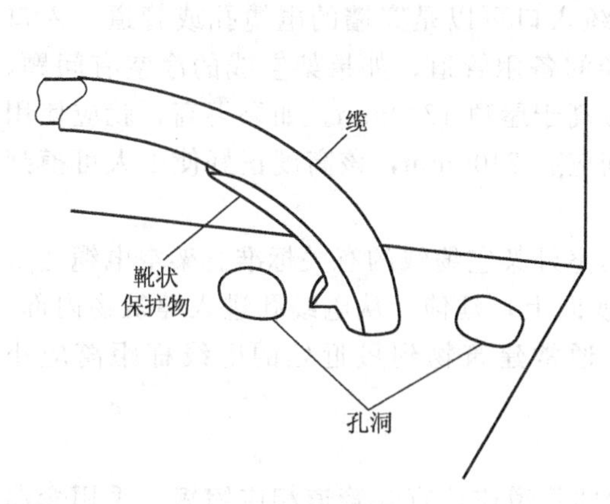

图 7-38 用套状物保护缆线

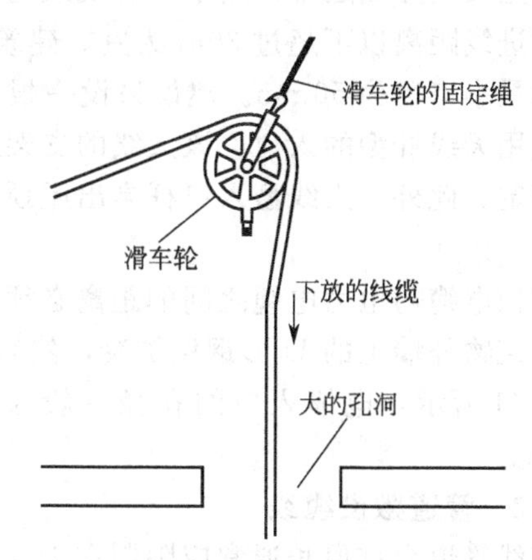

图 7-39 滑轮下放缆线方法示意图

7.5.3.2 向上牵引缆线

向上牵引缆线可用电动牵引绞车，如图 7-40 所示。

向上牵引缆线的步骤主要有以下几步。

① 按照缆线的质量，选定绞车型号，并按绞车制造厂家的说明书进行操作。先往绞车

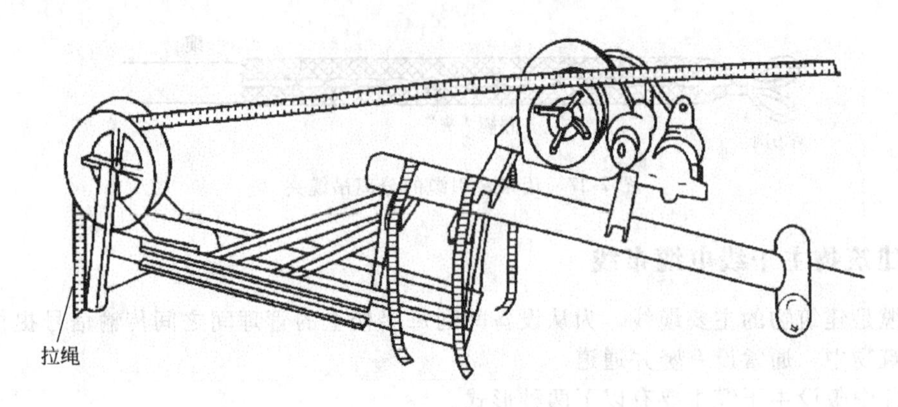

图 7-40　电动绞车示意图

中穿一条绳子，启动绞车，并往下垂放一条拉绳，拉绳向下垂放直到安放缆线的底层。

② 如果缆上有一个拉眼，则将绳子连接到此拉眼上。

③ 启动绞车，慢慢地将缆线通过各层的孔向上牵引，缆的末端到达顶层时，停止绞车。

④ 在地板孔边沿上用夹具将缆线固定。

⑤ 当所有连接制作好之后，从绞车上释放缆线的末端。

7.5.4　建筑群间电缆布线

建筑群主干布线子系统的电缆敷设主要有杆上架空敷设和地下管道敷设两种。杆路敷设直观，工程时间较短，但是影响美观，容易与空中其他线路交越。地下管道敷设便于今后的升级和电缆更换，电缆表面受力以及与周围环境隔离较好。敷设管道是综合布线中建筑群主干布线的一种较好的方法，但工期较长，费用也较高，对电缆的防潮有要求，这将影响对电缆种类的选择。

7.5.4.1　架空敷设缆线

架空安装方法通常只用于具有现成电线杆且不考虑电缆走法的场合，从电线杆至建筑物的架空进线距离以不超过 30m 为宜。建筑物的电缆入口可以是穿墙的电缆孔或管道。入口管道的最小口径为 50mm。建议另设一根同样口径的备用管道，如果架空线的净空有问题，可以使用天线杆型的入口。该天线的支架通常不应高于屋顶 1200mm。如果再高，就应使用拉绳固定。此外，天线型入口杆高出屋顶的净空间应有 2400mm，该高度正好使工人可摸到电缆。

通信电缆与电力电缆之间的距离必须符合我国室外架空缆线的有关标准。架空电缆通常穿入建筑物外墙上的 U 形钢保护套，然后向下（或向上）延伸，从电缆孔进入建筑物内部，如图 7-41 所示，电缆入口的孔径一般为 50mm，通常建筑物到最近处的电线杆距离应小于 30m。

7.5.4.2　管道敷设缆线

直线管道允许段长通常应限制在 150m 内，弯曲管道应比直线管道相应缩短。采用弯曲管道时，它的曲率半径通常应不小于 36m，在一段弯曲管道内不应有反向弯曲即“S”弯曲，在任何情况下也不得有 U 形弯曲出现。布放管道电缆，选用管孔时总的原则是先下后上、先两侧后中央的顺序安排使用。大对数电缆通常应敷设在靠下和靠侧壁的管孔中，管孔必须对应使用。同一条电缆所占管孔的位置在各个人孔内应尽量保持不变，以避免发生电缆交错现象。一个管孔内一般只穿放一条电缆，如果电缆截面积较小，则允许在同一管孔内穿放两

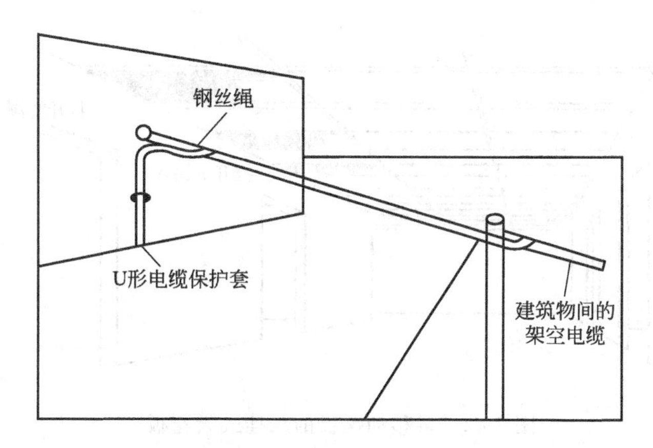

图 7-41　架空电缆方法

条电缆，必须防止电缆穿放时因摩擦而损伤护套。布放管道电缆前应检查电缆线号、端别、电线长度、对数以及程式等，准确无误后再敷设。敷设时，电缆盘应放在准备穿入电缆管道的同侧。在这位置布放电缆可以使电缆展开到出厂前的状态，避免电缆扭曲变形。当两孔之间为直线管道时，电线应从坡度较高处往低处穿放；若为弯道时，应从离弯曲处较远的一端穿入。

7.5.5　建筑物水平布线

7.5.5.1　管道布线

管道布线是指在浇筑混凝土时已把管道预埋在地板中，管道内预先穿放着牵引电缆的钢丝或铁丝。施工时只需通过管道图纸了解地板管道就可做出施工方案。对于没有预埋管道的新建筑物，布线施工可以与建筑物装潢同步进行，以便于布线而不影响建筑物的美观。

对于老旧的建筑物或没有预埋管道的新建筑物，设计施工人员应向业主索取建筑物的图纸，并到布线建筑物现场查清建筑物内电、水、气管路的布局和走向，然后详细绘制布线图纸，确定布线施工方案。

水平子系统电缆宜穿钢管或沿金属桥架敷设，并应选择最捷径的路径。

管道通常从配线间埋到信息插座安装孔。安装人员只要将 4 对线电缆固定在信息插座的拉线端，从管道的另一端牵引拉线就可将缆线送达配线间。

当缆线在吊顶内布放完成后，还要通过墙壁或墙柱的管道将缆线向下引至信息插座安装孔内。将双绞线用胶带缠绕成紧密的一组，将其末端送入预埋在墙壁中的 PVC 圆管内并把它往下压，直到在插座孔处露出 25～30mm 即可，也可以用拉线牵引。

7.5.5.2　天花板顶内布线

水平布线最常用的方法是在天花板吊顶内布线，具体施工步骤如下。

① 索取施工图纸，确定布线路由。

② 沿着所设计的路由在电缆桥架槽体下方打开吊顶，用双手推开每块镶板，如图 7-42 所示。

③ 为了减轻多条 4 对线电缆的重量，减轻在吊顶上的压力，可使用 J 形钩、吊索及其他支撑物来支撑缆线。

④ 假设要布放 24 条 4 对线电缆，每个信息插座安装孔要放两条缆线，可将缆线箱放在一起并使缆线出线口向上，24 个缆线箱按图 7-43 所示方式分组安装，每组有 6 个缆线箱，共有 4 组。

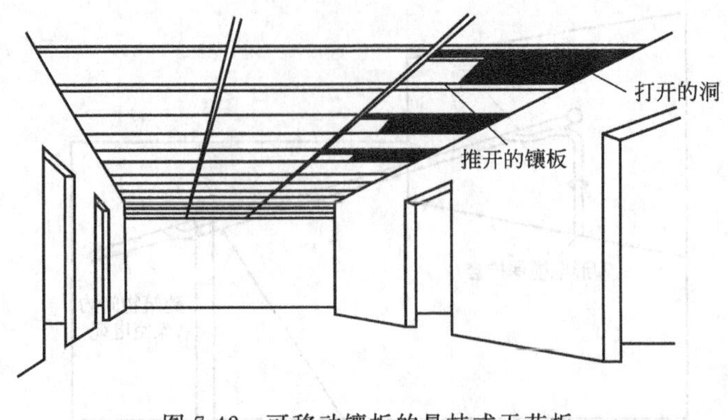

图 7-42　可移动镶板的悬挂式天花板

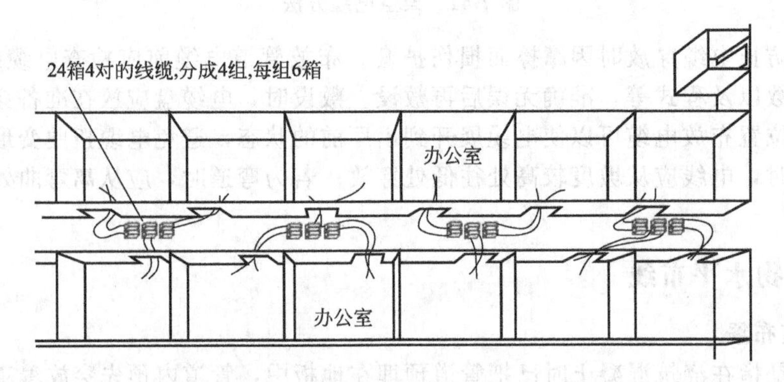

图 7-43　共布 24 条 4 对缆线，每一信息点布放两条 4 对的线

⑤ 在箱上标注并且在缆线的末端注上标号。

⑥ 从离管理间最远的一端开始，拉到管理间。

7.5.5.3　地板底下布线方式

水平子系统电缆在地板下的安装方式，应根据环境条件选用地下桥架布线法，蜂窝状地板布线法、高架（活动）地板布线法以及地板下管线布线法等四种安装方式。

7.5.5.4　墙壁线槽布线

在墙壁上的布线槽布线通常应按以下步骤进行。

① 确定布线路由。

② 沿着路由方向放线讲究直线美观。

③ 线槽每隔 1m 要安装固定螺钉。

④ 布线时线槽容量为 70%。

⑤ 盖塑料槽盖应错位盖好。

7.5.5.5　布线中墙壁线管及缆线的固定方法

（1）钢钉线卡　钢钉线卡全称为塑料钢钉电线卡，用于明敷电线、护套线、电话线、闭路电视线及双绞线。塑料钢钉电线卡外形如图 7-44 所示。在敷设缆线时，用塑料卡卡住缆线，用锤子将水泥钉钉入建筑物即可。管线或电缆水平敷设时，钉子要钉在水平管线的下边，让钉子可以承受电缆的部分重力。垂直敷设时钉子要均匀地钉在管线的两边，这样可起到夹住电缆的定位作用。

（2）尼龙扎带　适合综合布线工程中使用的尼龙扎带如图 7-45 所示，具有防火、耐酸、耐蚀、绝缘性良好、耐久和不易老化等特点，使用时只需将带身轻轻穿过带孔一拉，即可牢牢扣住线把。扎带使用时也可用专门工具，它使得扎带的安装使用极为简单省力。使用扎带时要注意不能勒得太紧，避免造成电缆内部参数的改变。

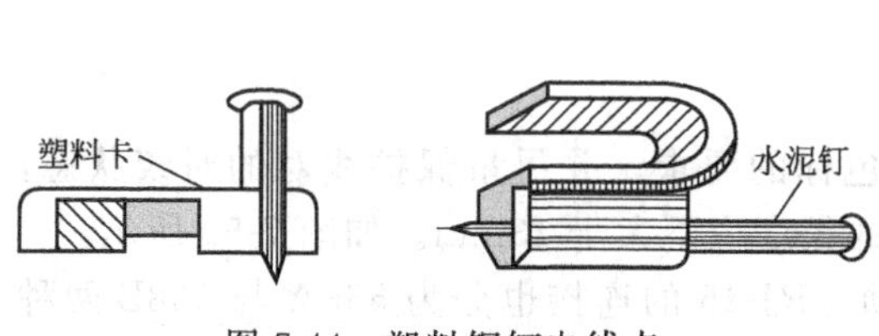

图 7-44 塑料钢钉电线卡

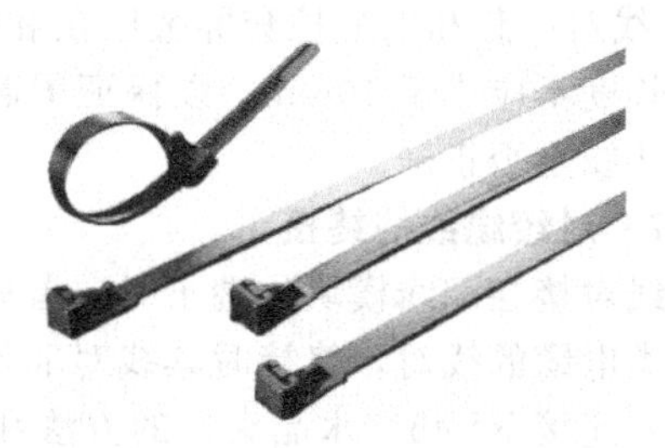

图 7-45 尼龙扎带

(3) 线扣 线扣用于将扎带或缆线等进行固定，分粘贴型线扣和非粘贴型线扣。

7.5.6 缆线终端和连接

缆线终端和连接是指建筑物主干布线和水平布线两部分的铜芯导线和电缆的连接。由于缆线终端和连接量大而集中，精密程度和技术要求较高。因此，在配线接续设备安装施工中必须小心从事。

7.5.6.1 配线接续设备的安装施工

要求缆线在设备内的路径合理，布置整齐，缆线的曲率半径应符合规定，捆扎牢固，松紧适宜，不会使缆线产生应力而损坏护套。

缆线处理：剥 PVC 缆线，在保护外衣上切缝，如图 7-46 所示。拉扯绳以除去保护外衣，如图 7-47 所示。将保护外衣除去，如图 7-48 所示。除去绝缘层保护外衣，如图 7-49 所示。

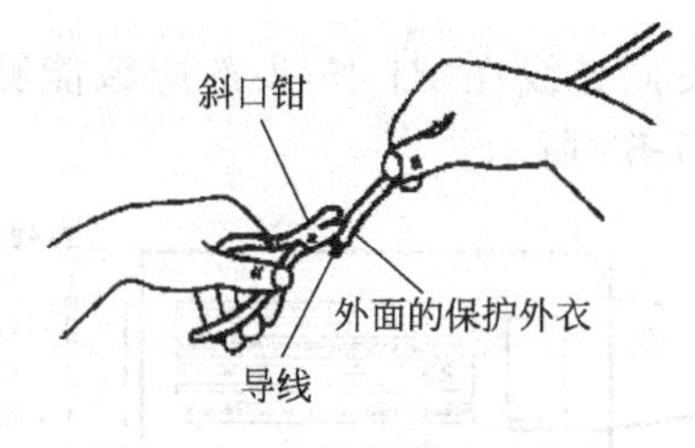

图 7-46 在保护外衣上切缝

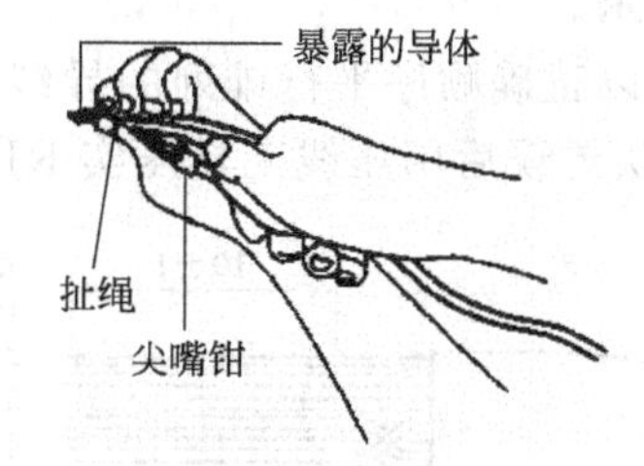

图 7-47 拉扯绳以除去保护外衣

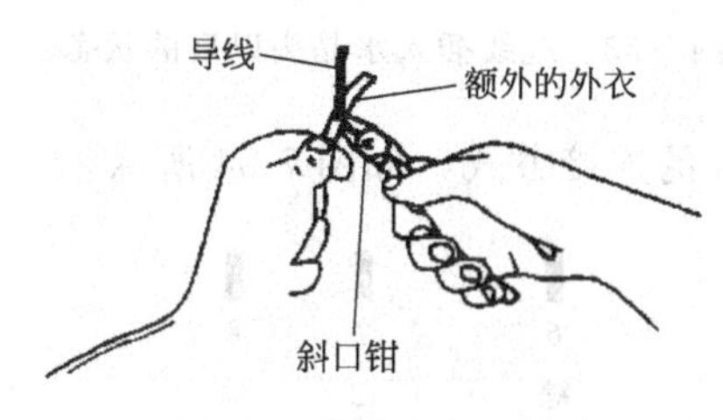

图 7-48 将保护外衣除去

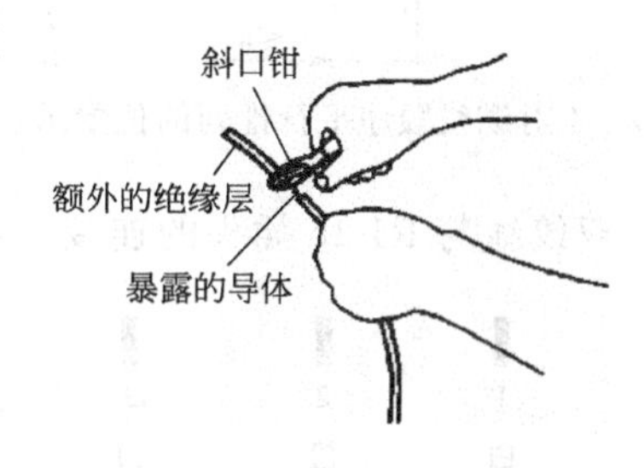

图 7-49 除去绝缘层保护外衣

缆线终端连接时主要应注意以下几点。

① 终端连接顺序的施工操作方法均按标准规定进行。

② 缆线终端的连接方法应采用卡接方式，施工中不宜用力过猛，以免造成接续模块受损。连接顺序应按缆线的统一色标排列，在模块中连接后的多余线头必须清除干净，以免留有后患。

③ 缆线终端连接后，应对缆线和配线接续设备等进行全程测试，以保证综合布线系统正常运行。

④ 线对屏蔽和电缆护套屏蔽层在和模块的屏蔽罩进行连接时，应保证 360°的接触，而且接触长度不应小于 10mm，以保证屏蔽层的导通性能。电缆终接以后应将电缆进行整理，并核对接线是否正确。

7.5.6.2 对绞缆线的终接

绞线对接在配线模块的端子时，首先应符合色标的要求，并尽量保护线对的对绞状态，对于 5 类电缆的线对，终接时其线对非扭绞状态的长度应不大于 13mm。如图 7-50 所示。

(1) 连接 RJ-45（水晶头）的方法和注意事项　RJ-45 的连接也分为 568A 与 568B 两种方式，不论采用哪种方式必须与信息模块采用的方式相同。

以 568A 为例，其连接步骤如下。

① 将双绞线电缆套管自端头剥去大于 20mm，露出 4 对线，如图 7-51 所示。

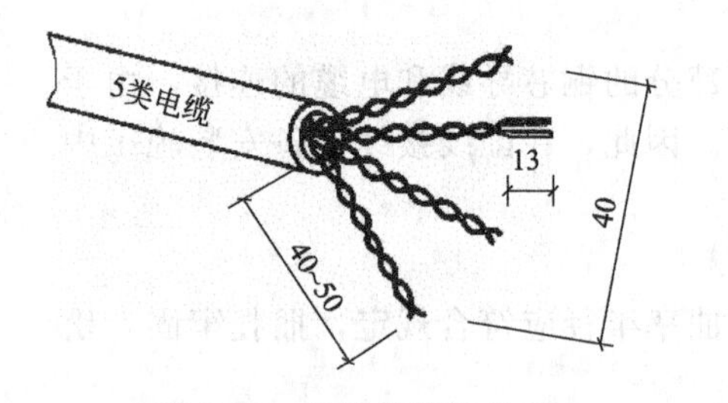

图 7-50　绞线终端的处理

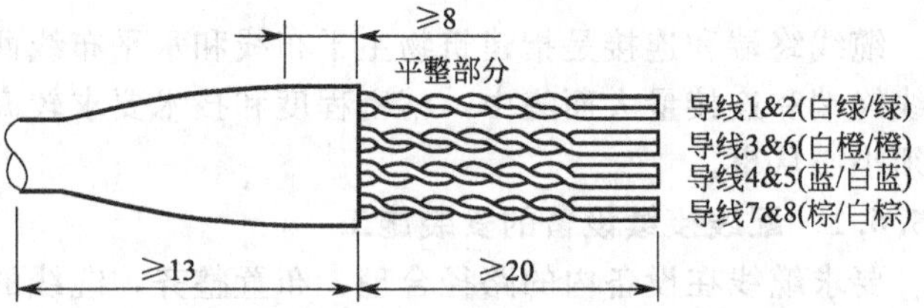

图 7-51　插入水晶头缆线端头处理示意图

② 为绝缘导线解纽，使其按正确的顺序平行排列，按照线的颜色排列的方法，如图 7-52 所示。

③ 将以正确顺序平行排列的导线插入 RJ-45 水晶头，导线在 RJ-45 头部应该能够见到铜芯，确认无误后用压线工具压实 RJ-45 水晶头，如图 7-53 所示。

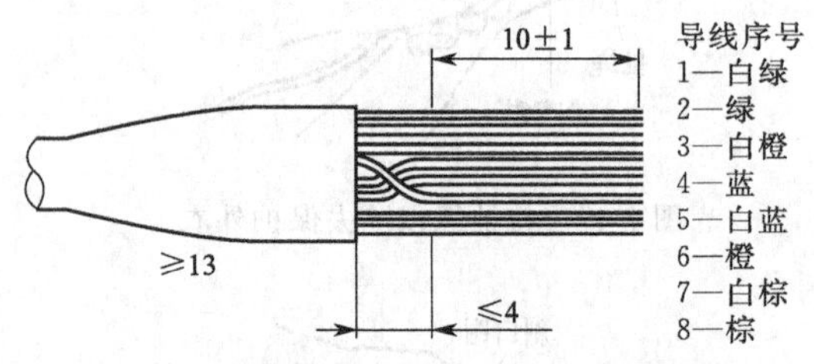

图 7-52　4 对缆线顺序平行排列的位置示意图

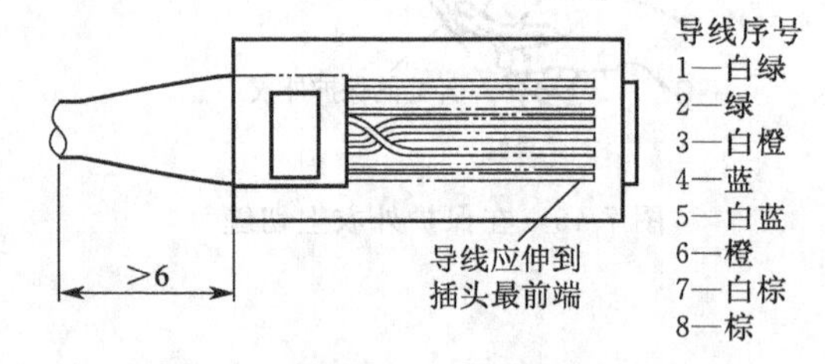

图 7-53　缆线插入水晶头以后的状态

(2) 双绞线与 RJ-45 插头的连接　双绞线与 RJ-45 的连接方式，如图 7-54 所示。

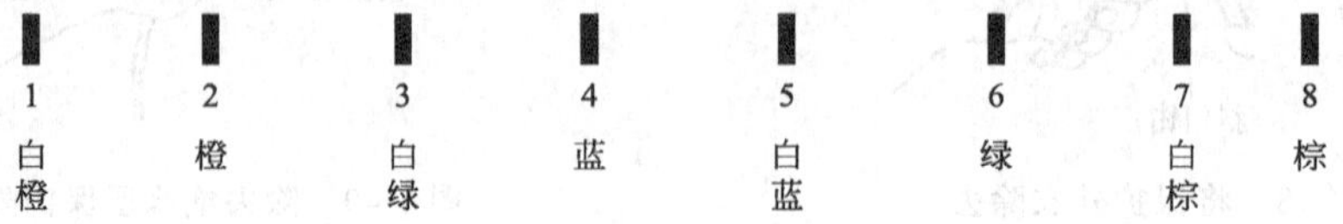

1	2	3	4	5	6	7	8
白橙	橙	白绿	蓝	白蓝	绿	白棕	棕

图 7-54　双绞线与 RJ-45 的连接方式

将双绞线与 RJ-45 连接时主要应注意以下几点。

① 按双绞线色标顺序排列，不要有差错。

② 与 RJ-45 接头点连接牢靠。

③ 用压力钳压实。

7.5.7 信息插座端接

7.5.7.1 信息插座的安装

综合布线系统的信息插座通常都是采用8位模块式通用插座，以形式区分，主要可以分为单插座、双插座和多用户信息插座等。其安装位置应符合工程设计的要求，既有安装在墙上的，也有埋于地板上的，安装施工方法应区别对待。

① 安装在地面上或活动地板上的地面信息插座，是由接线盒体和插座面板两部分组成。插座面板有直立式（面板与地面成45°，可以倒下成平面）、水平式等。缆线连接固定在接线盒体内的装置上，接线盒体均埋在地面下，其盒盖面与地面平齐，可以开启，要求必须有严密防水、防尘和抗压功能。在不使用时，插座面板与地面齐平，不得影响人们的日常行动。

地面信息插座的各种安装方法示意如图7-55所示。

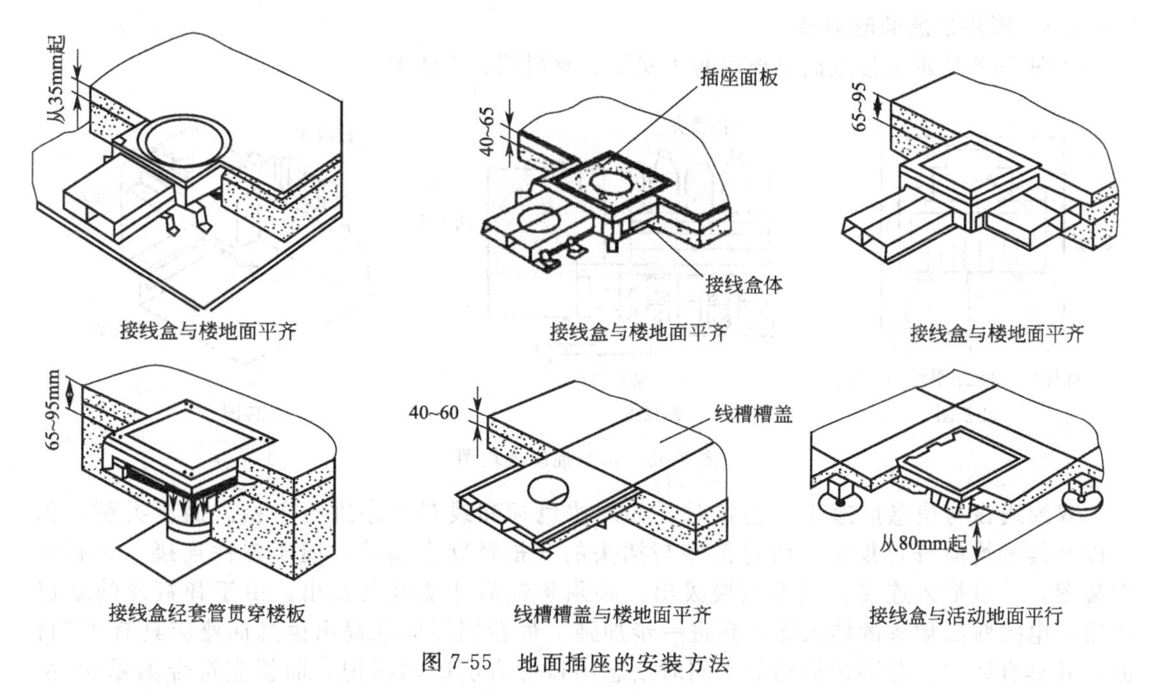

图7-55 地面插座的安装方法

② 安装在墙上的信息插座，其位置宜高出地面300mm左右。当房间地面采用活动地板时，信息插座应离活动地板地面300mm。墙上信息插座的安装示意图如图7-56所示。

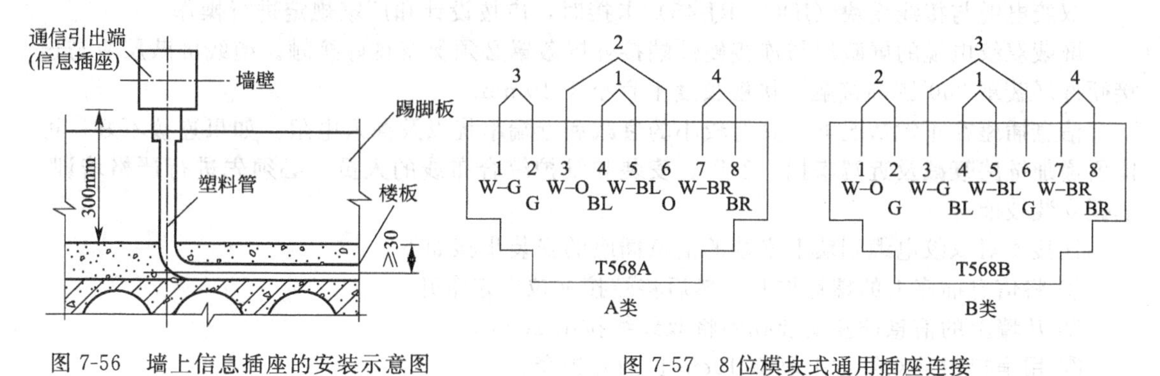

图7-56 墙上信息插座的安装示意图

图7-57 8位模块式通用插座连接

G (Green)—绿；BL (Blue)—蓝；BR (Brown)—棕；
W (White)—白；O (Orange)—橙

信息插座的具体数量和装设位置以及规格型号应根据设计中的规定来配备和确定。

信息插座底座的固定方法应以现场施工的具体条件来定，可以采用扩张螺钉、射钉或一般螺钉等安装，安装必须牢固可靠，不应有松动现象。

信息插座应有明显的标志，可以采用颜色、图形和文字符号来表示所接终端设备的类型，以便于使用时的区分，以免造成混淆。

在新建的智能建筑中，信息插座宜与暗敷管路系统配合，信息插座盒体采用暗装方式，在墙壁上预留洞孔，将盒体埋设在墙内，综合布线施工时，只需加装接线模块和插座面板。

7.5.7.2　信息插座引针与电缆的连接

信息插座和电缆连接可以按照 T568B 标准或 T568A（ISDN）标准接线，其引针和线对安排如图 7-57 所示。在同一个工程中，只能有一种连接方式。否则，就应标注清楚。

7.5.7.3　通用信息插座端接

如图 7-58 所示为信息插座模块的正视图、侧视图、立体图。

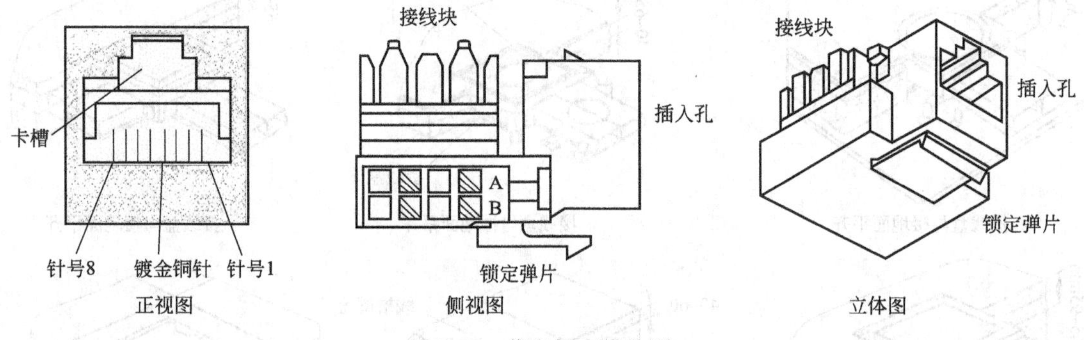

图 7-58　信息插座模块图

双绞线在与信息插座模块连接时，必须按色标和线对顺序进行卡接。插座类型、色标以及编号均应符合规定。信息插座与插头的 8 根针状金属片，属于弹性连接，且有锁定装置，一旦插入连接，很难直接拔出，必须解锁后才能顺利拔出。由于弹簧片的摩擦作用，电接触随插头的插入而得到进一步加强。最新国际标准提出信息插座应具有 45°斜面，并具有防尘、防潮护板功能。同时信息出口应有明确的标记，面板应符合国际 86 系列标准。

双绞电缆与信息插座的卡接端子连接时，应按色标要求的顺序进行卡接。

双绞电缆与接线模块（IDC、RJ-45）卡接时，应按设计和厂家规定进行操作。

屏蔽双绞电缆的屏蔽层与连接硬件端接处屏蔽罩必须保持良好接触。缆线屏蔽层应与连接硬件屏蔽罩 360°圆周接触，接触长度不宜小于 10mm。

信息插座在正常情况下，具有较小的衰减和近端串扰以及插入电阻。如果连接不好，可能要增加链路衰减及近端串扰。所以，安装和维护综合布线的人员，必须先进行严格培训，掌握安装技能。

连接 4 对双绞电缆到墙上安装的信息插座的安装步骤如下。

① 将信息插座上的螺钉拧开，然后将端接夹拉出来拿开。

② 从墙上的信息插座安装孔中将双绞线拉出 20cm。

③ 用扁口钳从双绞线上剥除 10cm 长的外护套。

④ 将导线穿过信息插座底部的孔。

⑤ 将导线压到合适的槽中去。

⑥ 使用扁口钳将导线的末端割断。

⑦ 将端接夹放回，并用拇指稳稳地压下。

⑧ 重新组装信息插座，将分开的盖和底座扣在一起，再将连接螺钉拧上。

⑨ 将组装好的信息插座放到墙上。

⑩ 将螺钉拧到接线盒上，以便固定。

用此法也可将4对双绞电缆连接到掩埋型的信息插座上。然而，电气盒在安装前应已装好。

7.5.7.4 配线板端接

配线板是提供铜缆端接的装置。配线板有两种结构，一种是固定式，一种是模块化配线板。一些厂家的产品中，模块与配线架进行了更科学的配置，这些配线架实际上由一个可装配各类模块的空板和模块组成，用户可以根据实际应用的模块类型和数量来安装相应模块。因此，模块也成为配线架的一个组成部分。固定式配线板的安装与模块连接器相同，选中相应的接线标准后，按色标接线即可。在此介绍一下模块化配线板的安装过程。它可安装多达24个任意组合的模块化连接器并在缆线卡入配线板时提供弯曲保护。该配线板可固定在一个标准的19in（48.3cm）配线柜内。如图7-59所示，在一个配线板上端接电缆的基本步骤如下。

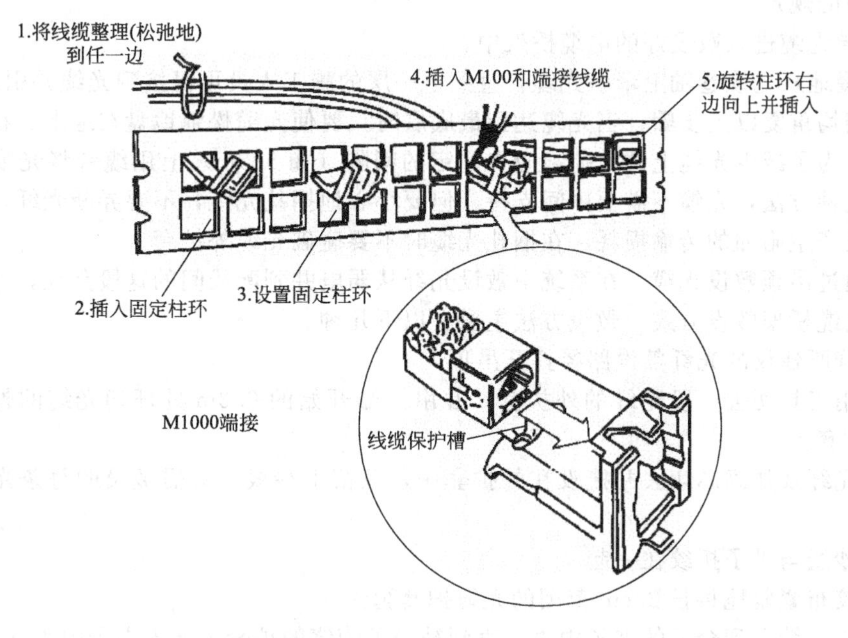

图7-59 配线板端接的步骤

① 在端接缆线之前，首先整理缆线。松弛地将缆线捆扎在配线板的任一边上，最好是捆到垂直通道的托架上。

② 以对角线的形式将固定柱环插到一个配线板孔中去。

③ 设置固定柱环，以便柱环挂住并向下形成一定角度从而有助于缆线的端接插入。

④ 将缆线放到固定柱环的线槽中去，并按照前面模块化连接器的安装过程对其进行端接。

⑤ 最后一步是旋转固定柱环，完成此工作时必须注意合适的方向，以避免将缆线缠绕到固定柱环上。

7.6 光缆的布线施工

7.6.1 光缆的布线与固定

7.6.1.1 光缆的布线方法

光缆的布放应平直，不得产生扭绞和打圈等现象，不应受到外力挤压和损伤。光缆布放前，其两端应贴有标签以表明起始和终端位置。标签应书写清晰、端正和正确。最好以直线方式敷设三缆，当需要拐弯时，光缆拐弯的弯曲半径在静止状态时至少应为光缆外径的10倍，在施工过程中至少应为20倍。

（1）通过弱电井垂直敷设　在弱电井中敷设光缆有向上牵引和向下垂放两种选择。通常向下垂放比向上牵引容易些。向下垂放光缆主要应按以下步骤进行。

① 在离建筑顶层设备间的槽孔1～1.5m处安放光缆卷轴，使卷筒在转动时能控制光缆。将光缆卷轴安置于平台上，以便于保持在所有时间内光缆与卷筒轴心都是垂直的，放置卷轴时要使光缆的末端在其顶部，然后从卷轴顶部牵引光缆。

② 转动光缆卷轴，并将光缆从其顶部牵出。牵引光缆时，要保持不超过最小弯曲半径和最大张力的规定。

③ 引导光缆进入敷设好的电缆桥架中。

④ 慢慢地从光缆卷轴上牵引光缆，直到下一层的施工人员可以接到光缆并引入下一层。在每一层楼均重复以上步骤，当光缆达到最底层时，要使光缆松弛地盘在地上。在弱电间敷设光缆时，为了减少光缆上的负荷，应在一定的间隔（如5.5m）上用缆带将光缆扣牢在墙壁上。用这种方法，光缆不需要中间支持，但要小心地捆扎光缆，不要弄断光纤。为了避免弄断光纤及产生附加的传输损耗，在捆扎光缆时不要碰破光缆外护套。

（2）通过吊顶敷设光缆　在系统中敷设光纤从弱电井到配线间的这段路径，通常应采用走吊顶的电缆桥架敷设方式，敷设方法主要有以下几种。

① 沿着所建议的光纤敷设路径打开吊顶。

② 利用工具切去一段光纤的外护套，并由一端开始的0.3m处环切光缆的外护套，然后除去外护套。

③ 将光纤及加固芯切去并掩没在外护套中，只留下纱线。对需敷设的每条光缆重复此过程。

④ 将纱线与带子扭绞在一起。

⑤ 用胶布紧紧地将长20cm范围的光缆护套缠住。

⑥ 将纱线馈送到合适的夹子中去，直到被带子缠绕的护套全塞入夹子中为止。

⑦ 将带子绕在夹子和光缆上，将光缆牵引到所需的地方，并留下足够长的光缆供后续处理用。

7.6.1.2 光缆的固定

（1）无固定桥架的光缆固定方法

① 架空，U形铁挂钩，带塑料包皮的金属丝如钢绞线。

② 沿墙壁，U形铁卡子。

③ 楼内，U形铁卡子，U形塑料卡子，扎带。

（2）有固定桥架的光缆固定方法

① 使用塑料扎带由光缆的顶部开始将干线光缆扣牢在电缆桥架上。

② 由上往下地在指定间隔（每 5.5m）安装扎带，直到干线光缆被牢固地扣好为止。

③ 检查光缆外套有无破损，盖上桥架的外盖。

光缆敷设好以后，在设备间和楼层配线间将光缆捆扎在一起，然后方可进行光纤连接。可以利用光纤端接装置、光纤耦合器、光纤连接器面板来建立模块组合化的连接。当辐射光缆工作完成后，及光纤交连和在应有的位置上建立互连模组以后，就可以将光纤连接器加到光纤末端上，并建立光纤连接。最后，通过性能测试来检验整体通道的有效性，并为所有连接加上标签。

光缆色谱见表 7-7。

表 7-7 光缆色谱

光纤数	颜色	光纤数	颜色
1	蓝	7	红
2	橙	8	黑
3	绿	9	黄
4	棕	10	紫
5	灰	11	玫瑰
6	白	12	浅绿

7.6.2 光缆连接器的互联

7.6.2.1 连接器互联

对于互联模块，要进行互联的两条半固定的光纤通过其上的连接器与此模块嵌板上的耦合器互联起来。该做法是将两条半固定光纤上的连接器从嵌板的两边插入其耦合器中。

对于交叉连接模块，一条半固定光纤上的连接器插入嵌板上的耦合器，插入要交叉连接的耦合器的一端，该耦合器的另一端中插入要交叉连接的另一条半固定光纤的连接器。

交叉连接就是在两条半固定的光纤之间使用跳线作为中间线路，使管理员易于对线路进行重布线。

7.6.2.2 ST 连接器互联的步骤

光纤连接器的互联比较简单，以 ST 连接器为例，其互联的步骤如下。

① 清洁 ST 连接器。拿下 ST 连接器头上的黑色保护帽，用蘸有试剂级丙醇酒精的棉签轻轻擦拭连接器头。

② 清洁耦合器。摘下耦合器两端的红色保护帽，用蘸有试剂级丙醇酒精的杆状清洁器穿过耦合孔擦拭耦合器内部以除去其中的碎片，如图 7-60 所示。

③ 使用罐装气，吹去耦合器内部的灰尘，如图 7-61 所示。

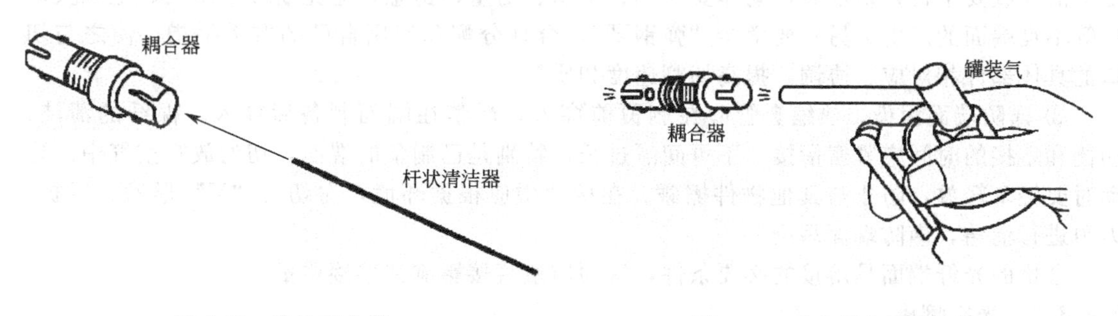

图 7-60 清洁耦合器

图 7-61 吹去耦合器中的灰尘

④ 将ST连接器插到一个耦合器中。将连接器的头插入耦合器一端，耦合器上的突起对准连接器槽口，插入后扭转连接器以使其锁定，若经测试发现光能量损耗较高，则需摘下连接器并用罐装气重新净化耦合器，然后再插入ST连接器。在耦合器端插入ST连接器，应确保两个连接器的端面与耦合器中的端面接触上。

⑤ 重复上述步骤，直到所有的ST连接器都插入耦合器为止。

7.6.3 光纤的接续

光纤的接续主要可以分为固定接续和活动接续两大类，而固定接续又分为非熔接和熔接。光缆接续是一项细致的工作，特别在端面制备、熔接、盘纤等环节，要求操作者仔细观察，周密考虑，操作规范。光纤的热熔接续方法如下。

7.6.3.1 端面的制备

(1) 光纤涂面层的剥除　光纤涂面层的剥除，要掌握平、稳、快三字剥纤法。“平”，即持纤要平。左手拇指和食指捏紧光纤，使之成水平状，所露长度以5cm为准，余纤在无名指、小拇指之间自然打弯，以增加力度，防止打滑。“稳”，即剥纤钳要握得稳。“快”，即剥纤要快，剥纤钳应与光纤垂直，上方向内倾斜一定角度，然后用钳口轻轻卡住光纤，右手随之用力，顺光纤轴向平推出去，整个过程要自然流畅，一气呵成。

(2) 裸纤的清洁　观察光纤剥除部分的涂覆层是否全部剥除，若有残留应重新剥除。若有极少量不易剥除的涂覆层，用棉球沾适量的酒精，一边浸渍一边逐步擦除。棉花要撕成层面平整的扇形小块。沾少许酒精以两指相捏无溢出为宜，折成“V”形，夹住已剥覆的光纤。顺光纤轴向擦拭，力争一次成功。一块棉花使用2～3次后应及时更换，每次要使用棉花的不同部位和层面，这样既可提高棉花利用率，又防止了裸纤的二次污染。

(3) 裸纤的切割　裸纤的切割是光纤端面制备中最为关键的部分，精密、优良的切刀是基础，而严格、科学的操作规范是保证。

① 切刀的选择。切刀主要可以分为以下两种。

a. 手动切刀。手动切刀操作简单，性能可靠，随着操作者水平的提高，切割效率和质量可大幅度提高，且要求裸纤较短，但该切刀对环境温差要求较高。

b. 电动切刀切割质量较高，适宜在野外寒冷条件下作业，但操作较复杂，工作速度恒定，要求裸纤较长。

熟练的操作者在常温下进行快速光缆接续或抢险，采用手动切刀为宜。反之初学者或在野外较寒冷条件下作业时，宜采用电动切刀。

② 操作规范。操作人员应掌握动作要领和操作规范。首先要清洁切刀和调整切刀位置，切刀的摆放要平稳，切割时，动作要自然、平稳、勿重、勿急，避免断纤、斜角、毛刺及裂痕等不良端面的产生。另外要学会“弹钢琴”，合理分配和使用自己的右手手指，使之与切口的具体部件相对应、协调，提高切割速度和质量。

③ 谨防端面污染。热缩套管应在剥覆前穿入，严禁在端面制备后穿入。裸纤的清洁、切割和熔接的时间应紧密衔接，不可间隔过长，特别是已制备的端面，切勿放在空气中。移动时要轻拿轻放，防止与其他物件擦碰。在接续中应根据环境，对切刀“V”形槽、压板、刀刃进行清洁，谨防端面污染。

合格的光纤端面是熔接的必要条件，端面质量直接影响到熔接质量。

7.6.3.2 光纤熔接

熔接机的功能就是把两根光纤熔接到一起，因此，正确使用熔接机也是降低光纤接续损耗的重要措施。光纤熔接是接续工作的中心环节，因此高性能熔接机和熔接的过程中科学操作是十分必要的。

熔接前根据光纤的材料和类型，正确设置熔接机的熔接模式。注意单模和多模不能设置错误，不正确的设置将会导致无法熔接成功。然后设置好最佳预熔注入电流和时间以及光纤送入量等关键参数。光纤熔接有自动熔接和手动熔接两种选择。

通常选择自动模式的操作步骤如下。

① 接通电源，熔接机进入自动模式。

② 打开防风盖把光纤固定到V形槽里，关闭防风盖。

③ 按下“SET”键，熔接机开始以下自动接续过程：调间隔→调焦→清灰→端面检查→变换Y→X→调焦→端面检查→对纤芯→变换Y→X→调焦→对纤芯→熔接→检查→变换→检查→推定损耗。

④ 接头处评价。注意接头处的影像有否气泡、黑影、黑色粗线波纹、白线、模糊细线、污点或划伤等。熔接过程中还应及时清洁熔接机“V”形槽、电极、物镜、熔接室等，随时观察熔接中有无气泡、过细、过粗、虚熔、分离等不良现象，注意使用OTDR测试仪表跟踪监测结果，及时分析产生上述不良现象的原因，采取相应的改进措施。若多次出现虚熔现象，应检查熔接的两根光纤的材料、型号是否匹配，切刀和熔接机是否被灰尘污染，并检查电极氧化状况，若均无问题则应适当提高熔接电流来解决。

⑤ 裸纤补强。按“RESET”键，取出光纤，套上补强套管，并放置于加热器里，按下“HEATER SET”键，开始加热，等蜂鸣器响时便可取出光纤。

7.6.3.3 盘纤

经过熔接的光纤需要整理和放置到接线盒中去，这一过程叫做盘纤。盘纤是一门技术，也是一门艺术。科学的盘纤方法，可使光纤布局合理、附加损耗小、经得住时间和恶劣环境的考验，可避免因挤压造成的断纤现象。

(1) 盘纤的规则

① 沿松套管或光缆分歧方向为单元进行盘纤，前者适用于所有的接续工程，后者仅适用于主干光缆末端且为一进多出，分支多为小对数光缆。该规则是每熔接和热缩完一个或几个松套管内的光纤、或一个分支方向光缆内的光纤后，盘纤一次。优点是避免了光纤松套管间或不同分支光缆间光纤的混乱，使之布局合理、易盘、易拆，更便于日后维护。

② 以预留盘中热缩管安放单元为单位盘纤，此规则是根据接续盒内预留盘中某一小安放区域内能够安放的热缩管数目进行盘纤，避免了由于安放位置不同而造成的同一束光纤参差不齐、难以盘纤和固定，甚至出现急弯或小圈等现象。

③ 若在接续中出现光分路器、上/下路尾纤、尾缆等特殊器件时要先熔接、热缩、盘绕普通光纤；依次处理上述情况，为了安全常另盘操作，以防止挤压引起附加损耗的增加。

(2) 盘纤的方法

① 先中间后两边，即先将热缩后的套管逐个放置于固定槽中，然后再处理两侧余纤。优点是有利于保护光纤接点，避免盘纤可能造成的损害。在光纤预留盘空间小、光纤不易盘绕和固定时，常用此种方法。

② 从一端开始盘纤，固定热缩管，然后再处理另一侧余纤。优点是可根据一侧余纤长度灵活选择热缩管的安放位置，方便、快捷，可避免出现急弯或小圈现象。

经过光纤整理后的光缆配线盒如图 7-62 所示。

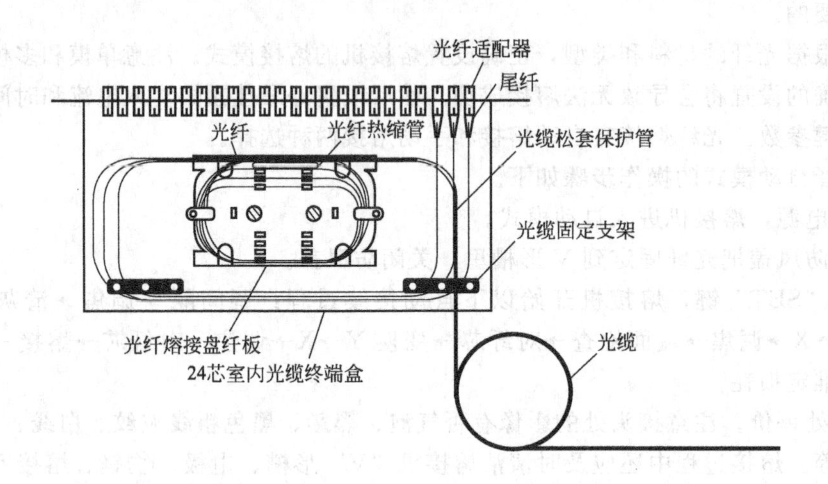

图 7-62　24 芯室内光缆终端盒接续示意图

③ 特殊情况的处理。当个别光纤过长或过短时，可将其放在最后，单独盘绕。带有特殊光器件时，可将其于另一盘处理，若与普通光纤共盘时，应将其轻置于普通光纤之上，两者之间加缓冲衬垫，以防止挤压造成断纤，且特殊光器件尾纤不可太长。

④ 根据实际情况采用多种图形盘纤。按余纤的长度和预留空间大小，顺势自然盘绕，且勿生拉硬拽，应灵活地采用圆、椭圆、“CC”、“～”等多种图形盘纤（注意 $R\geqslant4$cm），尽可能最大限度利用预留空间并有效降低因盘纤带来的附加损耗。

7.6.3.4　确保光缆接续质量

加强 OTDR 测试仪表的监测，对确保光纤的熔接质量、减小因盘纤带来的附加损耗和封盒可能对光纤造成的损害，具有十分重要的意义。在整个接续工作中，必须严格执行 OTDR 测试仪表的四道监测程序。

① 熔接过程中对每一芯光纤进行实时跟踪监测，检查每一个熔接点的质量。

② 每次盘纤后，对所盘光纤进行例检，以确定盘纤带来的附加损耗。

③ 封接续盒前对所有光纤进行统一测定，以查明有无漏测和光纤预留空间对光纤及接头有无挤压。

④ 封盒后，对所有光纤进行最后检测，以检查封盒是否对光纤有损害。

总之，要培养严谨细致的工作作风，勤于总结和思考，才能提高实践操作技能，降低接续损耗，全面提高光缆接续质量。

7.7　综合布线系统测试与验收

7.7.1　综合布线系统电气测试

① 综合布线工程电气测试包括电缆系统电气性能测试及光纤系统性能测试。电缆系统电气性能测试项目应根据布线信道或链路的设计等级和布线系统的类别要求制订。各项测试结果应有详细记录，作为竣工资料的一部分。测试记录内容和形式宜符合表 7-8 和表 7-9 的要求。

表 7-8 综合布线系统工程电缆（链路/信道）性能指标测试记录

<table>
<tr><td colspan="4">工程项目名称</td><td colspan="8"></td></tr>
<tr><td rowspan="3">序号</td><td colspan="3" rowspan="2">编号</td><td colspan="7">内容</td><td rowspan="3">备注</td></tr>
<tr><td colspan="7">电缆系统</td></tr>
<tr><td>地址号</td><td>缆线号</td><td>设备号</td><td>长度</td><td>接线图</td><td>衰减</td><td>近端串音</td><td>……</td><td>电缆屏蔽层连通情况</td><td>其他任选项目</td></tr>
<tr><td></td><td></td><td></td><td></td><td></td><td></td><td></td><td></td><td></td><td></td><td></td><td></td></tr>
<tr><td></td><td></td><td></td><td></td><td></td><td></td><td></td><td></td><td></td><td></td><td></td><td></td></tr>
<tr><td></td><td></td><td></td><td></td><td></td><td></td><td></td><td></td><td></td><td></td><td></td><td></td></tr>
<tr><td></td><td></td><td></td><td></td><td></td><td></td><td></td><td></td><td></td><td></td><td></td><td></td></tr>
<tr><td colspan="4">测试日期、人员及测试仪表型号
测试仪表精度</td><td colspan="8"></td></tr>
<tr><td colspan="4">处理情况</td><td colspan="8"></td></tr>
</table>

表 7-9 综合布线系统工程光纤（链路/信道）性能指标测试记录

<table>
<tr><td colspan="4">工程项目名称</td><td colspan="9"></td></tr>
<tr><td rowspan="5">序号</td><td colspan="3" rowspan="2">编号</td><td colspan="8">光缆系统</td><td rowspan="5">备注</td></tr>
<tr><td colspan="4">多模</td><td colspan="4">单模</td></tr>
<tr><td rowspan="3">地址号</td><td rowspan="3">缆线号</td><td rowspan="3">设备号</td><td colspan="2">850mm</td><td colspan="2">1300mm</td><td colspan="2">1310mm</td><td colspan="2">1550mm</td></tr>
<tr><td>衰减（插入损耗）</td><td>长度</td><td>衰减（插入损耗）</td><td>长度</td><td>衰减（插入损耗）</td><td>长度</td><td>衰减（插入损耗）</td><td>长度</td></tr>
<tr></tr>
<tr><td></td><td></td><td></td><td></td><td></td><td></td><td></td><td></td><td></td><td></td><td></td><td></td><td></td></tr>
<tr><td></td><td></td><td></td><td></td><td></td><td></td><td></td><td></td><td></td><td></td><td></td><td></td><td></td></tr>
<tr><td></td><td></td><td></td><td></td><td></td><td></td><td></td><td></td><td></td><td></td><td></td><td></td><td></td></tr>
<tr><td></td><td></td><td></td><td></td><td></td><td></td><td></td><td></td><td></td><td></td><td></td><td></td><td></td></tr>
<tr><td colspan="4">测试日期、人员及测试仪表型号
测试仪表精度</td><td colspan="9"></td></tr>
<tr><td colspan="4">处理情况</td><td colspan="9"></td></tr>
</table>

② 对绞电缆及光纤布线系统的现场测试仪应符合下列要求。

a. 应能测试信道与链路的性能指标。

b. 应具有针对不同布线系统等级的相应精度，应考虑测试仪的功能、电源、使用方法等因素。

c. 测试仪精度应定期检测，每次现场测试前仪表厂家应出示测试仪的精度有效期限证明。

③ 测试仪表应具有测试结果的保存功能并提供输出端口，将所有存储的测试数据输出至计算机和打印机，测试数据必须不被修改，并进行维护和文档管理。测试仪表应提供所有测试项目、概要和详细的报告。测试仪表宜提供汉化的通用人机界面。

7.7.2 综合布线管理系统验收

① 综合布线管理系统宜满足下列要求。

a. 管理系统级别的选择应符合设计要求。

b. 需要管理的每个组成部分均设置标签，并由唯一的标识符进行表示，标识符与标签的设置应符合设计要求。

c. 管理系统的记录文档应详细完整并汉化，包括每个标识符的相关信息、记录、报告、图纸等。

d. 不同级别的管理系统可采用通用电子表格、专用管理软件或电子配线设备等进行维护管理。

② 综合布线管理系统的标识符与标签的设置应符合下列要求。

a. 标识符应包括安装场地、缆线终端位置、缆线管道、水平链路、主干缆线、连接器件、接地等类型的专用标识，系统中每一组件应指定一个唯一标识符。

b. 电信间、设备间、进线间所设置配线设备及信息点处均应设置标签。

c. 每根缆线应指定专用标识符，标在缆线的护套上或在距每一端护套 300mm 内设置标签，缆线的终接点应设置标签标记指定的专用标识符。

d. 接地体和接地导线应指定专用标识符，标签应设置在靠近导线和接地体的连接处的明显部位。

e. 根据设置的部位不同，可使用粘贴型、插入型或其他类型标签。标签表示内容应清晰，材质应符合工程应用环境要求，具有耐磨、抗恶劣环境、附着力强等性能。

f. 终接色标应符合缆线的布放要求，缆线两端终接点的色标颜色应一致。

③ 综合布线系统各个组成部分的管理信息记录和报告，应包括如下内容。

a. 记录应包括管道、缆线、连接器件及连接位置、接地等内容，各部分记录中应包括相应的标识符、类型、状态、位置等信息。

b. 报告应包括管道、安装场地、缆线、接地系统等内容，各部分报告中应包括相应的记录。

④ 综合布线系统工程如采用布线工程管理软件和电子配线设备组成的系统进行管理和维护工作，应按专项系统工程进行验收。

7.7.3 综合布线系统验收

① 竣工技术文件应按下列要求进行编制。

a. 工程竣工后，施工单位应在工程验收以前，将工程竣工技术资料交给建设单位。

b. 综合布线系统工程的竣工技术资料应包括以下内容。

ⅰ. 安装工程量。

ⅱ. 工程说明。

ⅲ. 设备、器材明细表。

ⅳ. 竣工图纸。

ⅴ. 测试记录（宜采用中文表示）。

ⅵ. 工程变更、检查记录及施工过程中，需更改设计或采取相关措施，建设、设计、施工等单位之间的双方洽商记录。

ⅶ. 随工验收记录。

ⅷ. 隐蔽工程签证。

ⅸ. 工程决算。

c. 竣工技术文件要保证质量，做到外观整洁、内容齐全、数据准确。

② 综合布线系统工程，应按表 7-10 所列项目、内容进行检验。检测结论作为工程竣工

资料的组成部分及工程验收的依据之一。

表 7-10 综合布线系统工程检验项目及内容

阶 段	验收项目	验收内容	验收方式
施工前检验	①环境要求	①土建施工情况:地面、墙面、门、电源插座及接地装置 ②土建工艺:机房面积、预留孔洞 ③施工电源 ④地板铺设	施工前检查
	②器材检验	①外观检查 ②型式、规格、数量 ③电缆电气性能测试 ④光纤特性测试	施工前检查
	③安全、防火要求	①消防器材 ②危险物的堆放 ③预留孔洞防火措施	施工前检查
设备安装	①交接间、设备间、设备机柜、机架	①规格、外观 ②安装垂直、水平度 ③油漆不得脱落,标志完整齐全 ④各种螺钉必须紧固 ⑤抗震加固措施 ⑥接地措施	随工检验
	②配线部件及 8 位模块式通用插座	①规格、位置、质量 ②各种螺钉必须拧紧 ③标志齐全 ④安装符合工艺要求 ⑤屏蔽层可靠连接	随工检验
电、光缆布放(楼内)	①电缆桥架及线槽布放	①安装位置正确 ②安装符合工艺要求 ③符合布放缆线工艺要求 ④接地	随工检验
	②缆线暗敷(包括暗管、线槽、地板等方式)	①缆线规格、路由、位置 ②符合布放缆线工艺要求 ③接地	隐蔽工程签证
电、光缆布放(楼间)	①架空缆线	①吊线规格、架设位置、装设规格 ②吊线垂度 ③缆线规格 ④卡、挂间隔 ⑤缆线的引入符合工艺要求	随工检验
	②管道缆线	①使用管孔孔位 ②缆线规格 ③缆线走向 ④缆线的防护设施的设置质量	隐蔽工程签证
	③埋式缆线	①缆线规格 ②敷设位置、深度 ③缆线的防护设施的设置质量 ④回土夯实质量	隐蔽工程签证
	④隧道缆线	①缆线规格 ②安装位置、路由 ③土建设计符合工艺要求	隐蔽工程签证
	⑤其他	①通信线路与其他设施的间距 ②进线室安装、施工质量	随工检验或隐蔽工程签证

续表

阶　段	验收项目	验收内容	验收方式
缆线终接	①8位模块式通用插座	符合工艺要求	随工检验
	②配线部件	符合工艺要求	
	③光纤插座	符合工艺要求	
	④各类跳线	符合工艺要求	
系统测试	①工程电气性能测试	①连接图 ②长度 ③衰减 ④近端串音(两端都应测试) ⑤设计中特殊规定的测试内容	竣工检验
	②光纤特性测试	①衰减 ②长度	竣工检验
工程总验收	①竣工技术文件	清点、交接技术文件	竣工检验
	②工程验收评价	考核工程质量,确认验收结果	

注：系统测试内容的验收亦可在随工中进行检验。

a. 系统工程安装质量检查，各项指标符合设计要求，则被检项目检查结果为合格；被检项目的合格率为100%，则工程安装质量判为合格。

b. 系统性能检测中，对绞电缆布线链路、光纤信道应全部检测，竣工验收需要抽验时，抽样比例不低于10%，抽样点应包括最远布线点。

c. 系统性能检测单项合格判定。

ⅰ. 如果一个被测项目的技术参数测试结果不合格，则该项目判为不合格。如果某一被测项目的检测结果与相应规定的差值在仪表准确度范围内，则该被测项目应判为合格。

ⅱ. 按《综合布线系统工程验收规范》(GB 50312—2007) 附录B的指标要求，采用4对对绞电缆作为水平电缆或主干电缆，所组成的链路或信道有一项指标测试结果不合格，则该水平链路、信道或主干链路判为不合格。

ⅲ. 主干布线大对数电缆中按4对对绞线对测试，指标有一项不合格，则判为不合格。

ⅳ. 如果光纤信道测试结果不满足《综合布线系统工程验收规范》(GB 50312—2007) 附录C的指标要求，则该光纤信道判为不合格。

ⅴ. 未通过检测的链路、信道的电缆线对或光纤信道可在修复后复检。

d. 竣工检测综合合格判定。

ⅰ. 对绞电缆布线全部检测时，无法修复的链路、信道或不合格线对数量有一项超过被测总数的1%，则判为不合格。光缆布线检测时，如果系统中有一条光纤信道无法修复，则判为不合格。

ⅱ. 对绞电缆布线抽样检测时，被抽样检测点（线对）不合格比例不大于被测总数的1%，则视为抽样检测通过，不合格点（线对）应予以修复并复检。被抽样检测点（线对）不合格比例如果大于1%，则视为一次抽样检测未通过，应进行加倍抽样，加倍抽样不合格比例不大于1%，则视为抽样检测通过。若不合格比例仍大于1%，则视为抽样检测不通过，应进行全部检测，并按全部检测要求进行判定。

ⅲ. 全部检测或抽样检测的结论为合格，则竣工检测的最后结论为合格；全部检测的结论为不合格，则竣工检测的最后结论为不合格。

e. 综合布线管理系统检测，标签和标识按10%抽检，系统软件功能全部检测。检测结果符合设计要求，则判为合格。

参 考 文 献

［1］ 中华人民共和国住房和城乡建设部，中华人民共和国国家质量监督检验检疫总局．GB 50601—2010 建筑物防雷工程施工与质量验收规范［S］．北京：中国计划出版社，2011.

［2］ 中华人民共和国住房和城乡建设部．GB 50057—2010 建筑物防雷设计规范［S］．北京：中国计划出版社，2011.

［3］ 中华人民共和国建设部．GB 50311—2007 综合布线系统工程设计规范［S］．北京：中国计划出版社，2007.

［4］ 中华人民共和国建设部．GB 50312—2007 综合布线系统工程验收规范［S］．北京：中国计划出版社，2007.

［5］ 中华人民共和国建设部．GB 50303—2002 建筑电气工程施工质量验收规范［S］．北京：中国计划出版社，2004.

［6］ 中华人民共和国建设部．GB 50166—2007 火灾自动报警系统施工及验收规范［S］．北京：中国计划出版社，2008.

［7］ 中华人民共和国住房和城乡建设部．GB/T 50623—2010 用户电话交换系统工程验收规范［S］．北京：中国计划出版社，2011.

［8］ 张天伦，张少军．怎样识读建筑弱电系统工程图［M］．北京：中国建筑工业出版社，2011.

［9］ 喻建华，陈旭平．建筑弱电应用技术［M］．武汉：武汉理工大学出版社，2009.

［10］ 范丽丽．弱电系统设计300问［M］．北京：中国电力出版社，2010.